John W. Dawson jr.

Kurt Gödel: Leben und Werk

Computerkultur
Band XI

SpringerWienNewYork

Computerkultur, herausgegeben von Rolf Herken, Band XI

Die Originalausgabe erschien unter dem Titel *Logical Dilemmas: The Life and Work of Kurt Gödel* bei A K Peters, Ltd.
© 1997 A K Peters, Ltd., Wellesley, Mass.
Aus dem Amerikanischen übersetzt von Jakob Kellner.

Das Werk ist urheberrechtlich geschützt.
Die dadurch begründeten Rechte, insbesondere die der Übersetzung, des Nachdrucks, der Entnahme von Abbildungen, der Funksendung, der Wiedergabe auf photomechanischem oder ähnlichem Wege und der Speicherung in Datenverarbeitungsanlagen, bleiben, auch bei nur auszugsweiser Verwertung, vorbehalten.
© 1999 Springer-Verlag/Wien (deutsche Ausgabe)
Printed in Slovenia

Druck und Bindung: Tiskarna Optima, SLO-1000 Ljubljana
Grafisches Konzept: Ecke Bonk
Umschlaggestaltung unter Verwendung einer von Richard F. Arens aufgenommenen Fotografie von Kurt Gödel
Die Frontispizabbildung zeigt Kurt Gödel am Amherst College, 1967.
Gedruckt auf säurefreiem, chlorfrei gebleichtem Papier – TCF
SPIN 10657312

Mit 16 Abbildungen im Text und einem Frontispiz

Die Deutsche Bibliothek – CIP-Einheitsaufnahme

**Dawson, John W.:**
Kurt Gödel : Leben und Werk / John W. Dawson. [Aus dem Amerikan. übers. von Jakob Kellner]. – Wien ; New York : Springer, 1999
 (Computerkultur ; Bd. 11)
 Einheitssacht.: Logical dilemmas <dt.>
 ISBN 3-211-83195-9

ISSN 0946-9613
ISBN 3-211-83195-9 Springer-Verlag Wien New York

Für Cheryl

Ohne ihre Liebe, Unterstützung und Geduld hätte dieses Buch nicht geschrieben werden können.

# Vorwort und Dank

Jede Biographie muß sich mit bestimmten Fragen auseinandersetzen, deren Beantwortung von der Person abhängt, die es zu beschreiben gilt: Was unterscheidet diese Person von anderen, was macht es wert, über sie zu schreiben? Welche Quellen kann man heranziehen? Wem sollte man Aufmerksamkeit widmen? Was sollte das zentrale Thema sein?

Bei Kurt Gödel handelte es sich um ein zurückgezogenes Genie, dessen Werk allgemein für abstrus gehalten wurde und dessen Leben, das Elemente der Rationalität und der Psychopathologie vereinigt, mehr Gegenstand von Gerüchten als von konkreten faktischen Darstellungen war. Es steht außer Zweifel, daß Gödels Resultate von allerhöchster Bedeutung für die Mathematik sind, und zunehmend werden auch die Auswirkungen auf unser modernes Weltbild gesehen. Die Schwierigkeit besteht darin, die Ideen, die seiner Arbeit zugrunde liegen, ohne zu grobe Vereinfachungen oder Verfälschungen verständlich aufzubereiten, und seine Persönlichkeit mit seinem Werk in Verbindung zu bringen.

Eine Biographie ist kein Lehrbuch, daher muß die Biographie einer Mathematikerin oder eines Mathematikers des zwanzigsten Jahrhunderts notwendigerweise ein gewisses mathematisches Verständnis voraussetzen. Ich gehe davon aus, daß die Leserin oder der Leser dieses Buches ungefähre Kenntnis des Aufbaus der modernen Mathematik hat und von ihren bedeutendsten Figuren zumindest schon einmal gehört hat. Es kann nicht erwartet werden, daß jemand, der noch nie etwas von Analysis gehört hat und von ihren Entwicklungen im neunzehnten Jahrhundert, als die Begriffe der Funktion und der reellen Zahl zum ersten Mal präzise gefaßt wurden, die fundamentalen Fragen versteht, die aus diesen Konzepten erwachsen; und wenn jemand noch nie von Hilbert oder von v. Neumann gehört hat, dann vermutlich auch nicht von Gödel.

Ich setze jedoch kein Wissen in moderner mathematischer Logik voraus, da selbst Mathematikerinnen und Mathematiker ersten Ranges solches oft vermissen lassen. In Kapitel III wird die Schilderung von Gödels Leben unterbrochen durch eine Übersicht der Entwicklung der Logik bis zur Zeit seiner eigenen Beiträge; in Kapitel VI stelle ich etwas detaillierter die Anfänge der Mengentheorie dar; und in Anhang B habe ich Kurzbiographien einiger der bedeutendsten Personen, die im Text Erwähnung finden, zusammengestellt.

Für die in Logik Beschlagenen ist der vorliegende Text als Ergänzung zu Gödels *Collected Works* gedacht. Die drei bislang veröffentlichten Bände dieser Sammlung beinhalten den ungekürzten Text aller Publikationen Gödels (mit paralleler englischer Übersetzung der deutschsprachigen Werke) und auch bislang unveröffentlichte Vorträge und Essays. Ein einführender Vermerk kommentiert kurz Inhalt, Bedeutung und Einflüsse jedes Beitrags, und es gibt eine ausführliche Bibliographie der

Werke, die mit den Texten in Zusammenhang stehen. Diese Präsentation des Materials hat Jean van Heijenoorts *From Frege to Gödel: A Source Book in Mathematical Logic, 1879–1931* zum Vorbild, in dem eine Reihe zukunftsweisender Texte bis hin zu Gödels Unvollständigkeits-Arbeit vereinigt sind.

Bei den Quellenangaben habe ich mich an das in diesen Werken verwendete Schema gehalten: Die Quellen werden durch einen Code identifiziert, bestehend aus dem Namen der Autorin oder des Autors und dem Jahr der Publikation (oder Entstehung im Fall einer unveröffentlichten Arbeit), im Fall mehrerer Werke aus demselben Jahr wird ein zusätzlicher Kleinbuchstabe zur Unterscheidung verwendet (z. B. Gödel 1931a). Wenn der Name aus dem Zusammenhang ersichtlich ist, habe ich ihn manchmal weggelassen.

Meistens stehen Informationen zu Quellen in den Anmerkungen am Ende des Textes, auf die mit eckigen Klammern verwiesen wird. Erläuterungen zum Text dagegen stehen in Fußnoten.

Weil Gödels Bekanntenkreis klein war, muß man sich bei der Beschreibung seines Lebens oft auf schriftliche Quellen verlassen, anstatt auf Interviews. Die wichtigste Sammlung solcher Quellen ist Gödels Nachlaß (in diesem Buch mit GN abgekürzt), beheimatet in der Firestone Library der Princeton University. Es erweist sich, daß Gödel fast jeden Zettel, der je über seinen Schreibtisch gegangen ist, aufbewahrte, darunter Entlehnzettel von Bibliotheken, Gepäcksscheine, Briefe von mathematischen Amateuren, Autogrammjägern und geistig Verwirrten. Sein Nachlaß ist also eine Art Ausgrabungsstätte für Gelehrte, in der man, wenn man sich durch die Unmassen von Nebensächlichkeiten gräbt, wertvolle Informationen finden kann.

Abgesehen vom Nachlaß gibt es vier andere Hauptquellen zu bestimmten Phasen in Gödels Leben. Für seine Kindheit ist es die *Biographie meiner Mutter Marianne Gödel* seines Bruders Rudolf (R. Gödel 1967). Für seine Wiener Jahre und das Semester an Notre Dame sind die Erinnerungen Karl Mengers (1981) besonders wertvoll. Für die Periode von 1945 bis 1966 bietet die Korrespondenz mit seiner Mutter, die in der Wiener Stadt- und Landesbibliothek aufbewahrt und in diesem Buch mit FC (family correspondence) abgekürzt wird, Einsichten in menschliche Aspekte seines Charakters, die auf anderem Weg nicht zu gewinnen wären. Und für die Zeit von 1947 bis 1977 sind die Tagebücher seines Freundes Oscar Morgenstern (mit OMD bezeichnet) unersetzlich.

In den Jahren seit Gödels Tod sind einige biographische Notizen und Übersichten in Druck erschienen, unter anderem Erinnerungen in den Nachrufen von Georg Kreisel (1980), Curt Christian (1980) und Stephen C. Kleene (1987b), mein eigener Entwurf (1984b), und der hervorragende Essay von Solomon Feferman (1986) im ersten Band von Gödels *Collected Works*. Zwei Bücher von Hao Wang, *Reflections on Kurt Gödel* und *A Logical Journey: From Gödel to Philosophy*, beinhalten ebenfalls Kapitel über Gödels Leben. Keines der genannten Werke ist allerdings eine umfassende Biographie.

## Vorwort und Dank

Das vorliegende Werk ist die erste Darstellung von Gödels Leben, die alle oben genannten Quellen heranzieht. Es entstand aus meinen Erfahrungen bei der Katalogisierung des Gödel-Nachlasses und als Mitherausgeber der *Collected Works*. Ich bin dem Institute for Advanced Study, Princeton, und seinem damaligen Direktor Dr. Harry Woolf zu tiefem Dank verpflichtet für die Einladung, die Kalalogisierung vorzunehmen, für die Unterstützung mit einem Stipendium während der zwei Jahre, die diese Aufgabe in Anspruch nahm, und für die Erlaubnis, aus Gödels Schriften zu zitieren. Zusätzliche Unterstützung für Reise- und Photokopierkosten wurde vom Campus Advisory Board an der Penn State York zur Verfügung gestellt. Dank schulde ich auch meinen Kollegen der Redaktion der *Collected Works*, mit denen ich viele erhellende Gespräche führen konnte und von denen ich viel gelernt habe. Besonders möchte ich Solomon und Anita Feferman danken, deren liebevolle Unterstützung und Freundschaft, weise Ratschläge und konstruktive Kritik halfen, meine Arbeit weiterzubringen und zu verbessern. Diese beiden und auch Charles Parson nahmen sich die Zeit, meinen Entwurf durchzulesen und detaillierte Verbesserungsvorschläge anzubieten.

Archivarinnen und Archivare verschiedenster Institutionen haben meine Bemühungen aufs freundlichste unterstützt. An der Firestone Library waren Alice V. Clark, Margarethe Fitzell, Marcella Fitzpatrick und Ann van Arsdale besonders hilfreich. Am Institute for Advanced Study halfen mir Elliot Shore, Mark Darby, Ruth Evans und Momota Ganguli während und nach meiner Katalogisierung des Gödel-Nachlasses. An der Hillman Library der University of Pittsburgh beantworteten Richard Nollan und W. Gerald Heverly meine Anfragen zu Werken Rudolf Carnaps und Carl G. Hempels, transkribierten Passagen aus Carnaps Kurzschrift-Tagebüchern und verhalfen mir zur Erlaubnis, daraus zu zitieren. Wendy Schlereth von den Archiven der University of Notre Dame hat freundlicherweise Gödels dortigen persönlichen Ordner durchgesehen und verhalf mir zur Erlaubnis, Briefe aus den administrativen Ordnern des ehemaligen Präsidenten John F. O'Hara zu lesen und daraus zu zitieren. Ich bin auch Linda McCurdy und William Erwin jr. von der Perkins Library der Duke University zu Dank verpflichtet, die mir während der Woche, die ich dort verbrachte, behilflich waren und mir zur Erlaubnis verholfen haben, Auszüge aus Oscar Morgensterns Tagebücher zu kopieren.

Mehrere Personen haben mir geholfen, Kopien von Photographien und Dokumenten aus europäischen Aufbewahrungsorten zu besorgen, besonders zu nennen sind Eckehart Köhler und Werner DePauli-Schimanovich von der Universität Wien, Blažena Švandová von der Kurt-Gödel-Gesellschaft in Brno, Beat Glaus von der ETH-Bibliothek Zürich und Wolfgang Kerber von der Zentralbibliothek für Physik Wien.

Ich danke auch vielen der Bekannten von Kurt und Adele Gödel, die sich zu Interviews bereit erklärt haben oder die mir ihre Erinnerungen an sie brieflich mitteilten: Dr. Franz Alt; die Professoren Paul Benacerraf, Gustav Bergmann und

# Inhaltsverzeichnis

| | | |
|---|---|---|
| I | Der Herr Warum (1906–1924) | 1 |
| II | Die intellektuelle Reifung (1924–1929) | 19 |
| III | Exkurs: Eine kurze Übersicht über die Entwicklung der Logik bis 1928 | 32 |
| IV | Der Durchbruch (1929–1931) | 46 |
| V | Dozent in absentia (1932–1937) | 70 |
| VI | „Jetzt: Mengenlehre!" (1937–1939) | 99 |
| VII | Heimkehr und Vertreibung (1939–1940) | 120 |
| VIII | Jahre des Übergangs (1940–1946) | 131 |
| IX | Philosophie und Kosmologie (1946–1951) | 148 |
| X | Anerkennung und Einsiedelei (1951–1961) | 166 |
| XI | Das Kontinuumsproblem in neuem Licht (1961–1968) | 186 |
| XII | Der Rückzug (1969–1978) | 199 |
| XIII | Nachspiel (1978–1981) | 221 |
| XIV | Reflexionen über Gödels Werk und Vermächtnis | 226 |
| | Anmerkungen | 235 |
| | Anhang A – Biographische Daten | 261 |
| | Anhang B – Biographische Miniaturen | 263 |
| | Literatur | 269 |
| | Sachverzeichnis | 279 |

# I
# Der Herr Warum
(1906–1924)

> Das Kind, das annimmt, daß es für alles einen Grund gibt, fragt Warum [...] auch bei zufälligen Erscheinungen, bei denen das Kind eine versteckte Ursache sieht.
>
> Jean Piaget und Bärbel Inhelder, *The Origin of the Idea of Chance in Children*

KURT GÖDEL war ein äußerst wißbegieriges Kind. Noch bevor er vier Jahre alt war, begannen seine Eltern und sein älterer Bruder, ihn den „Herrn Warum" zu nennen; und in einem frühen Familienporträt blickt er mit ernst fragendem Gesicht in die Kamera (Abb. 1).

Die Fragen des „Herrn Warum" waren, wie sie Kinder üblicherweise stellen. Manchmal waren sie peinlich – so fragte er einmal eine ältere Besucherin, warum denn ihre Nase so lang sei –, aber öfter waren sie von der Art, auf die es nach Meinung der Erwachsenen keine Antwort gibt. Was Kurt Gödel von anderen unterschied, war nicht, daß er solche Fragen stellte, sondern daß er nie damit aufhörte. Sein Leben lang weigerte er sich, den Begriff des zufälligen Ereignisses zu akzeptieren. Ein paar Jahre vor seinem Tod erklärte er, daß „jedes Chaos nur ein falscher Eindruck" sei; und in einer undatierten Notiz, die man nach seinem Tod unter seinen Papieren fand, listet er vierzehn Prinzipien auf, die er für fundamental hielt. Das erste davon: „Die Welt ist vernünftig" [1].

Beharrlich „unbeantwortbare" Fragen zu stellen kann schnell zu sozialer Isolation führen, da der oder die Fragende eher für verrückt gehalten wird als für ein Genie. In allem Rationalität zu suchen ist vom modernen Standpunkt aus ja ein irrationaler Akt. Nicht nur, daß der kausale Determinismus dem momentanen wissenschaftlichen Zeitgeist widerspricht, es scheinen auch viele menschliche Verhaltensweisen rational kaum erklärbar zu sein. Ein Erzrationalist wie Gödel, der entschlossen ist, verborgene Mechanismen als Erklärung für solches Verhalten zu finden, wird dementsprechend beginnen, den menschlichen Beweggründen zu mißtrauen.

Zugleich ist es wahrscheinlich, daß sich jemand, der von der zugrundeliegenden Geordnetheit der Welt überzeugt ist, von der Mathematik angezogen fühlt. Wie Gödel selbst einmal schrieb: „In der Welt der Mathematik ist alles im Gleichgewicht und perfekt geordnet." Aber Gödel geht weiter und fragt: „Sollte man nicht dasselbe

**Abb. 1.** Die Familie Gödel, um 1910: Marianne, Kurt, Vater Rudolf, Sohn Rudolf

für die Welt der Realität annehmen, entgegen allem Anschein?" [2]. Gödels Berufswahl, sein Platonismus, seine psychischen Probleme und vieles andere an ihm können also einer gewissermaßen gehemmten Entwicklung zugeschrieben werden. Er war ein Genie, aber er war in vieler Hinsicht auch Kind geblieben. Otto Neugebauer, der bedeutende Historiograph der antiken Mathematik, dessen Verbindung zu Gödel fast fünfzig Jahre andauerte, beschrieb ihn als altklugen Knaben, der vorzeitig alt wurde; und Deane Montgomery, ein anderer Kollege Gödels, bemerkte, daß dieser – wie ein Kind – ständiger Fürsorge bedurfte [3]. Trotz seines ungeheuren Intellekts zeigte Gödel oft kindliche Naivität. Sein Geschmack blieb unausgebildet, und sein Wohlbefinden hing vom Bemühen derer ab, die es auf sich nahmen, ihn von der Welt abzuschirmen, sein manchmal bizarres Benehmen zu ertragen und dafür zu sorgen, daß seine physischen oder psychischen Gebrechen behandelt wurden.

Wir können also erwarten, daß Gödels Kindheit Einblicke in die Entwicklung seiner Persönlichkeit ermöglicht, solange auf der Frage „Warum?" nicht zu vehement bestanden wird.

„GÖDEL" BEDEUTET Tauf- oder Firmpate, in der Form Göd und Godel findet es sich z. B. im Duden oder im Österreichischen Wörterbuch. Es ist nicht klar, ab wann das Wort als Nachname benutzt wurde. Kurt Gödels Vorfahren väterlicherseits können zumindest vier Generationen zurückverfolgt werden, zu einem Carl Gödel, der 1840 starb. Es haben nur wenige Einzelheiten über ihn, seine Frau und seine vier Kinder im Familiengedächtnis überlebt. Es hieß nur, die Familie sei aus Böhmen und Mähren gekommen – einem Teil der österreichischen Monarchie – und mehrere Mitglieder lebten in Brünn, wo sie in der Lederindustrie als Händler, Buchbinder oder in einem Fall als Fabriksbesitzer tätig waren. Im allgemeinen waren sie in ihrem Beruf nicht erfolgreich, und so schwand das Familienvermögen langsam [4].

Carls Sohn Josef hatte selbst fünf Kinder, unter ihnen Kurt Gödels Großvater, der wieder Josef hieß. Dieser lebte mit seiner Frau Luise (Aloisia) in Wien, wo auch er in der Lederindustrie beschäftigt war. Sein Sohn Rudolf August, der spätere Vater von Kurt Gödel, wurde 1874 in Brünn geboren [5]. Kurz danach starb der jüngere Josef (angeblich durch Suizid), was seine Frau zwang, den kleinen Rudolf zwei Geschwistern Josefs anzuvertrauen, Anna und August, die den Knaben in Brünn als Pflegekind aufzogen.

Rudolf kam mit seiner Tante und seinem Onkel gut zurecht, nicht aber mit dem Gymnasium. Also wurde er mit zwölf Jahren in eine Weberschule geschickt – eine kluge Entscheidung, wie sich herausstellte, da Brünn ein Zentrum der österreichisch-ungarischen Textilindustrie war, und Rudolf sich bald interessiert und begabt für dieses Gewerbe zeigte, so daß „er die Schule mit Auszeichnung abschloß und sofort eine Anstellung in der damals sehr renommierten Tuchfabrik Friedrich Redlich erhielt. In dieser Fabrik wirkte er bis zu seinem Tod als Direktor und später als Teilhaber." Dabei entfremdete er sich allerdings zunehmend seiner Mutter, teilweise weil sie „zu große pekuniäre Anforderungen an ihn stellte, zu einer Zeit, als er selbst noch wenig verdiente und sich sein Leben erst aufbauen mußte" [6].

Rudolfs Interesse an der Textilindustrie könnte auch durch die Freundschaft der Familie Gödel mit den Handschuhs gefördert worden sein, einer siebenköpfigen Familie, die mit den Gödels das Wohnhaus Bäckergasse 9 (heute Pekarska) teilten [7]. Gustav Handschuh, ein Immigrant aus dem Rheinland, war Weber. Durch harte Anstrengung hatte er sich langsam in „eine schöne Stellung in dem damals sehr angesehenen und reichen Haus Schöller emporgearbeitet, wo er schließlich die Einzelprokura erhielt". Er war im öffentlichen Leben aktiv, und eine seiner Töchter, Marianne, war etwa im selben Alter wie Rudolf.

Es gab für die beiden Familien reichlich Gelegenheit, in Kontakt zu kommen. Das Wohnhaus war „noch etwas im Stil des Biedermeier gebaut, mit offenen Gängen, auf welchen sich die Nachbarn abends zu einem gemütlichen Plausch trafen" [8]. Es scheint also naheliegend, daß sich die Gödels mit Herrn Handschuh über die Ausbildung ihres Pflegekindes beraten haben könnten. Wie dem auch sei, später jedenfalls hat Herr Handschuh das Leben des jungen Rudolf beeinflußt, als er dessen Schwiegervater wurde.

DIE HOCHZEIT von Rudolf Gödel und Marianne Handschuh fand am 22. April 1901 in Brünn statt. Aus der Sicht des ältesten Sohns, Rudolf (geboren am 7. Februar 1902), war es „keine ‚Liebesheirat' [...], doch war sie sicher auf Zuneigung und Sympathie aufgebaut". Es war wohl eher ein dauerhafter Bund auf der Grundlage wechselseitiger Bedürfnisse und gegenseitigen Respekts: Marianne „mag wohl das energische tüchtige Wesen [Rudolfs] beeindruckt haben. Und er, der mehr schwerfällig und ernst veranlagt war, wird an ihrem heiteren freundlichen Wesen Gefallen gefunden haben" [9]. Die Verbindung entsprach den damaligen sozialen Normen, insbesondere war es nicht ungewöhnlich, daß Marianne wesentlich gebildeter war als ihr Mann.

Nach der Heirat zog das Paar in eine Wohnung in der Heinrich-Gomperz-Gasse 15. Bald nach der Geburt des älteren Sohnes kehrten sie jedoch in die Bäckergasse zurück, in das Haus Nummer 5, Tür an Tür mit den Eltern (Abb. 2). Und dort, am 22. August 1906, wurde ihr zweites – und letztes – Kind, Kurt Friedrich, geboren. Am 14. Mai wurde das Baby – 16 Tage alt – in der deutsch-lutherischen Kongregation in Brünn getauft. Friedrich Redlich, der Arbeitgeber des Vaters, stand Pate – Gödels Gödel sozusagen. (Vermutlich wurde der zweite Vorname des Kindes nach ihm gewählt.) Die Zeremonie scheint für die Eltern, die kaum jemals in die Kirche gingen, eher Formsache gewesen zu sein, Rudolf August war eigentlich Altkatholik, Marianne war Protestantin, „in ihrem Elternhaus herrschte eine aufgeklärte Frömmigkeit", inklusive regelmäßiger sonntäglicher Kirchenbesuche. Als Erwachsene scheint sie jedoch keine praktizierende Christin gewesen zu sein. Die Kinder wurden „freigeistig erzogen", und keines der beiden engagierte sich später in irgendeiner Religionsgemeinschaft. Rudolf fand Zeit seines langen Lebens „zur Religion kein rechtes Verhältnis mehr" [10]. Kurt hingegen wurde irgendwann gläubig: In einer nicht versandten Antwort auf ein Liste von Fragen, die ihm der Soziologe Burke D. Grandjean 1975 geschickt hatte [11], beschreibt er seinen Glauben als „theistisch eher als pantheistisch, eher in der Tradition Leibniz' als Spinozas". Und in einem Brief aus dem Jahr 1961 an seine Mutter schreibt er: „Ich glaube in der Religion, wenn auch nicht in den Kirchen, liegt viel mehr Vernunft als man gewöhnlich glaubt, aber wir werden von frühester Jugend an zum Vorurteil dagegen erzogen, durch die Schule, den schlechten Religionsunterricht, durch Bücher und Erlebnisse" [12].

Der Grandjean-Fragebogen ist eine von mehreren Quellen, die Licht auf bestimmte Details in Gödels Kindheit und Jugend werfen. Zu den anderen gehören seine Schulzeugnisse – sorgfältig von ihm aufbewahrt, Familienphotos, Erinnerungen seines Bruders und die gelegentliche Erwähnung von Ereignissen seiner Kindheit in der Nachkriegskorrespondenz mit seiner Mutter. Das Bild, das aus all diesen Quellen entsteht, ist das eines ernsthaften, wißbegierigen, intelligenten Kindes, sensibel, oft zurückgezogen oder mit sich selbst beschäftigt, und schon früh zeigen sich erste Zeichen emotionaler Instabilität.[1]

---

[1] In einem Brief an Hao Wang vom 29. April 1985 [13] schreibt Rudolf Gödel, sein Bruder habe im Alter von fünf Jahren an einer „leichten Angstneurose" gelitten.

**Abb. 2.** Gödels Geburtshaus, Pekařská 5, Brünn, 1993 (Brünner Archive)

Beide Kinder waren ihrer „lieben Mama" sehr anhänglich. Vom kleinen Kurt wird berichtet, er habe im Alter von vier oder fünf Jahren haltlos zu weinen begonnen, sobald seine Mutter das Haus verließ [14]. Und obwohl sie den Haushalt überwachte und regelmäßig Gäste einlud, fand sie viel Zeit für ihre Kinder, um ihnen vorzulesen, für sie zu singen oder Klavier zu spielen. Sie war, so scheint es, eine vorbildliche Hausfrau und Gastgeberin.

Das Verhältnis zum Vater war „vielleicht etwas weniger herzlich", sei es auch nur, weil die Kinder ihn wenig zu Gesicht bekamen. Als ein Mann von „durchaus praktischer Veranlagung" widmete Rudolf August den Großteil seiner Zeit der Arbeit. Dennoch beschreibt ihn sein Sohn Rudolf als „guten Vater, der uns Kindern viele Wünsche erfüllte, und der später unsere Studien in Wien reichlich dotierte" [15]. Durch seine Anstrengungen wurde die Familie so wohlhabend, daß mehrere Hausangestellte beschäftigt wurden, unter anderem eine Gouvernante für die Kinder.

So wuchsen Kurt und Rudolf in privilegierten Verhältnissen auf. Die Gödels waren Sudetendeutsche, diese Volksgruppe dominierte damals die Brünner Gesellschaft. Die Brüder hatten wenige Spielgefährten, kamen aber offensichtlich gut miteinander aus, nur selten gab es Konflikte. In jüngeren Jahren spielten sie „hauptsächlich beschauliche Spiele: Baukästen, Eisenbahnen, auch Brettspiele" [16]. Auch begleiteten sie ihre Eltern auf Ausflüge nach Mähren und zu Besuchen in Kurbädern wie Aflenz oder Marienbad.

Noch Jahrzehnte später erinnerte sich Gödel deutlich an solche Erlebnisse, zum Beispiel an Besuche am Achensee und besonders Mayrhofen, wo er es geliebt hatte, in den Sandhaufen zu spielen [17]. Mit gleicher Sehnsucht dachten er und sein Bruder an die aufregenden Zeiten der Kindheit zurück, als die beiden wenige Wochen vor Weihnachten Teile ihrer Geschenke aus dem Katalog einer Wiener Spielwarenhandlung aussuchen durften. Weihnachten wurde zuhause gefeiert, gemeinsam mit vielen Verwandten, zuvor besuchte man die Großeltern mütterlicherseits. „Der Christbaum ... war dort an der Spitze an der Zimmerdecke befestigt und konnte so frei um seine Achse drehen" [18]. Es scheint, daß diese Zusammenkünfte nicht die Verwandten des Vaters mit einschlossen, mit Ausnahme von Tante Anna und Onkel August.

Als die Knaben heranwuchsen, wurde die Wohnung allmählich zu klein für die Familie Gödel. Also hielt Rudolf August nach einem geeigneten Baugrund Ausschau. Er fand ihn nur zwei Häuserblöcke entfernt, am Fuß eines steilen Hügels gleich im Westen des historischen Stadtkerns.

Damals wie heute ist dieser Hügel, Špilberk genannt, das auffallendste Wahrzeichen Brünns. Auf seinem Gipfel thront ein massives Bauwerk gleichen Namens. Es wurde im 13. Jahrhundert als Schloß errichtet und um 1740 in eine Festung umgebaut. Die Brustwehr und äußeren Wälle wurden im frühen 19. Jahrhundert auf Befehl Napoleons geschleift, nach dessen Sieg im nahen Austerlitz. Aber das Bauwerk behielt seinen düsteren Charakter, es wurde ein Gefängnis, zuerst unter den habsburgischer, dann unter nationalsozialistischer Herrschaft.

Die Zerstörung der äußeren Verteidigungsanlagen schaffte jedenfalls neuen Wohnraum und Raum für Industrieanlagen (besonders die Textilindustrie entwickelte sich rasch), und es war nun auch nicht mehr notwendig, die Hänge des Špilberk frei von Vegetation zu halten.

Um 1870 wurden Bäume gepflanzt, und so wurde in den ersten Jahrzehnten des 20. Jahrhunderts der Hügel zu einer grünen Oase. Als die Sicht auf den Gipfel zunehmend verdeckt wurde, schwand auch die unheimliche Ausstrahlung des Špilberk, und immer mehr Siedlungen wurden am Fuß des Südhanges errichtet. Um 1910 war dieses Gebiet eine beliebte Wohngegend geworden, und dort baute Rudolf August eine dreistöckige Villa (Abb. 3), in der Spilberggasse, heute Pellicova, umbenannt zu Ehren des italienischen Dichters Silvio Pellico, der im Špilberk inhaftiert war.

Die Familie Gödel zog 1913 in die neue Villa ein, Kurt war damals sieben und sein Bruder elf. Die Knaben und ihre Eltern belegten das Erdgeschoß, das aus „fünf Zimmer[n] und eine[r] große[n] Diele" bestand, mit einer „Ecke", die im Jugendstil dekoriert war, „die Möbel und ... Polstermöbel ... waren Wiener Werkstätte". Tante Anna lebte im ersten Stock, und der zweite war für die unverheiratete Schwester Mariannes, Pauline, vorgesehen. Bevor sie jedoch einzog, ergaben sich „Differenzen", und trotz einer Aussöhnung kam es nicht vor dem zweiten Weltkrieg dazu, daß Tante Pauline endlich mit ihrer Schwester unter demselben Dach wohnte [19].

**Abb. 3.** Die Villa der Familie Gödel, Pellicova 8a, Brünn, 1983 (J. Dawson)

Das Grundstück hinter dem Haus reichte weit den Hang des Špilberk hinauf. Dort legte die Familie Gödel einen großen Garten mit vielen Obstbäumen an. Die Kinder hatten viel Platz, um mit den zwei Hunden der Familie zu spielen, einem Dobermann und einem kleinen Terrier, und die Lage ermöglichte eine gute Aussicht auf die Stadt und das umliegende Land. Mit Hilfe eines kleinen Teleskopes konnten die Brüder die Verzierungen des nahegelegenen Doms „Peter und Paul" beobachten oder nach Süden über die Ebenen Mährens auf die fernen Kalkfelsen schauen [20].

Aber das Spiel war nicht mehr die einzige Beschäftigung der Kinder. Am 16. September 1912 wurde Kurt, wie zuvor sein Bruder, an der Evangelischen Privat-Volks- und Bürgerschule in der Elisabethstraße (heute Opletalova), nur wenige Straßen entfernt, eingeschrieben (Abb. 4).

Die waghalsige Zusammensetzung des Namens der Schule spiegelt die Entwicklung des österreichischen Schulsystems im vorhergehenden Jahrhundert wider. Die Schule war zuerst einmal privat und evangelisch. Solche Schulen waren zwar seit dem Toleranzpatent von 1781 offiziell zugelassen, aber in der Praxis unterhielt bis 1861 fast ausschließlich die katholische Kirche eigene Schulen. Damals bestätigte ein neues kaiserliches Patent das Recht der Protestanten, ihre eigenen Schulen zu betreiben und Art und Ausmaß des Religionsunterrichtes selbst festzulegen.

„Volks- und Bürgerschule" bezeichnete die Vereinigung zweier Schultypen, die mit dem Reichsvolksschulgesetz von 1869 eingerichtet wurden. Diese Form sah acht Jahre Unterricht vor, davon fünf Jahre in der Volks- und drei Jahre in der Bürgerschule [21]. Kurt Gödel besuchte diese Schule jedoch nur vier Jahre, bevor er in ein Realgymnasium wechselte, eine andere Mischform, die zur selben Zeit eingeführt worden war.[2]

---

[2] Traditionell gab es eine strenge Trennung zwischen den Gymnasien, die den Kindern der Oberschicht klassische Ausbildung boten, und den berufsorientierten Realschulen für die untere Mittelschicht. Naturwissenschaften wurden hauptsächlich in letzteren gelehrt, vor allem nach 1819, als „der Lehrplan des Gymnasiums geändert wurde, so daß Latein und Griechisch auf Kosten von Geschichte und Geographie verstärkt unterrichtet und Naturgeschichte, Geometrie und Physik völlig gestrichen wurden" [22].

In Folge der Revolution 1848 wurden beide Schulformen reorganisiert, aus dem Gymnasium wurde eine „achtjährige Schule mit Eintrittsalter von zehn oder elf Jahren, mit Hauptgewicht auf alten Sprachen, die die Idee verkörperte, daß die antike Kultur ein für alle Zeiten gültiges Modell darstellte", die Realschulen waren „sechsjährig, ... mit Betonung auf Mathematik, Mechanik und Technik, Architektur und Technische Chemie, mit einer lebenden Fremdsprache als Wahlfach" [23].

Daraufhin wurden viele der praxisorientierten Unterrichtsgegenstände der Realschulen zugunsten der Naturwissenschaften oder Sprachen gestrichen. Eigene Berufsschulen wurden gegründet sowie das sechsjährige Realgymnasium, dessen „Aufgabe es war, die Schülerinnen und Schüler nach den ersten vier Jahren Volksschule auf die letzten vier Jahre Gymnasium oder Realschule vorzubereiten" [24]. Die grundsätzliche Dichotomie bestand jedoch bis 1908, als in Reaktion auf vermehrte Kritik die Realschule in eine achtjährige Institution umgewan-

**Abb. 4.** Die Evangelische Privat-Volks- und Bürgerschule, Brünn, 1993 (Brünner Archive)

Daß Gödels Unterricht vielseitig war, kann man seinen Zeugnissen entnehmen. In der Volksschule wurde er in Religion, Lesen, Schreiben (im damals üblichen Kurrent), deutscher Grammatik, Arithmetik, Geschichte, Geographie, Naturgeschichte, Zeichnen, Singen und Turnen unterrichtet. Einige von Gödels Übungsheften des ersten Schuljahres haben überlebt, an ihnen sieht man, wieviel Wert auf wiederholtes Üben gelegt wurde (Abb. 5).

In der Volksschule bekam Gödel in allen Fächern die besten Noten. Er fehlte allerdings ziemlich oft (23,5 Tage 1913/14; 35,5 1914/15; 16,5 1915/16), wenn auch immer entschuldigt. 1915/16 war er auch vom Turnunterricht befreit, offensichtlich wegen eines gesundheitlichen Problems. Rudolf Gödel bestätigte später, daß sein Bruder im Alter von etwa acht Jahren an rheumatischem Fieber litt, eine ernsthafte Erkrankung, die manchmal Herzschäden verursacht. In Gödels Fall scheint die Krankheit keine bleibenden körperlichen Schäden hinterlassen zu haben. Dennoch wurde sie zum Wendepunkt in seinem Leben. Wie man es vom Herrn Warum erwarten würde, hatte er sich nämlich Informationen über mögliche Folgeschäden angelesen, und in ihm wuchs – ungeachtet der Versicherungen seines Arztes – die Überzeugung, daß sein Herz Schaden gelitten habe. Diese unerschütterliche Über-

---

delt und der Lehrplan reformiert wurde, um die kulturelle Kluft zu überbrücken. Dieses System war in Kraft, als Kurt und Rudolf zur Schule gingen.

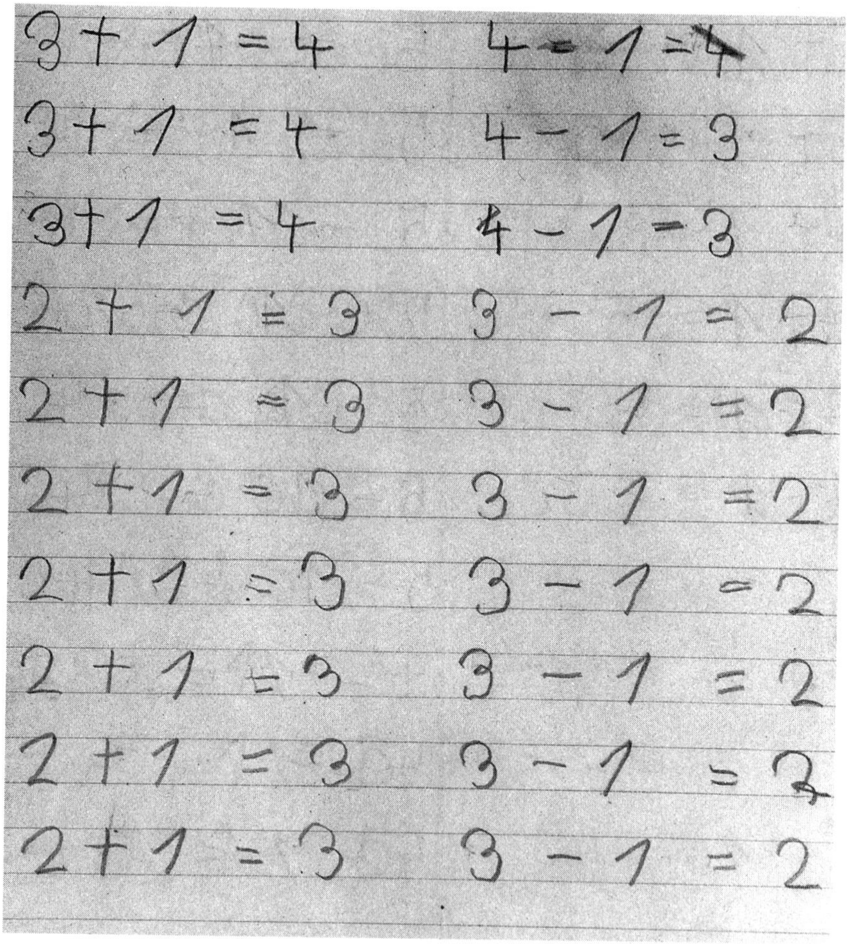

**Abb. 5.** Eine Seite aus Gödels erstem Rechenübungsheft, 1912/1913

zeugung, so sein Bruder, sei die Quelle der Hypochondrie gewesen, die in späteren Jahren ein so wesentlicher Teil seines Leben werden sollte.

In der Zwischenzeit überschattete der Ausbruch des ersten Weltkriegs alles andere. Für die Familie Gödel waren die Auswirkungen des Krieges nur verzögert und indirekt wahrzunehmen; Brünn war weit von den Schlachtfeldern, die Knaben waren zu jung für den Militärdienst und der vierzigjährige Vater wurde auch nicht einberufen. Aber wie viele andere Deutschstämmige in der Monarchie pflegten die Gödels ihr nationales Erbe. Vater Rudolf investierte viel in deutsche Kriegsanleihen und verlor infolge der Niederlage Deutschlands einen wesentlichen Teil seines Besitzes. Er war aber nicht gezwungen, die Villa zu verkaufen, und konnte seine Söhne weiterhin zur Schule schicken. Nach dem Krieg ermöglichte die Unterstützung der neu gegründeten Tschechoslowakei durch die Alliierten rasches wirtschaftliches Wachstum, so daß sich die Familie Gödel nach wenigen Jahren ihren hohen Lebensstandard wieder leisten konnte [25].

Welche Auswirkung hatte der Krieg auf Kurt und Rudolf? Sechs Jahrzehnte später schrieb Kurt Gödel, etwas unsicher, daß seine Familie „nicht sehr betroffen" war vom Krieg und der darauf folgenden Inflation [26]. Andrerseits merkte sein Bruder an, der Krieg habe die Geschwister dahin gehend beeinflußt, daß sie vermehrt Interesse an Strategiespielen wie Schach entwickelten. (Innerhalb weniger Jahre wurde Kurt offensichtlich ein recht guter Spieler. Einer seiner Klassenkollegen am Realgymnasium bestätigte, daß nur ein anderer Schüler – ein Schachmeister – in der Lage war, ihn zu schlagen [27].) Jedenfalls unterbrach der Krieg nicht die Ausbildung der Knaben – die Qualität des Unterrichts wurde vielleicht dadurch beeinträchtigt, daß sich die Reihen der Lehrer lichteten. Am 5. Juli 1916 schloß der zehnjährige Kurt die Evangelische Schule ab, und im folgenden Herbst wurde er Schüler des K.-K.[3] Staatsrealgymnasiums mit deutscher Unterrichtssprache. Das Schulgebäude befindet sich in derselben Straße wie die Fabrik seines Vaters (Abb. 6).

Wie in Gödels Volksschule gab es auch hier nur wenige Zöglinge, deren Muttersprache nicht Deutsch war. In anderer Hinsicht gab es jedoch wesentliche Unterschiede, da es sich um eine öffentliche Schule handelte (obwohl Schulgeld zu zahlen und eine Aufnahmsprüfung abzulegen war). Die Evangelischen waren eine Minderheit: 55 Prozent in Gödels Klasse waren katholisch, 40 Prozent jüdisch. In Gödels Jahrgang bei Schuleintritt waren 92 der 444 Schülerinnen und Schülern des Realgymnasiums. Vier Jahre später waren es nur mehr 36 (von 336), darunter das einzige Mädchen (von 41 in der ganzen Schule), das für mehr als drei Jahre eingeschrieben war. Die meisten Abgänge gab es im Jahr davor, dem letzten Jahr der allgemeinen Schulpflicht [30].

Diese statistischen Daten bieten Hinweise auf das soziale und erzieherische Milieu, in dem Kurt Gödel prägende Jahre erlebt hat. Wie wesentlich dieses Milieu für seine eigene soziale oder intellektuelle Entwicklung war, ist eine interessante Frage, da sich damals erstmals die Introvertiertheit und Isolation zeigten, die wesentliche Aspekte seiner Persönlichkeit werden sollten. Als zum Beispiel seine Sorgen bezüglich seiner Gesundheit stärker wurden, verringerte sich sein Interesse und seine Teilnahme an sportlichen Aktivitäten, er ging auch nicht mehr schwimmen oder

---

3 „Kaiserlich-königlich" bezeichnete Angelegenheiten und Einrichtungen der österreichischen Reichshälfte (nach anderer Diktion „Österreich", „die im Reichsrat vertretenen Königreiche und Länder" oder „Cisleithanien"). Im Unterschied dazu steht „königlich ungarisch" (Ungarn einschließlich Siebenbürgen, Kroatien und Slavonien) und „kaiserlich und königlich". Mit letzterem bezeichnete man gemeinsame (sog. „pragmatische") Angelegenheiten und Einrichtungen. Diese Terminologie war seit dem Ausgleich 1867 in der Monarchie allgegenwärtig [28]. Musil karikiert sie im *Mann ohne Eigenschaften*, indem er sein Spiegelbild der Monarchie Kakanien nennt [29].

**Abb. 6.** Historische Postkarte (undatiert) mit dem Gymnasium, das Gödel besuchte, im Vordergrund und dem Rauchfang der Textilfabrik Redlich im Hintergrund (Brünner Archive)

turnen, wie er es zuvor gerne getan hatte. Wieder finden sich zahlreiche (entschuldigte) Fehlstunden in seinen Zeugnissen, und im Schuljahr 1917/18 war er wieder vom Turnunterricht befreit.[4] Schließlich blieb er lieber zu Hause, um zu lesen, als die Familie auf Wochenendausflüge in Mähren zu begleiten – „was manchmal zu einer Verstimmung [seines] Vaters führte" [31].

Einer der wenigen Klassenkollegen, mit denen Gödel etwas mehr zu tun hatte, war Hans Klepetař, Gödels Sitznachbar während der acht Jahre Realgymnasium. Klepetař erinnerte sich, daß Gödel „von Anfang an ... eher zurückgezogen war und sich hauptsächlich mit seinen Studien beschäftigte. Er hatte nur zwei enge Freunde, der eine war Adolf Hochwald [der schon erwähnte Schachspieler] ..., der andere war ich selbst." Klepetař sagte weiters, daß „Gödels Interessen vielfältig waren", und daß sich „sein Interesse an Mathematik und Physik schon im Alter von 10 Jahren ausgebildet hatte" [32].

Nach Aussagen von Rudolf Gödel brachte sein Bruder „den Unterrichtsfächern sehr unterschiedliches Interesse" entgegen, Mathematik und Sprachen größeres als Literatur und Geschichte [33]. Diese Vorlieben lassen sich allerdings nicht an seinen Noten ablesen (Abb. 7): Nur einmal bekam er nicht die beste Note (in Mathematik![5]); aber er wählte eine Fremdsprache als Wahlfach: Latein und Französisch waren Pflichtfächer im Realgymnasium (acht beziehungsweise sechs Jahre), und Englisch war eines der zwei Wahlfächer, die Gödel belegte.

Er wählte jedoch nicht Tschechisch – ein Versäumnis, daß später ordnungsgemäß von den tschechischen Behörden vermerkt wurde. Klepetař erinnerte sich, daß Gödel der einzige Klassenkollege war, den er nie auch nur ein Wort Tschechisch reden hörte,[6] und daß sich Gödel, besonders nach dem Oktober 1918, als die tschechoslowakische Republik ihre Unabhängigkeit erklärt hatte, als Österreicher im tschechischen Exil betrachtete [35].

Beinahe ein Viertel der Bevölkerung der Republik war deutschstämmig. 1910 lebten etwa 3.747.000 Deutsche in Böhmen, Mähren und Schlesien, hauptsächlich nahe der Grenze zu Deutschland und Österreich, und sie fühlten sich als Teil des deutschen oder österreichischen Kulturkreises. Anders als die tschechische Bevölkerung, die zum Großteil auf dem Land lebte, lebten die Deutschen hauptsächlich in

---

4 Letzteres vielleicht wegen einer Blinddarmoperation, die Gödel ohne Hinweis auf ein Datum, aber mit Hinweis auf einen Schulkollegen, der sich einer ähnlichen Operation unterzogen hatte, in einem Brief vom 14. Februar 1962 an seine Mutter erwähnt.

5 In Steve Givants Kurzbiographie Alfred Tarskis, eines der wenigen Logiker, dessen Bedeutung mit der Gödels verglichen werden kann, findet sich eine ähnliche Ironie: „Er [Tarski] war ein hervorragender Schüler, Logik war das einzige Fach, in dem er nicht die beste Note bekam ..." [34].

6 Offensichtlich hatte er jedoch in Brünn ein paar Worte Tschechisch gelernt, da eine der Kassierinnen der Mensa des Institute for Advanced Study anmerkte, daß Gödel einmal „slawisch" zu ihr gesprochen habe.

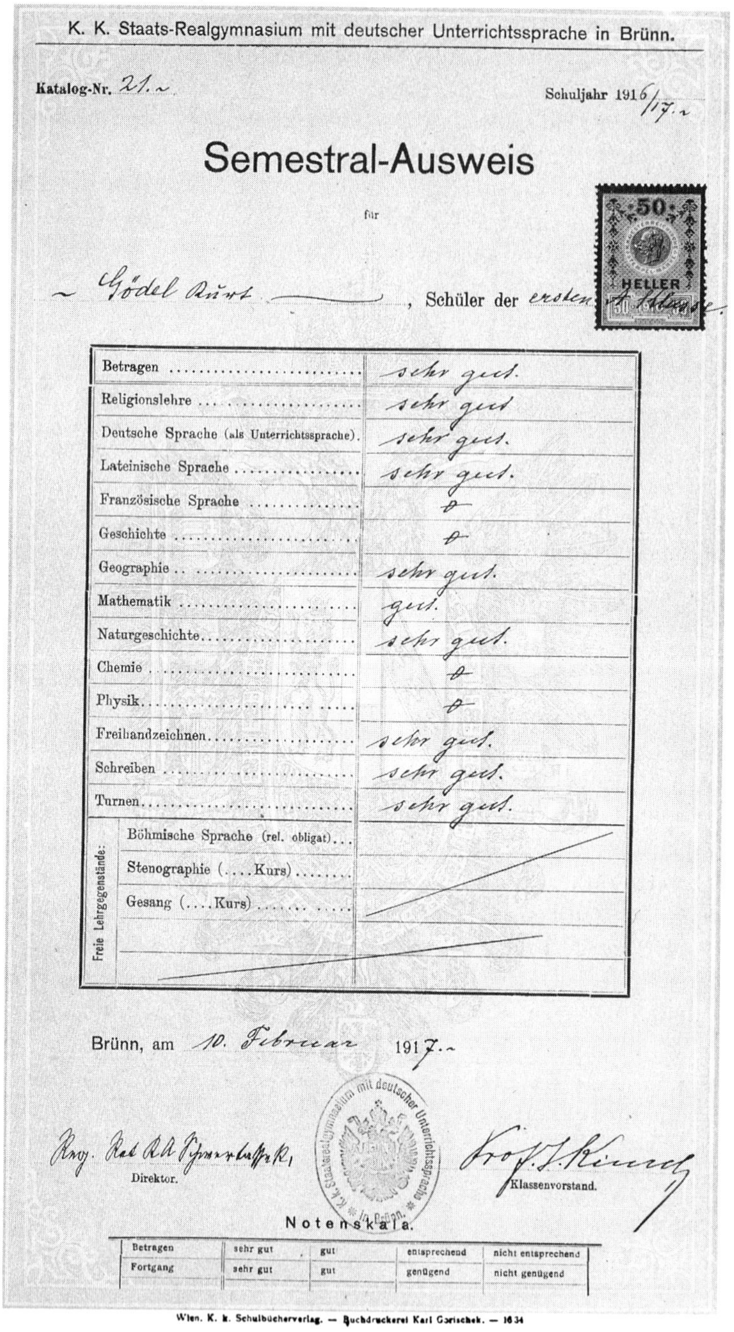

K. K. Staats-Realgymnasium mit deutscher Unterrichtssprache in Brünn.

Katalog-Nr. 21.– Schuljahr 1916/17.–

# Semestral-Ausweis

für

– Gödel Kurt ———, Schüler der ersten Klasse.

| | |
|---|---|
| Betragen | sehr gut. |
| Religionslehre | sehr gut |
| Deutsche Sprache (als Unterrichtssprache) | sehr gut. |
| Lateinische Sprache | sehr gut. |
| Französische Sprache | 0 |
| Geschichte | 0 |
| Geographie | sehr gut. |
| Mathematik | gut. |
| Naturgeschichte | sehr gut. |
| Chemie | 0 |
| Physik | 0 |
| Freihandzeichnen | sehr gut. |
| Schreiben | sehr gut. |
| Turnen | sehr gut. |
| Freie Lehrgegenstände: Böhmische Sprache (rel. obligat) | |
| Stenographie (....Kurs) | |
| Gesang (....Kurs) | |

Brünn, am 10. Februar 1917.–

K. k. Staatsrealgymnasium mit deutscher Unterrichtssprache in Brünn.

Direktor. Klassenvorstand.

Notenskala.

| | | | | |
|---|---|---|---|---|
| Betragen | sehr gut | gut | entsprechend | nicht entsprechend |
| Fortgang | sehr gut | gut | genügend | nicht genügend |

Wien. K. k. Schulbücherverlag. — Buchdruckerei Karl Gorischek. — 1634

**Abb. 7.** Semesterzeugnis Kurt Gödels, Februar 1917 (H. Landshoff)

Industriestädten. Ihre Ausbildung war meist besser, und viele – wie auch die Familie Gödel – beschäftigten Tschechinnen und Tschechen für Arbeiten im Haushalt [36]. Gödels Einstellung zur tschechischen Sprache könnte also symptomatisch für ein generelles Vorurteil gegen das Slawische gewesen sein, und zumindest Marianne Gödel scheint eine solche Einstellung gezeigt zu haben, nach der Vertreibung der Deutschen aus der Tschechoslowakei am Ende des Zweiten Weltkriegs und dem späteren Zustrom tschechischer Flüchtlinge nach Wien. Aber Kurt Gödel erklärt in Briefen vom 27. Juni und 31. Juli 1954 [37] an sie – er fände „nicht, daß Slaven unsympathisch [seien], außer die ultranationalistischen".

Gödels Interesse an Fremdsprachen – oder zumindest ihrem formalen Aspekt – dauerte über seine Schulzeit hinaus an. Sein Nachlaß enthält Notizbücher zu Italienisch, Niederländisch und Griechisch, zusätzlich zu den schon erwähnten Sprachen. In seiner persönlichen Bibliothek finden sich verschiedene fremdsprachige Wörterbücher und Grammatiken, aber kaum ein literarisches oder wissenschaftliches Werk in einer anderen Sprache als Deutsch, Englisch oder Französisch. Das scheinen auch die einzigen Sprachen gewesen zu sein, die er fließend sprach.

Für die Naturwissenschaften waren im Lehrplan des Realgymnasiums acht Jahre Mathematik, je sechs Jahre Physik und Naturgeschichte und fünf Jahre Chemie vorgesehen. Für manche dieser Fächer sind Gödels Mitschriften erhalten. So beinhaltet zum Beispiel das Heft für das dritte Jahr Physik Informationen zu Maßeinheiten, Beispiele zur elementaren Astronomie und der Theorie der erzwungenen harmonischen Schwingung (insbesondere die Bewegung des gekoppelten Pendels, mit Details zur Lösung von linearen Differentialgleichungen zweiter Ordnung). Die Einführung in die Mathematik beinhaltete Algebra, Geometrie[7], Trigonometrie und vielleicht etwas Analysis, wieviel genau, ist schwierig festzustellen, da das Material über mehrere Notizhefte verteilt ist und vielleicht teilweise aus anderer Zeit stammt, manches ist wohl auch von Gödel selbständig ausgearbeitet worden. Im Naturgeschichteunterricht wechselte der Lehrstoff jedes Jahr. Die fortgeschrittenen Themen waren Zoologie (Taxonomie und Morphologie), Humanphysiologie und Mineralogie.

Andere Pflichtfächer waren Deutsch, Geschichte und Geographie (je acht Jahre), Religion (fünf Jahre), freihändiges Zeichnen (vier Jahre), und – während der letzten zwei Jahre – Einführung in die Philosophie. Ein Hausübungsheft aus Gödels fünfter Klasse (1920/21) beinhaltet Aufsätze und Übungen aus verschiedensten Gebieten, zum Beispiel einen Aufsatz über „Metalle im Dienste der Menschheit", Übersetzungen und Interpretationen von Teilen des Nibelungenlieds und von Gedichten Walthers von der Vogelweide, eine Übersicht der wichtigsten deutschen Gedichte bis zum zwölften Jahrhundert, und eine Analyse von Emanuel Geibels Gedicht „Der Tod des Tiberius" [38].

---

7 Das Geometrie-Notizheft enthält wenig Geometrie im Sinne der Euklidschen Beweise. Es beschäftigt sich mehr mit Perspektivzeichnungen, zum Beispiel von Polyhedren und Projektionen von Zylindern und Kegeln.

Abgesehen von den Informationen aus den Übungsheften gibt es sehr unterschiedliche Aussagen zur Unterrichtsqualität am Realgymnasium. Stefan Zweig (geb. 1881) beschreibt in seinem autobiographischen Werk *Die Welt von Gestern* die „unsichtbare Barriere der ‚Autorität‘ ..., die totale Zusammenhanglosigkeit, die geistig und seelisch zwischen uns und unseren Lehrern bestand," und die „lieblose und seelenlose Methode" des Unterrichts, die „Interessen und Absichten ... gehemmt, gelangweilt und unterdrückt" hat [39]. Aber inzwischen waren Reformen durchgeführt worden, und Gödels Klassenkollege Klepetař meint, daß das Staatsrealgymnasium in Brünn „eine der besten Schulen in der österreichischen Monarchie und später in der Tschechoslowakei" gewesen sei, wenn es auch im Vergleich zu amerikanischen Schulen weniger Interaktion zwischen Lernenden und Lehrenden gegeben habe. Es standen offenbar genügend Lehrer zu Verfügung, auch waren viele fachlich hoch qualifiziert: Von den einundzwanzig Vollzeitbeschäftigten, die während Gödels Schulzeit tätig waren, hatten elf ein Doktorat. Aus diesen hob Klepetař besonders Dr. Georg Burggraf hervor, den Mathematik- und Physiklehrer, der sein eigener, Gödels „und vermutlich jedermanns" Lieblingslehrer gewesen sei. Rudolf Gödel jedoch meinte: „Wir hatten gerade in Mathematik einen Professor, der kaum geeignet war, für sein Fach zu interessieren" [40].

Gödel selbst äußert sich in einem Brief an seine Mutter (vom 11. September 1960) eher geringschätzig über seine Schule. In bezug auf ein Buch über die Geschichte Brünns, das seine Mutter ihm geschickt hatte, meint er: „Vom Realgymnasium steht dafür kein Wort. Wahrscheinlich ist seine Vergangenheit wenig ruhmreich oder sogar unrühmlich, was mich in Anbetracht der Verhältnisse zur Zeit, als ich es besuchte, gar nicht wundern würde" [41].

Ich habe in Gödels Schriften keinen Hinweis auf Burggraf gefunden. Im Grandjean-Fragenkatalog, als Antwort auf „Gibt es Einflüsse, die Sie als besonders wichtig für die Entwicklung Ihrer Interessen ansehen (zum Beispiel einen bestimmten Lehrer, ein Buch oder Autor, Interessen der Eltern etc.)?", erwähnt Gödel nur die Analysis-Einführung der Sammlung Göschen. Und in Briefen an seine Mutter schreibt er das Entstehen seines Interesses an Mathematik und Naturwissenschaften nicht dem Schulunterricht zu, sondern einem Besuch in Marienbad 1921, als er vierzehn war [42]. Dort, erinnerte er sich, sei Houston Steward Chamberlains Goethe-Biographie gelesen und diskutiert worden, und rückblickend meint Gödel, daß es Chamberlains Darstellung der Goetheschen Farbenlehre mit ihrer Diskrepanz zu Newton war, die indirekt zu seiner Berufswahl geführt habe.[8]

Es gab allerdings ein Fach im Realgymnasium, das auf Gödels Leben als Gelehrter Einfluß gehabt hat und mit dem man sich auseinandersetzen muß, wenn man Gödels Werk studiert: die Kurzschrift, sein zweites Wahlfach. Heutzutage, insbeson-

---

8 „So spinnen sich durch's Leben merkwürdige Fäden, die man erst entdeckt, wenn man älter wird."

**Abb. 8.** Schulphoto Kurt Gödels, um 1922

dere in Amerika, findet Kurzschrift nur mehr im Geschäftsleben und in Gerichtsprotokollen Verwendung, so gesehen wäre diese Wahl eines wissenschaftlich Interessierten überraschend. Aber zu jener Zeit war sie keineswegs unüblich, viele europäische Wissenschaftlerinnen und Wissenschaftler verwendeten Kurzschrift für ihre Notizen, und manche sogar für die Korrespondenz. Es sparte Zeit und Platz und galt als nützliche Fähigkeit für alle, die an der Universität studieren wollten.[9]

Gödel schloß das Realgymnasium am 19. Juni 1924 ab. Sein Jahresbericht für 1923/24 findet sich nicht im Nachlaß, aber in dem für 1922/23 ist sein Name fett gedruckt, was ihn als Vorzugsschüler ausweist, einer von vier unter den zweiundzwanzig Zöglingen. Ein Schulphoto von ihm aus dieser Zeit (Abb. 8) bestätigt den Eindruck eines strebsamen, zuversichtlichen Schülers, ein Eindruck, der durch die

---

9 Kurzschrift wurde nicht als Geheimschrift entwickelt. Angesicht der weiten Verbreitung wäre sie als solche auch ungeeignet gewesen. Leider gab es zwei konkurrierende Systeme, Gabelsberger und Stolze-Schrey, beide damals weitverbreitet. Sie wurden zur Einheitskurzschrift verschmolzen, wenige Jahre nachdem Gödel das Gabelsberger-System erlernt hatte. Heute muß man sich beim Studium der Notizen Gödels daher nicht nur mit den Eigenheiten der älteren Kurzschrift herumschlagen, sondern auch mit den verwirrenden Ähnlichkeiten zur neueren – in der Erscheinung, nicht in der Bedeutung. (Die Kurrentschrift dagegen, die Gödel am Beginn der Volksschule gelernt hatte, war nie ein Problem, da sie noch in seiner Gymnasiumszeit obsolet wurde und er sie danach nie benützte.)

Brille noch verstärkt wird, deren breite, dunkle Fassung von da an eine unveränderliche Eigenheit seiner Erscheinung sein sollte. (Eine Verordnung eines Optikers vom 13. Mai 1925 zeigt, daß er damals bereits deutlich kurzsichtig war.)

# II
# Die intellektuelle Reifung
(1924–1929)

> Ich verdanke dem Wiener Kreis viel. Aber nur die Einführung in die Probleme und die Literatur.
>
> Kurt Gödel an Herbert G. Bohnert, 1974

IN GROBEN ZÜGEN kann man Gödels Leben in drei Perioden einteilen, die sowohl seinen Aufenthaltsorten als auch seinen intellektuellen Interessen entsprechen: zuerst die Kindheit in Brünn; dann seine Wiener Jahre als Student und später Dozent, in denen er seine bedeutendsten Resultate erzielte; drittens die Zeit nach der Emigration nach Amerika, in der er seine Aufmerksamkeit hauptsächlich der Philosophie und Physik zuwandte. Der Übergang zwischen den Perioden war beide Male abrupt und brachte große Unterschiede im intellektuellen, sozialen, ökonomischen und politischen Milieu mit sich.

Die zweite Phase in Gödels Leben begann im Herbst 1924, als er an der Universität Wien immatrikulierte. Plötzlich war er nicht mehr „Exil-Österreicher" in einer provinziellen tschechischen Industriestadt, sondern lebt – offiziell als tschechoslowakischer Staatsbürger – in der überfüllten Großstadt, die bis vor kurzem das politische und kulturelle Zentrum der österreichisch-ungarischen Monarchie gewesen war.

Inzwischen war Wien natürlich die Hauptstadt eines kleinen Staates ohne viel Einfluß auf das Weltgeschehen geworden. Die galoppierende Inflation war allerdings eingedämmt worden, so daß die wirtschaftlichen Aussichten wesentlich besser waren als noch vier Jahre zuvor, als Gödels Bruder an der Universität Wien Medizin zu studieren begonnen hatte. Aber Wohnraum, Nahrung, Heizmaterial und andere Gebrauchsgüter waren nach wie vor knapp, und deutsche und österreichische Universitäten hatten keine Schlafsäle. Rudolf hatte das Glück, eine Wohnung in Universitätsnähe zu finden (in der Florianigasse 42, Tür 16), die groß genug war für ihn und seinen Bruder. Beide hatten ihr eigenes Zimmer.

Die politische und ökonomische Grenze zwischen den Kindern und Eltern der Familie Gödel hatte eigentlich kaum Auswirkungen auf ihr tägliches Leben, da der Reiseverkehr zwischen Österreich und der Tschechoslowakei nicht wesentlich eingeschränkt wurde. Die Brüder konnten sooft wie nötig nach Hause reisen, besonders in den Sommermonaten, und ihr Vater brachte ihnen auf seinen zahlreichen Geschäftsreisen nach Wien aus Brünn Nahrungsmittel mit und andere Güter, die dort billiger waren. Kurt und Rudolf hatten auch Verwandte in Wien, mit denen sie – notgedrungen – näher bekannt wurden.

Durch den Zerfall der Monarchie war eine Karriere in Mähren nicht mehr sehr vielversprechend. Rudolf mußte sich erst „darauf einstellen, in Österreich zu bleiben" [43], während auf Kurt die Kulturinstitutionen Wiens starke Anziehung ausübten. Bevor er nach Wien zog, hatte er die Stadt ein paar Male besucht und Berichte seines Bruders über die dortigen Vorgänge gehört, er hatte aber eigentlich keinen Kontakt zu Wiens intellektuellen Zirkeln, „außer durch die Neue Freie Presse" [44].

Das intellektuelle Erbe der Stadt, ihre architektonische Substanz und ihre Kulturinstitutionen hatten den Krieg größtenteils heil überstanden, trotz des großen Elends und des Zerfalls der Monarchie. Auch die Universität hatte ihren Rang bewahren können. Das Ausmaß der Probleme, mit denen sich die Stadt konfrontiert sah, zwang die Verantwortlichen zu einem längst überfälligen Erneuerungsprogramm – besonders bemerkenswert waren die ausgedehnten Bautätigkeiten, durch die, von 1923 an, innerhalb von fünf Jahren 30.000 neue Wohneinheiten geschaffen wurden.

Für Kurt und Rudolf war natürlich die Universität der Lebensmittelpunkt. Die Universität Wien, wie auch andere österreichische Universitäten, folgte dem deutschen Modell, das sich aus dem Mittelalter entwickelt hatte: Drei der vier Fakultäten (die theologische, juridische und medizinische) waren der Berufsausbildung, die philosophische Fakultät der freien Lehre und Erforschung der Geistes- und Naturwissenschaften gewidmet. (Für die Ausbildung für technische, pädagogische und musische Berufe gab es eigene Hochschulen.) Weil der Staat die Universitäten verwaltete, fanden in ihnen „weder eine Kapelle noch ein Turnsaal" Platz, aber Burschenschaften, die dem Trinken und Kämpfen verschrieben waren, waren bekannte und berüchtigte Erscheinungen des deutschen Universitätslebens, bis sie von den Nationalsozialisten aufgelöst wurden [45].

Die Art, in der Naturwissenschaft und Mathematik in Wien zur Zeit Gödels gelehrt wurde, ist von seinem berühmten Kollegen Hermann Weyl beschrieben worden. Demnach waren an deutschen Universitäten „drei Arten des Unterrichts" üblich: „Vorlesungen vor großem Auditorium, Übungen ..., und Seminare für die Schulung für die Forschung" [46]. Kerngebiete wurden üblicherweise von Professoren gelehrt, Assistentinnen und Assistenten standen für Fragen der Studierenden zur Verfügung und halfen bei der Benotung schriftlicher Arbeiten. Die Vorlesungen konnten sehr groß werden. In Wien zum Beispiel fand Professor Furtwänglers Zahlentheorievorlesung – die nachhaltigen Einfluß auf Gödel hatte – ein derart großes Auditorium (drei- oder vierhundert Personen), daß es notwendig war, Platzkarten für jeden zweiten Tag zu vergeben [47]. Auf der anderen Seite wurden sehr spezialisierte Seminare meist von Privatdozenten gehalten, die geringe Gebühren für die Teilnahme verlangen konnten, aber im Gegensatz zur Professur war die Privatdozentur nicht mit einem Gehalt verbunden.

Für das Universitätsstudium mußten keine Studiengebühren entrichtet werden, es gab keinen Numerus clausus. Die Studierenden konnten jede Vorlesung besuchen, sie hatten mehrere Wochen Zeit, um sich einzuleben (zu *hospitieren*) und Vorlesungen zu besuchen, bevor sie inskribierten und eventuell Teilnahmegebühren zahlen mußten. Für Lehrveranstaltungen, für die man sich einschreiben lassen mußte, gab es keine Prüfungen oder Benotung, es gab auch nicht die in angloamerikanischen Universitäten übliche Unterscheidung zwischen undergraduates und graduates [48].

Aber „die scheinbar grenzenlose Freiheit der Studierenden", die sich so sehr von dem unterschied, was sie in den Gymnasien erlebt hatten, war „in der Praxis durch die Notwendigkeit beschnitten, am Ende der Universitätslaufbahn ein Staatsexamen abzulegen" [49]. Um diese Prüfung (über bestimmte Gebiete, nicht bestimmte Lehrveranstaltungen) ablegen zu können, mußten die Kandidatinnen und Kandidaten über einen bestimmten Zeitraum (normalerweise drei oder vier Jahre) Lehrveranstaltungen besucht haben, aber nicht notwendigerweise an derselben Universität. Der bedeutende Wissenschaftsphilosoph Carl Hempel, der zur selben Zeit wie Gödel studierte, erinnerte sich, daß es „durchaus üblich war, daß Studenten an verschiedenen Universitäten studierten", an jeder „vielleicht ein Semester, ein Jahr oder mehrere Jahre" [50]. Hempel selbst zum Beispiel begann sein Studium an der Universität Göttingen, führte es in Heidelberg, Berlin und Wien fort, um dann schließlich in Berlin zu dissertieren. Die Wahl Gödels, ausschließlich in Wien zu studieren, war außergewöhnlich. Und er blieb auch nach dem Doktorat, wurde hier Dozent, und daß er Wien letztendlich verließ, geschah nur aus politischer und ökonomischer Notwendigkeit. Wie Weyl anmerkte, ist es „oft der Ruhm eines großen Lehrers oder Forschers, der einen Studenten zu einer bestimmten Universität bringt" [51]. In Gödels Fall war es wohl eher die Nähe zu Brünn und die Möglichkeit, während der ersten Jahre bei seinem Bruder zu leben. Anbetrachts der Reputation der Universität gab es kaum Grund für ihn, eine weiter entfernte in Betracht zu ziehen, aber die spezielle Bedeutung des Wiener Instituts für Mathematik – mit den ordentlichen Professoren Wilhelm Wirtinger, Philipp Furtwängler und Hans Hahn, dem außerordentlichen Professor Alfred Tauber, und den Dozenten Ernst Blaschke, Josef Lense, Eduard Helly, Leopold Vietoris und Lothar Schrutka – war mit ziemlicher Sicherheit kein Grund für Gödel, der ja Physik studieren wollte, was er in den ersten ein, zwei Jahren auch tat. Erst später wechselte er zur Mathematik, unter dem Eindruck der Vorlesungen Furtwänglers (der wundervollsten, die er je gehört habe, sagte er später).

Welche Lehrveranstaltungen Gödel besucht hat, ist schwer zu sagen. Aufgrund der Möglichkeit, an mehreren Universitäten zu studieren, mußten die Studierenden ein sogenanntes Meldebuch führen, in das alle besuchten Lehrveranstaltungen eingetragen wurden. Aber Gödels Meldebuch ist nicht erhalten, im Gegensatz zu so vielem aus seiner Schulzeit. Der Nachlaß enthält relativ wenig, was mit von ihm besuchten Lehrveranstaltungen in Verbindung gebracht werden kann. Unterlagen der Universität Wien geben zwar Auskunft darüber, welche Kurse zu Gödels Studienzeit angeboten wurden, nicht aber darüber, welche er besucht hat. Um eine Liste zu erstellen, wird man also verschiedenste Quellen heranziehen müssen, und auch dann wird die Liste unvollständig bleiben.

Unter den Skripten in Gödels Nachlaß, die sich datieren lassen, findet sich zwei Mitschriften zu Vorlesungen von Professor Heinrich Gomperz, eine über die Geschichte der Europäischen Philosophie von den Vorsokratikern bis zur Reformation, gehalten im Wintersemester 1925, die zweite, von 1926, bot eine Übersicht bedeutender Philosophen von Bacon bis Schopenhauer, darunter Descartes, Leibniz, Spinoza, Hobbes, Locke, Rousseau, Kant und Hegel sowie viele weniger bekannte. Beide Hefte enthalten auch verschiedene Notizen zu mathematischen Problemen, die aber anscheinend nicht in Bezug zu Vorlesungen stehen, die Gödel damals besucht hat.[1] Zu denen gehörte wahrscheinlich Furtwänglers Einführung in die Zahlentheorie, die er 1925/26 wie jedes dritte Jahr hielt, abwechselnd mit Algebra und Analysis [53].

Obwohl Physik damals Gödels Hauptfach war, gibt es von den vielen Skripten in seinem Nachlaß nur eines aus diesem Gebiet, das unzweifelhaft aus seiner Studienzeit stammt, nämlich zu einer Vorlesung über Kinematik, die Professor Kottler im Sommersemester 1926 hielt [54]. Es gibt aber noch eine andere Quelle, die Licht auf seine Studien wirft: die von ihm sorgfältig aufbewahrten Entlehnzettel der Bibliothek. An ihnen kann man sehen, daß er während der Jahre 1924–27 viele Physikbücher ausgeliehen hat sowie Bernhard Riemanns Schriften über partielle Differentialgleichungen und ihre Anwendung auf physikalische Probleme. Zusätzlich las er intensiv die mathematischen Klassiker, darunter Euklids *Elemente*, Eulers *Introductio in Analysis Infinitorum*, Lagranges *Mécanique Analytique* und Dirichlets *Vorlesungen über Zahlentheorie*. Während seines ersten Studienjahres vertiefte er sich auch in Kants *Metaphysische Anfangsgründe der Naturwissenschaft* [55].

Eine Studienkollegin Gödels, die später selbst eine Mathematikerin ersten Ranges wurde, ist Olga Taussky. Sie berichtet, daß Gödel im Studienjahr 1925/26 auch an einem wöchentlich abgehaltenen Seminar des Philosophen Moritz Schlick teilnahm [56]. Dieses Seminar, das Bertrand Russells *Introduction to Mathematical Philosophy* gewidmet war, könnte Gödels erster Kontakt mit Russells Schriften gewesen sein. Hans Hahn hatte das Jahr zuvor ein Seminar zu den *Principia Mathematica* gehalten, aber Gödel hatte daran offensichtlich nicht teilgenommen [57].

Wahrscheinlich hat Gödel Hahn zuerst 1925 oder 1926 getroffen, vielleicht in dessen Mengentheorievorlesung. Es ist kein Beleg von Gödels Teilnahme an irgendeiner Vorlesung Hahns erhalten, dennoch war Hahn einer der wichtigsten Mentoren

---

1 Es ist schwer zu sagen, da Gödel nach Aussagen seines Bruders durch selbständige Arbeit bereits in den letzten Jahren seiner Schulzeit „zum Erstaunen seiner Lehrer und Mitschüler in Mathematik schon den Stoff der Hochschule beherrschte" [52]. Außerdem pflegte Gödel freigebliebene Seiten seiner Hefte zu beschreiben, oft mit gänzlich anderen Themen und erst viel später. Oft begann er auch in ein Heft von der Rückseite aus über ein neues Thema zu schreiben.

Gödels (nach Gödels eigener Meinung hatte nur Furtwängler einen größeren Gesamteinfluß auf ihn). Als ein Gelehrter von außergewöhnlicher Vielseitigkeit leistete Hahn wichtige Beiträge zur Variationsrechnung, Mengentheorie, mengentheoretischen Geometrie, der Theorie der reellen Funktionen und Fourierintegrale, zusätzlich zu seinen Arbeiten auf dem Gebiet der Funktionalanalysis – heute am bekanntesten ist der Satz von Hahn und Banach [58]. Er veröffentlichte mehrere Bücher und Monographien, darunter einen zweibändigen Klassiker über reelle Funktionen, und war ein hochangesehener Lehrer – einer, der alles bis ins letzte Detail erklärte, wie sich Gödel anerkennend erinnerte. Die Breite seiner Interessen spiegelte sich in den verschiedenen Spezialgebieten seiner Dissertantinnen und Dissertanten wider, unter denen, neben Gödel, Karl Menger und Witold Hurewicz besondere Erwähnung verdienen.

Daß Hahn die Dissertation eines Logikers betreut, mag überraschend erscheinen. Aber in den frühen zwanziger Jahren, kurz vor dem Eintreffen Gödels in Wien, begann Hahn sein Interesse der Philosophie und der Grundlegung der Mathematik zuzuwenden. Obwohl er keine Resultate auf dem Gebiet der Logik erzielte, hielt er eine Reihe von Vorlesungen und Seminaren zu diesem Thema, schrieb Essays über die Philosophie der Mathematik [59], und war mit verantwortlich für die Berufung Schlicks nach Wien, die 1922 erfolgte. Schlick übernahm den Lehrstuhl für Philosophie der induktiven Wissenschaften, den einst Hahns Lehrer Ernst Mach innegehabt hatte. Hahn gehörte zu einer kleinen Gruppe von Gelehrten, die von Machs Positivismus beeinflußt waren und sich einmal wöchentlich in einem alten Wiener Kaffeehaus trafen.[2] Es gab viele solche Zirkel, die sich um führende intellektuelle Gestalten Wiens scharten.

Obwohl Schlick als Führer der Gruppe galt, ist es Hahn, von dem berichtet wird, daß er das Interesse der Mitglieder auf die Logik richtete [60]. Bis 1924 hatte die Diskussion immer größere Beteiligung erfahren, so daß Schlick dem Drängen seiner Studenten Friedrich Waismann und Herbert Feigl nachgab und ein formelles Kolloquium installierte. Wie üblich traf man sich am Donnerstag Abend, jetzt aber im Hinterhaus des Instituts für Mathematik (im heutigen Meteorologie-Hörsaal).

Das waren die Anfänge des Wiener Kreises, benannt nach einem Manifest, das 1929 von Rudolf Carnap, Otto Neurath und Hahn veröffentlicht wurde. Zugang zu den Sitzungen erhielt man nur durch Einladung, eine solche erhielt Gödel vermutlich von Hahn oder Schlick (oder beiden). Der erste Besuch Gödels fand 1926 statt, als der Wiener Kreis mit einer zweiten Lesung des *Tractatus* Wittgensteins beschäftigt war [61]. Von da an nahm er bis 1928 regelmäßig teil (danach nur selten), aber in späteren Jahren war er sehr bemüht zu betonen, daß er von Anfang an nicht mit den Positionen

---

2 Zu dieser Gruppe gehörten auch Richard von Mises, Otto Neurath und seine Frau Olga (Hahns Schwester, die selbst Logikerin war). Philipp Frank, damals in Prag, nahm auch teil, wenn er Wien besuchte.

des Wiener Kreises sympathisierte. Er widersprach insbesondere der – vor allem von Carnap formulierten – Idee, daß Mathematik als „Syntax der Sprache" angesehen werden solle. Er vermied aber Auseinandersetzungen und hielt sich mit offener Kritik zurück. Wie oft bei formalen Zusammenkünften beschränkte er sich größtenteils auf das Zuhören und warf nur gelegentlich kurze, prägnante Kommentare ein.

Es mag sein, daß Gödel die Darstellung gegensätzlicher Standpunkte als Anregung empfand, die ihm half, seine eigenen Ideen klarer zu formulieren. So deutete er einmal an, daß seine spätere Freundschaft mit Einstein eher auf die Verschiedenheiten ihrer Meinungen als auf die Gemeinsamkeiten aufbaute [62]. Aber der Haupteinfluß des Wiener Kreises auf Gödel war die Einführung in neue Literatur und die Bekanntschaft mit Kolleginnen und Kollegen, mit denen er Themen von gemeinsamem Interesse diskutieren konnte.

Unter diesen waren damals Carnap und Menger die wichtigsten.[3] Carnap, ein Student Gottlob Freges, beeindruckte Hahn als jemand, der „im Detail ausführte, was nur als Programm in einigen epistemologischen Werken Russells formuliert war" [63]. Hauptsächlich auf das Betreiben Hahns wurde er 1926 als Privatdozent der Philosophie nach Wien und bei seiner Ankunft sofort zu den Sitzungen des Wiener Kreises eingeladen. Er begann diese ungefähr zur selben Zeit zu besuchen wie Gödel, dessen Fähigkeiten er schnell zu schätzen begann. Die beiden begannen einen regen Gedankenaustausch, hauptsächlich in privaten Gesprächen außerhalb der Gruppe, und Gödel besuchte auch eine Vorlesung Carnaps (vermutlich die über die philosophischen Grundlagen der Arithmetik, eine zweistündige Vorlesung im Wintersemester 1928/29), die er im Grandjean-Fragebogen als wichtigen Einfluß für seine Arbeiten der Jahre 1930 und 1931 anführte [64].

Menger war, wie schon erwähnt, ein Student Hahns. Nach seiner Dissertation 1924 wurde ihm ein Rockefeller-Stipendium für Amsterdam im Sommer 1925 gewährt. Dort führte er seine grundlegende Arbeit zur Dimensionstheorie fort, die er in seiner Dissertation begonnen hatte. Im nächsten Jahr habilitierte er sich und wurde Privatdozent, kam aber bald in Konflikt mit Brouwer – damit begann eine lange Periode öffentlich ausgetragener Streitigkeiten, hauptsächlich über Prioritäten in bezug auf Resultate der Dimensionstheorie. Auf Hahns Einladung kehrte Menger im Herbst 1927 nach Wien zurück, wo er nur ein paar Monate als Privatdozent, danach als außerordentlicher Professor wirkte [65].

Während dieses Wintersemesters hielt Menger eine einsemestrige Vorlesung über Dimensionstheorie, die auch Gödel besuchte. Menger kam damals auch zu den Treffen des Wiener Kreises, und im darauffolgenden Jahr installierte er sein eigenes Kolloquium, dessen Resultate später im Journal *Ergebnisse eines mathematischen*

---

3 Im Rahmen des Wiener Kreises lernte Gödel auch Oscar Morgenstern kennen, der später einer seiner besten Freunde werden sollte. Aber es scheint, daß ihre Bekanntschaft eher beiläufig war, bis sie einander als Emigranten in Princeton wiederbegegneten.

*Kolloquiums* publiziert wurden. Menger lud Gödel im Oktober 1929 ein, an diesem Kolloquium teilzunehmen, und Gödel spielte von da an eine aktive Rolle. Er assistierte Menger bei der Erstellung von sieben der acht Hefte, zu denen er auch zahlreiche kurze Artikel und Bemerkungen beisteuerte [66].

Zwei enge Freunde Gödels wurden damals Herbert Feigl und Marcel Natkin, beide Studenten und Mitglieder des Wiener Kreises. Feigl erinnerte sich später, daß sie einander „regelmäßig zu Spaziergängen in den Wiener Parks getroffen haben und natürlich in den Kaffeehäusern endlose Diskussionen über logische, mathematische, epistemologische und wissenschaftstheoretische Themen führten – manchmal bis tief ... in die Nacht" [67]. Ihre Verbindung währte nur kurz, da Feigl 1930 nach Amerika emigrierte und dort ein berühmter Wissenschaftstheoretiker wurde, während Natkin die Universität kurz nach seinem Doktorat für eine Karriere in der Privatwirtschaft verließ. (Er ließ sich in Paris nieder, wo er ein bekannter Photograph wurde.) Aber trotz der Trennung hielten die drei Freunde ihren Kontakt aufrecht, und als Natkin 1957 die USA besuchte, trafen sie einander in Princeton zu einem nostalgischen Wiedersehen.

Der Wiener Kreis umfaßte ein weites Spektrum verschiedenster Persönlichkeiten. Die Mitglieder unterschieden sich nicht nur durch ihren Hintergrund, ihre Interessen und philosophischen Ansichten, sondern auch in ihrer Rezeption der anderen Mitglieder. So beschrieb zum Beispiel Feigl Schlick als einen herzlichen, freundlichen Menschen, der „extrem ruhig war in seiner bescheidenen Zurückhaltung" [68], während Carl Hempel meinte, Schlick sei „eine aristokratische Persönlichkeit" und, obwohl „niemals dogmatisch oder autoritär", doch „konservativ und distanziert" gewesen [69].

Feigl empfand Schlick auch als „besonders brillianten Denker und Schreiber", der „sowohl in der Geschichte der Philosophie als auch der Mathematik außerordentlich beschlagen" war. Hahn hingegen wußte mit traditioneller Philosophie weniger anzufangen. Nach Berichten von Menger war sein Lieblingsautor Hume, und wie Gödel war er ein großer Bewunderer des Werks von Leibniz. Anders als Gödel hielt er allerdings nichts von Kant [70].

Ein anderes gegensätzliches Paar waren Carnap und Neurath. Sie waren enge Freunde, die „viel gemeinsam hatten", da sie beide „utopische Sozialreformer waren" [71]. In anderer Hinsicht jedoch konnten sie gegensätzlicher nicht sein: „Carnap [war] introvertiert, cerebrontisch und überaus systematisch", während Neurath ein „lebhafter, humorvoller Mann" war, „extravertiert [und] endlos energisch" [72].

Wie man es in einer so heterogenen Gruppe von Intellektuellen erwarten kann, gab es Unstimmigkeiten. Meist wurden sie freundschaftlich ausgetragen, aber einige polarisierten die Gruppe. Hahn zum Beispiel „nahm heftigen Anstoß an [der] Auffassung" Waismanns (nach Wittgenstein), man könne nicht über Sprache sprechen. Gödel und Menger, sonst „bei den meisten Auseinandersetzungen des Kreises zurückhaltend", unterstützten nachdrücklich Hahn, so auch Neurath [73].

Auch die Programmschrift *Wissenschaftliche Weltauffassung: Der Wiener Kreis*, „hauptsächlich von Neurath verfaßt", löste Diskussionen aus. „Schlick, dem sie gewidmet war, war nicht ganz einverstanden", weil sie den Charakter eines politischen Manifestes hatte. Es entfremdete Gödel der Gruppe noch weiter, und Menger nahm noch größeren Anstoß (er bat „Neurath, [ihn] von nun an lediglich unter den dem Kreis *Nahestehenden* aufzuführen") [74].

Eine weitere Quelle von Unstimmigkeiten war Carnaps und Hahns Interesse an parapsychologischen Phänomenen – ein Interesse, das auch von Gödel geteilt wurde, wie seine Briefe und einige seiner privaten Aufzeichnungen zeigen. Nach Hempel (1981) war es ein Buch über Parapsychologie in Carnaps Bibliothek, das zum Bruch zwischen Carnap und Wittgenstein führte; und in seiner „Intellectual Autobiography" erinnert sich Carnap, daß Neurath und andere „Hahn Vorwürfe machten, weil er [...] an Séancen teilnahm im Rahmen seiner Bemühungen, diese Experimente mit wissenschaftlicher Methodik zu untersuchen" – ein Verhalten, das nach Meinung Neuraths „nur dazu diente, den Supernaturalismus zu stärken", von Carnap und Hahn aber mit dem Argument verteidigt wurde, daß Wissenschaftler „das Recht haben, alle Vorgänge oder angebliche Vorgänge objektiv zu untersuchen, ungeachtet dessen, ob oder wie andere die Resultate benützen oder mißbrauchen könnten" [75].

Es wird gesagt, daß Hahns Interesse an diesem Thema teilweise von einem „neue[n] Zustrom von Medien in Wien ... in den ersten Jahren nach dem ersten Weltkrieg" stammte. Besonders der Versuch zweier Kollegen Hahns (Professor Stefan Meyer und Karl Przibram, vom Institut für Physik), die Medien durch eine inszenierte „Séance" lächerlich zu machen, führte „in der Gemeinschaft der Intellektuellen [zu] hell[er] Entrüst[ung]" und „eine Gruppe, der neben Schlick und Hahn der hervorragende Neurophysiologe und Physiker Julius Wagner-Jauregg, der Physiker Hans Thirring und viele andere ... angehörten" zur Gründung eines „Gremiums zur ernsthaften Untersuchung der Medien" und ihrer Behauptungen [76].

Dem Komitee war kein langes Leben beschieden, und „1927 gehörten außer Nichtwissenschaftlern nur noch Hahn und Thirring der Gruppe an". Dennoch sind diese Vorgänge von Interesse, da sie die Ähnlichkeit der Einstellung Hahns mit späteren Aussagen Gödels zeigen.

Hahn wies zum Beispiel darauf hin, daß „viele Kundgaben der Medien *so* trivial sind", daß sie nicht nur weit unter dem Niveau der angeblich durch das Medium sprechenden Person, sondern „entschieden unter dem Niveau des Mediums selbst liegen". Daher sei es naheliegend, daß es sich in vielen Fällen nicht um Schwindel handle, sondern „daß man es in vielen Fällen mit einem *echten* Phänomen *irgendeiner Art* zu tun hat" [77].

Diese unorthodoxe Argumentation – insbesondere der Versuch, versteckte Gründe für durchaus normal erklärbare Ereignisse zu finden – trägt klar Gödelsche Züge. Man kann sie insbesondere mit einer krausen Aussage Gödels in einem Brief an seine Mutter vergleichen: „Deine Abneigung gegen das Gebiet der okkulten Erscheinungen ist ja insofern sehr berechtigt, als es sich dabei um ein schwer entwirrbares Gemisch von Betrug, Leichtgläubigkeit u. Dummheit mit echten Erscheinungen handelt. Aber das Resultat (u. der Sinn) des Betruges ist es meiner Meinung nach nicht, echte Erscheinungen vorzutäuschen, sondern die echten Erscheinungen zu verdecken" [78].

Gödel scheint in keiner Quelle als Mitglied des von Hahn gegründeten „Untersuchungskomitees" auf. Unter Gödels Papieren findet sich jedoch ein stenographisches Protokoll einer Séance [79]. Die Bedeutung dieses Schriftstücks ist schwer einzuschätzen, aber offensichtlich ging Gödels Interesse an diesen Themen über bloße Aufgeschlossenheit hinaus. Zum Beispiel fanden sich zwei Entlehnscheine der Universität Wien für das Buch *Aberglaube und Zauberei* von Alfred Lehrmann, und in einem anderen Brief an seine Mutter schrieb er: „... man hat in einer hiesigen Universität mit großer wissenschaftlicher Strenge untersucht, daß jeder Mensch [die] Fähigkeit besitzt [Zufallszahlen vorherzusagen], die meisten aber nur in ganz geringem Grade" [80]. Zu den Menschen, die diese Fähigkeit in einem außergewöhnlichen Grad beherrschten, zählte er seine Frau, was er nach etwa zweihundert Versuchen für „unanfechtbar" hielt. Er glaubte auch an die Möglichkeit der Telepathie, und in einer späteren Phase seines Lebens bemerkte er gegenüber Oscar Morgenstern, daß es in „einigen hundert Jahren unverständlich erscheinen wird, daß wir Elementarteilchen und die sie zusammenhaltenden Kräfte entdeckt haben, aber die Möglichkeit (und große Wahrscheinlichkeit) der Existenz elementarer psychischer Faktoren" nicht einmal in Betracht gezogen haben [81].

Was immer man von dem Glauben an außersensorische Wahrnehmung halten mag, es ist wichtig zu erwähnen, daß dieser gut zu Gödels Glauben an die Trennung von Geist und Materie und seinem späteren mathematischen Platonismus paßt. In einer oft zitierten Passage meinte er, daß wir „trotz der Entfernung von der Sinneswahrnehmung ... auch etwas wie eine Wahrnehmung für mengentheoretische Objekte" haben, und er sah keinen Grund, „warum wir weniger Vertrauen in diese Art der Wahrnehmung, d.h. in mathematische Intuition, haben sollten, als in die Sinneswahrnehmung". Auch glaubte er nicht, daß diese Intuition als „rein subjektiv" betrachtet werden müsse, nur weil „sie nicht mit Vorgängen in unseren Sinnesorganen in Verbindung gebracht werden kann" [82].

WEIL ER UNTER Gelehrten war, deren Interessen und Fähigkeiten den seinen näher standen, hatte Gödel in Wien einen größeren Freundeskreis als in Brünn. Doch obwohl seine überragende Intelligenz schnell gewürdigt und hoch geschätzt wurde, blieb er zurückgezogen. Die Erinnerungen seiner Kollegen stimmen in diesem Punkt auffallend überein:

> Er war ein schmächtiger, außerordentlich stiller junger Mann. ... [Ich] hörte ihn nie im [Wiener] Kreise das Wort ergreifen. ... Sein Interesse bekundete er lediglich durch leichtes Kopfschütteln – zustimmend oder skeptisch oder ablehnend. ... Seine Ausdrucksweise (mündlich sowie schriftlich) war stets von höchster Präzision und dabei von

als ein Jahr: Anfang Juli 1928 mieteten sie eine Wohnung in der Lange Gasse 72/14, deren drei große Zimmer genug Platz auch für Besuche der Eltern boten [92]. Die Wohnung diente aber diesem Zweck unglücklicherweise nur wenige Monate, da Rudolf August am 23. Februar 1929 plötzlich und unerwartet an einem Prostata-Abszeß starb, fünf Tage vor seinem fünfundfünfzigsten Geburtstag.

Für Marianne war dieser Verlust kaum zu verkraften. Allein in Brünn zurückgelassen, fühlte sie sich zunehmend einsam und fand sich schlecht zurecht, in einem Ausmaß, das ihre Söhne ernstlich um ihre Gesundheit bangen ließ. Sie beschlossen, daß sie ihre Mutter so nicht allein lassen konnten, also wurde die Villa vermietet und die drei zogen, gemeinsam mit Tanta Anna, in eine andere große Wohnung in der Josefstädter Straße 43/12a, gegenüber dem so häufig besuchten Theater [93].

Bis zu diesem Umzug hatten die Brüder in der Lange Gasse nur etwa sechzehn Monate gewohnt. Dennoch schrieb Gödel dort seine Dissertation, dort wurde er österreichischer Staatsbürger[4], und das Wichtigste: dort traf er auch die Frau, die er später heiraten sollte.

Ihr Mädchenname war Adele Thusnelda Porkert. Sie war am 4. November 1899 in Wien geboren worden, die älteste dreier Töchter von Josef Porkert, einem Porträtphotographen, der mit seiner Frau Hildegarde in der Lange Gasse 65 wohnte, schräg gegenüber der Wohnung Gödels. Zu der Zeit, als sich Kurt und Adele zum ersten Mal trafen, war sie schon verheiratet, mit einem Mann namens Nimbursky, von dem man heute wenig weiß, außer daß auch er Porträtphotograph war. Diese Heirat war ebenso unglücklich wie kurz, und so konnte Kurt bald sein Interesse auf Adele richten.

Sein Werben gestaltete sich langwierig, da Gödels Eltern nachdrücklich Einwände erhoben. In ihren Augen hatte Adele viele Makel: Sie war nicht nur schon einmal verheiratet gewesen, mehr als sechs Jahre älter als Gödel und katholisch, sondern kam auch aus der Unterschicht, hatte ein Mal im Gesicht und, das Schlimmste: Sie war Tänzerin im Wiener Nachtclub „Der Nachtfalter"[5], wie verschiedene Quellen bestätigen [94].

Adele selbst behauptete, Ballettänzerin gewesen zu sein – sie kann jedenfalls nur Ersatz in einem Corps gewesen sein (vielleicht an der Volksoper). Aber ob sie nun in einem Cabaret oder im Ballett getanzt hat, das Stigma wäre das gleiche. Wie Stefan Zweig in *Die Welt von Gestern* beschreibt (er bezog sich dabei auf die Zeit vor dem ersten Weltkrieg), war „eine Ballettänzerin ... für zweihundert Kronen in Wien ebenso ... für jeden Mann zu haben ... wie das Straßenmädchen für zwei Kronen"

---

4 Sein Antrag wurde irgendwann nach dem 11. Juli 1928 eingereicht, an diesem Tag schrieb ein Wiener Anwalt an Rudolf August, welche Gebühren das Verfahren mit sich bringen würde. Gödel legte die tschechoslowakischen Staatsbürgerschaft am 26. Februar 1929 zurück, drei Tage nach dem Tod seines Vaters, erhielt die österreichische Staatsangehörigkeit aber erst am 6. Juli.

5 Dieses Wort wird perfekt durch einen Entwurf Koloman Mosers illustriert (Abb. 9).

**Abb. 9.** Koloman Moser, „Loïe Fuller"; Tusche, Aquarellfarben auf kariertem Papier; um 1902 (Graphische Sammlung Albertina, Wien)

[95]. Eine Heirat mit einer Person von solchem Leumund konnte eine etablierte Karriere ruinieren, wie der Fall Hans Makarts zeigt, des gefeiertsten Wiener Malers des neunzehnten Jahrhunderts. Nach der Darstellung William Johnstons „verspielte er 1881 seine Popularität, indem er eine Ballettänzerin heiratete; drei Jahre danach starb er an einer Geschlechtskrankheit" [96]. Kein Wunder also, daß Rudolf und Marianne, durchtränkt mit den Normen der älteren Generation, der Neigung ihres Sohnes zu Frau Porkert ablehnend gegenüberstanden.

# III
# Exkurs: Eine kurze Übersicht über die Entwicklung der Logik bis 1928

DIE RICHTUNG, die Gödels Werk nahm, wurde wesentlich durch vier Ereignisse des Jahres 1928 beeinflußt: Das Erscheinen der *Grundzüge der theoretischen Logik* von David Hilbert und Wilhelm Ackermann; Hilberts Liste der „Probleme der Grundlegung der Mathematik", die er im September dem internationalen Mathematikerkongreß in Bologna vorlegte; und zwei Wiener Vorlesungen des ikonoklastischen holländischen Mathematikers L. E. J. Brouwer.

Um die Bedeutung dieser Ereignisse verstehen zu können, benötigt man einige Kenntnis der Grundkonzepte und vorausgegangenen Geschichte der mathematischen Logik. Dieses Kapitel soll eine Kurzübersicht bieten.

DAS SYSTEMATISCHE STUDIUM der gültigen logischen Schlüsse wurde von Aristoteles begonnen. Der *Analytica protera* (oder *erste Analytik*) genannte Teil seiner unter dem Titel *Organon* bekannten posthumen Anthologie bildete mehr als zweitausend Jahre lang die Grundlage des Studiums der Logik. Aristotelische Logik widmete sich der Analyse und Klassifikation der Syllogismen, auf die sich nach Meinung des Aristoteles „alle Beweise, die mit Recht so genannt werden", reduzieren ließen [97].

Ein Syllogismus besteht aus drei Teilen: zwei Urteilen (Prämissen) und dem Schluß (Konklusion), von denen jeder eine der vier folgenden Formen hat: allgemein bejahend („Alle X sind Y"), allgemein verneinend („Alle X sind nicht Y"), partikulär bejahend („Es gibt ein X, das Y ist") oder partikulär verneinend („Es gibt ein X, das nicht Y ist"). Die Prämissen haben einen gemeinsamen „Mittelbegriff", der im Schluß nicht mehr auftritt. (Zum Beispiel: Prämisse 1: Alle X sind Y, Prämisse 2: Alle Y sind Z, Schluß: Alle X sind Z.) Nicht alle Kombinationen der vier Formen führen zu gültigen Schlüssen. Aristoteles fand vierzehn gültige, die er in drei Gruppen („Figuren", „Schemata") einteilte, je nach der Stellung des Mittelbegriffs in den Prämissen (beide Male an erster Stelle, beide Male an zweiter Stelle oder an erster Stelle in der ersten und an zweiter in der zweiten Prämisse.)

Obwohl die Syllogismen des Aristoteles von Logikern während des ganzen Mittelalters und noch danach weiter ausgearbeitet wurden, sind sie von geringer Bedeutung für die heutige mathematische Logik. Es sind gerade die Unterschiede zwischen antiker und moderner Logik, die einer näheren Betrachtung wert sind.

Erst einmal ist die Logik des Aristoteles nicht symbolisch. Abgesehen von Termvariablen wie X und Y wurden die Syllogismen in Worten und nicht mit abstrakten Symbolen formuliert – das könnte auch erklären, warum es so lange gedauert hat, bis man syllogistische Argumente als Relationen von Klassen interpretiert hat [98]. Zweitens treten in den Sätzen eines Syllogismus außer der Negation keine logischen Junktoren auf (wenn auch die Konklusion eine Folgerung der Konjunktion der Prämissen ist). Wenn man die Implikation als zusätzlichen Junktor einführt, können auch die Quantoren „alle" und „manche" ersetzt werden: so kann man „Jeder Mensch ist ein Tier" zum äquivalenten „Mensch sein impliziert, Tier zu sein" umformen, und „Manche Menschen sind schlecht" würde zur Negation von „Mensch sein impliziert, nicht schlecht zu sein". Der Grund dafür ist, daß Syllogismen nur monadische Prädikate enthalten, das heißt solche, die die Eigenschaft eines bestimmten Objekts ausdrücken, wie „ist Mensch" oder „ist schlecht", daher können keine geschachtelten Quantoren auftreten [99]. Bei Sätzen mit mehrstelligen Prädikaten hingegen beeinflußt die Reihenfolge der Quantoren die Bedeutung: „Für jede natürliche Zahl gibt es eine größere Primzahl" ist ein Theorem Euklids, wohingegen „Es gibt eine Primzahl, die größer als jede natürlich Zahl ist" schlicht falsch ist. („größer als" ist ein zweistelliges Prädikat.)

Obwohl das Interesse des Aristoteles an der Logik aus seinen Bedenken bezüglich der Exaktheit mancher geometrischer Demonstrationen erwachsen zu sein scheint, sind seine Syllogismen also grundsätzlich ungeeignet, auch nur einfache und zu seiner Zeit bekannte Folgerungen in der Geometrie und Ungleichungen in den natürlichen Zahlen herzuleiten.

Mathematik war allerdings nicht die einzige Quelle für die Entwicklung der Logik. Eine gleich wichtige Disziplin im antiken Griechenland, besonders in der megarischen Schule und der Stoa, war die dialektische Rhetorik. Es war diese Tradition, die die klassischen Paradoxa hervorbrachte, wie das Lügner-Paradoxon, in seiner ursprünglichen Form („Alle Kreter sind Lügner") dem Kreter Epimenides zugeschrieben. Und es war dieser Aspekt der Logik, dem das Überleben dieser Disziplin im Mittelalter zu verdanken ist. Anders als die Mathematik, die nach dem Niedergang der antiken griechischen Zivilisation dahinsiechte, wurde die aristotelische und stoische Logik von Scholastikern am Leben erhalten, die logische Prinzipien in ihren theologischen Debatten anwenden zu können hofften. Von besonderer Bedeutung für das spätere Werk Gödels war Anselms Versuch, die Existenz Gottes aus seiner Vollkommenheit abzuleiten – der sogenannte ontologische Gottesbeweis.

Mit der Renaissance wendeten sich die Geschicke der beiden Disziplinen: Die Mathematik erblühte zu neuem Leben, während die Logik wenig von den großen Fortschritten des wissenschaftlichen Denkens im sechzehnten und siebzehnten Jahrhundert beeinflußt wurde – eben genau weil sie Instrument der Philosophie anstelle der Mathematik geworden war.

Gottfried Leibniz ist der einzige dieser Periode, dessen Überlegungen zur Logik besondere Erwähnung verdienen. Leibniz glaubte nicht, daß alles logische Schließen von Syllogismen abgeleitet werden könne, im Gegensatz zu seinen Vorgängern, aber auch zu nachfolgenden Gestalten wie Kant, der im Vorwort zur zweiten Auflage seiner *Kritik der reinen Vernunft* erklärte, daß die Logik seit Aristoteles „keinen Schritt" zurückweichen habe müssen und auch keinen „vorwärts hat tun können" und demnach „allem Ansehen nach geschlossen und vollendet" sei. Leibniz hatte stattdessen die Vision einer Kunstsprache (lingua characteria), in der Überlegungen zu jedem beliebigen Thema durch genau festgelegte Ableitungsregeln mechanisch durchgeführt werden könnten. Durch Verwendung eines solchen calculus ratiocinator könnten, so dachte er, alle erdenklichen Streitfragen durch einfache Berechnung geklärt werden.

Leibniz machte wenig Fortschritte in der Verwirklichung seiner utopischen Vorstellung. Dennoch ist seine Voraussicht bemerkenswert. Die Notation der abstrakten symbolischen Algebra, die Idee, daß Ableitungen mechanisiert werden könnten, und vor allem der Vorschlag, Logik nicht nur als Teil der Mathematik zu sehen, sondern Mathematik auch auf Logik anzuwenden – all das nahm wichtige spätere Entwicklungen voraus; und obwohl sich in weiterer Folge wenige von Leibniz' technischen Beiträgen zur Logik als besonders bedeutend erwiesen, so wurde doch eine Methode von Gödel ganz zentral im Beweis seines Unvollständigkeitssatzes eingesetzt, nämlich die Idee, elementare Konzepte durch Primzahlen und logische Verknüpfungen davon durch entsprechende Produkte darzustellen. (Leibniz hat natürlich nicht die komplizierte Kodierungstechnik Gödels vorweggenommen. Aber Gödel war ein großer Bewunderer und eifriger Student von Leibniz' Werk, und die Idee, diese Methode zu verwenden, könnte ihm während seines Studiums in den Jahren 1926–28 gekommen sein.)

Echte Fortschritte in der Entwicklung eines logischen Kalküls wurden erst von George Boole erzielt, in seiner *Mathematical Analysis of Logic*, veröffentlicht 1847. Boole erkannte die formalen Analogien zwischen den arithmetischen Operationen „plus" und „mal" und den logischen Junktoren „oder" und „und". Er zeigte, wie Aristoteles' vier Grundformen als Gleichungen in einer symbolischen Algebra ausgedrückt werden können, die zusätzlich zu den Variablen- und Operationssymbolen die Konstanten 0 und 1 beinhaltet, wobei 1 „wahr" und 0 „falsch" repräsentiert. „Jedes X ist Y" – formuliert als „Jedes Ding, das die Eigenschaft X hat, hat auch die Eigenschaft Y" – kann so als $x(1-y)=0$ ausgedrückt werden, wobei die Variablen $x$ und $y$ den Wert 1 annehmen, wenn das „Ding" die Eigenschaft X beziehungsweise Y hat, sonst den Wert 0.

Boole definierte bestimmte Gleichungen als Axiome, aber weil er sein System für verschiedene Interpretationen verwendbar machen wollte, axiomatisierte er es nicht vollständig. So verlangte er nicht, daß die Variablen nur den Wert 0 oder 1 annehmen können; er betonte, daß seine Algebra auch wahrscheinlichkeitstheoretisch interpretiert werden könnte, indem den Variablen Werte aus dem Intervall [0, 1] zugeordnet werden; als weitere Interpretation schlug er Klassen vor, wobei 0 die leere Menge und 1 das Universum (oder die Grundmenge) bezeichnet.[1]

Was Boole eingeführt hatte, ist heute als Aussagenlogik bekannt – die formale Logik der logischen Junktoren. Aussagen über verschachtelte Quantoren sind in diesem System nicht formulierbar, weil es immer noch auf monadische Prädikate beschränkt war. Diese Beschränkung wurde später von Charles Sanders Peirce und Ernst Schröder aufgehoben, die auf Booles Ideen aufbauten und einen weitreichenden Relationenkalkül entwickelten.

Peirce entwickelte einen Kalkül, der sowohl mehrstellige Prädikate als auch Quantoren beinhaltete. Die Vorteile wurden sofort von Schröder erkannt, und er adaptierte diesen Kalkül für seine *Vorlesung über die Algebra der Logik* (1890–95), ein dreibändiges Kompendium, das etwa zwanzig Jahre lang als Standardtext zur Logik galt. Schröders Abhandlung wurde zwar von Bertrand Russell und Albert North Whiteheads *Principia Mathematica* abgelöst, aber Peirces Formalismus ist – in etwas veränderter Form – die Grundlage der heute üblichen Notation.

Peirce bewies auch eine Reihe wichtiger Resultate über Quantifizierung. Er zeigte zum Beispiel, daß jede Formel zu einer in Pränexform äquivalent ist (in der alle Quantoren am Anfang stehen, vor einer Disjunktion von Konjunktionen von Atomformeln), und er entwickelte ein Beweissystem, das als Vorläufer des sogenannten *Natürlichen Schließens* gilt [100]. Aber Peirce axiomatisierte sein System nicht, und sein Formalismus unterscheidet sich vom heutigen in zwei wichtigen Aspekten: Es stellte keine Funktionszeichen, wie zum Beispiel +, für den Aufbau von Termen zur Verfügung (Beispiele für Terme sind: $x + y$, $x \cdot y$), und die Quantoren – für die Peirce nach dem Vorbild Booles die Symbole $\Sigma$ und $\Pi$ verwendete – wurden als Disjunktion beziehungsweise Konjunktion über die Elemente eines fix gegebenen Interpretationsbereiches angesehen. Im Gegensatz dazu ist der Interpretationsbereich im modernen Kalkül nicht von vornherein festgelegt, er muß nur den Axiomen genügen. So würde zum Beispiel im Kontext der natürlichen Zahlen die Peircesche Formel $\Sigma_x P_x$ der Aussage „die Eigenschaft $P$ gilt für 0 oder für 1 oder ..." entsprechen, wohingegen die moderne Formel $\exists x P(x)$ bedeuten würde, daß die Eigenschaft $P$ für irgendein Objekt im Interpretationsbereich gilt, der jede Struktur sein kann, die die Axiome der Zahlentheorie erfüllt.[2]

Peirces Ideen hatten zu ihrer Zeit viel Einfluß, wurden aber letztendlich vom Werk des deutschen Mathematikers und Philosophen Gottlob Frege abgelöst. 1879,

---

1 Ein Jahrhundert später fanden Boolesche Algebren mit unendlich vielen „Wahrheitswerten" wichtige Anwendungen in der Logik und Mengentheorie. Dazu waren allerdings Ideen notwendig, die zur Zeit Booles noch nicht formuliert waren.

2 Man könnte einwenden, daß die natürlichen Zahlen die *einzige* Struktur sind, die den Peano-Axiomen genügt (siehe weiter unten). Das stimmt aber nur für den Second-order-Formalismus, in dem über *Eigenschaften* von Objekten quantifiziert werden kann, nicht für den *First-order*-Formalismus, in dem nur über die Objekte selbst quantifiziert wird.

sechs Jahre vor dem Erscheinen des Artikels von Peirce (1885) zur Algebra der Logik, publizierte Frege ein kleines Buch mit dem Titel *Begriffsschrift*, in dem er, wie Peirce, davon ausging, daß „mehrstellige Prädikate, Negation, Konjunktion und die Quantoren die Basis der Logik" seien. Ganz im Sinne Leibniz' definierte Frege ein formales System, in dem mathematische Überlegungen „mit Hilfe genau festgelegter syntaktischer Regeln" ausgeführt werden konnten [101]. Er führte die wahrheitsfunktionale Interpretation der Aussagenlogik ein; und das wichtigste: „er schlüsselte Sätze nach Funktion und Argument anstelle von Subjekt und Prädikat auf ... [und] führte eine logische Definition der mathematischen Folge an" [102].

Leider waren Freges logische Arbeiten, auch seine *Grundgesetze der Arithmetik* (in zwei Bänden 1893 und 1903 publiziert), in einer schwerfälligen zweidimensionalen Notation verfaßt, die etwas abschreckend wirkte. So wurde die Bedeutung seines Werks erst spät erkannt, hauptsächlich durch die Bemühungen Russells, der Freges Ideen in Peircesche Notation übertrug und die mathematische Gemeinschaft auf sie aufmerksam machte.

Dabei entdeckte Russell allerdings auch die Inkonsistenz in Freges Werk – das Paradoxon, das heute Russells Namen trägt. Er teilte Frege seine Entdeckung in dem berühmten Brief mit, den Frege kurz vor Erscheinen des zweiten Bands der *Grundgesetze* erhielt.

Wenn man beliebige Prädikate als Argument für ein anderes zuläßt, kann man eine selbstbezügliche Antinomie konstruieren: „Sei $P$ die Eigenschaft, ein Prädikat zu sein, das nicht auf sich selbst zutrifft." Die Annahme, daß $P$ auf sich selbst zutrifft, führt genauso zu einem Widerspruch wie die gegensätzliche Annahme.

RUSSELLS PARADOXON war eines aus einer ganzen Reihe, die um die Jahrhundertwende auftauchte. Einige, wie das Richards (1905), betrafen den Begriff der Definierbarkeit in einer Sprache. Andere, wie das Burali-Forti-Paradoxon (1897), bezogen sich auf mengentheoretische Begriffe wie die Klasse aller Ordinalzahlen oder aller Mengen. Wieder andere schienen diese Begriffe ursprünglich nicht zu betreffen, konnten aber entsprechend umformuliert werden. Russell zum Beispiel bemerkte, daß seine Antinomie auch für Klassen formuliert werden konnte: Die Klasse aller Mengen, die sich nicht selbst als Element enthalten (in Symbolen: $\{x : x \notin x\}$).

Die Paradoxa waren sowohl Folge als auch neue Motivation der Versuche, der Mathematik eine exaktere Grundlage zu geben. Diese Versuche wurden ein halbes Jahrhundert zuvor begonnen, in Reaktion auf Probleme mit der Definition und Repräsentation von Funktionen. Besonders irritierend waren Fragen zur Konvergenz trigonometrischer Reihen, die durch Joseph Fouriers Behauptung entstanden, „jede" Funktion lasse sich als Limes solcher Reihen darstellen.

Fouriers Behauptung (aus seinem Buch *Théorie Analytique de la Chaleur*) wurde lange angezweifelt und schließlich widerlegt. Aber die Untersuchungen zeigten, daß die Klasse der Funktionen, die sich als Grenzwert von trigonometrischen Reihen darstellen lassen, wesentlich größer war als ursprünglich angenommen, und einige dieser Funktionen wirkten ziemlich pathologisch – insbesonders Karl Weierstraß' Beispiel einer stetigen, nirgends differenzierbaren Funktion.

Weierstraß brachte sein Beispiel zwei Jahre nachdem der damals fünfundzwanzigjährige Georg Cantor ein wichtiges Resultat über die Eindeutigkeit der Fourierdarstellung bewiesen hatte. Cantor (1870) zeigte, daß eine Fourierreihe, die im Intervall $(-\pi, \pi)$ gegen Null konvergiert, keine Koeffizienten ungleich Null haben kann. Daraus folgt die Eindeutigkeit von überall konvergierenden Reihen. In weiteren Arbeiten untersuchte Cantor Fälle unstetiger Funktionen, und im Zuge dieser Untersuchungen entwickelte er die Ideen, die ein paar Jahre später die Grundlage seiner Theorie der transfiniten Ordinalzahlen werden sollten.

Für eine Menge $P$ von reellen Zahlen definierte Cantor die (erste) Ableitung als die Menge aller Limespunkte von $P$. Diese Konstruktion kann man iterieren, und Cantor zeigte, daß alle Fourierreihen, die in $(-\pi, \pi) \setminus P$ konvergieren, eine eindeutige Darstellung besitzen, wenn für ein endliches $n$ die $n$-te Ableitung $P^{(n)}$ die leere Menge ist. In derselben Arbeit (1872) stellte er auch einen genauen Aufbau der Irrationalzahlen vor, basierend auf dem Konzept der Cauchyreihe und dem Axiom, daß jede solche Reihe genau einem Punkt der Zahlengerade entspricht. (Richard Dedekinds Buch *Stetigkeit und irrationale Zahlen*, in dem die Irrationalzahlen als Schnitte interpretiert werden, erschien später im selben Jahr.)

Damals entschied sich Cantor, nicht weiter zu diskutieren, ob sich der Begriff der Mengenableitung mehr als endlich oft iterieren läßt. Insgeheim hatte er jedoch sehr wohl für Mengen, deren endliche Ableitungen alle nicht leer waren, den Schnitt aller $P^{(n)}$ und die Ableitung *dieser* Menge betrachtet. Acht Jahre später führte er die Symbole $\infty, \infty + 1, \ldots$ als Indizes dieser transfiniten Ableitungen ein, und 1883, in seinem bahnbrechenden Buch *Grundlagen einer allgemeinen Mannigfaltigkeitslehre*, nannte er diese Indizes transfinite Ordinalzahlen [103].

Der Begriff der transfiniten *Kardinalzahl* entstand zur gleichen Zeit, als Folge von Cantors Entdeckung, daß die reellen Zahlen nicht bijektiv auf die natürlichen abgebildet werden können. Wie seine Korrespondenz mit Dedekind zeigt, machte er diese Entdeckung im Dezember 1873, zu einer Zeit als sich sein Interesse „von den Fourierreihen ab- und der Analyse des Kontinuums zuwandte" [104].

Sowohl Cantor als auch Dedekind waren sich bewußt, daß es, in einem etwas vagen Sinn, viel mehr reelle Zahlen gibt als natürliche. Aber es fehlte der Begriff der Überabzählbarkeit, der notwendig ist, um diese intuitive Vorstellung zu präzisieren. Cantor (1874) bewies die Überabzählbarkeit der reellen Zahlen, aber stellte er in dieser Arbeit das Theorem in den Vordergrund, daß die *algebraischen* Zahlen sehr wohl bijektiv auf die natürlichen abgebildet werden können – offenbar ein Resultat Dedekinds, den Cantor allerdings zu erwähnen unterläßt [105], und er benützt die Nichtabzählbarkeit der reellen Zahlen hauptsächlich, um indirekt zu zeigen, daß jedes

Intervall unendlich viele transzendente Zahlen enthält (ein Resultat, das Liouville bereits bewiesen hatte, der auch explizite Beispiele für solche Zahlen brachte). Sein erster Beweis der Nichtabzählbarkeit baut auf die Konstruktion einer verschachtelten Intervallsequenz auf, ganz im Geist seiner früheren Untersuchungen von Punktmengen. Der moderne Beweis verwendet im Gegensatz dazu Diagonalisierung. Dabei konstruiert man für eine beliebige Folge $r_1, r_2, \ldots$ reeller Zahlen eine Dezimalzahl $0, d_1 d_2 d_3 \ldots$, deren $n$-te Stelle sich von der $n$-ten Nachkommastelle der Dezimaldarstellung von $r_n$ unterscheidet. Diese Methode, die so grundlegend für zahlreiche Beweise der Analysis und Rekursionstheorie ist, stammt zwar ebenfalls von Cantor, aber aus einer späteren Phase.

Zwischen den Jahren 1878 und 1897 veröffentlichte Cantor eine Reihe von Arbeiten, in denen die Begriffe der transfiniten Mengentheorie langsam Gestalt annahmen. In seiner Arbeit aus dem Jahre 1878, „Ein Beitrag zur Mannigfaltigkeitslehre", machte er zum ersten Mal den Begriff der Gleichmächtigkeit explizit, und er behauptete auch, daß jede unendliche Menge reeller Zahlen entweder gleichmächtig zu der Menge **N** der natürlichen oder zur Menge **R** der reellen Zahlen sei – eine schwache Form der Aussage, die später unter dem Namen Kontinuumshypothese (CH) Berühmtheit erlangen sollte. (Schwach, da die übliche Formulierung von CH die Wohlordenbarkeit von $\mathfrak{P}(\omega)$ impliziert, was sonst ohne Auswahlaxiom [AC] nicht folgt.)

Zuerst glaubte Cantor, diese Hypothese bewiesen zu haben. Bald wurde er sich jedoch der Schwierigkeiten bewußt, also wandte er sich der Untersuchung von Spezialfällen zu. Aus seinen Briefen an den schwedischen Mathematiker Gösta Mittag-Leffler kann man sehen, daß er schon 1882 die Begriffe der Wohlordnung und Klassen von Ordinalzahlen verwendete und bewiesen hatte, daß die Korrespondenzeigenschaft für das, was er später zweite Zahlenklasse nannte, zutraf: Jede unendliche Teilmenge diese Klasse war entweder abzählbar oder gleichmächtig zur ganzen Klasse [106]. Um seine ursprüngliche Hypothese zu beweisen, wäre es also hinreichend, daß die reellen Zahlen gleichmächtig zu der Klasse der abzählbaren Ordinalzahlen sind – das ist die Kontinuumshypothese in ihrer üblichen Form.

Zwei Jahre später gelang es Cantor – im Zuge der Arbeiten an der Kontinuumshypothese – zu zeigen, daß jede perfekte Teilmenge gleichmächtig zu **R** ist und daß jede abgeschlossene Teilmenge seine Hypothese erfüllt; aber es gelang ihm nicht, CH zu beweisen, kurzzeitig glaubte er sogar ein Gegenbeispiel gefunden zu haben.

Zwischen 1885 und 1890 hörte Cantor auf, in mathematischen Journalen zu publizieren, verletzt durch die barsche Kritik Leopold Kroneckers und durch die feindlichen Reaktionen der deutschen und französischen mathematischen Gemeinschaft. Die Reaktionen waren so negativ, daß Mittag-Leffler ihm den Rat gab, die Publikation weiterer Arbeiten zur transfiniten Mengentheorie so lange zurückzuhalten, bis er mit seinen Methoden „neue und sehr positive Resultate" erzielt haben würde, wie zum Beispiel die definitive Festlegung der Mächtigkeit des Kontinuums [107].

Das Theorem, daß jede Menge echt kleinere Kardinalität als ihre Potenzmenge hat, war so ein Resultat, da daraus folgt, daß es keine obere Grenze für die Größe unendlicher Mengen gibt. Der Widerspruchsbeweis – sei $f$ eine bijektive Abbildung der Elemente von $A$ auf die Menge aller Teilmengen, dann betrachtet man $\{x \in A : x \notin f(x)\}$ – verwendet Diagonalisierung. Cantor (1891) veröffentlichte diese Methode zusammen mit dem Theorem.

1895 schließlich führte Cantor im Rahmen seiner allgemeinen Theorie der Kardinal- und Ordinalzahlarithmetik die Alephnotation ein, die seitdem Standard geworden ist. Mit Hilfe dieser Notation und der Tatsache, daß **R** gleichmächtig zur Potenzmenge von **N** ist – was man leicht anhand der Binärdarstellung sehen kann, konnte Cantor die Kontinuumshypothese kurz durch $2^{\aleph_0} = \aleph_1$ ausdrücken. Er behauptete allerdings nicht $2^{\aleph_\alpha} = \aleph_{\alpha+1}$ für alle Ordinalzahlen $\alpha$. Diese Annahme, Verallgemeinerte Kontinuumshypothese (GCH) genannt, wurde zuerst 1908 von Felix Hausdorff formuliert.

Zu der Zeit, in der Cantor sich von der mathematischen Gemeinschaft zurückgezogen hatte, erschienen sowohl Schröders Abhandlungen zur Logik als auch Dedekinds Buch *Was sind und was sollen die Zahlen?* (1888), in dem Dedekind die Zulässigkeit rekursiver Definitionen beweist, die rekursiven Gleichungen für Addition und Multiplikation und vier Axiome für „einfache unendliche Systeme" angibt. (Das sind Strukturen, die induktiv durch ein Einselement erzeugt werden, das in der Struktur, aber nicht im Wertebereich einer gegebenen injektiven Abbildung einer Menge $N$ in sich selbst liegt.) Diese Axiome, zusammen mit dem Induktionsprinzip, das Dedekind als Theorem abgeleitet hatte, verwendete Guiseppe Peano im darauffolgenden Jahr in seinem Buch *Arithmetices Principia, Nova Methodo Exposita* (Prinzipien der Arithmetik, erklärt durch eine neue Methode).

Einige Monate zuvor [108] hatte Peano viele der Symbole eingeführt, die heute zur Standardnotation der Mengentheorie gehören: $\in$ für die Elementbeziehung, $\cup$ und $\cap$ für Vereinigung und Durchschnitt (genauso wie für die Junktoren „oder" und „und"), und die Doppelpunktschreibweise für die Klassenbildung, die er allerdings bald aufgab.[3] In seinem Buch von 1889 benützte er zur Formulierung der Axiome der Arithmetik die Symbole $\in$, 1, = (das zwischen Termen numerische Gleichheit ausdrücken sollte und zwischen Gleichungen Äquivalenz) und +1 (für die Nachfolgerfunktion). Er verwendete auch ein invertiertes C (das sich später zum heute verwendeten Symbol $\supset$ entwickelte, welches wir im weiteren verwenden werden), um sowohl deduktive Folgerung als auch Teilklassenbeziehung auszudrücken. Die ersten vier seiner fünf Axiome verwendeten nur numerische Terme:

---

3 In späteren Arbeiten führte Peano auch $\exists$ für „so daß" und ein invertiertes $\iota$ für „ist einziges Element von" [109]. Das Symbol $\exists$ stammt auch von ihm, er benützte es aber nicht für den Existenzquantor, sondern um auszudrücken, daß eine Menge nicht leer ist. Das Symbol $\forall$ für den Allquantor stammt jedoch nicht von ihm, sondern von Gerhard Gentzen, der es in seiner Dissertation 1934 einführte.

1. $1 \in N$,
2. $a \in N \supset a + 1 \in N$,
3. $a, b \in N \supset a = b. = .a + 1 = b + 1$,
4. $a \in N \supset a + 1 \neq 1$.

Das Induktionsaxiom verwendete jedoch die Klasse $K$ aller Klassen, deren widersprüchlichen Charakter Peano nicht erkannte:

5. $k \in K \therefore 1 \in k \therefore x \in N.x \in k : \supset_x x + 1 \in k :: \supset .N \supset k$.

Dieses Axiom soll bedeuten, daß für alle Klassen $k$ gilt: Wenn 1 in $k$ ist und für alle Zahlen $x$ aus $x$ in $k$ $x+1$ in $k$ folgt, dann sind alle Zahlen in $k$. In dieser Formulierung ist die Verwendung des problematischen Begriffs der Allklasse $K$ durch Quantifikation über alle *Mengen* von Zahlen ersetzt; die entsprechende Axiomatisierung ist second-order.

Da Peanos Axiomatisierung der Entdeckung der logischen und mengentheoretischen Paradoxa vorausging, war sie wohl keine Reaktion darauf. Genausowenig wurde dadurch eine wirkliche *Formalisierung* der Zahlentheorie erreicht, da Peano keinerlei Ableitungsregeln angab. Er führte seine Beweise nicht formal, sondern als Folge von Formeln, die aufeinanderfolgende Ableitungen darstellten. Der Übergang von einer Formel zur nächsten wurde nicht gerechtfertigt.

Der Grund für diesen „schweren Mangel", wie es ein bedeutender Historiker formuliert hat [110], ist vermutlich, daß Peano im Gegensatz zu Frege die Arithmetik nicht auf die Logik reduzieren wollte. Er versuchte nur, die natürlichen Zahlen bis auf Isomorphie eindeutig zu charakterisieren, was seine Axiome (genauso wie die Dedekinds) ja auch leisteten.

Dieser Versuch war vermutlich durch Entwicklungen in der Geometrie motiviert, besonders durch Eugenio Beltramis Konstruktion eines Modells der Lobachevski-Geometrie (1868) und Moritz Paschs Axiomatisierung der projektiven Geometrie (1882). Im selben Jahr, in dem seine *Arithmetices Principia* erschienen, veröffentlichte Peano nämlich auch eine Broschüre mit dem Titel *I principii di geometria logicamente esposti*, in der er – auf Paschs Werk aufbauend – Axiome für die „Geometrie der Lage" angab (in heutiger Terminologie Identitäts- und Ordnungsaxiome). Er wandte sich diesem Thema 1894 erneut zu, diesmal richtete er seine Aufmerksamkeit auf die metatheoretische Frage der Unabhängigkeit seiner Axiome, eine Eigenschaft, die er anhand der Beispiele einiger Modelle zeigte. Sein Werk wurde aber durch die definitive Axiomatisierung der elementaren Geometrie in den Schatten gestellt, die David Hilbert fünf Jahre später in seinem Buch *Grundlagen der Geometrie* angab [111].

In der Zwischenzeit stellte Frege im ersten Band seiner *Grundgesetze* (1893) eine rigorose Second-order-Formalisierung der Arithmetik vor, in deren Rahmen er Peanos Postulate aus einem einzigen Axiom ableitete (Humes Prinzip, dem entsprechend die „Anzahl der $F$s gleich der Anzahl der $G$s ist genau dann, wenn die $F$s bijektiv auf die *G*s abbildbar sind"). Nachdem Russell die Inkonsistenz des zugrundeliegenden logischen Systems gezeigt hatte, geriet dieser Beitrag in Vergessenheit. Aber bei einer neuerlichen Untersuchung hat es sich erwiesen, daß das für diese Ableitung verwendete Fragment des Systems sehr wohl konsistent und die Ableitung selbst korrekt ist [112].

SO WAR DIE LAGE der Logik am Beginn des Jahrhunderts, kurz vor dem Auftreten der Paradoxa und der daraus folgenden „Grundlagenkrise". Es war die Zeit für Optimismus, und der Zweite Internationale Mathematikerkongreß, der 1900 in Paris abgehalten wurde, bot Gelegenheit, die erzielten Fortschritte zu feiern und unbeantwortet gebliebene Fragen in Erinnerung zu rufen.

Auf diesem Kongreß hielt Hilbert seine berühmte Rede über *mathematische Probleme*, in der er bereits erzielte Erfolge reflektierte und zehn „bestimmte Probleme ... aus verschiedenen mathematischen Disziplinen" auflistete, „von deren Behandlung eine Förderung der Wissenschaft sich erwarten läßt. ... Jedes bestimmte mathematische Problem", so seine Überzeugung, müsse „einer strengen Erledigung notwendig fähig sein ..., sei es, daß es gelingt, die Beantwortung der gestellten Frage zu geben, sei es, daß die Unmöglichkeit seiner Lösung [durch bestimmte Methoden] ... dargetan wird". Und immer sollte, zumindest im Prinzip, „die Richtigkeit der Antwort durch eine endliche Anzahl von Schlüssen" gezeigt werden können, „und zwar auf Grund einer endlichen Anzahl von Voraussetzungen, welche in der Problemstellung liegen und die jedesmal genau zu formulieren sind" [113].

An den Beginn seiner Liste stellte Hilbert Probleme der „Prinzipien der Analysis und Geometrie", Gebiete, in denen seiner Meinung nach die „anregendsten und bedeutendsten Ereignisse des letzten Jahrhunderts ... die arithmetische Erfassung des Begriffs des Kontinuums ... und die Entdeckung der Nicht-Euklidischen Geometrie" waren. Insbesondere erwähnte er Cantors Arbeiten, und als erstes Problem stellte er die Frage nach einem Beweis der Kontinuumshypothese sowie einem direkten (am besten natürlich konstruktiven) Beweis einer „andere[n] sehr merkwürdigen Behauptung Cantors", nämlich die Existenz einer Wohlordnung der reellen Zahlen.

Hilbert war sich der Paradoxa bewußt, die durch Verwendung inkonsistenter Klassen wie „dem System aller Mächtigkeiten überhaupt oder auch aller Cantorschen Alephs" konstruiert werden konnten, aber sie bereiteten ihm keine Sorgen. Aus seiner Sicht existierten diese Klassen einfach nicht als mathematische Objekte, er war jedoch überzeugt, daß man eine axiomatische Beschreibung des Kontinuums sehr wohl angeben könne. Ein erster Schritt in diese Richtung wäre ein Beweis der Widerspruchsfreiheit der arithmetischen Axiome – das zweite Problem seiner Liste.

Hilbert scheint angenommen zu haben, daß sich das zweite Problem viel einfacher entscheiden lassen würde als das erste, das ja, wie Hilbert anmerkte, bereits den „eifrigste[n] Bemühungen" widerstanden hat. In gewisser Hinsicht hatte er auch recht, da die Konsistenzfrage lange vor der Kontinuumshypothese entschieden wurde (wenn auch kaum auf die Art, die Hilbert erwartet hätte). Doch während CH allen Bemühungen eines Beweises oder einer Widerlegung widerstand, zeigte Ernst Zermelo nur vier Jahre später die Existenz einer Wohlordnung der reellen Zahlen – oder jeder beliebigen Menge (eine Behauptung von Cantor aus dem Jahr 1883) –, ohne natürlich eine bestimmte Wohlordnung zu konstruieren.

Zermelo verwendete dazu sein umstrittenes Auswahlaxiom, das besagt, daß es zu jeder Menge $\{X_i\}$ von nichtleeren Mengen (indiziert mit Elementen der Menge $I$) eine Funktion $f$ mit Definitionsbereich $I$ gibt, die aus jedem $X_i$ ein Element $f(i)$ auswählt (d.h. $f(i) \in X_i$ für alle $i \in I$). Dieses Axiom und die Paradoxa führten zu einem Aufflammen der Diskussion über die Grundlagen der Mathematik, die mehr als drei Jahrzehnte andauerte.

Ein Thema in diesem manchmal erbittert geführten Diskurs war das Verhältnis der Mathematik zur Logik, ein anderes waren grundlegende Fragen der Methodologie, zum Beispiel wie Quantoren zu interpretieren seien oder ob beziehungsweise welche nichtkonstruktive Methoden gerechtfertigt seien, und ob wesentliche Verbindungen oder Unterscheidungen zwischen Syntax und Semantik zu machen seien.

Es gab in dieser Debatte drei grundsätzliche philosophische Positionen. Für den *Logizismus*, vertreten unter anderem durch Frege und Russell, war die Logik ein universelles System, in dem die gesamte Mathematik entwickelt werden könnte, die Gültigkeit einer mathematischen Aussage beruhte auf ihrer logischen Bedeutung, so daß alle mathematischen Wahrheiten letztendlich tautologischen Charakter hatten. Vom Standpunkt des *Formalismus* aus (vertreten zum Beispiel durch Hilbert) wurden mathematische Theorien durch formale Systeme gerechtfertigt, in denen Symbole nach genau festgelegten syntaktischen Regeln manipuliert werden.[4] Das Kriterium für mathematische Wahrheit – und für die tatsächliche Existenz der mathematischen Konzepte – war dabei das der Konsistenz des zugrundeliegenden Systems, da davon ausgegangen wurde, daß eine konsistente vollständige Theorie *kategorisch* sei, d.h., einen (bis auf Isomorphie) eindeutigen Objektbereich charakterisiere. Der *Konstruktivismus*[5] schließlich (vertreten zum Beispiel durch Hermann Weyl und Henri Poincaré) sah die Aufgabe der Mathematik im Studium konkreter Operationen auf endlichen oder potentiell (aber nicht aktuell) unendlichen Strukturen; tatsächlich unendliche Klassen und nichtprädikative Definitionen, die sich auf solche bezogen,

---

4 Manchmal bezeichnet man auch die Auffassung, daß die Mathematik ein „Spiel" ist, das mit an sich bedeutungslosen Symbolen gespielt wird, als „Formalismus". Hier wird das Wort jedoch in dem angedeuteten weiteren Sinn verwendet. Hilbert behauptete *nicht*, daß mathematische Aussagen bedeutungslos seien, – ganz im Gegenteil – er versuchte nur, die Gültigkeit des mathematischen Wissens ohne Verwendung semantischer Überlegungen zu sichern.

5 Unsere Verwendung dieses Begriffs schließt ein großes Spektrum unterschiedlicher Auffassungen mit ein, darunter strenger Finitismus, Intuitionismus und Prädikativismus. Poincaré bezog die letztgenannte Position, während Weyl auch als Prädikativist begann, sich aber später einer Form des Intuitionismus zuwandte.

wurden als indirekte Beweise auf Basis des ausgeschlossenen Dritten zurückgewiesen. Die radikalste Form des Konstruktivismus war der Intuitionismus, angeführt vom ehemaligen Topologen L. E. J. Brouwer, der in seinem Schlachteifer so weit ging, seine eigenen früheren Arbeiten abzulehnen. Brouwer lehnte auch die Formalisierung ab und entwickelte eine alternative Mathematik, in der manche Sätze in Widerspruch zur klassischen Analysis stehen (wie die Nichtexistenz von unstetigen Funktionen).[6]

Inmitten dieser erbitterten Debatte – und teilweise als ihr Ergebnis – zeichneten sich einige bedeutende logische Entwicklungen ab. Die erste davon war Zermelos (1908a) Axiomatisierung der Mengentheorie, die in Kapitel VI detaillierter dargestellt wird [114]. Zwei Jahre danach erschien der erste Band der *Principia Mathematica*, in dem Russell und Whitehead zeigten, wie mit Hilfe der Typentheorie große Teile der Arithmetik mit logischen Methoden entwickelt werden können. Und dann trat, angespornt von der Kritik Brouwers und Weyls, Hilbert mit dem stolzen Ansinnen an die Öffentlichkeit, die Grundlagen der Mathematik ein für allemal zu sichern.

Hilbert (1923) stellte sein Programm vor, das er Beweistheorie nannte, und entwickelte es in einer Programmschrift weiter, die er am 4. Juni 1925 an die Westfälische Mathematische Gesellschaft schickte. In der publizierten Version gestand Hilbert (1926) ein, „daß der Zustand ... angesichts der Paradoxien ... unerträglich" sei, aber er zeigte sich überzeugt, daß es einen „völlig befriedigenden Weg [gibt], den Paradoxien zu entgehen ohne Verrat an unserer Wissenschaft zu üben". Dieser Weg führte über die „volle Aufklärung über *das Wesen des Unendlichen*", ein Begriff, der „in der Wirklichkeit ... nirgends zu finden" und als Grundlage des rationalen Denkens nicht zulässig sei, sich aber als theoretisches Konstrukt nützlich erwiesen habe, ähnlich der Einführung der „idealen Faktoren" in Algebra und Geometrie [115].

Hilbert schlug vor, die Verwendung des aktual Unendlichen durch Überlegungen rein „finiten" Charakters zu ersetzen. Ein Begriff, den er zwar anhand von Beispielen demonstrierte, aber nie definierte. Diese finitären Überlegungen sollten nicht an den mathematischen Objekten selbst (Zahlen, Mengen, Funktionen und so weiter) durchgeführt werden, sondern an den diese repräsentierenden Symbolen einer formalen Sprache. Die Sätze dieser Sprache sollten als reine Zeichenketten angesehen werden. Das Ziel war es jedoch nicht, „infinitäre Sätze ihrer Bedeutung zu berauben, sondern vielmehr, ihnen durch den Bezug auf finitäre [Konzepte], ... deren Bedeutung unproblematisch war, Bedeutung zu verleihen" [116]. Die „einzige, aber unbedingt notwendige" Bedingung für den Erfolg dieses Programms war ein finitärer Beweis der Konsistenz der Axiome – oder vielmehr eine Reihe solcher Beweise für immer stärkere Axiomensysteme. Wenn man zum Beispiel von der Konsistenz der Arithmetik ausgeht (Hilbert glaubte fälschlicherweise, daß Ackermann diese bereits bewiesen

---

6 Die Sätze der intuitionistischen Logik und Arithmetik bilden jedoch eine echte Teilmenge der im klassischen System beweisbaren Sätze. Diese Theorien wurden von Brouwers Schüler Arend Heyting 1930 axiomatisiert.

habe), kann man daraus mit finitären Mitteln die Konsistenz der Analysis ableiten, und so weiter. Das logische System, von dem Hilbert annahm, daß in ihm sein Programm verwirklicht werden könne, beinhaltete Variablen für Zahlen, Funktionen, Mengen von Zahlen, abzählbare Ordinalzahlen und anderes. Ein bestimmtes Teilsystem davon, in dem keine gebundenen Funktionsvariablen und keine Gleichheit zugelassen sind, nannte Hilbert „engeren Funktionenkalkül". Die in diesem Kalkül verwendeten Sätze (*wohlgeformte Formeln*) entstehen durch Anwendung der logischen Junktoren und der Existenz- und Allquantoren auf *Atomformeln*. Eine Atomformel besteht aus einem mehrstelligen Prädikatsymbol mit Termen als Argument. Ein Term besteht aus Funktionssymbolen, angewendet letztendlich auf Konstante und Variable, die für *Individuum*-Objekte stehen. (Dieses System nennt man heute First-order-Logik [ohne Gleichheit], diese Notation wurde von Peirce eingeführt [117].) Die Axiome und Ableitungsregeln des engeren Funktionenkalküls waren rein logisch und bezogen sich auf die Junktoren und Quantoren. Mathematische (first-order) Theorien entstanden durch die Hinzunahme nichtlogischer („echter") Axiome, wie die Peano-Axiome, die bestimmte mathematische Strukturen beschreiben.

In seiner Beweistheorie beschrieb Hilbert Quantifizierung durch eine logische Auswahlfunktion, die für eine Relation $A$, die für zumindest ein Objekt zutrifft, ein bestimmtes Element mit dieser Eigenschaft, $\epsilon_A$, auswählt. Die Aussage $\exists x A(x)$ konnte so einfach als $A(\epsilon_A)$ geschrieben werden, $\forall x A(x)$ (das entspricht $\neg\exists(\neg A(x))$) als $\neg(\neg A(\epsilon_{\neg A}))$.

Die Verwendung einer Auswahlfunktion zur Darstellung der Quantifizierung findet sich nicht nur bei Hilbert. Ein Kommentator hat sogar gemeint, daß „die Verbindung zwischen Quantoren und Auswahlfunktionen, oder – präziser – zwischen Quantorenabhängigkeit und Auswahlfunktionen, das Kernstück der Betrachtung der Quantifikation in den zwanziger Jahren war" [118]. Besonders der norwegische Logiker Thoralf Skolem verwendete Auswahlfunktionen, um Existenzquantoren zu eliminieren. Durch Verwendung zweier neuer Funktionensymbole $f$ und $g$, konnte zum Beispiel eine Formel der Form $\forall x \forall y \forall z \exists u \exists v \Phi(x, y, z, u, v)$ durch eine der Form $\forall x \forall y \forall z \Phi(x, y, z, f(x, y, z), g(x, y, z))$ ersetzt werden. 1920 verwendete Skolem diese Methode, um ein Resultat von Leopold Löwenheim zu verallgemeinern, der (in heutiger Sprechweise) gezeigt hatte, daß jede erfüllbare First-order-Formel in einem abzählbaren Modell erfüllbar ist [119]. Skolem zeigte, daß dasselbe für abzählbare Mengen solcher Formeln gilt, und in einer späteren Arbeit (1923b) benützte er das Resultat, um das sogenannte Skolem-Paradoxon herzuleiten: Die First-order-Mengentheorie, in der die Existenz einer überabzählbaren Menge beweisbar ist, hat selbst ein abzählbares Modell.[7]

---

7 (Wenn sie überhaupt ein Modell hat.) Skolem wollte damit die Relativität der mengentheoretischen Begriffe zeigen. In der späteren Rezeption wurde das Paradoxon oft auch als Beispiel für die Schwäche der First-order-Logik gebracht, siehe zum Beispiel Wang (1974, S. 154).

Der Satz von Löwenheim und Skolem ist eine Folge der wachsenden Beachtung, die die logische Forschung dieser Zeit den Fragen der Erfüllbarkeit oder Gültigkeit von Formeln mit Quantoren schenkte. Die zentrale Frage war, ob es einen effektiven Weg gibt, um zu entscheiden, ob eine beliebige solche Formel erfüllbar ist oder nicht (das sogenannte *Entscheidungsproblem*). Aber zu dieser Zeit begann sich das Interesse auch einem anderen Gesichtspunkt zuzuwenden, zuerst in der Untersuchung der Aussagenlogik: Emil Post hatte 1920 in seiner Dissertation die Wahrheitstabellen als Methode eingeführt, um zu entscheiden, welche aussagenlogischen Formeln im System der *Principia Mathematica* formal *ableitbar* sind. Die Methode wird heute als Algorithmus gesehen, um zu entscheiden, welche Formeln Tautologien sind (das heißt allgemein gültig), aber es ist zweifelhaft, ob Post diese Verwendung beabsichtigte. Sein Hauptaugenmerk galt offenbar der Syntax und nicht der Semantik, wie sein Beweis der syntaktischen Vollständigkeit der Aussagenlogik zeigt: Wenn irgendeine nichtableitbare Formel zu den aussagenlogischen Axiomen hinzugefügt wird, wird das System inkonsistent [120].

Unabhängig von Post und ein wenig früher hatte auch Paul Bernays ein Entscheidungsverfahren für die Aussagenlogik angegeben und ihre syntaktische Vollständigkeit gezeigt [121]. Im Gegensatz zu Post spricht Bernays auch von „universeller Gültigkeit" und merkte an, daß die Aussagenlogik vollständig sei in dem Sinn, daß jede universell gültige Formel auch ableitbar ist.

Im Herbst 1917 lud Hilbert Bernays ein, sein Assistent in Göttingen zu werden und auch Notizen zu einer in Vorbereitung befindliche Vorlesung mit dem Titel „Prinzipien der Mathematik und Logik" zu erstellen. Bernays nahm das Angebot an, und sein Skriptum wurde die Basis für Hilberts und Ackermanns Buch *Grundzüge der theoretischen Logik* (1928) – dessen Veröffentlichung das erste der vier am Anfang dieses Kapitels erwähnten Ereignisse war [122].

In diesem Buch stellen Hilbert und Ackermann die First-order-Logik als handhabbares Studienobjekt vor und stellen die Frage der semantischen Vollständigkeit als offenes Problem. In seiner Bologner Rede stellte Hilbert auch die Frage der syntaktischen Vollständigkeit, sowohl für die First-order-Logik als auch für die Formalisierung der Arithmetik [123]. Brouwer nahm natürlich einen gänzlich anderen Standpunkt ein. Für einen Intuitionisten gibt es keinen Grund anzunehmen, daß jede Formel oder ihre Negation durch einen konstruktiven Beweis hergeleitet werden kann, und in seinen Wiener Vorlesungen mit den Titeln „Wissenschaft, Mathematik und Sprache" und „Über die Struktur des Kontinuums"[8] ging Brouwer noch weiter: Er unterschied zwischen „konsistenten" Theorien und „korrekten" – eine Idee, die Gödel die Vorstellung vermittelt zu haben scheint, daß es selbst in der klassischen Mathematik formal unentscheidbare Sätze geben könnte [124].

---

8 Am 10. beziehungsweise 14. März 1928.

# IV
# Der Durchbruch
(1929–1931)

> Einer von ihnen ... hat gesagt: Alle Kreter sind Lügner. ...
> Das ist ein wahres Wort.
>
> Titus 1, 12f (Einheitsübersetzung)

ES LÄSST SICH nicht genau feststellen, wann Gödel mit seiner Dissertation begann. Allerdings kann man aus den vielen von ihm aufbewahrten Entlehnzetteln, aus seinen eigenen späteren Aussagen und aus Carnaps Erinnerungen an Gespräche mit ihm schließen, daß es um 1928 oder Anfang 1929 gewesen sein muß.

Während dieser Zeit entlehnte Gödel Bücher der Bibliotheken der Universität Wien und der Technischen Hochschule in Brünn, von letzterer Standardwerke über Zahlentheorie (Dirichlet), Funktionentheorie (Bieberbach) und Differentialgeometrie (Blaschke und Clebsch), von ersterer unter anderem nochmals die Bücher von Blaschke und Bieberbach und viele Werke über Logik und Philosophie: Schröders *Vorlesung über die Algebra der Logik*, Freges *Grundlagen der Arithmetik*, Heinrich Behmanns *Mathematik und Logik*, Schlicks *Naturphilosophie*, Leibniz' *Philosophische Schriften* und das Journal zum fünften skandinavischen Mathematikerkongreß, in dem eine Arbeit Skolems erschienen war [125]. Interessanterweise findet sich Hilberts und Ackermanns *Grundzüge der theoretischen Logik* nicht unter den entlehnten Büchern; aber Gödel hatte zu dieser Zeit, wie schon erwähnt, ein Exemplar von Whiteheads und Russells *Principia Mathematica* erstanden. Die Entlehnzettel für die Bücher Schröders und Freges stammen vom darauffolgenden Oktober, was eine Verbindung mit der in Kapitel II erwähnten Vorlesung Carnaps nahelegt. Die Verschiebung der Interessen Gödels von klassischen mathematischen Gebieten hin zu den Grundlagen und Logik scheint sich also zwischen Sommer und Herbst 1928 abgespielt zu haben.

Es ist schwer zu sagen, was Gödels Aufmerksamkeit auf sein Dissertationsthema, die Vollständigkeit, gelenkt hat. Wie im vorhergehenden Kapitel erwähnt, wurde die entsprechende Frage für die Aussagenlogik von Emil Post (1921) und unabhängig davon von Paul Bernays (1926) gelöst. Aber Gödel hatte weder mit diesen Personen noch mit ihrem Werk Bekanntschaft gemacht, keine ihrer Arbeiten ist in seiner Dissertation erwähnt [126]. In Fußnote c seiner Dissertation bezieht sich Gödel auf ein verwandtes Vollständigkeitsresultat in einer unveröffentlichten Arbeit Carnaps, also war es vielleicht Carnap, der Gödel als erster auf das Problem aufmerksam machte; aber es ist genauso wahrscheinlich, daß Gödel erst nach dem Beginn seiner Dissertation mit Carnap über das Thema sprach. Man könnte auch annehmen, daß Hahn als Gödels Dissertationsbetreuer das Thema vorgeschlagen hat. Gödel erzählte jedoch Hao Wang, daß er seine Dissertation Hahn zum ersten Mal zeigte, als sie schon fertig war [127]. In Fußnote 1 der publizierten Version seiner Dissertation schreibt er jedoch: „Einige wertvolle Ratschläge bezüglich der Durchführung verdanke ich Herrn Prof. Hahn" [128].

Da keine Indizien dagegen sprechen, scheint es am besten, anzunehmen, daß Gödel von selbst auf sein Dissertationsthema gekommen ist, aufgrund seiner Vorlesungsbesuche und Lektüre. In diesem Fall kann man hoffen, daß die Untersuchung des Texts der Dissertation selbst Hinweise auf die Herkunft der Konzepte und Methoden liefert.

Von besonderer Bedeutung in dieser Hinsicht sind Gödels einleitende Bemerkungen, die in der publizierten Version weggelassen wurden. Im ersten Satz erwähnt Gödel sowohl die *Principia Mathematica* als auch Hilbert und Ackermann (1928) und erklärt, daß er die Vollständigkeit des in diesen Werken verwendeten Axiomensystems des „engeren Funktionenkalküls" beweisen wird. Dabei bedeutet Vollständigkeit, „daß jede im engeren Funktionenkalkül ausdrückbare allgemein gültige Formel ... sich durch eine endliche Reihe formaler Schlüsse aus den Axiomen deduzieren läßt. Diese läßt sich leicht als äquivalent erkennen mit der folgenden: Jedes widerspruchslose nur aus Zählaussagen bestehende Axiomensystem hat eine Realisierung" – d.h. ein Modell. Oder auch: „Jeder logische Ausdruck ist entweder erfüllbar oder widerlegbar", in dieser Form wird der Satz dann auch bewiesen. Diese Formulierung sei auch deshalb von besonderem Interesse, da sie die „für Widerspruchslosigkeitsbeweise übliche Methode" – nämlich den Beweis der Existenz einer solchen Realisation – rechtfertigt, indem sie „eine Garantie dafür [bietet], daß diese Methode in jedem Fall zum Ziele führt." Für diejenigen, die keine Notwendigkeit für diese Garantie sahen, merkte Gödel an, daß „besonders L. E. Brouwer" – in Opposition zu Hilbert – „mit Nachdruck" darauf hingewiesen habe, „daß man aus der Widerspruchslosigkeit nicht ohne weiteres auf die Konstruierbarkeit eines Modells schließen kann". Man könne zwar versuchen, „die Existenz der durch ... Axiom[e] eingeführten Begriffe ... geradezu durch ... ihre Widerspruchslosigkeit" zu definieren, aber das setze – zumindest nach Meinung Gödels – „offensichtlich ... [die] Lösbarkeit jedes mathematischen Problems voraus" – eine Annahme, die, wie in Kapitel III angemerkt, für Hilbert und seine Gefolgschaft außer Frage stand [129].

Nachdem er das Gespenst der Unlösbarkeit beschworen hat, merkt Gödel vorsichtig an, „daß es sich dabei nur um die Unlösbarkeit mit *genau anzugebenden formalen* Schlußweisen handelt", und fügt sicherheitshalber noch hinzu: „Diese Überlegungen beanspruchen übrigens nur, die Schwierigkeiten, die mit einer solchen Definition des Existenzbegriffes verbunden wären, ins rechte Licht zu setzen, ohne über ihre Möglichkeit oder Unmöglichkeit endgültig etwas zu behaupten".

Diese Bemerkungen legen nahe, daß Gödel schon in Richtung seines Unvollständigkeitssatzes zu denken begonnen hatte, als am 6. Juli 1929 seine Dissertation von den Professoren Hahn und Furtwängler approbiert wurde. Sie lassen auch vermuten, daß ihn sowohl die Erwähnung der Vollständigkeit als ungelöstes Problem bei Hilbert und Ackermann als auch die Unterscheidung zwischen „korrekten" und „konsistenten" Theorien von Brouwer angeregt haben. Allerdings zeigen die Bemerkungen genauso Gödels Mißtrauen sowohl gegenüber Hilberts naiv optimistischem Glauben an die unbeschränkte Effizienz der formalen Methoden als auch gegenüber Brouwers Ablehnung der Formalisierung selbst. Vor allem liefern die spekulativeren Passagen (und besonders deren Auslassung aus dem Manuskript für die *Monatshefte für Mathematik und Physik* – vorausgesetzt diese geschah auf Betreiben Gödels) ein Beispiel für die von Salomon Feferman so treffend als charakteristisch für Gödel beschriebene Mischung aus Überzeugung und Vorsicht [130].

Bevor wir weiter auf den Inhalt der Dissertation Gödels eingehen, sollte angemerkt werden, daß es trotz des offensichtlichen Einflusses Brouwers auf das Denken Gödels nicht klar ist, wie Gödel auf dessen Werk aufmerksam geworden ist. Man könnte annehmen, daß er Brouwers Wiener Vorlesungen besucht hat, aber die Hinweise darauf erscheinen fragwürdig. In einer Notiz vom 23. Dezember 1929 [131] merkte Carnap an, daß er mit Gödel über Unerschöpflichkeit der Mathematik gesprochen habe und daß Gödels Ansichten zu diesem Thema durch Brouwers Vorlesung angeregt worden seien. Aber nach dem Tod Brouwers im Jahr 1966 lehnte es Gödel ab, für die American Philosophical Society einen Nachruf zu verfassen, mit dem Hinweis, er sei dafür völlig ungeeignet, da er Brouwer nur einmal, „als dieser 1953 Princeton besuchte", gesehen habe [132]. Wenn Brouwers Ideen nicht solch gewaltigen Einfluß auf Gödels Denken gehabt hätten, könnte man vielleicht glauben, daß Gödel nach vierzig Jahren den Besuch dieser Vorlesungen einfach vergessen hatte. Angesichts der Bedeutung eines solchen Ereignisses scheint das jedoch unwahrscheinlich. Also wird er vom Inhalt der Vorlesung vermutlich indirekt gehört haben.

Jedenfalls war Gödel mit den Standpunkten des Intuitionismus wohl vertraut. Gegen Ende der einleitenden Bemerkungen verteidigte er den „wesentlichen Gebrauch" des Satzes vom ausgeschlossenen Dritten, mit dem Hinweis, daß „vom intuitionistischen Standpunkt aus ... das ganze Problem überhaupt ein anderes" wäre, ein intuitionistischer Vollständigkeitsbeweis könne nämlich „nur durch Lösung des Entscheidungsproblems der mathematischen Logik" geführt werden, „während im folgenden nur eine Transformation dieses Problems, nämlich seine Zurückführung auf die Frage, welche Formeln formal beweisbar sind, beabsichtigt wird." Er bemerkt auch, „daß das hier behandelte Problem ja nicht erst durch den Grundlagenstreit aufgetaucht ist" und daß das Problem der Vollständigkeit der logischen Axiome und Regeln innerhalb der *„naiven Mathematik"* gestellt werden könnte, selbst wenn die „inhaltliche Geltung", d.h. Korrektheit, „niemals angezweifelt worden wäre".

Obwohl historisch gut fundiert, wurden auch diese Kommentare in Gödels (1930a) folgender Veröffentlichung ausgelassen. Dort erklärte Gödel vielmehr, daß sich bei Whiteheads und Russells Versuch eines Aufbaus der Logik und Mathematik auf der Basis formaler Ableitungen aus „gewisse[n] evidente[n] ... Axiome[n] ... nach einigen genau formulierten Schlußprinzipien ... *natürlich sofort* die Frage [stellt], ob das ... System von Axiomen und Schlußprinzipien vollständig sei" [Hervorhebung vom Autor]. Tatsächlich dauerte es jedoch nach dem Erscheinen der *Principia Mathematica* achtzehn Jahre, bis Hilbert und Ackermann diese Frage stellten – da keine metasprachlichen Fragen welcher Art auch immer gestellt werden konnten, solange die Logik als *universelle* Sprache aufgefaßt wurde [133]. Daß die Frage nach der Vollständigkeit für Gödel so naheliegend schien, zeigt, wie fortgeschritten sein Verständnis der grundlegenden logischen Fragen war.

Der Text seiner Dissertation (1929) zeigt auch schon die bestechende Klarheit, die ein Markenzeichen seiner Arbeiten werden sollte. Nach seinen einführenden Bemerkungen beschreibt Gödel die Details des verwendeten Formalismus und seine Terminologie. Er bemüht sich besonders um eine klare Unterscheidung semantischer und syntaktischer Notation, wie es natürlich auch notwendig ist (was aber nicht alle getan haben, siehe die Diskussion von Skolems „knappem Fehlschlag" weiter unten). Er führt auch einige grundlegende logische Tatsachen an, die für seinen Beweis wesentlich sind, darunter die Vollständigkeit des aussagenlogischen Kalküls, die Tatsachen, daß jede First-order-Formel zu einer in den verschiedenen Pränex-Normalformen beweisbar äquivalent ist, und daß jede Formel der Form

$$(\forall x_1)(\forall x_2)\ldots(\forall x_n)F(x_1,x_2,\ldots,x_n) \vee (\exists x_1)(\exists x_2)\ldots(\exists x_n)G(x_1,x_2,\ldots,x_n)$$
$$\to (\exists x_1)(\exists x_2)\ldots(\exists x_n)[F(x_1,x_2,\ldots,x_n) \vee G(x_1,x_2,\ldots,x_n)]$$

beweisbar ist.

Der Beweis selbst geht mit Reduktion und Induktion vor. Gödel zeigt, daß es genügt, die Erfüllbarkeit oder Widerlegbarkeit von Pränexformeln ohne freie Variablen zu zeigen, in denen das Präfix (falls vorhanden) mit einem Block Allquantoren beginnt und mit einem Block Existenzquantoren endet. Nachdem er den Grad einer solchen Formel als die Anzahl der Allquantorblöcke im Präfix definiert, zeigt er, daß, wenn alle Formeln des Grads $k$ entweder erfüllbar oder widerlegbar sind, so auch die des Grades $k+1$. Dazu benützt er eine Methode Skolems, die sogenannte Skolem-Normalform für Erfüllbarkeit.

Der Hauptteil des Beweises besteht nun darin, zu zeigen, daß jede Formel $F$ vom Grad 1 entweder erfüllbar oder widerlegbar ist. Gegen Ende definiert er eine Folge $A_n$ von quantorenfreien Formeln (deren Strukturen von $F$ abhängen) und zeigt, daß für jedes $n$ die Formel $F \to (E_n)A_n$ beweisbar ist, wobei $(E_n)$ für einen Block von Existenzquantoren steht, der alle freien Variablen von $A_n$ bindet. In diesem Beweis benützt er die letzte der oben erwähnten Tatsachen, und hier unterscheidet sich sein Vorgehen wesentlich von dem früheren Löwenheims und Skolems.

Es kann hier nicht näher auf Gödels Beweis eingegangen werden oder auf die komplexen Verbindungen zwischen der Arbeit Gödels und der Skolems (1923b) oder Jacques Herbrands (1930, 1931), dafür sei auf die Texte Gödels (1929, 19230a) verwiesen und die ausführlichen Kommentare dazu von Jean van Heijenoort und Burton Dreben im ersten Band der *Collected Works*. Es soll genügen, die Ergebnisse zusammenzufassen: Durch den Satz des ausgeschlossenen Dritten – außerhalb des formalen Systems angewendet – ist jede der quantorenfreien Formeln $A_n$ entweder wahrheitsfunktional erfüllbar oder nicht. Im ersten Fall schlossen sowohl Skolem als auch Gödel, daß die ursprüngliche Formel $F$ in den natürlichen Zahlen erfüllbar ist, wohingegen Herbrand, obwohl er anmerkte, daß man solche Folgerungen ziehen könnte, davon Abstand nahm, weil das Argument nichtfinitäre Begriffe benutzte, die seiner Meinung nach in mathematischen Überlegungen nicht verwendet werden sollten. Im zweiten Fall folgerte Skolem nur, daß $F$ nicht erfüllbar sein kann, wohingegen Gödel und Herbrand zeigten, daß $F$ formal widerlegbar ist [134].

Man kann fragen, warum nicht auch Skolem diese Folgerung gezogen hat, und Gödel selbst meint dazu in einem Brief an Hao Wang vom 7. Dezember 1967:

> Der Vollständigkeitssatz folgt tatsächlich beinahe trivial aus [Skolem 1923b]. Es ist aber eine Tatsache, daß zu dieser Zeit niemand (auch Skolem selbst nicht) diese Folgerung zog (weder aus [Skolem 1923b] noch aus ähnlichen eigenen Überlegungen, wie ich es tat). ... Diese Blindheit ... der Logiker ist überraschend. Aber ich denke, die Erklärung dafür ist nicht schwer zu finden. Sie liegt in dem damals weitverbreiteten Mangel an der nötigen epistemologischen Einstellung zur Metamathematik und nichtfinitären Methoden. ... Die zuvor erwähnte leichte Herleitung aus [Skolem 1923b] ist eindeutig nichtfinitär, so wie jeder andere Beweis für die Prädikatenlogik.[1] Deswegen wurden diese Dinge nicht wahrgenommen oder sie wurden ignoriert [135].

Zusätzlich zum Vollständigkeitssatz beantwortete Gödel eine weitere Frage Hilberts und Ackermanns: Er zeigte die Unabhängigkeit der Axiome, die er verwendete. Er ging auch in zwei Aspekten über die ursprüngliche Frage hinaus: Er weitete das Grundresultat auf Sprachen mit Gleichheit und auf abzählbare Mengen von Sätzen aus.

Wie bereits bemerkt, unterschied sich der Text der Publikation Gödels von dem der Dissertation dadurch, daß die spekulativeren philosophischen Passagen am Beginn gestrichen und viele Literaturhinweise eingefügt wurden. Wichtiger jedoch war, daß der Vollständigkeitssatz in der publizierten Version aus einem neuen Resultat gefolgert wurde, das heute unter dem Namen Kompaktheitssatz bekannt ist: Eine abzählbare Menge von First-order-Sätzen ist genau dann erfüllbar, wenn jede endliche Teilmenge erfüllbar ist.

Die Bedeutung dieses Resultats wurde lange Zeit nicht wahrgenommen – größtenteils wegen seines rein semantischen Charakters [136]. In dieser Hinsicht ist

---

1 Der nichtfinitäre Schritt in Gödels Beweis verwendet das Königslemma („Jeder binäre Baum unendlicher Höhe besitzt einen unendlichen Ast").

es auch signifikant, daß selbst der Begriff der Wahrheit in einer Struktur, der zentrale Bedeutung für die Definition der Erfüllbarkeit oder Gültigkeit hat, weder in Gödels Dissertation noch in deren publizierter Version analysiert wird. Vielmehr erklärte Gödel in einem (gestrichenen) Teil einer (unversendeten) Antwort auf eine spätere Anfrage eines Studenten, daß zur Zeit seiner Vollständigkeits- und Unvollständigkeitsarbeiten „ein Konzept der objektiven mathematischen Wahrheit ... mit größtem Mißtrauen betrachtet und in weiten Kreisen als bedeutungsleer zurückgewiesen wurde" [137]. Solche Stellungnahmen könnten zwar der Vorsicht (um nicht zu sagen Paranoia) Gödels zugeschrieben werden, ähnliche Aussagen finden sich aber auch in den Werken anderer. So erwähnt zum Beispiel Carnap im Rahmen seiner Diskussion des epochalen Werks Tarskis zum Wahrheitsbegriff in formalen Sprachen [138], daß „Tarski sehr skeptisch" auf seine Einladung reagiert habe, zu diesem Thema im September 1935 am Internationalen Kongreß für Wissenschaftliche Philosophie zu sprechen. „Er dachte, daß die meisten Anwesenden, selbst die, die auf dem Gebiet der modernen Logik arbeiteten, der Entwicklung des Begriffs der Wahrheit nicht nur indifferent, sondern feindselig gegenüberstehen würden". Und tatsächlich „wurde es am Kongreß durch die Reaktionen auf Tarskis Arbeiten und meine eigenen klar, daß Tarskis skeptische Vorhersage eintraf. ... Es gab vehemente Widerstände selbst auf der Seite unserer philosophischen Freunde." Carnap fährt fort, daß es für die jüngeren Leserinnen und Leser „schwer vorzustellen sein dürfte, wie groß die Skepsis und der aktive Widerstand am Beginn war" [139]. Am Ende war Tarski bereit, sich diesen Widerständen zu stellen, Gödel war es nicht. Jedenfalls erkannte Gödel früh den essentiellen Unterschied zwischen Beweisbarkeit und Wahrheit. Insbesondere entdeckte er unabhängig von Tarski die formale Undefinierbarkeit der Wahrheit.

ES IST NICHT klar, in welchem Ausmaß Gödels Arbeit an seiner Dissertation durch den Tod seines Vaters unterbrochen wurde. Gödel scheint jedenfalls durch die wachsende politische Unruhe in und um Wien wenig gestört worden zu sein. Er diskutierte wirtschaftliche und politische Fragen mit einigen seiner Freunden, aber der Inhalt dieser Diskussionen wurde größtenteils nicht aufgezeichnet.

Was immer seine Meinung zu den damaligen düsteren Vorgängen gewesen war, er muß sie zumindest wahrgenommen haben, da sich bereits 1926 „die Kräfte der reaktionären Gewalt an den Universitäten festgesetzt hatten. ... Sozialistenführern" zum Beispiel „wurde das Halten von Reden in den Gebäuden der Universität verwehrt", und weil „die Autonomie der Universität ... die Polizei am Betreten dieser Gebäude hinderte, ... wurden mehr oder weniger regelmäßig sozialistische oder jüdische Studenten aus den Vorlesungssälen gezerrt und zusammengeschlagen" [140]. Gödel selbst war kein Jude, aber sein Lehrer Hahn sowie viele der anderen Professoren, bei denen Gödel studiert hatte. Dadurch machte er sich aus der Sicht des Nationalsozialismus verdächtig. Trotz des Stolzes seiner Familie auf ihr deutsches

Erbe gibt es keinerlei Hinweise, daß Gödel irgendwelche Sympathien für den alldeutschen Nationalismus oder den Austrofaschismus hegte. Vielmehr war er, nach einer Darstellung Carnaps, zu dieser Zeit prosozialistisch und las Lenin und Trotzki [141].

Obwohl die politische Entwicklung in Österreich 1929 zunehmend Anlaß zur Sorge bot, war der Anschluß noch neun Jahre entfernt. Die wirtschaftliche Krise drohte viel unmittelbarer, aber auch sie sollte ihren Höhepunkt in Österreich erst in einigen Monaten erreichen. (Die Österreichische Credit-Anstalt brach am 12. Mai 1931 zusammen.) In der Zwischenzeit verbrauchten die Brüder nach der Darstellung Rudolfs ihr Erbe eher freizügig, „um gut leben zu können" [142]. Für Rudolf bedeutete das viele Reisen, Besuche von Museen und öffentlichen Vorträgen – dieser Lebensstil schien ihm vermutlich nicht verschwenderisch, da er an den Wohlstand seiner Familie gewöhnt war und damals, nach seiner Promotion und einer langen Nordafrikareise (ein Geschenk seines Vaters), eine Anstellung im Wenkebach-Krankenhaus gefunden hatte.

Für Kurt jedoch lag die Aussicht auf regelmäßiges Einkommen noch in weiter Ferne. Er promovierte zwar am 6. Februar 1930, doch das verschaffte ihm noch nicht die Möglichkeit einer akademischen Karriere. Auf eine solche konnte er erst nach seiner Habilitation hoffen, die unter anderem eine weitere größere Arbeit erforderte (die Habilitationsschrift). Erst dann konnte man als unbezahlter Dozent zu lehren beginnen und auf das Angebot einer ständigen Anstellung warten. Am Beginn des Jahres 1930 sah sich Gödel also mit zwei Aufgaben konfrontiert: Die Resultate seiner Dissertation einem breiteren Publikum bekannt zu machen und ein geeignetes Habilitationsthema zu finden.

Die revidierte Fassung von Gödels Dissertation erreichte die Redaktion der *Monatshefte für Mathematik und Physik* am 22. Oktober 1929, aber bis zum Druck sollte beinahe ein Jahr vergehen. Eine Empfangsbestätigung in Gödels Nachlaß zeigt, daß er die Sonderdrucke erst am 19. September 1930 erhielt. In der Zwischenzeit hatte er zumindest zweimal über sein Resultat vorgetragen: Am 14. Mai vor Mengers Kolloquium [143], und vor einem internationalem Auditorium bei der zweiten Tagung für exakte Erkenntnislehre, die am 6. September in Königsberg (Ostpreußen) stattfand. Am 28. November trug er seinen Vollständigkeitssatz auch anläßlich eines Treffens der Wiener Mathematischen Gesellschaft vor.

Der Vollständigkeitssatz war, als Lösung eines Problems, das in einem bedeutenden Werk gestellt worden war, offensichtlich eine bemerkenswerte Leistung. Die Antwort war jedoch die erwartete, und die Beweismethode war, wie schon erwähnt, den Methoden Löwenheims und Skolems sehr ähnlich. (Der Kompaktheitssatz war tatsächlich die größere Entdeckung – jedenfalls unerwarteter, und man könnte behaupten, daß er auf weite Sicht wichtigere Konsequenzen gehabt hat.) Für die Habilitation galt es idealerweise ein Problem zu finden, dessen Lösung noch größere Beachtung finden würde; und für jemanden mit Gödels Selbstvertrauen war eine offensichtliche Quelle solcher Probleme die Liste Hilberts aus dem Jahr 1900.

DAS ZWEITE DIESER Probleme, nämlich einen finitären Konsistenzbeweis für die Axiome der Analysis zu liefern, wurde von Hilbert als erster Schritt in seinem Programm angesehen, die Grundlagen der Mathematik abzusichern. Es ist nicht bekannt, wann sich Gödel diesem Problem zum ersten Mal zugewendet hat, aber im Herbst 1939 hatte er eine Lösung gefunden, die im höchsten Maße unerwartet war.

Nach eigener Darstellung war es nicht sein Ziel, das Hilbertsche Programm zu zerstören, sondern es voranzutreiben. Im selben Briefentwurf, in dem er von den „Vorurteilen" gegen den Begriff der „objektiven mathematischen Wahrheit" [144] schreibt, erklärt er auch:

> Der Anlaß, Wahrheit und Beweisbarkeit zu vergleichen, war der Versuch eines relativen modelltheoretischen Konsistenzbeweises der Analysis in der Arithmetik. Das führt beinahe notwendigerweise zu einem solchen Vergleich. Ein arithmetisches Modell der Analysis ist nämlich nichts anderes als eine arithmetische $\in$-Relation, die das Komprehensionsaxiom erfüllt:
>
> $$(\exists n)(x)[x \in n \equiv \phi(x)]$$
>
> Wenn nun das „$\phi(x)$" durch „$\phi(x)$ ist beweisbar" ersetzt wird, kann eine solche $\in$-Relation leicht definiert werden. Wenn also Wahrheit und Beweisbarkeit äquivalent wären, hätten wir unser Ziel erreicht.
>
> Es folgt jedoch aus der *korrekten* Lösung der semantischen Paradoxa, daß „Wahrheit" der Aussagen einer Sprache *niemals in derselben Sprache* ausgedrückt werden kann, anders als die (arithmetische Relation der) Beweisbarkeit. Also wahr $\neq$ beweisbar.

In dieser Passage ist mit Analysis die Second-order-Arithmetik gemeint, in der Variablen für Mengen natürlicher Zahlen zugelassen sind. Anscheinend war Gödels ursprüngliche Idee, solche Variablen in der First-order-Zahlentheorie als definierbare Teilmengen darzustellen. Wenn man davon ausgeht, daß die zugrundeliegende formale Sprache abzählbar ist, gibt es nur abzählbar viele definierbare Teilmengen, die daher durch eine numerische Variable („$n$" im obigen Zitat) indiziert werden können. Der Begriff der mengentheoretischen Elementbeziehung kann so durch den der Wahrheit einer allgemeinen arithmetischen Formel ersetzt werden – und da liegt auch das Problem.

Angesichts der Spekulationen zur möglichen Existenz einer formal unentscheidbaren Aussage in der Arithmetik in der Einführung zu Gödels Dissertation kann man sich darüber wundern, warum er nach einer *positiven* Lösung des Konsistenzproblems gesucht hat. Diese Sichtweise vermengt aber zwei verschiedene Probleme: Das eine Problem ist, die *Unvollständigkeit* der Arithmetik zu zeigen, in dem Sinn, daß es arithmetische Aussagen gibt, die formal unentscheidbar sind, das andere ist, zu zeigen, daß die *Konsistenz* nicht nur in der Theorie selbst *ausdrückbar*, sondern auch ein *Beispiel* dieser unentscheidbaren Aussagen ist. Das ist genau der Unterschied zwischen Gödels erstem und zweitem Unvollständigkeitssatz, die er in kurzem Abstand, mit einer kleinen, aber signifikanten Pause dazwischen, bewies.

In Anbetracht der Verbindung Gödels zum Wiener Kreis ist es nicht verwunderlich, daß er sich der Probleme bewußt war, die entstehen, wenn man über eine Theorie in der Sprache der Theorie selbst spricht. Die Frage, in welchem Ausmaß man sinnvollerweise mit Sprache über Sprache sprechen könne, war ja zentral für die Philosophie Wittgensteins (der den Wiener Kreis in vieler Hinsicht anregte), und auch für die Carnaps. Darüber hinaus kam im Februar 1930, vermutlich gerade als sich Gödel mit diesen Fragen auseinandersetzte, Alfred Tarski nach Wien, um eine Reihe von Vorträgen in Mengers Kolloquium zu halten, „einen mathematischen und zwei logische, ... letztere ... auch dem Schlick-Kreis zugänglich" [145]. In seiner „Intellectual Autobiography" erinnert sich Carnap, daß das Thema der Vorträge „die Metamathematik der Prädikatenlogik" gewesen sei, und, von größerer Bedeutung, daß „wir auch privat viele Probleme von gemeinsamem Interesse diskutiert haben":

> Von besonderem Interesse für mich war, daß er betonte, bestimmte Konzepte, die in der Logik verwendet werden, z.B. die Konsistenz der Axiome, die Beweisbarkeit eines Theorems in einem bestimmten System und ähnliches, könnten nicht in der Sprache der Axiome (später Objektsprache genannt) ausgedrückt werden, sondern in der Sprache der Metamathematik (später Metasprache genannt). ... Meine Gespräche mit Tarski waren wertvoll für meine späteren Studien des Problems des Sprechens über Sprache, ein Problem, das ich besonders mit Gödel oft diskutiert habe. Aus diesen Problemen und Gesprächen entstand meine Theorie der logischen Syntax [146].

Auch Gödel führte damals ein Gespräch mit Tarski. Menger erinnert sich, daß ihn Gödel „nach den Vorlesungen bat ..., ein Treffen mit Tarski zu veranlassen, da er dem Besucher über den Inhalt seiner Dissertation berichten wollte" – womit er der ersten der zuvor erwähnten Aufgaben nachkommen wollte. Und tatsächlich zeigte „Tarski ... großes Interesse für das Resultat" [147].

Gödel könnte mit Tarski auch über einige der von Carnap erwähnten Themen gesprochen haben. Er wurde aber von Tarskis Ansichten nicht so beeinflußt wie Carnap. Ganz im Gegenteil, gerade die Erkenntnis Gödels, daß Begriffe wie „die Konsistenz der Axiome" und „Beweisbarkeit eines Theorem in einem bestimmten System" sehr wohl in der Sprache der Arithmetik (indirekt) ausgedrückt werden können, war der Schlüssel zu seinem Beweis des Unvollständigkeitssatzes.

Viel wurde über diese Idee, die sogenannte Arithmetisierung der Syntax, gesprochen. Das Wesentliche daran ist, daß nicht nur den Symbolen der Sprache, sondern auch endlichen Folgen solcher Symbole und in weiterer Konsequenz endlichen Folgen dieser Folgen numerische Werte zugewiesen werden können, und das auf eindeutige, effektive Weise. Unter den Folgen von Symbolen sind solche, die wohlgeformte Ausdrücke bilden, manche davon werden als Axiome ausgezeichnet, und die Eigenschaften der Symbolfolge, die sie als Formel oder Axiom erkennbar macht, entsprechen erkennbaren arithmetischen Eigenschaften der numerischen Codes. Ähnlich dazu gibt es unter den Folgen von Formeln solche, die Beweise darstellen – das heißt solche Folgen, in denen die erste Formel ein Axiom ist und deren weitere Formeln entweder wieder Axiome sind oder aus vorhergehenden Elementen der Folge durch Anwendung einer endlichen Zahl bestimmter Regeln hervorgehen; und auch von dieser Eigenschaft kann man zeigen, daß sie einer erkennbaren Eigenschaft der Codes entspricht.

In dieser Darstellung der Methode der „Gödelnumerierung" wurde das Wort „erkennbar" für den präzisen mathematischen Begriff der „primitiven Rekursivität" verwendet. Unter diesem Begriff kann man sich, ohne auf seine technische Definition näher einzugehen, informell vorstellen: *durch einen sicher terminierenden Algorithmus entscheidbar*. Das heißt, für jede natürliche Zahl kann entschieden werden, ob sie der Code einer Formel ist (oder nicht) oder einer Folge von Formeln. Im letzten Fall kann weiters entschieden werden, ob sie den Code eines Beweises darstellt, und wenn ja, dann kann der Code des Bewiesenen aus dem Code des Beweises effektiv berechnet werden. Jeder dieser Tests und Berechnungen benötigt nur endlich viele Schritte.

Es ist jedoch wesentlich, daß der Begriff „beweisbar" *nicht* auf diese Weise entscheidbar ist. Wenn ein mutmaßlicher Beweis einer Formel gegeben ist, kann man durch eine jedenfalls terminierende Folge von Tests entscheiden, ob diese Folge wirklich die Formel beweist; wenn aber nur die Formel gegeben ist, gibt es keinen effektiven Weg, um herauszufinden, *wie* sie zu beweisen ist. Man kann nur einen Beweis nach dem anderen untersuchen und testen, ob die jeweils letzte Formel die gesuchte ist. Wenn dieser Fall eintritt, dann ist die Formel natürlich beweisbar. Aber man kann nicht vorhersagen, ob so ein Beweis auftreten wird. Wenn die Formel nicht beweisbar ist, dann wird der Algorithmus, der nach einem Beweis sucht, niemals abbrechen.

Die Annahme der Konsistenz einer Theorie ist die Annahme der Nichtbeweisbarkeit einer bestimmten Formel (zum Beispiel einer Formel der Form $A \wedge \neg A$). Wenn aber die Eigenschaft der Unbeweisbarkeit im allgemeinen nicht endlich entscheidbar ist, dann muß die Hoffnung, die Konsistenz der Arithmetik in der Theorie selbst (oder gar in einer schwächeren) beweisen zu können, auf der speziellen *Form* der Konsistenzaussage beruhen.[2]

Hilbert ging genauso wie Gödel davon aus, daß die Arithmetik konsistent ist. Die Frage war nur, mit welchen Mitteln das zu beweisen sei. Hilbert (nicht aber Gödel) übersah die Möglichkeit, daß diese Mittel über das hinausgehen, was in der Arithmetik selbst zur Verfügung steht. (Wenn eine Theorie inkonsistent ist, dann ist jede Formel in ihr formal beweisbar. Und sobald ein Beweis *einer* Absurdität auftritt, ist

---

2 Wenn man von der Konsistenz einer Theorie ausgeht, kann man natürlich die Unbeweisbarkeit einiger Formeln – zum Beispiel der widerlegbaren – zeigen (aber eben nicht in der Theorie selbst). Und einige *Nonstandardaussagen* zur Konsistenz der Arithmetik *sind* innerhalb der Theorie formal beweisbar. Siehe Feferman (1960) für eine detaillierte Diskussion und für Beispiele.

die Inkonsistenz bewiesen. So sind im Lauf der Geschichte auch Inkonsistenzen gezeigt worden. Das Problem ist, daß man ohne Konsistenzbeweis – sei er nun formal oder nicht – nie wissen kann, ob oder wann so etwas geschehen wird – die Situation ist dieselbe wie bei der Beweisbarkeit. *In*konsistenz ist jedoch – zumindest im Prinzip – immer durch einen Beweis im gegebenen System herleitbar.)

Wenn die (formalisierte) Arithmetik konsistent ist, aber diese Tatsache nicht formal ableitbar ist, dann muß, unter der Annahme, daß die Theorie korrekt ist (das heißt, keine falschen Formeln ableitet), die Konsistenz formal unentscheidbar sein, das heißt weder beweisbar noch widerlegbar. Die Umkehrung jedoch ist nicht offensichtlich: Es scheint möglich, daß die Konsistenz der Theorie intern beweisbar ist, obwohl andere Sätze unentscheidbar sind. Das ist wieder die Unterscheidung zwischen erstem und zweitem Unvollständigkeitssatz.

Diese Spekulationen zeigen nur, wie unentscheidbare Aussagen auftreten könnten, nicht aber, wie man sie auch wirklich finden kann. Gödels Leistung bestand darin, eine Aussage zu konstruieren, deren Unentscheidbarkeit (außerhalb des formalen Systems) beweisbar war. Er begann damit, sehr detailliert zu zeigen, daß eine große Zahl grundlegender syntaktischer Begriffe mit Hilfe der Codierung in Zahlen durch Formeln der formalisierten Arithmetik repräsentierbar sind. Insbesondere konstruierte er ein binäres primitiv rekursives Prädikat $B(x,y)$, das die Aussage „$x$ ist der Code eines Beweises der Formel mit Code $y$" ausdrückt. Wenn also $n$ und $m$ natürliche Zahlen sind und **n** und **m** die diese Zahlen repräsentierenden Terme in der formalen Sprache, dann ist $B(\mathbf{n},\mathbf{m})$ beweisbar, wenn $n$ der Code einer Folge von Formeln ist, die einen Beweis der Formel mit Code $m$ darstellt, anderenfalls ist $B(\mathbf{n},\mathbf{m})$ widerlegbar. Es folgt, daß das monadische Prädikat $\text{Bew}(y)$, definiert als Abkürzung für die Formel $(\exists x)B(x,y)$, die Aussage „$y$ ist beweisbar" formalisiert. Die Negation von $\text{Bew}(y)$ formalisiert dann offensichtlich die Aussage „$y$ ist nicht beweisbar"; und dieser Begriff, so erkannte Gödel, konnte für ein Diagonalargument ähnlich dem Cantorschen verwendet werden.

Die wesentliche Idee war, das antike Lügnerparadoxon – in der späteren Form des Eubulides: „Dieser Satz ist falsch" – zu modifizieren. Diese Antinomie beruhte auf dem Begriff der Wahrheit, die, wie Gödel erkannte, in der Zahlentheorie nicht formal ausdrückbar war. Indem er den Begriff „falsch" durch „unbeweisbar" ersetzte, konnte er die Antinomie vermeiden und gleichzeitig, in der formalen Zahlentheorie, eine analoge selbstbezügliche Aussage konstruieren. Im wesentlichen zeigte er, daß es eine binäre Formel $Q(x,y)$ gibt, so daß für *jede* unäre Formel $F(y)$, wenn $F(y)$ den Code $n$ hat, $Q(x,\mathbf{n})$ die Aussage „$x$ ist nicht der Code eines Beweises der Formel $F(\mathbf{n})$" formalisiert. Also drückt die Formel $(\forall x)Q(x,\mathbf{n})$ die Unbeweisbarkeit von $F(\mathbf{n})$ aus. Aber $(\forall x)Q(x,y)$ ist selbst eine unäre Formel, ihr Code sei $q$. Die Formel $(\forall x)Q(x,\mathbf{q})$ drückt also ihre eigene Unbeweisbarkeit aus.

In der Einführung zu seinem epochalen Werk (Gödel 1931a) skizziert Gödel „den Hauptgedanken des Beweises, natürlich ohne auf Exaktheit Anspruch zu erheben".

**Tabelle 1.** Wahrheitswerttabelle der unären Formeln

| Unäre Formel | Numerisches Argument | | | | | | | | |
|---|---|---|---|---|---|---|---|---|---|
| | 0 | 1 | 2 | 3 | 4 | 5 | ... | $q$ | ... |
| $F_1(y)$ | T | T | F | F | F | F | ... | F | ... |
| $F_2(y)$ | T | T | T | T | T | T | ... | T | ... |
| $F_3(y)$ | F | T | F | T | F | T | ... | ? | ... |
| $F_4(y)$ | F | F | F | T | T | F | ... | F | ... |
| ⋮ | | | | | | | | ⋮ | ⋮ |
| $F_q(y)$ | ? | ? | ? | ? | ? | ? | ... | T | ... |
| ⋮ | | | | | | | | | |

**Tabelle 2.** Beweisbarkeitstabelle der unären Formeln

| Unäre Formel | Numerisches Argument | | | | | | | | |
|---|---|---|---|---|---|---|---|---|---|
| | 0 | 1 | 2 | 3 | 4 | 5 | ... | $q$ | ... |
| $F_1(y)$ | P | P | N | N | N | N | ... | N | ... |
| $F_2(y)$ | P | P | P | P | P | P | ... | P | ... |
| $F_3(y)$ | N | P | N | P | N | P | ... | ? | ... |
| $F_4(y)$ | N | N | N | P | P | N | ... | N | ... |
| ⋮ | | | | | | | | ⋮ | ⋮ |
| $F_q(y)$ | ? | ? | ? | ? | ? | ? | ... | N | ... |
| ⋮ | | | | | | | | | |

Sein Argument kann anhand der Tabellen 1 und 2 erläutert werden, die man sich unendlich fortgesetzt denken möge [148]. Am linken Rand sind (in irgendeiner festgelegten Reihenfolge) die zahlentheoretischen unären Formeln $F_n(y)$ aufgelistet. Am oberen Rand stehen die natürlichen Zahlen $m$. Der Eintrag in der $n$-ten Zeile und $m$-ten Spalte („an Position $(n, m)$") in Tabelle 1 ist T oder F, je nachdem ob die Formel $F_n(\mathbf{m})$ wahr oder falsch ist, wenn sie in den natürlichen Zahlen interpretiert wird (wobei $\mathbf{m}$ die Interpretation von $m$ ist). Der entsprechende Tabelleneintrag in Tabelle 2 ist P oder N, je nachdem ob $F_n(\mathbf{m})$ in der formalen Zahlentheorie beweisbar ist oder nicht.[3] Unter der Voraussetzung, daß die Theorie korrekt ist (was ihre Konsistenz beinhaltet), *muß* an den Positionen, wo in Tabelle 2 ein P erscheint, in

---

3 In den Beispieltabellen könnte die erste Formel zum Beispiel $F_1(y) \equiv y < 2$ sein, die nächsten $y = y$, „$y$ ist ungerade" (z. B. $(\exists x)(y = 2 * x + 1)$) und $y = 3 \lor y = 4$.

Tabelle 1 ein T stehen. Wenn aber ein T an der Position $(n, m)$ in Tabelle 1 aufscheint, muß dann der entsprechende Eintrag in Tabelle 2 notwendigerweise P sein? Wenn das für ein $(n, m)$ nicht der Fall ist, dann ist $F_n(\mathbf{m})$ wahr, aber formal unbeweisbar. Auf der anderen Seite kann seine Negation, die ja falsch ist, nicht beweisbar sein (wieder unter Voraussetzung der Korrektheit). Daher ist $F_n(\mathbf{m})$ formal unentscheidbar.

Es bleibt noch eine Position $(q, q)$ zu konstruieren, wobei $F_q(y)$ die Formel $\forall x Q(x, y)$ sein soll. Wenn $F_q(\mathbf{q})$ falsch wäre, dann wäre sie aufgrund der zuvor erwähnten Eigenschaften des formalen Beweisbarkeitsprädikates tatsächlich formal widerlegbar, und wäre daher aufgrund der vorausgesetzten Konsistenz der Theorie unbeweisbar. Aber da die Formel $F_q(\mathbf{q})$ genau aussagt, daß sie unbeweisbar ist, wäre sie wahr, ein Widerspruch zu unserer Annahme. Daher muß der Eintrag an Position $(q, q)$ in Tabelle 1 T und in Tabelle 2 N sein.

Dieses formale Argument benützt den Begriff der Wahrheit, dem damals viele, besonders aus der Schule Hilberts, mißtrauisch gegenüberstanden. Gegen Ende seiner einleitenden Bemerkungen bemühte sich Gödel daher zu betonen, daß „die nun folgende exakte Durchführung des obigen Beweises ... unter anderem die Aufgabe" haben wird, die Annahme, daß jede beweisbare Formel wahr sei, „durch eine rein formale und weit schwächere zu ersetzen".[4]

Die meisten Darstellungen des Unvollständigkeitssatzes, wie auch die eben präsentierte, stellen seine quasiparadoxe Natur in den Mittelpunkt. Es ist jedoch durchaus auch lohnend, den Beweis einmal zu vergessen und die Folgerungen der Sätze zu betrachten.

Es ist besonders nützlich, den Vollständigkeitssatz und die Unvollständigkeitssätze gemeinsam zu betrachten, um die Terminologie zu klären, da die Namen dieser Sätze fälschlicherweise ihre Inkompatibilität suggerieren könnten. Die Verwirrung rührt von den zwei unterschiedlichen Verwendungen des Wortes „vollständig" in der Logik her: Im semantischen Sinn heißt vollständig „fähig, alles Gültige abzuleiten", im syntaktischen Sinn heißt es „fähig, jeden Satz entweder zu beweisen oder zu widerlegen".[5] Gödels Vollständigkeitssatz besagt, daß jede (abzählbare) First-order-Theorie, welche nichtlogischen Axiome sie auch immer haben möge, im ersten Sinn vollständig ist: Die ableitbaren Theoreme sind genau die Sätze, die in *allen* Modellen

---

[4] Die Konsistenz ist alles, was man benötigt, um den zweiten Unvollständigkeitssatz zu beweisen und um zu zeigen, daß die Formel $F_q(\mathbf{q})$ unbeweisbar ist, aber man benötigt mehr, um sicherzustellen, daß die Negation von $F_q(\mathbf{q})$ unbeweisbar ist. Die Negation von $F_q(\mathbf{q})$ ist zu einer reinen Existenzformel logisch äquivalent (d.h. zu einer Formel der Form $(\exists x) G(x)$, wobei $G$ keine anderen Quantoren enthält). Daher reicht es anzunehmen, daß immer, wenn jede numerische Instanz einer solchen Formel widerlegbar ist, die Formel selbst nicht beweisbar ist.

[5] Gödel verwendete die Worte „vollständig" und „entscheidungsdefinit", um diese Begriffe zu unterscheiden. Allerdings hat sich diese Terminologie nicht durchgesetzt, und auch im Englischen wird „complete" für Syntax *und* Semantik verwendet.

der Axiome gültig sind. Die Unvollständigkeitssätze andrerseits zeigen, daß die formale Zahlentheorie nicht vollständig im zweiten Sinn sein kann, wenn sie konsistent ist.

Die Unvollständigkeitssätze gelten auch noch für Formalisierungen höherer Ordnung der Zahlentheorie. In der First-order-Formalisierung gilt auch der Vollständigkeitssatz, und das ergibt keinen Widerspruch, aber eine interessante Folgerung: Jeder unentscheidbare Satz der Arithmetik muß in irgendeinem Modell der Peano-Axiome gültig sein (sonst wäre er formal widerlegbar) und in einem anderen ungültig (sonst wäre er formal beweisbar). Insbesondere muß es also Modelle der First-order-Peano-Arithmetik geben, deren Elemente sich nicht wie die natürlichen Zahlen „benehmen". Solche Nonstandardmodelle waren unvorhergesehen und ungeplant, können aber nicht ignoriert werden, sie zeigen, daß *keine rekursive First-order-Axiomatisierung der natürlichen Zahlen* **genau** *die Sätze als Theoreme ableitet, die in den natürlichen Zahlen gelten.*

SELBST WENN MAN Gödels enorme Vorsicht in Betracht zieht, kann man wohl kaum annehmen, daß er eine derart monumentale Entdeckung lange zurückhalten konnte. Es scheint daher wahrscheinlich, daß er seinen ersten Unvollständigkeitssatz erst kurz vor dem 26. August 1930 entdeckte, an diesem Tag berichtete er Carnap während einer Diskussion im Café Reichsrat über sein Ergebnis.

Nach Carnaps Darstellung [149] dauerte das Treffen ungefähr eineinhalb Stunden. Feigl war zumindest anfänglich auch anwesend, und Waismann kam später dazu. Das Hauptthema des Gesprächs war die Planung der bevorstehenden Reise zu einer Konferenz in Königsberg, wo Carnap und Waismann größere Reden halten und Gödel eine Zusammenfassung seiner Dissertation präsentieren sollte. Aber die Diskussion wendete sich bald „Gödels Entdeckung: Unvollständigkeit des Systems der *Principia Mathematica*; Schwierigkeiten des Konsistenzbeweises" zu, wie Carnap knapp anmerkte. Wieviel Gödel Carnap bei dieser Gelegenheit mitteilte, wurde nicht aufgezeichnet, jedenfalls ist es aus einigen späteren Aufzeichnungen Carnaps und seinem Verhalten in Königsberg klar, daß er Gödels Ideen nicht völlig verstand. Andere Quellen [150] weisen darauf hin, daß Gödel damals seinen zweiten Unvollständigkeitssatz noch nicht entdeckt hatte und daß er anfänglich nicht wußte, wie er eine unentscheidbare Formel innerhalb der Arithmetik konstruieren könne. Sein ursprüngliches Beispiel war, so wird berichtet, ein komplizierter kombinatorischer Ausdruck in der umfangreicheren Sprache des Systems der *Principia Mathematica*.

Gödel diskutierte sein Ergebnis mit Carnap abermals drei Tage später im selben Kaffeehaus. Am 3. September reisten die vier Teilnehmer des ersten Gespräches dann gemeinsam vom Wiener Nordbahnhof über Berlin nach Swinemünde. Dort trafen sie Hans Hahn und Kurt Grelling, und man ging gemeinsam an Bord eines Dampfschiffes nach Königsberg, das dort am nächsten Tag anlegte [151].

Die Tagung für exakte Erkenntnislehre dauerte drei Tage, vom 5. bis zum 7. September. Sie wurde von der Berliner Gesellschaft für empirische Philosophie organisiert, die mit dem Wiener Kreis assoziiert war, und wurde gemeinsam mit – beziehungsweise unmittelbar vor – dem einundneunzigsten jährlichen Treffen der Gesellschaft Deutscher Naturforscher und Ärzte und der sechsten Deutschen Physiker- und Mathematikertagung abgehalten. Der erste Tag bestand aus stundenlangen Reden zu den drei konkurrierenden mathematischen Philosophien dieser Zeit, Logizismus, Intuitionismus und Formalismus, gehalten von Rudolf Carnap, Arend Heyting und John von Neumann [152]. Gödel hielt seinen Vortrag am Samstag, dem 6. September, von 3 bis 3 Uhr 20, am Sonntag schloß die Versammlung mit einer Podiumsdiskussion über die Reden des ersten Tages. Während dieser Diskussion meldete sich Gödel ohne Vorwarnung zu Wort: „Man kann ... sogar Beispiele für Sätze (und zwar solche von der Art des Goldbachschen oder Fermatschen) angeben, die zwar inhaltlich richtig, aber im formalen System der klassischen Mathematik unbeweisbar sind" [153].

Gödel hatte mit seiner Bemerkung bis spät in der Diskussion gewartet, vielleicht unsicher, wie aufnahmefähig das Publikum sein würde. Zweifellos hoffte er, daß die anderen sich zuerst auf eine Position festlegen würden. Er wurde auch nicht enttäuscht, jedoch vermutlich überrascht: Carnap nämlich – trotz seines Wissens um das Resultat Gödels – bestand auf Konsistenz als Kriterium für die Zulässigkeit formaler Theorien! Auch Hahn schien sich der jüngsten Entdeckung Gödels nicht bewußt zu sein. Könnte es sein, daß Gödel sich wieder einmal für nicht genügend vorbereitet hielt, um seinem Professor von seinen Ergebnissen zu berichten?

Die Aufzeichnung der Sitzung beinhaltet keine Diskussion der Aussage Gödels, und eine Zusammenfassung, die nachträglich von Hans Reichenbach für die Publikation in *Die Naturwissenschaften* [154] erstellt wurde, erwähnt Gödels Wortmeldung überhaupt nicht. Als die Zusammenfassung publiziert wurde, war Gödels Resultat jedoch schon erschienen, und seine Bedeutung war sofort erkannt worden. Die Verleger der *Erkenntnis* baten Gödel daher, seine Resultate in einem Nachtrag zusammenzufassen.

Es scheint also, daß wenige der bei der Diskussion Anwesenden die Bedeutung der Bemerkung Gödels erfaßt hatten. von Neumann, mit seiner legendären schnellen Auffassungsgabe, scheint der einzige gewesen zu sein. Vor der Wortmeldung Gödels hatte von Neumann bereits seine Bedenken gegen die Konsistenz als Kriterium der Zulässigkeit ausgedrückt (die allerdings ganz anderer Natur waren), und nach der Sitzung soll er Gödel beiseite genommen haben, um weitere Details zu erfahren [155].

Nach der Konferenz beschäftigte sich von Neumann weiter mit Gödels Ideen, und am 20. November schrieb er ihm aufgeregt, daß er auf ein Resultat gestoßen sei, das ihm „bemerkenswert" erschien: Daß in einem konsistenten System jeder effektive Beweis der Unbeweisbarkeit der Aussage $0=1$ in einen Widerspruch umgeformt werden könnte. von Neumann meinte, Gödels Meinung dazu würde ihn „*sehr* interessieren", und wenn Gödel interessiert sei(!), würde er ihm gerne Einzelheiten seines Beweises schicken – sobald er sie zur Publikation vorbereitet hätte.

Gödels Antwort ist nicht erhalten, aber in der Zwischenzeit, am 23. Oktober, hatte er der Wiener Akademie der Wissenschaften eine Zusammenfassung (1930b) der beiden Unvollständigkeitssätze abgeliefert. Das Manuskript der vollständigen Arbeit (1931a) erhielt die Redaktion der *Monatshefte für Mathematik und Physik* am 17. November – drei Tage vor dem Brief von Neumanns –, und am 29. November schrieb von Neumann erneut, um Gödel für einen Vorabdruck davon zu danken. von Neumann war es nicht gewohnt daß man ihm zuvorkam, und sein zweiter Brief, obwohl freundlich, läßt seine Enttäuschung erkennen: „Da Sie den Satz über die Widerspruchfreiheit als naturgemäße Fortführung und Vertiefung Ihrer früheren Resultate bewiesen haben, werde ich natürlich über diesen Gegenstand nicht publizieren." Jedenfalls konnte er sich nicht zurückhalten, die Unterschiede zwischen seinem und Gödels Beweis zu erklären.[6] Wenn von Neumann im Moment auch etwas enttäuscht gewesen sein mag, die ganze Angelegenheit vergrößerte im Endeffekt nur seinen Respekt vor Gödel und dessen Fähigkeiten. Nicht lange danach schränkte er seine eigenen Forschungen zur Logik ein, und von da an war er ein enger Freund Gödels und Verfechter seines Werks.

Die Unvollständigkeitssätze faszinierten von Neumann in der Tat dermaßen, daß er bei zumindest zwei Gelegenheiten über Gödels Werk statt über sein eigenes vortrug. Carl Hempel [156] erinnerte sich, in Berlin eine Vorlesung von Neumanns besucht zu haben, die sich „mit dem Versuch Hilberts, die Konsistenz der klassischen Mathematik mit finitären Methoden zu zeigen," beschäftigte, und „in der Mitte der Veranstaltung kam von Neumann eines Tages herein und verkündete, daß er gerade eine Arbeit eines jungen Wiener Mathematikers erhalten habe ..., der zeigte, daß die Ziele, die Hilbert vorschwebten, ... nicht erreicht werden konnten". Ein Jahr später wurde von Neumann eingeladen, in Princeton vor dem dortigen mathematischen Kolloquium zu sprechen, und auch dort wählte er Gödels Artikel aus 1931 als Thema. Stephen C. Kleene, der als Student im Auditorium war, sagte, daß er damals zum ersten Mal von Gödel gehört habe [157].

Herman Goldstine berichtet von einer Geschichte, die mit von Neumanns Faszination über das Werk Gödels zusammenhängt [158]. Eine ganze Weile hatte von Neumann versucht, Hilberts Programm des Beweises der Konsistenz der klassischen Mathematik mit finitären Mitteln durchzuführen. Anders als Gödel erkannte er nicht die Schwierigkeiten einer Formalisierung des Wahrheitsbegriffes, sondern suchte nach einer positiven Lösung. Nachdem er einige Teilresultate erzielt hatte, arbeitete er ununterbrochen an dem Problem, wie es seine Art war, wenn er Fortschritte zu

---

6 Gödel (1931a) lieferte tatsächlich keinen detaillierten Beweis des zweiten Unvollständigkeitssatzes, sondern nur einen Entwurf. Er versprach diese Details und Verallgemeinerungen des Resultats auf andere Systeme „in einer demnächst erscheinenden Fortsetzung" nachzutragen, aber es kam nie zu einer solchen Publikation. Ein vollständiger Beweis des zweiten Unvollständigkeitssatzes wurde erst acht Jahre später von Hilbert und Bernays (1939) veröffentlicht.

machen glaubte. Eines Nachts träumte er, das letzte Hindernis überwunden zu haben. Er stand auf, ging zu seinem Schreibtisch und führte den Beweis weiter – aber nicht zu Ende. Am nächsten Tag arbeitete er intensiv an dem Problem weiter, mußte aber wieder zu Bett gehen, ohne es gelöst zu haben. Diese Nacht träumte er wieder, den Schlüssel zur Lösung gefunden zu haben, aber als er daranging, die vermeintliche Lösung aufzuschreiben, mußte er enttäuscht feststellen, daß eine neue Lücke im Argument aufgetaucht war. Und so wandte er seine Aufmerksamkeit anderen Themen zu. Rückblickend sagte er im Hinblick auf die Resultate Gödels zu Goldstine: „Wie gut für die Mathematik, daß ich in der dritten Nacht nichts geträumt habe!"

Hilbert selbst war in Königsberg, aber offensichtlich nicht bei der Tagung für exakte Erkenntnislehre. Am Tag nach der Podiumsdiskussion hielt er die Eröffnungsansprache vor der Gesellschaft Deutscher Naturforscher und Ärzte – seine berühmte Rede „Naturerkennen und Logik", an deren Ende er verkündete:

> Für den Mathematiker gibt es kein Ignoramibus, und meiner Meinung nach auch für die Naturwissenschaft überhaupt nicht. ... Der wahre Grund, warum es nicht gelang, ein unlösbares Problem zu finden, besteht meiner Meinung nach darin, daß es unlösbare Probleme überhaupt nicht gibt. Statt des törichten Ignorabimus heiße im Gegenteil unsere Losung:
> Wir müssen wissen,
> wir werden wissen [159].

Da Gödel nicht vor dem 9. September nach Berlin abreiste, ist es sehr wahrscheinlich, daß er im Auditorium war, als Hilbert dieses Bekenntnis verkündete; wenn dem so ist, muß man sich fragen, wie er darauf reagiert hat. Gödel glaubte ja auch, daß kein mathematische Problem dem menschlichen Geist unerreichbar sei. Sein Resultat zeigte aber, daß das Programm, mit dem Hilbert diesen Glauben festigen wollte – seine Beweistheorie –, nicht wie von Hilbert gedacht ausgeführt werden konnte.

Gödel versuchte damals nicht, mit Hilbert zu sprechen, er hat Hilbert, wie er später bestätigte [160], niemals persönlich getroffen oder direkt mit ihm korrespondiert. Es ist möglich, daß von Neumann Hilbert über Gödels Resultate informiert hat, bevor er Königsberg verließ, aber es gibt keine Hinweise dazu. Jedenfalls schrieb Paul Bernays einige Monate nach den Treffen in seiner Funktion als Assistent Hilberts an Gödel, um ihm für einen Sonderdruck der Vollständigkeitsarbeit zu danken. Weiters schreibt er: „Von Prof. Courant und Prof. Schur hörte ich, daß Sie neuerdings zu bedeutsamen und überraschenden Ergebnissen im Gebiete der Grundlagen-Probleme gelangt sind und daß Sie diese demnächst publizieren wollen. Würden Sie die Liebenswürdigkeit haben, mir, wenn es Ihnen möglich ist, von den Korrekturbogen ein Exemplar zu schicken" [161]. Gödel tat das die Woche darauf, und Bernays bestätigte den Erhalt in einem Brief vom 18. Januar 1931. Zu dieser Zeit, wenn nicht früher, muß Hilbert sich bewußt gewesen sein, was Gödel angerichtet hatte.

Es ist nicht notwendig, Mutmaßungen über Hilberts Reaktion anzustellen. In einem Brief vom 3. August 1966 an Constance Reid behauptet Bernays, daß er selbst,

## Der Durchbruch 63

„einige Zeit bevor" er von den Sätzen Gödels erfuhr, „Zweifel an der Vollständigkeit des formalen Systems" bekommen und diese Zweifel Hilbert gegenüber geäußert habe. Allein die Erwähnung verärgerte Hilbert, genauso wie die Ergebnisse Gödels, als sie ihm erstmals zur Kenntnis gebracht wurden. Aber Hilbert akzeptierte bald ihre Korrektheit, und in seinen darauffolgenden Publikationen (1931a, 1931b) „setzte er sich [mit den Konsequenzen] auf positive Art auseinander", wie Bernays sich zu betonen bemüht.

In den Werken, auf die sich Bernays bezieht, führt Hilbert eine Form der sogenannten $\omega$-Regel ein, nach der für jede quantorenfreie unäre Formel $F(x)$ die Generalisierung $(\forall x) F(x)$ abgeleitet werden kann, wenn jede der unendlich vielen Instanzen $F(\mathbf{1}), F(\mathbf{2}), F(\mathbf{3}), \ldots$ bewiesen worden ist. Es mag sein, daß Hilbert (wie Bernays anzudeuten scheint)[7] seine Regel in Reaktion auf das Resultat Gödels eingeführt hatte – vielleicht nachdem er sich die Voraussetzungen angesehen hatte, die Gödel benötigte, um den Wahrheitsbegriff umgehen zu können.

Auf jeden Fall war Gödels Beispiel eines unentscheidbaren Satzes eine Allaussage, die man mit Hilberts Regel beweisen konnte.[8] Aber die Regel selbst ist ein nichtfinitäres Beweisprinzip, dessen praktische Anwendbarkeit keineswegs klar ist. Dementsprechend gab es viele, darunter auch Gödel, für die diese Regel im Widerspruch zu Hilberts Grundprinzipien stand [162].

Bernays selbst hielt Gödels Unvollständigkeitssatz für einen „wirklich ... erhebliche[n] Schritt vorwärts in der Erforschung der Grundlagenprobleme" [163]. Aber es schien ihm nicht leichtzufallen, die Beweise oder die Folgerungen der Sätze zu erfassen, da er am 18. Januar, 20. April und 3. Mai Gödel ausführlich um Klärung bestimmter Details bat. Besonders irritierten ihn frühere finitäre Konsistenzbeweise Ackermanns und von Neumanns, deren eingeschränkte Anwendbarkeit man erst später erkannte. Und anläßlich eines Treffens mit Gödel am 7. Februar 1931 gestand Carnap, daß auch er Gödels Arbeit immer noch „schwer verständlich" fand [164].

In der Zwischenzeit, am 15. Januar 1931, hatte Gödel seine Unvollständigkeitsresultate vor dem Schlick-Kreis vorgetragen. Rose Rand machte sich Notizen von der darauffolgenden Diskussion, und eine Kopie ihrer Reinschrift ist unter Carnaps Papieren an der University of Pittsburgh erhalten [165]. Sie zeigt, daß Hahn Gödel

---

7 Bernays Aussage ist in dieser Hinsicht nicht ganz eindeutig und mit anderen seiner Stellungnahmen nicht ganz vereinbar. Außerdem zitiert Hilbert in keinem seiner Werke Gödels Arbeiten, und die erwähnte Arbeit basierte auf einer Rede, die er vor der Philosophischen Gesellschaft Hamburg im Dezember 1930 gehalten hatte – recht bald nach dem Königsberger Treffen. Für eine ausführlichere Diskussion dieses Themas siehe die Bemerkungen Solomon Fefermans, S. 208–213, im ersten Band der *Collected Works*.

8 Wenn man die $\omega$-Regel allgemeiner auf alle unären Formeln (und nicht nur die quantorenfreien) anwendet, kann man zeigen, daß man zusammen mit den Regeln und Axiomen der Peano-Arithmetik ein System erhält, dessen Theoreme genau die Sätze sind, die im Standardmodell (den natürlichen Zahlen) gültig sind.

bat, den „Leitgedanken" seines Beweises noch einmal zu wiederholen, daß er die Analogie zur Cantorschen Diagonalisierung sah, nicht aber, daß Gödels Existenzbeweis eines unentscheidbaren Satzes konstruktiv war, und daß Felix Kaufmann, ein anderes Mitglied des Kreises, nicht den Unterschied zwischen formalen und anderen Beweisen erfaßte. Gödels Antworten sind in allen Fällen klar und prägnant. In seiner Antwort auf Fragen von Kaufmann und Schlick wies Gödel insbesondere darauf hin, daß Brouwer bezweifelte, irgendein formales System könne die gesamte intuitionistische Mathematik beinhalten. Das – so betonte Gödel – sei auch der Schwachpunkt in von Neumanns Annahme, die besagt, daß, wenn es irgendeinen finitären Konsistenzbeweis geben sollte, dieser auch formalisierbar sein müßte (im Widerspruch zum zweiten Unvollständigkeitssatz).[9]

Eine Woche später, am 22. Januar, präsentierte Gödel sein Resultat vor Mengers Kolloquium [167]. Menger selbst war nicht anwesend, er verbrachte das Studienjahr 1930/31 in den Vereinigten Staaten an der Rice University. Er hatte Georg Nöbeling mit der Leitung des Kolloquiums während seiner Abwesenheit betraut, und dieser schrieb Menger auch Anfang Februar über die Entdeckung Gödels. Menger war, wie von Neumann, von dieser Neuigkeit so beeindruckt, daß er seine „Vorlesung über Dimensionstheorie und metrische Geometrie" für „einen Bericht über Gödels epochale Entdeckung" unterbrach [168]. Bald danach sandte er Gödel ein Gratulationsschreiben, in dem er auch die Gelegenheit wahrnahm, eine kleinere Frage zur Prädikatenlogik zu stellen [169]. Gödel fand sofort die Lösung, teilte sie Menger mit und machte sie auch zum Thema seines nächsten Vortrags vor dem Kolloquium (am 6. Juni). Diese Arbeit (Gödel 1932d) wurde von W. V. O. Quine als eine „Pionierleistung auf dem Gebiet der Metalogik überabzählbarer Sprachen" bezeichnet [170]; im Endeffekt stellt sie eine Erweiterung des Satzes von Lindenbaum auf überabzählbare Mengen von Aussagenvariablen dar.

Bis zum 25. März war die Unvollständigkeitsarbeit (1931a) gedruckt worden, damals wurden Gödel nämlich 100 Sonderdrucke seines Artikels zugestellt. Gödel sandte sofort zwei Exemplare an Bernays (eines für Hilbert), der den Erhalt in seinem Brief vom 20. April bestätigte. Bernays warf den Korrekturbogen, den ihm Gödel zuvor geschickt hatte, jedoch nicht weg, sondern gab ihn Jacques Herbrand, der damals Berlin besuchte und schon über von Neumann vom Werk Gödels gehört hatte.

Herbrand fand die Unvollständigkeitssätze äußerst interessant. Sie lieferten ihm neue Impulse für seine Überlegungen zur Natur des intuitionistischen Beweises und zu rekursiven Definitionen von Funktionen. Am 7. April schrieb er Gödel (er fügte

---

[9] In einer Notiz vom 16. Oktober 1930 [166] beschrieb Carnap auch einen ähnlichen Einwand Gödels gegen eine Behauptung Heinrich Behmanns, jeder Existenzbeweis könne konstruktiv gemacht werden. Gödels Gegenbeispiel ist einem früheren Brouwers sehr ähnlich: Sei $F(n)$ gleich 1, wenn alle geraden Zahlen $\leq 2n$ als Summe zweier Primzahlen dargestellt werden können, 2 sonst. Die Summe $\sum_{n=1}^{\infty} F(n)/3^n$ konvergiert klarerweise gegen eine rationale Zahl, aber ihr Wert ist $1/2$ genau dann, wenn die Goldbachsche Vermutung gilt.

Sonderdrucke eigener Werke bei), stellte Fragen zu einigen Folgerungen der Unvollständigkeitssätze und schlug ein etwas allgemeineres Rekursionsschema vor. Wie von Neumann sagte auch Herbrand, daß er „gar nicht ... verstehe, wie es möglich sei, daß es intuitionistische Beweise gibt, die nicht im Russellschen System formalisierbar sind",[10] aber gleichzeitig zeigte er sich überzeugt, daß man wohl nie *beweisen* wird können, daß alle diese Beweise so formalisierbar sind, da es „unmöglich [ist], alle Verfahren, Funktionen intuitionistisch zu bauen, genau zu beschreiben".

Vielleicht war Gödel mit anderen Arbeiten beschäftigt, oder Herbrands Ideen hatten ihn dazu gebracht, länger über die angeschnittenen Themen nachzudenken, jedenfalls antwortete Gödel erst am 25. Juli – eine bedauernswerte Verzögerung, da Herbrand tragischerweise einem Bergunglück zum Opfer fiel, am selben Tag als Gödels Brief in seiner Pariser Wohnung ankam. Er konnte daher nicht mehr auf Gödels Meinung antworten, daß es vorschnell wäre, anzunehmen, daß alle finitären Beweise im System der *Principia Mathematica* formalisiert werden könnten. (Gödel hatte diese Meinung schon gegen Ende seines Artikels [1931a] vertreten, nachdem er „ausdrücklich bemerkt, daß [der zweite Unvollständigkeitssatz] in keinem Widerspruch zum Hilbertschen formalistischen Standpunkt steh[t]".) Daß er diese Meinung sowohl in der Diskussion im Schlick-Kreis als auch in seinem Brief an Herbrand wiederholte, legt nahe, daß es ihm damit ernst war.[11] Die Korrespondenz ging verloren und wurde erst 1986 wiederentdeckt. Die Ideen Herbrands zur Verallgemeinerung des Begriffs der rekursiven Funktion wurden jedenfalls aufgegriffen von Gödel, der eine Modifikation von Herbrands Schemata in der Vorlesung über die Unvollständigkeitssätze vorstellte, die er 1934 in Princeton hielt.

GÖDEL REFERIERTE seine Unvollständigkeitssätze außerhalb Wiens zum ersten Mal vor einer Versammlung der Deutschen Mathematiker-Vereinigung, die im September 1931 in Bad Elster stattfand.[12] Dieses Ereignis war folgenreich, da Gödel dort in der Person Ernst Zermelos seinem ersten und wortgewaltigsten Kritiker begegnete.

Zermelo, damals sechzig, war ein kampferprobter Veteran im Konflikt um das Auswahlaxiom, er hatte einige Jahre zuvor einen Nervenzusammenbruch erlitten. Zur Zeit der Sitzungen in Bad Elster hatte er sich zwar erholt, aber Olga Taussky, eine

---

10 Herbrand meinte mit „intuitionistisch" in etwa finitär, nicht intuitionistisch im Sinne Brouwers.

11 Gödel teilte Hilberts „rationalistischen Optimismus" (um einen Ausdruck Hao Wangs zu entlehnen), insoweit es um *nicht* formale Beweise ging. Er sprach das Thema ausdrücklich in seiner Gibbs-Vorlesung 1951 und in seiner posthum veröffentlichten Notiz (1972) an, wo er Turings Überzeugung in Frage stellte, daß „geistige Vorgänge nicht über mechanische hinausgehen" könnten.

12 Gödel hielt seinen Vortrag „Über die Existenz unentscheidbarer arithmetischer Sätze in den formalen Systemen der Mathematik" am Nachmittag des 15. September.

Augenzeugin der dortigen Ereignisse, erinnerte sich, daß er „sehr jähzornig" war, sich „schlecht behandelt" fühlte und „keinerlei Wunsch verspürte, Gödel zu treffen" [171]. Er war sicherlich vor der Konferenz auf das Werk Gödels aufmerksam geworden, aber seine eigenen Ansichten zur Logik waren so grundverschieden von denen Gödels, daß er es nicht richtig verstehen konnte. In seiner eigenen Rede in Bad Elster [172] führte er einen Angriff gegen „Skolemismus, die Doktrin, daß *jede* mathematische Theorie, sogar die Mengentheorie, in einem abzählbaren Modell realisiert werden kann". Für ihn waren Quantoren unendliche Konjunktionen oder Disjunktionen unendlicher Kardinalität, und Beweise nicht formale Ableitungen aus Axiomen, sondern die metamathematische Bestimmung der Wahrheit oder Falschheit einer Proposition durch transfinite Induktion nach der Komplexität ihrer Konstruktion aus primitiven Teilen mit zugewiesenen Wahrheitswerten. Syntaktische Überlegungen spielten für ihn keine Rolle (obwohl er es war, der zuerst *Axiome* der Mengentheorie aufgestellt hatte!); man konnte nicht erwarten, daß er den Vollständigkeitssatz würdigen konnte, geschweige denn die Idee von unentscheidbaren arithmetischen Aussagen.

Kein Wunder also, daß er ablehnte, als eine „kleine Gruppe" ihm „ein Essen am Gipfel des nahegelegenen Hügels" vorschlug, in der Hoffnung, ihn mit Gödel bekanntzumachen. Er lieferte verschiedene Ausreden – daß er Gödels „Aussehen nicht mochte", daß der „Aufstieg zuviel für ihn" sein würde, daß „nicht genug Essen" vorhanden sein würde, wenn er sich der Gruppe anschließe – aber als Gödel schließlich auftauchte, begannen „die beiden sofort, über Logik zu diskutieren, und Zermelo bekam den Aufstieg gar nicht mit" [173].

Jedoch „dieses friedliche Treffen war nicht der Beginn einer wissenschaftlichen Freundschaft zwischen den beiden Logikern", wie Taussky fortfährt. Ganz im Gegenteil. Kurz nach der Konferenz, am 21. September, teilte Zermelo Gödel brieflich mit, daß er eine wesentliche Lücke in Gödels Argumentation gefunden habe. Durch einfaches Weglassen des Beweisprädikates (!) aus Gödels Konstruktion könne man nämlich einen Satz konstruieren, der seine eigene Falschheit ausdrückt, „ein *Widerspruch* ähnlich der Russellschen Antinomie" [174]. Nach einer kurzen Pause (die er dadurch erklärte, daß er einige Tage abwesend gewesen sei) antwortete Gödel am 12. Oktober [175]. Ruhig und geduldig erläuterte er, daß er den Wahrheitsbegriff nur in der intuitiven Einleitung zu seiner Arbeit benützt und daß die angesprochene „Lücke" in der darauffolgenden formalen Ausarbeitung geschlossen wird. Er bemerkte auch, daß Zermelos Widerspruch von der Annahme abhängt, daß Wahrheit in der Theorie selbst formal definierbar sei – eine Annahme, die, so betonte er, „Ihre, nicht meine" war. Nachdem er die Details seines Beweises in aller Ausführlichkeit wiederholt hatte (der Brief erstreckt sich über zehn handgeschriebene Seiten), drückt er die Hoffnung aus, daß Zermelo nun von der Korrektheit seines Resultats überzeugt sei. Er dankte Zermelo auch, daß er ihm eine Kopie einer seiner Arbeiten (1930) geschickt habe, diese habe er bereits kurz nach ihrem Erscheinen gelesen, und sie habe ihn zu einigen Gedanken angeregt. Er fügte einen Sonderdruck seiner Vollständigkeitsarbeit bei. Davon hatte er nämlich keine Exemplare zur Konferenz mitgebracht.

Leider erfüllte sich Gödels Hoffnung nicht. Obwohl Zermelo am 29. Oktober neuerlich schrieb, um Gödel für seinen „freundlichen Brief" zu danken – durch den er, so sagte er, Gödels Absichten besser zu verstehen in der Lage war als durch seinen Vortrag oder seine publizierte Arbeit –, glaubte er nun, daß Gödels Beweis sich nur auf die „beweisbaren Sätze des PM-Systems" bezog. Davon, sagte er – was ja auch stimmt –, gäbe es nur abzählbar viele; das schien er aber Gödels Anwendung von „finitärer Einschränkung" der Sätze des formalen Systems (die, wie er fälschlicherweise annahm, eine überabzählbare Klasse bilden würden) auf nur die beweisbaren Sätze zuzuschreiben.

Zermelo war also weiterhin über Gödels Ergebnisse nicht im klaren und glaubte, daß sie, wie der Satz von Skolem und Löwenheim, gegen den er bei der Konferenz zu Felde gezogen war, irgendwie mit unnatürlichen Kardinaleinschränkungen zu tun hatten. Gödel machte keine Versuche mehr, ihn von dieser Idee abzubringen, selbst als Zermelo seine Kritik publizierte [176]; er schrak instinktiv vor einer öffentlichen Konfrontation zurück, und auch privat hielt er es offenbar für zwecklos, die Angelegenheit weiter zu verfolgen. Er zeigte jedoch die Briefe Zermelos Carnap, der mit ihm übereinstimmte, daß Zermelo den Erklärungsversuch „völlig mißverstanden" hatte [177].

Es ist nicht verwunderlich, daß die Unvollständigkeitssätze in einigen Lagern auf Widerstände stießen, und Zermelo war nicht der einzige, der sie mißverstand [178]. Zumindest oberflächlich verraten Wittgensteins posthum veröffentlichte *Bemerkungen über die Grundlagen der Mathematik* einen besonders beeindruckenden Mangel an Verständnis [179]; und Russell gestand in einem Brief vom April 1963, daß er, obwohl er „natürlich erkannte, daß Gödels Werk fundamental" war, „davon verwirrt" wurde. Seine recht schwammigen Bemerkungen – besonders seine Frage „Sollen wir glauben, daß 2 + 2 nicht 4, sondern 4,0001 ist?" – weisen darauf hin, daß er glaubte, Gödel habe eine *Inkonsistenz* der Arithmetik gefunden. Jedenfalls behauptete er, daß er Hilberts Programm nie sehr ernst genommen habe, da er sich nie vorstellen konnte, daß ein System seine eigene Konsistenz *beweisen* könnte (aber wohl genausowenig, es könnte bewiesen werden, daß die formalen Bemühungen in diese Richtung Einschränkungen unterworfen sind). Sein Befremden über Gödels Resultat war so groß, daß er „froh [war], nicht länger auf dem Gebiet der mathematischen Logik zu arbeiten" [180].

Es gab andere, die wie Zermelo vorschnell genug waren, Gödels Resultat in Publikationen anzugreifen. Auch gegen sie erwiderte Gödel nichts. So unbegründet diese Artikel auch waren, sie mußten ihn dennoch belastet haben. Rudolf Gödel berichtet jedenfalls [181], daß, „kurz nachdem seine bekannte Arbeit publiziert wurde", sein Bruder Anzeichen einer Depression zeigte, die so schwerwiegend waren, daß ihn seine Familie aus Furcht vor einem Suizidversuch für „ein paar Wochen" gegen seinen Willen ins Sanatorium Purkersdorf bei Wien einliefern ließ.[13]

Auf der Grundlage dieses Berichtes wurde angenommen, daß Gödel zum ersten Mal im Jahre 1931 in einem Sanatorium war [182]. Das läßt sich aber schlecht mit seinen dokumentierten Tätigkeiten in Einklang bringen. Aus seiner Korrespondenz mit von Neumann und Bernays ist ersichtlich, daß er nach der Konferenz in Königsberg bis kurz vor die Weihnachtsferien intensiv gearbeitet hat. Ende Januar trug er, wie schon bemerkt, zweimal über seine Unvollständigkeitsresultate vor. Zwischen Februar und Juni traf er mehrmals Carnap [183] und arbeitete mit Nöbeling in der Redaktion des Journals zu Mengers Kolloquium. In diesem Frühling löste er das Problem, das Menger ihm gestellt hatte und über das er in der Kolloquiumssitzung vom 24. Juni sprach; am 2. Juli nahm er an einem Treffen des Schlick-Kreises teil; und am 25. Juli antwortete er Herbrand.

Es gibt eine kurze Lücke von da an bis zum 3. September, als Gödel an Arend Heyting schrieb, um die Einladung anzunehmen, mit ihm gemeinsam eine Monographie zu verfassen.[14] Weder der Zirkel noch das Kolloquium tagte im August, es ist daher möglich, daß Gödel damals in einer Anstalt war, ohne daß seine Freunde es bemerkten; aber in einem Brief an Heyting vom 5. August erwähnt Otto Neugebauer, daß bis zum 15. August Briefe an Gödel ins Hotel Knappenhof in Edlach geschickt werden sollten, einem Dorf nahe der Rax. Also scheint er schlicht auf Urlaub gewesen zu sein.

Im Oktober nahm Gödel am Treffen in Bad Elster teil, im nächsten Monat wieder an Hahns Seminar und Mengers Kolloquium, und am 28. November hielt er seinen Vortrag vor der Wiener Mathematischen Gesellschaft.

Die beinahe lückenlosen Aufzeichnungen seiner Aktivitäten von da an bis zu seiner wohldokumentierten Einlieferung nach Purkersdorf 1934 ist im Detail in Kapitel V dargestellt. Nur soviel: Selbst wenn man davon ausgeht, daß er seine Korrespondenz während einer Behandlung hätte weiterführen können, läßt die Chronologie seiner Treffen mit anderen wenig Raum für eine geheime Einlieferung für mehrere Wochen zwischen 1930 und 1933.

Das Fehlen jeder Evidenz für die Behauptung Rudolf Gödels ist besonders bedeutsam gegenüber der breiten Aufmerksamkeit, die sich in dieser Periode auf Kurt konzentrierte. Es ist wahrscheinlich, daß Rudolf Gödels Erinnerungen an die Ereignisse, die mehr als fünfzig Jahre zurücklagen, der psychologischen Zeitverdichtung unterworfen waren. Insbesondere seine ungenauen Zeitangaben („kurz nach der Veröffentlichung seines berühmten Werks") in Verbindung mit seiner Bemerkung, daß er und seine Mutter sich erst viel später des Ruhms Kurts bewußt wurden, als Menger ihnen

---

13 Angeblich verhalf Adele Kurt einmal zur Flucht aus einem Fenster des Sanatoriums, aber diese Berichte sind unklar bezüglich des Datums und nicht ganz vertrauenswürdig.

14 Eine Darstellung dieses letztlich gescheiterten Unternehmens findet sich in Kapitel V.

davon berichtete, läßt vermuten, daß die „Publikation", an die er sich erinnert, die des mimeographierten Skriptums von Gödels Vorlesung in Princeton 1934 war – ein Ereignis, das *tatsächlich* kurz vor der Einlieferung im Herbst desselben Jahres stattfand.

Rudolf Gödel erzählte auch, daß sein Bruder „wegen seiner schwachen Nerven zweimal" in Sanatorien gewesen sei – in „Purkersdorf und Rekawinkel" [184]. Diese Zahl entspricht den Aufenthalten Gödels in diesen Institutionen *nach* seiner Rückkehr aus Amerika 1934, also gibt es keinen Grund anzunehmen, daß er davor eingeliefert worden sei.

# V
# Dozent in absentia
(1932–1937)

> Der Privatdozent ist, im Unterschied zum Professor, ... kein Staatsangestellter. ... Er hat das Recht zu lehren, aber keinerlei Verpflichtung. Daher kann er seine ganze Zeit und Energie der Forschung widmen und dem Halten von Lehrveranstaltungen ... zu den Themen seines Spezialbereichs.
>
> Hermann Weyl, „Universities and Science in Germany"

MAN KÖNNTE erwarten, daß Gödel seine Unvollständigkeitsarbeit als Habilitationsschrift unmittelbar nach Beginn des Studienjahrs im Oktober 1931 abgeben würde. Er tat das jedoch erst am 25. Juli 1932. Der Grund dafür ist nicht ganz klar – vielleicht mußten besondere Bedingungen bezüglich des Wohnsitzes oder andere formale Anforderungen erfüllt werden. In den dazwischenliegenden acht Monaten lieferte Gödel jedenfalls zahlreiche Beiträge zu Hahns Seminar zur mathematischen Logik (das vom 26. Oktober bis zum 4. Juli abgehalten wurde) und zu Mengers Kolloquium. Mimeographische Notizen dieses Kolloquiums zeigen, daß Gödel bei ganzen acht der zweiundzwanzig Zusammenkünften vortrug, zu so verschiedenen Themen wie Heytings Formalisierung der intuitionistischen Logik (18. Januar), der Interpretation des Heytingschen Kalküls innerhalb des Kalküls der *Principia Mathematica* (25. Januar), dem Satz von Herbrand (13. Juni) und seinem Konsistenzbeweis für ein Teilsystem der Arithmetik (27. Juni). Gödel trug auch seinen eigenen Vollständigkeits- und Unvollständigkeitssatz vor (20. Juni beziehungsweise 4. Juli). In dem Lebenslauf, den er mit seinem Habilitationsantrag einreichte [185], merkte Gödel an, daß er auch „bei der Auswahl des Stoffes [des Seminars] und der Vorbereitung der Hörer auf ihre Vorträge mittätig" gewesen sei.

Abgesehen von kurzen Bemerkungen zu Vorträgen anderer beinhalten Gödels publizierte Beiträge zum Kolloquium Antworten auf zwei Fragen Hahns (2. Dezember und 25. Februar) zur klassischen beziehungsweise intuitionistischen Aussagenlogik, drei kleinere geometrische Resultate (zwei vom 18. Februar und das dritte vom 25. Mai), eine wichtige Arbeit (1933a) zur relativen Konsistenz der klassischen Arithmetik bezüglich der intuitionistischen Arithmetik (28. Juni), und eine undatierte Notiz (1933b, publiziert als Teil der *Gesammelten Mitteilungen* 1931/32), die nachträglich als erster Beitrag zur Modallogik der Beweisbarkeit gesehen werden kann.

Alle diese Resultate wurden von den Unvollständigkeitssätzen in den Schatten gestellt, dennoch verdient ihre bleibende philosophische Bedeutung eine nähere Erläuterung. Gödel (1933a) stellte eine Abbildung der klassischen Junktoren in entsprechende intuitionistische Notation vor. Er zeigt, daß unter dieser Abbildung „*der klassische* [Aussagenkalkül] *ein Teil des intuitionistischen*" ist und „daß etwas ähnliches auch *für die ganze Arithmetik und Zahlentheorie*" gilt, „*so daß sämtliche aus den klassischen Axiomen beweisbaren Sätze auch für den Intuitionismus gelten*".[1] Wenn also die klassische Arithmetik inkonsistent sein sollte, dann auch die intuitionistische.[2] Gödel sah den Grund dafür, daß die klassische Arithmetik mit der geeigneten Interpretation in der klassischen enthalten ist, in der Tatsache,

> daß das intuitionistische Verbot, Allsätze zu negieren und reine Existenzialsätze auszusprechen, in seiner Wirkung dadurch wieder aufgehoben wird, daß das Prädikat der Absurdität auf Allsätze angewendet werden kann, was zu formal genau den gleichen Sätzen führt, wie sie in der klassischen Mathematik behauptet werden.

In seinem Artikel über David Hilbert in der *Encyclopedia of Philosophy* merkt Paul Bernays an, daß Gödels (1933a) Arbeit „im Gegensatz zur vorherrschenden Meinung dieser Zeit" zeigte, daß „die intuitionistische Methoden keineswegs mit den finitären identisch sind" und daß daher die „Beweistheorie fruchtbringend weiterentwickelt werden konnte, ohne sich ganz an [Hilberts] ursprüngliches Programm zu halten". Diese Arbeit hatte auch nachhaltige Auswirkungen auf Gödels Karriere, da sie auf Betreiben Mengers in einer Zusammenkunft des Kolloquiums vorgetragen wurde, in der Oswald Veblen als geladener Gast zugegen war. Veblen war damals an der Planung der Organisation des Institute for Advanced Study in Princeton beteiligt, und er war von Gödels Vortrag so beeindruckt, daß er ihn einige Monate später einlud, am Institut während des ersten Jahres, als es seinen Betrieb aufnahm (1933/34), zu arbeiten [187].

Die Notiz Gödels (1933b) wurde damals viel weniger beachtet. Im Unterschied zu den Ergebnissen in seiner Arbeit (1933a) zeigt Gödel hier, wie intuitionistische Aussagenlogik in der klassischen interpretiert werden kann, wenn man ein zusätzliches monadisches Prädikatensymbol *B* einführt, das den *nicht* formalen Begriff „*p* ist beweisbar" repräsentiert. Gödel charakterisierte *B* durch drei Axiome

---

1 Eine Variante dieser Transformation, die für dieselben Folgerungen benützt werden kann, wurde zuvor von A. N. Kolmogorov (1925) vorgestellt, allerdings nicht sehr detailliert. Gödel hatte anscheinend keine Kenntnis von dieser Arbeit, die nur auf russisch erschienen war und damals wenig Beachtung fand. Unabhängig von Gödel und beinahe gleichzeitig kam Gerhard Gentzen zu einem sehr ähnlichen Resultat, aber als er von Gödels Arbeit erfuhr, zog er sein Paper in der Korrekturphase zurück [186].

2 So könnte aus *klassischer* Sicht der Intuitionismus als „viel Lärm um nichts" erscheinen. Aus intuitionistischer Sichtweise geht es allerdings nicht so sehr um Konsistenz als um den konstruktiven Gehalt und um Methodik.

1. $Bp \to p$,
2. $Bp \to .B(p \to q) \to Bq$,
3. $Bp \to BBp$,

die, wie er anmerkte, fast identisch waren mit den Axiomen, die C. I. Lewis für sein „System of Strict Implication" eingeführt hatte. Er bemerkte weiters, daß kein $B$, das Axiom 1 erfüllt, die Beweisbarkeit in einem gegebenen formalen System repräsentieren kann, da 1 ein Korrektheitsprinzip darstellt, das die Beweisbarkeit der Konsistenz implizieren würde (im Widerspruch zum zweiten Unvollständigkeitssatz). Heute kennt man Lewis' System der Modallogik als S4, und Gödels Wahrscheinlichkeitsinterpretation wurde Grundlage für zahlreiche Untersuchungen (durch Martin Löb, Saul Kripke, Robert M. Solovay und andere) zur Syntax und Semantik von Modallogiken, die sich auf den *formalen* Begriff der Beweisbarkeit beziehen (sogenannte „Beweisbarkeitslogik"). Im besonderen hat man eine vollständige Axiomatisierung jener Aussagen gefunden, die unter allen Interpretationen gültig sind [188].

Zusätzlich zu seinen Beiträgen zu Hahns Seminar und Mengers Kolloquium war Gödel zwischen 1931 und 1936 auch als Rezensent für das *Zentralblatt für Mathematik und ihre Grenzgebiete* (gegründet 1931) überaus aktiv, und in etwas geringerem Ausmaß für die *Monatshefte für Mathematik und Physik*; insgesamt schrieb er dreiunddreißig Rezensionen, davon zwölf 1932. Wie schon in Kapitel IV bemerkt hatte er einige Monate zuvor auch zugesagt, mit Arend Heyting eine Übersicht zur Grundlagenforschung der Mathematik zu erarbeiten.

Dieses Projekt war vom Schriftleiter des *Zentralblattes für Mathematik und ihre Grenzgebiete*, Otto Neugebauer, vorgeschlagen worden. In einem Brief an Heyting vom 25. Juni 1931 erwähnt Neugebauer, daß der Verleger, Springer, eine Serie von Monographien zu den jüngsten Entwicklungen in bestimmten Gebieten der Mathematik plane. Jeder Beitrag solle etwa 5–7 Druckbogen lang sein und die wichtigsten Literaturhinweise umfassen. Ob Heyting interessiert sei, einen solchen Artikel über die Grundlagenforschung der Mathematik zu schreiben?

Er sei interessiert, antwortete Heyting, aber da er mit Logizismus oder verwandten Werken von Personen wie Wittgenstein oder Frank Ramsey sich nicht vertraut fühlte, schlug er vor, für diese Themen einen Mitautor zu finden.

Am 5. August informierte Neugebauer Heyting, daß Gödel in eine Zusammenarbeit eingewilligt habe, und schlug den April 1932 als letzten Ablieferungstermin für das Manuskript vor. Heyting schrieb daraufhin Gödel, um ihm folgende Gliederung vorzuschlagen:

1. Kurze historische Einführung; Kritik Poincarés
2. Die Paradoxa und die Versuche, sie außerhalb der drei philosophischen Haupttraditionen zu lösen
3. Der logische Kalkül und seine weitere Entwicklung; Logizismus

4. Intuitionismus
5. Formalismus
6. Andere Standpunkte
7. Verbindungen zwischen den verschiedenen Richtungen
8. Mathematik und Naturwissenschaften

Und Heyting fragte Gödel, ob er bereit sei, die ersten drei Teile zu übernehmen.

Am 3. September teilte Gödel sein prinzipielles Einverständnis mit, mit drei Ausnahmen: „Die Paradoxien sollte man ... in dem Abschnitt über Logizismus [behandeln], in dessen Entwicklung sie eine entscheidende Rolle spielen", genauso die „Poincaré-sche Kritik". Er schlug vor, die „Lösungsversuche außerhalb der 3 Richtungen" im Kapitel 6 unterzubringen; und er meinte, daß zusätzlich zum historischen Überblick gleich am Anfang etwas über die Ziele und Probleme der Grundlagenforschung gesagt werden solle. Er merkte weiters an, daß er sich nicht sicher sei, „wo die ... Arbeiten einzureihen wären, welche die Theorie des Kalküls als Selbstzweck betreiben", als Beispiel nannte er Werke von Post und Bernays zur Aussagenlogik und von Tarski, Leśniewski, Łukasiewicz, Skolem und Herbrand zur Prädikatenlogik. Er schlug vor, die Behandlung dieser Themen in einem eigenen Abschnitt nach dem Logizismus zu übernehmen, da er selbst auf diesem Gebiet arbeitete.

Anscheinend ruhte die Korrespondenz zwischen den beiden danach bis zum Juni 1932, als Heyting einige weitere Änderungen des Aufbaus vorschlug. In der Zwischenzeit war die Frist bis zum 1. September verlängert worden. Am 20. Juli war Heytings Entwurf zum Formalismus-Kapitel beinahe vollendet. Gödel gestand jedoch, daß er selbst nur langsam vorangekommen sei, da er in den vorherigen zwei Semestern viel zu tun gehabt hatte. Als er sich bewußt wurde, daß er den neuen Termin nicht einhalten konnte, bat er Heyting, einen weiteren dreimonatigen Aufschub zu erwirken.

Am 15. November vermeldete Gödel schließlich Fortschritte. Zu dieser Zeit hatte Heyting seinen Teil beinahe vollendet und Gödel behauptete, mit dem Abschnitt zum Logizismus halb fertig zu sein und ein paar Paragraphen zum Abschnitt 4 verfaßt zu haben. Das nächste Mal schrieb er jedoch erst am 16. Mai 1933, und auch dann nur, um mitzuteilen, daß er das Schreiben unterbrechen mußte, wegen anderer dringlicher Arbeiten (vor allem in Zusammenhang mit dem Erlangen seiner Dozentur), und weil er einige Zeit krank gewesen sei.[3] Und nun müsse er die Arbeit vor seiner Abreise nach Amerika im Oktober fertigstellen.

---

3 Nach der Diskussion in Kapitel IV kann man sich fragen, ob man dieser Bemerkung größere Bedeutung beimessen sollte. Angesichts der Hypochondrie Gödels und seiner anderen Aktivitäten in dieser Zeit scheint es unwahrscheinlich, daß er ernsthaft krank gewesen ist. Andrerseits entlehnte er 1932 einen Text über Psychologie, ein Buch über durch Kriegsverletzungen ausgelöste Geisteskrankheiten und – vielleicht am bemerkenswertesten – Emil

Daß er damit nicht fertig wurde, ist aus Neugebauers Brief an Heyting vom 26. September ersichtlich, in dem Neugebauer berichtet, er habe sich von Gödel versprechen lassen, seinen Teil des Manuskripts bis Ende des Jahres abzuliefern. Aber Neugebauer begann die Geduld zu verlieren, und so erwähnte er auch die Möglichkeit, Heytings Teil gesondert zu veröffentlichen. Beide warteten bis zum 3. Januar 1934, als Gödel aus Princeton schrieb, daß er das Manuskript im *Juli* abliefern werde. Daraufhin handelte Neugebauer umgehend und mit unverhohlener Verärgerung, damit Gödel von dem Projekt freigestellt wurde, und kurz darauf wurde Heytings Beitrag als *Mathematische Grundlagenforschung. Intuitionismus. Beweistheorie* veröffentlicht [189].

Von Gödels Seite war alles, was von diesem glücklosen Unternehmen blieb, ein kleines, sehr unübersichtliches Notizbuch [190], gefüllt mit überschriebenen und durchgestrichenen Passagen. Das Heft ist zu fragmentarisch, um eine Rekonstruktion zuzulassen. Das einzige, was es zeigt, ist wie wenig Gödel vorangekommen war (vorausgesetzt es stellt wirklich alles dar, was Gödel in dieser Angelegenheit produziert hat).

Auf lange Sicht brachte ihm die ganze Geschichte nur wenig Unannehmlichkeiten. Sie wäre kaum erwähnenswert, wenn sie nicht sein Verhalten bei einigen späteren Anläßen vorwegnehmen würde, als er Einladungen annahm, Artikel zu Gemeinschaftsarbeiten beizusteuern. Bemerkenswert ist auch, daß er nach dem Fiasko mit Heyting nur eine einzige Gemeinschaftsarbeit tatsächlich veröffentlichte (eine kurze Notiz zur koordinatenlosen Differentialgeometrie, gemeinsam mit Menger und Abraham Wald).

Gödels Korrespondenz mit Menger zeigt, daß er zur selben Zeit, als er sich abmühte, die versprochenen Kapitel für die Monographie mit Heyting zu produzieren, einwilligte, einige Kapitel eines Buchs Mengers zur Geometrie korrekturzulesen. Beinahe zeitgleich sah er das Manuskript zum zweiten Teil von Carnaps Buch *Metalogik* durch (ein früher Entwurf seiner *Logischen Syntax*). Dabei entdeckte er einen gravierenden Fehler in Carnaps Definition einer „analytischen Formel",[4] und mit Semesterbeginn Oktober 1932 war Gödel auch als Tutor für eine Vorlesung Hahns zur elementaren Algebra und Geometrie tätig, wofür er vermutlich ein kleines Honorar erhielt. (Unter Gödels Papieren [192] finden sich ein paar Seiten von ihm korrigierter und anscheinend nicht wieder abgeholter Übungen, mit Ermahnungen wie „vereinfachen!" und „algebraisch ausdrücken!" versehen. Die Studierenden haben sich im Lauf der Jahre anscheinend wenig verändert.)

---

Kraepelins Klassiker *Über die Beeinflussung einfacher psychischer Vorgänge durch einige Arzneimittel*. Vielleicht hatte er begonnen, seine eigene geistige Stabilität in Zweifel zu ziehen.

4 Carnaps ursprüngliche (rekursive) Definition ließ unendlichen Regreß zu. Gödel informierte ihn über dieses Problem in seinem Brief vom 11. September, Carnap dankte am 25. September und schickte zwei Tage später einen Lösungsvorschlag [191].

Es mag sein, daß Gödel sich seinen Mentoren verpflichtet fühlte und deswegen solche zusätzlichen Aufgaben nicht ablehnen wollte. Es ist aber auch möglich, daß seine finanziellen Ressourcen knapp wurden[5] – ein Umstand, der auch erklären könnte, warum er sich zu dieser Zeit für die Bewerbung um eine Dozentur entschied. Die Summen, die man mit einer Privatdozentur aus den Beiträgen der Studierenden erwarten konnte, reichten zwar nicht zum Leben, stellten aber ein bescheidenes Zusatzeinkommen dar; und Hermann Weyl merkt bei seiner Beschreibung der Situation in Deutschland an: „Manchmal, und viel häufiger zur Zeit der Republik, als Vermögen durch die Inflation vernichtet wurden, war die Privatdozentur mit einem Assistenzposten oder einem bezahlten Lehrauftrag verbunden" [193].

Auf jeden Fall war die Dozentur eine notwendige Voraussetzung für die akademische Karriere. Die Privatdozentur war ein Eckpfeiler der akademischen Freiheit im deutschen Universitätssystem. Der Grund dafür war, daß die Privatdozentur und damit die Venia legendi „aufgrund einer Beurteilung durch die Fakultät" verliehen wurde, während „ein Staatsexamen ... die Bedingung für alle [anderen] akademischen Berufe" war. So „war der Schlüssel zu einer Universitätskarriere in der Hand der Universität selbst, ohne Aufsicht des Staates oder der Universitätsadministration außerhalb des Lehrkörpers". Die Privatdozentur war also nicht mit einer Staatsanstellung und damit nicht mit einem Gehalt verbunden, im Gegensatz zur Professur [194].

Wie Weyls Beschreibung zeigt, war zur Erlangung der Dozentur mehr als nur eine zweite Dissertation nötig. Man mußte einen Lebenslauf abgeben, und eine Liste von Themen, über die man einen Probevortrag zu halten vorbereitet war, ein oder mehrere Professorinnen oder Professoren mußten den Antrag unterstützen, die Habilitationsschrift mußte vor dem Fakultätskollegium verteidigt werden; und jeder Schritt in diesem Prozeß erforderte ein Votum der gesamten Fakultät.

Die Kommission, die Gödels Antrag behandeln sollte, tagte am 25. November 1932. Der Vorsitzende war Dr. Heinrich Srbik, die anderen Mitglieder die Professoren Furtwängler, Hahn, Himmelbauer, Menger, Prey, Schlick, Tauber, Thirring und Wirtinger, obwohl Furtwängler und Tauber wegen Krankheit nicht an der Sitzung teilnahmen [195]. Hahn unterstützte Gödel und fungierte als Schriftführer. In seinem offiziellen Kommissionsbericht [196] erklärt er, daß Gödel bereits in seiner Dissertation Resultate von großer wissenschaftlicher Bedeutung erzielt habe, und die Habilitationsschrift sei eine „Leistung ersten Ranges, die in allen Fachkreisen das größte Aufsehen erregt hat und ... ihren Platz in der Geschichte der Mathematik einnehmen wird". Er erwähnte auch die Notiz „Zum intuitionistischen Aussagenkalkül" (1932a), in der Gödel zeigt, daß das Heytingsche System der intuitionistischen Aussagenlogik

---

5 Es gibt Hinweise, daß er in den Jahren 1932/33 vergeblich versuchte, einige langfristige tschechische Pfandbriefe vor ihrem Fälligkeitsdatum einzulösen.

nicht als mehrwertige Logik mit nur endlich vielen Wahrheitswerten realisiert werden kann. Diese „Arbeiten überragen bei weitem das Niveau, das üblicherweise bei einer Habilitation zu verlangen ist." Die Kommission nahm seine Empfehlung einstimmig an und bestätigte, daß der Kandidat den Kriterien sowohl in persönlicher als auch wissenschaftlicher Hinsicht genüge.

Bei der Fakultätssitzung am 3. Dezember wurde nach der Präsentation des Kommissionsberichts der Beschluß gefaßt, daß Dr. Gödel die Habilitation zuerkannt wird (verbunden mit dem Titel Dr. habil.), und weitere Schritte zur Dozentur einzuleiten seien. Es wurde getrennt über seine persönliche und wissenschaftliche Eignung abgestimmt. Das Ergebnis, zu finden im Bericht des Dekans an das Unterrichtsministerium vom 17. Februar 1933, war jeweils einundfünfzig Prostimmen, eine Gegenstimme, keine Enthaltungen; beziehungsweise neunundvierzig Prostimmen, eine Gegenstimme, keine Enthaltungen (zwei Kollegiumsmitglieder waren offenbar in der Zwischenzeit gegangen). Die Gegenstimme zu Gödels wissenschaftlicher Eignung ist gelinde gesagt überraschend. In einem privaten Gespräch [197] berichtete Dr. Werner Schimanovich, daß sie von Prof. Wirtinger kam, der dachte, daß sich die Unvollständigkeitsarbeit zu sehr mit der Dissertation überschneide! Diese Behauptung ist etwas fragwürdig, da Wirtinger ein Mitglied der Kommission war, die Gödel einstimmig empfohlen hat. Andrerseits war Wirtingers Gebiet weit von Logik entfernt (er war eine Autorität auf dem Gebiet der abelschen Funktionen gewesen), und in seinen späteren Jahren entfremdete er sich offenbar seinen Kolleginnen und Kollegen. Olga Taussky-Todd berichtete [198]: „als Furtwängler ... den gruppentheoretischen Teil des Hauptidealsatzes bewies [ein zentrales Resultat der algebraischen Zahlentheorie] und einen großen Preis [dafür] erhielt, rückte Wirtinger in den Hintergrund. Er ging der Pensionierung zu, sagte regelmäßig seine Vorlesungen ab, hörte beinahe nichts mehr ... und wurde frustriert und etwas jähzornig." Es wäre demnach denkbar, daß er sein Stimmverhalten geändert hat.

Gödel verteidigte sein Resultat vor einem Kolloquium am 13. Januar 1933. Die Kommission würdigte wiederum einstimmig seine Leistung, und bei der Fakultätssitzung acht Tage danach stimmte eine einfache Mehrheit (mehr war offiziell nicht notwendig) für die Zulassung zum letzten Schritt in Richtung Dozentur: Der Probevortrag wurde für den 3. Februar angesetzt. Gödel hatte acht Themen angeboten, über die vorzutragen er sich vorbereitet hatte: symbolische Logik; logische Grundlagen der Arithmetik und Analysis; Grundlagen der Geometrie; die Axiomatisierung der Mengentheorie; das Problem der Konsistenz und Vollständigkeit formaler Theorien; die drei grundlegenden Richtungen der mathematischen Grundlagenforschung (Logizismus, Formalismus und Intuitionismus); der Klassenkalkül von Boole und Schröder; und neuere Ergebnisse der Maßtheorie. Die Kommission wählte jedoch keines dieser Themen, sondern wollte Gödels Vortrag „Über den intuitionistischen Aussagenkalkül" hören. Der Titel dieses Vortrags erinnert an die Arbeit (1932a), die Hahn in seinem Kommissionsbericht erwähnt hat. Der Inhalt des Vortrags könnte jedoch auch dem seiner bereits erwähnten Notiz (1933b) entsprochen haben, die noch nicht in Druck erschienen war.[6]

Der Probevortrag wurde wieder durch eine einfache Mehrheit akzeptiert, und die letzte Abstimmung, über die Verleihung der Venia legendi, fand in der Fakultätssitzung am 11. Februar statt. Diesmal gab es keine Gegenstimme: Zweiundvierzig stimmten für die Erteilung der Lehrbefugnis, es gab eine Enthaltung. Die Ernennung zum Privatdozenten wurde vom Dekan genau einen Monat später vorgenommen.

AM GLEICHEN TAG wurde Gödels Priorität für den Unvollständigkeitssatz von Paul Finsler, einem Professor für Mathematik in Zürich, angefochten. In einem privaten Brief an Gödel meint Finsler, er wolle sich mit Gödels Werk näher vertraut machen, er habe sich nur flüchtig damit beschäftigt, aber – soweit er sehen könne – sei Gödels Resultat im Prinzip seiner eigenen Arbeit (1926) ähnlich, über die er in Düsseldorf vorgetragen hatte. Er meint weiters:

> Dabei legen Sie jedoch einen engeren und deshalb schärferen Formalismus zugrunde, während ich, um den Beweis kürzer führen zu können, einen allgemeineren Formalismus angenommen habe. Es ist natürlich von Wert, den Gedanken auch in einem speziellen Formalismus wirklich durchzuführen, doch hatte ich diese Mühe gescheut, da mir das Ergebnis doch schon festzustehen schien und ich deshalb für die Formalismen selbst nicht genügend Interesse aufbringen konnte [199].

Tatsächlich hatte Finsler jedoch keine klare Vorstellung davon, was ein formales System ausmacht, wie Gödel herausarbeitete. In seiner Replik vom 25. März schreibt er:

> Das System ..., mit dem Sie operieren, ist überhaupt nicht definiert, denn Sie verwenden zu seiner Definition den Begriff des „logisch einwandfreien Beweises", der ohne nähere Präzisierung der Willkür den weitesten Spielraum läßt. ... Die von Ihnen p. 681 oben definierte Antidiagonalfolge und daher auch der unentscheidbare Satz ist ... *niemals* in demselben formalen System P darstellbar, von dem man ausgeht [200].

Viel später, auf eine Anfrage eines Studenten, berichtete Gödel, daß er zur Zeit, als er seine Arbeit schrieb, vom Werk Finslers nichts wußte, während „andere Mathematiker und Logiker es wahrscheinlich nicht ernst nahmen, da es so offensichtlichen Unsinn enthält" [201].

Das uncharakteristisch harsche Urteil Gödels wird durch das Studium der Werke Finslers [202] bestätigt; aber Finsler selbst verstand genausowenig wie Zermelo, was Gödel zu sagen hatte. Nach einer Pause von drei Monaten, in der er die Drucke studierte, die Gödel ihm gesandt hatte, entgegnete er verärgert, daß er Gödels Beweis schon deshalb anfechten könne, weil dieser (Peanos) Axiome verwendet habe, deren

---

6 In einem Brief an von Neumann vom 14. März 1933 (GN 013032) erwähnt Gödel seine Wahrscheinlichkeitsinterpretation, meint aber, daß er bislang die „vollständige Äquivalenz zu Heytings System" nicht zeigen konnte.

Konsistenz nicht bewiesen werden könne (!); und während er verstand, daß die Wahrheit des Gödelsatzes nur metamathematisch gezeigt werden konnte, sah er immer noch nicht die Notwendigkeit für eine solche Unterscheidung. „Wenn man über ein System $\gamma$ Aussagen machen will, so ist es durchaus nicht notwendig, daß dieses System scharf definiert vorgelegt ist, es genügt, wenn man es als gegeben annehmen kann und nur einige Eigenschaften desselben kennt, aus denen sich die gewünschten Folgerungen ziehen lassen" [203].

Gödel schickte keine weitere Erwiderung. Finsler hatte nicht die Bedeutung Zermelos, und seine Proteste schlugen offenbar wenig Wellen in der mathematischen Gemeinschaft. Inmitten der wesentlich bedeutenderen Ereignisse, die damals in Deutschland und Österreich stattfanden, war diese Auseinandersetzung nur eine kleinere Irritation.

POLITISCH BEFAND sich Österreich in einem Zustand wachsender Spannungen und Unruhen. Engelbert Dollfuß war im vorigen Mai Kanzler geworden, aber er hatte keine arbeitsfähige Regierung aufstellen können, die der wachsenden ökonomischen Krise Einhalt gebieten oder den Streit schlichten konnte, der zwischen den Parteien und den von ihnen kontrollierten paramilitärischen Organisationen schwelte, vor allem zwischen der faschistischen Heimwehr und dem sozialistischen Schutzbund. Trotz seiner antinationalsozialistischen Einstellung und seiner entschlossenen Ablehnung eines Anschlusses an Deutschland vertrat Dollfuß eine faschistische Ideologie. In den vierzehn Monaten von seiner Machtergreifung bis zu seiner Ermordung durch Nationalsozialisten im Juli 1934 errichtete er einen klerikal-faschistischen Polizeistaat und „verpfändete das Land an Mussolini" [204].

Österreichs politische Auflösung beschleunigte sich, nachdem Hitler deutscher Kanzler geworden war. Fraktionskämpfe im österreichischen Parlament gipfelten im Rücktritt des Parlamentspräsidenten und beider Vizepräsidenten am 4. März 1933 [205]. Am folgenden Tag errangen die Nationalsozialisten einen überwältigenden Sieg bei den Reichstagswahlen, und am 7. März verkündete Dollfuß, daß er fortan ohne Parlament regieren würde. Gleichzeitig führte er die Pressezensur ein und untersagte öffentliche Aufmärsche und Versammlungen. An Gödels Reaktionen auf diese Entwicklungen erinnert sich Menger folgendermaßen [206]:

> Gödel hielt sich wohlinformiert, war am Geschehen sehr interessiert und sprach mit mir viel über Politik. Doch waren seine politischen Behauptungen stets unverbindlich und endeten meist mit den Worten „Meinen Sie nicht?" Und nie konnte ich eine starke gefühlsmäßige Anteilnahme an den Ereignissen in ihm entdecken.

Ob diese Gleichgültigkeit authentisch war oder ein weiteres Beispiel für Gödels Vorsichtigkeit oder Naivität, ist schwer zu sagen. Jedenfalls entfremdete es ihn beiden Enden des politischen Spektrums: Seine „unpolitische" Haltung erwies sich auf der einen Seite als Ärgernis für die nationalsozialistische Bürokratie, die einige Jahre später seinen Antrag auf einen Auslandsaufenthalt überprüfte, andrerseits belastete sie seine Freundschaft mit Menger, der den Eindruck hatte, daß Gödel angesichts der schrecklichen Zustände unter der Hitler-Diktatur in erster Linie um seine akademischen Rechte besorgt war [207].

Gödel war kein Antisemit – Olga Taussky-Todd erinnerte sich, daß er eine „freundliche Einstellung zu Menschen jüdischen Glaubens" hatte (1987, S. 33). Er zeigte aber gewaltige Kurzsichtigkeit bezüglich der Lage der europäischen Jüdinnen und Juden. Gustav Bergmann erinnerte sich zum Beispiel, daß er kurz nach seiner Ankunft in Amerika im Oktober 1938 von Gödel zum Essen eingeladen wurde, der ihn fragte: „Und was bringt Sie nach Amerika, Herr Bergmann?" [208].

Zweifellos war Gödel nicht nur von seiner Forschung und seinen Bemühungen, Dozent zu werden, in Anspruch genommen, sondern auch von den Vorbereitungen auf die bevorstehenden Amerikareise – die ihm natürlich erlauben würde, für einige Zeit den Unruhen in Österreich zu entkommen. Wie schon erwähnt war es Oswald Veblen, der zuerst die Idee aufbrachte, daß Gödel das Studienjahr 1933/34 am Institute for Advanced Study (IAS) verbringen könnte. Weil er damals (November 1932) keine „Befugnis hatte, ein verbindliches Angebot zu machen", schrieb er nicht direkt an Gödel, sondern an Menger, daß Gödel „möglicherweise" eine einjährige Stelle mit einem Stipendium von „ungefähr $ 2.500" angeboten werden könne, und daß eventuell auch ein „kleiner Reisekostenzuschuß möglich" wäre [209]. Menger reichte den Brief an Gödel weiter und bestätigte den Erhalt mit einer Postkarte an Veblen, aber Gödel wartete mit einer Antwort, bis er sich sicher sein konnte, daß ein Amerikaaufenthalt seine Habilitation nicht verzögern würde.

Veblen hat Mengers Postkarte nie erhalten. Befürchtend, daß sein Brief verlorengegangen sei, schickte er daher am 7. Januar Menger ein Telegramm mit bezahlter Antwort. Zu dieser Zeit wußte Gödel, daß keine Hindernisse mehr im Weg standen, und so telegraphierte er sofort sein Interesse an dem Angebot und erklärte in einem Brief den Grund für die Verspätung. Eine offizielle Einladung, die den von Veblen erwähnten Bedingungen entsprach, wurde unmittelbar darauf von Abraham Flexner ausgesprochen, dem Direktor des Instituts und seine treibende Kraft. Zugleich schrieb Veblen an Gödel und beschrieb die spärlichen Verpflichtungen, die die Anstellung mit sich bringen würde. Sie solle „in erster Linie die Möglichkeit bieten, Ihre wissenschaftliche Arbeit fortzuführen ... mit den Kollegen hier". Er erwähnte auch, daß er und von Neumann beabsichtigten, ein gemeinsames Seminar voraussichtlich zur Quantentheorie abzuhalten, und daß Gödel ein eigenes Seminar abhalten könne, sollte er Lust dazu haben. Aber, so fügte er an, „vielleicht der wertvollste Beitrag, den Sie für die Situation der hiesigen Mathematik leisten könnten, wäre eine Kooperation mit Church",[7] der „vermutlich einen Kurs zur mathematischen Logik an

---

7 Alonzo Church (siehe Anhang B) hatte unter Veblen dissertiert und war auf dem Weg, einer der bedeutendsten Logiker Amerikas zu werden. Daß er und Gödel während

der Universität halten wird ... Ich denke, es wäre interessant, Ihre Kritik direkt auf Churchs Formalismus anzuwenden" [210].

Bevor Gödel Zeit fand, Veblen zu antworten, kontaktierte ihn von Neumann, der gerade aus Princeton nach Europa zurückgekehrt war. von Neumann zeigte sich erfreut, daß Gödel im nächsten Jahr zu seinen Kollegen zählen werde, und bot weitere Informationen über das Institut an, sollte Gödel daran interessiert sein. Vielleicht, so sein Vorschlag, könnten sie einander ja vor seiner Rückkehr nach Amerika treffen.

Gödel antwortete genau einen Monat später (am 14. März). Er sagte, er sei natürlich an weiteren Informationen interessiert und werde sich vermutlich bis zumindest Ende Juni in Wien aufhalten, da er im Sommersemester seine neu erworbene Venia legendi ausüben wolle. Bezüglich seines Aufenthalts am IAS fügte er hinzu, daß er durch die Teilnahme an der Vorlesung von Neumanns sehr profitieren würde, oder an der Teilnahme an seinem Seminar zur Quantenmechanik, ein Thema, an dem er „lebhaftes Interesse" habe, mit dem er sich bis jetzt aber noch nicht ernsthaft beschäftigen konnte [211].

Auch Veblen gegenüber drückte Gödel sein Interesse an dem Seminar aus, und er dankte auch für die Freiheiten, die ihm eingeräumt wurden. In dem auf englisch verfaßten Brief meint er, es wäre „mühsam", in den ersten Monaten seines Aufenthalts Vorlesungen zu halten, er wolle zuerst sein Englisch verbessern. „Dr. Church" betreffend sagte Gödel, daß er „natürlich sehr an seinem Formalismus interessiert" sei.[8] Die einzige Sorge, die er hatte, und auch in seinem Brief an von Neumann ausdrückte, war finanzieller Natur: Würde im Fall einer Abwertung des Dollars sein Stipendium entsprechend erhöht werden?

Das mußte Veblen verneinen. Die Frage verblüffte ihn vielleicht ein wenig, aber sie war nicht unbegründet, da die Vereinigten Staaten nur eine Woche zuvor drei Tage lang die Bankschalter geschlossen gehalten hatten. Der Zusammenbruch der Österreichischen Credit-Anstalt zwei Jahre zuvor war Gödel zweifellos noch in lebhafter Erinnerung, und er war sich auch bewußt, daß die Vereinigten Staaten dabei waren, die Goldwährung abzuschaffen (was am 14. April auch geschah). Seine Bedenken erwiesen sich als begründet, da der Dollar im nächsten Jahr tatsächlich abgewertet wurde.

Gödels Vorlesung des Sommersemesters, „Grundlagen der Arithmetik", fand zweimal wöchentlich statt und begann am 4. Mai. Aus den Fragmenten dazu, die in einem seiner Notizbücher überlebt haben, kann man nicht viel über den Inhalt ableiten, aber es scheint eine populäre Darstellung gewesen zu sein, die von zumindest fünfzehn Studierenden besucht wurde, darunter sieben Frauen. Die äußeren

---

dessen Besuchs einander viel sehen würden, wurde als sicher angenommen, da bis 1939 das ISA kein eigenes Gebäude hatte. Die ersten zwei Jahre seiner Existenz verbrachte es mit dem Mathematics Department von Princeton in der (alten) Fine Hall der Universität (heute Jones Hall).

8 Über den er bereits im vorhergehenden Sommer mit Church korrespondiert hatte.

Umstände, unter denen die Veranstaltung abgehalten wurde, waren jedoch chaotisch: Die Universität wurde am 27. Mai wegen Aktivitäten der Nationalsozialisten vorübergehend geschlossen, und während der Woche vom 12. bis zum 19. Juni verübten die Nationalsozialisten eine Reihe von Bombenanschlägen in und um Wien [212].

Die Ereignisse in Deutschland waren noch alarmierender: Das Gesetz über die Wiederherstellung des Berufsbeamtentums vom 7. April 1933 erlaubte die Entlassung aller „Beamte[n], die nicht arischer Abstammung sind" oder „die nach ihrer bisherigen politischen Betätigung nicht die Gewähr dafür bieten, daß sie jederzeit rückhaltlos für den nationalen Staat eintreten" [213]. Jüdische Universitätsangestellte waren unter den ersten Betroffenen. Im ersten Jahr, in dem das Gesetz in Kraft war, wurden „beinahe 15 Prozent des Lehrpersonals entlassen ... Die Universitäten in Berlin und Frankfurt ... verloren 32 Prozent, in Göttingen, Freiburg, Breslau und Heidelberg waren es zwischen 18 und 25 Prozent" [214]. Am gleichen Tag an dem die Universität Wien geschlossen blieb, wurde Martin Heidegger in Freiburg Rektor. In seiner Antrittsrede, die er siebzehn Tage nach den öffentlichen Bücherverbrennungen hielt, „begrüßte Heidegger euphorisch die neue Wendung des Geschickes Deutschlands" [215].

Es ist nicht überliefert, wie Gödel diese Ereignisse aufgenommen hat. Menger erinnert sich, daß die „Nach-Kantsche deutsche Metaphysik" ein Thema war, das Gödel „in jenen Jahren" intensiv studierte [216]. (Gödels Einstellung zu Heidegger wird nicht erwähnt.) Später gefährdete die Einführung der „neuen Ordnung" in Österreich Gödels Dozentur, und sogar noch davor (1935) war er gezwungen, Dollfuß' „Vaterländischer Front" beizutreten, die in den dunklen Tagen dieses ereignisreichen Mai gegründet wurde [217].

Einige Zeit vor seiner Abreise nach Amerika, vermutlich kurz nach Ende seiner Vorlesung, machte Gödel mit seiner Mutter Urlaub in Bled, einem jugoslawischen Kurort nahe der österreichischen Grenze [218]. Zweifellos war das eine willkommene Abwechslung zu seinen Tätigkeiten, zu denen – zusätzlich zum schon Erwähnten – die Veröffentlichung einer weiteren wichtigen Arbeit (Gödel 1933c) zählte.

Wie eine frühere kurze Notiz (Gödel 1932b) beschäftigte sich dieser Artikel mit einem Spezialfall des Entscheidungsproblems für Erfüllbarkeit; beide Arbeiten untersuchen Präfixklassen von Pränexformeln des engeren Funktionenkalküls. In der früheren zeigt Gödel, daß es einen effektiven Weg gibt, die Erfüllbarkeit der Pränexformeln zu entscheiden, deren Präfix die Form $\exists\ldots\exists\forall\forall\exists\ldots\exists$ hat, in der zweiten Arbeit zeigt er, daß die Erfüllbarkeit jeder beliebigen Formel des engeren Funktionenkalküls auf die einer Pränexformel der Form $\forall\forall\exists\ldots\exists$ reduziert werden kann (und darüber hinaus, daß jede erfüllbare Formel dieser Form ein endliches Modell hat). Das erste Ergebnis verallgemeinert ein Resultat Ackermanns, das zweite eines von Skolem. Zusammen stellen sie „eine ziemlich gute Abgrenzung zwischen entscheidbaren und unentscheidbaren" Präfixklassen dar: „zwei aufeinanderfolgende Allquantoren führen nicht zu Unentscheidbarkeit, drei schon" [219].

Die spätere Arbeit wurde in den *Monatsheften für Mathematik und Physik* veröffentlicht, dem Journal der Universität Wien, in dem sowohl der Vollständigkeitssatz als auch der Unvollständigkeitssatz erschienen waren. Das Ergebnis wurde jedoch nie vor Mengers Kolloquium vorgetragen, und offenbar auch nirgendwo sonst, vielleicht weil die Details des Beweises ziemlich verwirrend und subtil sind, so subtil, daß Gödel selbst zu einer falschen Behauptung verleitet wurde, die drei Jahrzehnte unangefochten blieb und erst nach seinem Tod endgültig widerlegt wurde.

Der Fehler lag im letzten Satz der Arbeit, in dem Gödel behauptet, daß sich das Resultat der endlichen Erfüllbarkeit, das ja nur für Formeln des *engeren* Funktionenkalküls (ohne Gleichheit) gezeigt worden war, „auch für Formeln, welche das =-Zeichen enthalten, nach demselben Verfahren beweisen" läßt. Mitte der sechziger Jahre merkte man, daß zumindest der Zusatz „nach demselben Verfahren" problematisch war. Daraufhin schlug Gödel eine Beweisidee vor, die sich aber als nicht zielführend erwies. 1983 bewies Warren Goldfarb, daß es *kein* effektives Entscheidungsverfahren für die „Gödelklasse" mit Gleichheit gibt [220].

OBWOHL DAS IAS seine Tätigkeit offiziell erst 1933 aufnahm, wurde seine Gründungsurkunde am 20. Mai 1930 unterschrieben, als Ergebnis von Verhandlungen zwischen dem berühmten Unterrichts-Reformer Abraham Flexner und dem Kaufhausmagnaten Louis Bamberger und seiner Schwester, Frau Felix Fuld. 1929, nur Wochen vor dem Börsekrach, verkauften Bamberger und Fuld ihr Geschäft an R. H. Macy and Co., um den Ertrag für die Gründung einer Stiftung für philanthropische Erziehung zu verwenden. Mit diesem Ziel vor Augen hatten sie 1925 Flexner konsultiert, der 1908 durch eine folgenreiche (und vernichtende) Kritik an der amerikanischen medizinischen Ausbildung berühmt geworden war und dessen vergleichende Studie *Universities: American, English, German* damals gerade erschien.

Flexners Bruder Simon war Direktor des Rockefeller Institute for Medical Research, das Flexner vermutlich als Vorlage zu seiner Vision eines Institute for Advanced Study diente [221]: Ein Hafen, in den junge Wissenschaftlerinnen und Wissenschaftler aus aller Welt kommen konnten, um mit einigen der größten Geister ihrer Zeit zu studieren, ohne durch akademischen Verpflichtungen oder Forschungskontrakte eingeschränkt zu werden. Die Verwirklichung von Flexners Traum – „der keine bessere Zeit hätte wählen können" – wurde durch das Vermögen Bambergers und Fulds ermöglicht. Der Charakter des Instituts wurde jedoch weitgehend „durch den Einfluß der ... amerikanischen philanthropischen Tradition" geprägt und durch das „Erstarken des Nationalsozialismus und Faschismus, das eine Flut auswandernder Wissenschaftlerinnen und Wissenschaftler an die Küsten Amerikas schwemmte" [222].

Die Pläne für das Institut nahmen im Laufe langer Verhandlungen Gestalt an. Flexner riet Bamberger und Fuld von der Gründung einer neuen Schule für Medizin ab. Er schlug statt dessen eine akademische Institution vor, die „wenig Lehrende und

Studierende" haben und deren Administration gegenüber dem wissenschaftlichen Personal „unauffällig, kostengünstig und untergeordnet" sein sollte [223]. Bamberger und Fuld wollten ursprünglich das Institut im Gebiet von Washington D.C. ansiedeln, aber Flexner überzeugte sie letztendlich, daß Princeton mit seiner tiefverwurzelten akademischen Tradition und friedvollen Umgebung ein geeigneterer Standort sei.

In der Auswahl des akademischen Personals galt das Hauptaugenmerk der akademischen Eignung. Man stimmte überein, daß nicht alle Disziplinen vertreten sein könnten, und so sollten die ersten Anstellungen auf Gebieten vergeben werden, in denen die wissenschaftliche Qualifikation eindeutig feststellbar sei. Daher bestand das Institut in den ersten zwei Jahren seines Bestehens nur aus einer Abteilung für Mathematik (was auch mathematische Physik mit einschloß). Flexner wurde 1930 zum Direktor ernannt, und im Oktober 1932 übernahmen Albert Einstein und Oswald Veblen die ersten Professuren.[9] Im folgenden Jahr kamen John von Neumann, James Alexander und Hermann Weyl dazu (Abb. 10).[10]

Das Institut begann sein Leben in Untermiete in dem Gebäude, das auch das Mathematics Department von Princeton beherbergte. Administrativ hatten die beiden Institutionen allerdings nichts miteinander zu tun, und Verhandlungen zwischen ihnen bedurften anfänglich diplomatischen Geschicks, da die Furcht bestand, daß das Institut zu viele Mitglieder des Princeton Mathematics Department weglocken könnte. Es hatte immerhin schon Veblen, von Neumann und Alexander abgeworben, die danach zwar in ihrer alten Umgebung blieben, aber mehr verdienten und keine Lehrverpflichtungen hatten. Das erzeugte unvermeidbar Neid und Mißgunst bei einigen der nicht Nominierten, und das Verhältnis zwischen Veblen und Solomon Lefschetz, dem Vorstand des Princeton Mathematics Department, trübte sich merklich [225]. Größtenteils blieben die Konflikte jedoch unter der Oberfläche, und die Spannungen hatten vermutlich wenig Auswirkung auf die vierundzwanzig Personen, die für dieses erste Jahr als visiting scholars eingeladen wurden [226]. Sie hatten keinen offiziellen Titel, im ersten Jahresbericht des Instituts werden sie schlicht als „workers" bezeichnet. (Die Bezeichnung „temporary member" wurde später, in einer Sitzung am 8. Oktober 1935, eingeführt [227].)

Das IAS-Semester begann am 1. Oktober, und Gödel plante, an der Eröffnung teilzunehmen. In einem Funktelegramm, das er Veblen am 18. September schickte [228], kündigt er an, daß er am 29. in New York mit dem Cunard-Linienschiff „Berengaria" ankommen werde, das planmäßig am 23. September in Southampton ablegen

---

9 Im vorherigen März hatte George D. Birkhoff von Harvard eine Einladung, der erste IAS-Professor zu werden, angenommen, „er bat aber acht Tage später, von der Zusage entbunden zu werden" [224].

10 Ungehörigerweise wurde auch ein Sozialwissenschafter Professor: David Mitrany, ein Spezialist für internationale Beziehungen. Außerdem bekam Walther Mayer, der von 1923 bis 1931 Privatdozent an der Universität Wien gewesen war, eine Langzeitanstellung, ursprünglich als Assistent Einsteins; er trug aber nicht den Titel Professor.

**Abb. 10.** Die Mathematiker des Institute for Advanced Study, 1933 (von links nach rechts): James Alexander, Marston Morse, Albert Einstein, IAS-Direktor Aydelotte, Hermann Weyl, Oswald Veblen. John von Neumann fehlt auf dieser Abbildung

sollte. Olga Taussky war unter denen, die ihn am Wiener Westbahnhof verabschiedeten. Sie erinnerte sich, daß „er ein Liegewagenabteil im Orientexpreß bezog. Ein eleganter junger Mann, vermutlich sein Bruder, stand abseits von uns und ging weg, sobald sich der Zug in Bewegung setzte, während wir etwas länger warteten."

Es war aber ein Fehlstart, da Gödel sich, wie Taussky später erfuhr, „krank fühlte, noch bevor er sein Schiff erreichte, seine Temperatur maß und entschied, umzukehren" [229]. Ein paar Tage später „überredete ihn seine Familie, es erneut zu versuchen", und so telegraphierte er Veblen am 25., daß sich seine Abreise „aus Krankheitsgründen verzögert" habe und er nun mit der „Aquitania" reisen werde, die am 30. September in Southampton ablegen und am 6. Oktober in New York ankommen werde [230].

Der zweite Versuch war erfolgreicher, und Gödel wurde am Dock in New York von Edgar Bamberger abgeholt, der ihn nach Princeton brachte. Es gibt keine Aufzeichnungen, wie er die offenbar ereignislose Überfahrt verkraftet hat, aber in Hinblick auf seine chronischen Verdauungsstörungen (wirkliche – teils selbstverschuldete – und eingebildete) in späteren Jahren ist es nicht unwahrscheinlich, daß er an Seekrankheit gelitten hat. Während Gödels Aufenthalt begann sich Veblens Ehefrau Sorgen über seine Ernährung zu machen[11] – sie bereitete ihm sogar manchmal Mahlzeiten zu –, da sie bemerkte, daß er, der nicht an die frühen Sperrstunden der Restaurants in Princeton gewöhnt war, oft so mit seiner Arbeit beschäftigt war, daß er das Abendessen versäumte [232]. In bezug auf Gödels allgemeinen Gesundheitszustand zu dieser Zeit ist auch eine Bemerkung Flexners erwähnenswert, die er zwei Jahre danach machte, als Gödel seinen zweiten Princeton-Besuch abrupt abbrach: „Ich hatte den Eindruck, daß sich Ihr Gesundheitszustand sehr verbessert hat, da Sie sicherlich viel besser aussehen als bei Ihrem Princeton-Aufenthalt vor zwei Jahren" [233].

Kurz nach seiner Ankunft bezog Gödel Quartier in dem Haus Vandeventer Avenue 32, wo er während seines gesamten Aufenthaltes wohnte. Leider gibt es wenige Aufzeichnungen über seine Aktivitäten in der Zeit vom Oktober bis Februar; seine Notizbücher werfen wenig Licht auf diese Periode und es sind auch fast keine Entlehnzettel aus den Jahren 1933 und 1934 erhalten. Die Ereignisse während des zweiten Semesters 33/34 sind gut dokumentiert durch die Erinnerungen S. C. Kleenes, der damals seine Dissertation bei Church fertigstellte [234]. Aber Kleene war im Herbst 1933 nicht in Princeton und wurde so nicht Zeuge der Vorgänge dieser Zeit. Wahrscheinlich setzte Gödel jene Pläne in die Tat um, die er Veblen gegenüber erwähnt hatte: Englisch lernen, am Quantenmechanikseminar teilnehmen und mit Church diskutieren.

Es wäre interessant, mehr über das Ausmaß des Kontakts zwischen den beiden Logikern zu wissen. Was wir wissen, ist, daß Gödel im Juni 1932 Church zwei Fragen zu dem System logischer Postulate geschickt hat, das dieser (Church 1932, 1933) entworfen hatte: 1. Wie war es möglich, in diesem System absolute Existenzaussagen, wie das Axiom des Unendlichen, zu beweisen? 2. Angenommen, das System sei konsistent. Warum konnte seine Notation nicht in der Typen- oder Mengentheorie interpretiert werden? Könnte seine Konsistenz durch andere Interpretationen plausibel gemacht werden [235]?

Church antwortete einige Wochen darauf, skizzierte einen Beweis für das Axiom des Unendlichen und bemerkte zur Konsistenz seines Systems:

> Ich sehe nicht, warum ein Konsistenzbeweis ausgehend von der Annahme der Konsistenz ... der *Principia Mathematica* von großem Wert wäre, da die Widerspruchsfreiheit des Systems der *Principia Mathematica* selbst zweifelhaft, sogar unbeweisbar ist. Der einzige Hinweis auf ... [die Konsistenz dieses Systems] ist ... die empirische Tatsache, daß ... es für einige Zeit verwendet wurde und daß man viele Folgerungen gezogen hat, ohne auf

---

11 Rudolf Gödel hat berichtet, daß er und sein Bruder während der Jahre, die sie zusammen wohnten, oft gemeinsam in Restaurants gingen, und daß Kurt bei diesen Gelegenheiten normalerweise guten Appetit zeigte. Er konnte sich nicht erinnern, über eine Diät Gödels während seines Princeton-Besuchs gehört zu haben, und glaubte, daß die übertriebene Diät seines Bruders erst um 1940 begann [231].

einen Widerspruch zu stoßen. Wenn mein System wirklich widerspruchsfrei ist, dann sollte ein gleiches Ausmaß an Ableitungen eine gleich starkes empirisches Argument für seine Konsistenz liefern [236].

Damals dachte Church, daß dieses System – das er als eine „radikal andersartige Formulierung der Logik" bezeichnete – den Beschränkungen des Gödelschen Unvollständigkeitssatzes entgehen könnte, da er „glaubte, daß es sich erweisen könnte, daß Gödels ... Sätze von Seltsamkeiten der Typentheorie abhängen", einer Theorie, deren „unselige Beschränkungen" er zu überwinden trachtete [237].

Im Herbst 1933 begann man, die Konsistenz des Gesamtsystems Churchs anzuzweifeln, und im Frühjahr 1934 zeigten Kleene und J.B. Rosser, ein anderer Student Churchs, die tatsächliche Inkonsistenz – daraufhin mußte Kleene seine Dissertation umschreiben. Ein Teilsystem, das unter dem Namen $\lambda$-Kalkül bekannt ist, kam allerdings mit heiler Haut davon, und mit ihm alle Resultate, die Kleene zur $\lambda$-Definierbarkeit einer großen Schar effektiv berechenbarer Funktionen erzielt hatte [238].

Es wird berichtet, daß diese Resultate „unter den Logikern in Princeton zirkulierten", als Gödel dort ankam [239], und auf der Basis dieser Resultate wagte Church seine „These" zu postulieren, daß *alle* effektiv berechenbaren Funktionen $\lambda$-definierbar seien (und somit der nicht formale Begriff der effektiven Berechenbarkeit dem formalen der $\lambda$-Definierbarkeit entspricht).[12] Gödel war jedoch skeptisch, wie Church selbst in einer Darstellung der Entstehung der Theorie der $\lambda$-Definierbarkeit schreibt [240]: „Meine Behauptung ... schien ihm äußerst unbefriedigend. Ich erwiderte, wenn er mir eine auch nur halbwegs zufriedenstellende Definition von effektiv berechenbar lieferte, würde ich einen Beweis führen, daß sie in der $\lambda$-Definierbarkeit enthalten ist."

Genau das geschah auch. Gödels „einzige Idee damals war, daß es möglich sein könnte, ein Axiomensystem anzugeben, das die allgemein akzeptierten Eigenschaften" der effektiven Berechenbarkeit einschloß, „später fiel ihm ein, daß Herbrands Definition der Rekursion ... in Richtung effektiver Berechenbarkeit modifiziert werden könnte" [241]. Er stellte diese Idee am Ende der Vorlesungsreihe vor, die er im darauffolgenden Frühjahr am IAS hielt.

NACH DEM HERBSTSEMESTER, in dem er eher zurückgezogen lebte, reiste Gödel nach Cambridge, Massachusetts, und hielt eine Rede vor dem Jahrestreffen der American Mathematical Association (das gemeinsam mit der American Mathematical Society abgehalten wurde) mit dem Titel „The Present Situation in the Foundations of Mathematics". Sie wurde am 30. Dezember als Teil einer Sitzung gehalten, die

---

12 Church trug seine These erstmals am 19. April 1935 vor der American Mathematical Society vor, und er erwähnte sie offensichtlich Gödel gegenüber nicht vor dem Frühjahr 1934 (wenn man auch aus dem Zitat des nächsten Satzes anderes herauszulesen glauben mag). Eine detaillierte Darstellung der Chronologie der Ereignisse findet sich bei Davis (1982).

auch eine Rede Churchs zum Richard-Paradoxon enthielt. Der Text der Rede Gödels, der als *1933o in Band III der *Collected Works* veröffentlicht ist, ist besonders interessant, da er Hinweise auf den Wandel seiner philosophischen Ansichten liefert.

Nachdem er die Axiome und Regeln für die einfache Typentheorie und Mengentheorie vorgestellt hatte, sprach Gödel von den Schwierigkeiten, diese Prinzipien zu rechtfertigen – insbesondere die nichtkonstruktiven Existenzbeweise und nichtprädikativen Definitionen. In Kontrast zu seinem späteren mathematischen Platonismus (und im Gegensatz zu verschiedenen Stellungnahmen [242], daß er solche Ansichten zumindest seit 1925 vertreten hat) meinte er dann, daß die Axiome, „wenn man sie als sinnvolle Aussagen interpretiert, notwendigerweise eine Art Platonismus voraussetzen, was keinen kritischen Geist zufriedenstellen kann und was nicht einmal zur Überzeugung führt, daß [die Axiome] konsistent sind".[13] Nach einer Zusammenfassung seiner Unvollständigkeitssätze erklärt er – im Gegensatz zu den vorsichtigen Bemerkungen am Ende des früheren Artikels (1931a) und seinen Aussagen im Brief an Herbrand:

> Alle finitären Beweise ..., die jemals konstruiert worden sind, können leicht im System der klassischen Analysis und sogar der klassischen Arithmetik ausgedrückt werden, und es gibt Grund zur Annahme, daß das auch für alle Beweise gilt, die man jemals konstruieren wird können. ... So scheint es, daß nicht einmal die Konsistenz der klassischen Arithmetik durch ... [solche] Methoden bewiesen werden kann ... [243].

ALS GÖDELS Vortragsreihe begann, war Kleene gerade nach mehrmonatiger Abwesenheit nach Princeton zurückgekehrt, und er wurde gemeinsam mit Rosser von Veblen engagiert, Skripten zu den Vorträgen zu erstellen. Die Notizen wurden vervielfältigt und an das Auditorium verteilt, sowie auch an einige Bibliotheken [244]. Danach zirkulierten sie in weiten Kreisen, wurden aber erst 1965 in Martin Davis' Anthologie *The Undecidable* publiziert.

Obwohl das Thema der Vorträge des Jahres 1934 im wesentlichen dem der früheren Arbeit (1931a) entsprach, deutet ein Vergleich der Titel eine breitere Behandlung dieses Themas in den Vorträgen an: „Über formal unentscheidbare Sätze der *Principia Mathematica* und verwandter Systeme I" (1931a); „On Undecidable Propositions of Formal Mathematical Systems" (1934a). Da selbst ein bedeutender Logiker wie Church glaubte, daß die Unvollständigkeitssätze von Besonderheiten der Formalisierung abhingen, war für Gödel sicher ein wichtiges Ziel dieser Vorträge, die

---

13 „The result of the preceding discussion is that our axioms, if interpreted as meaningful statements, necessarily presuppose a kind of Platonism, which cannot satisfy any critical mind and which does not even produce the conviction that they are consistent." Ohne den Beistrich vor „which" hätte der Satz eine etwas andere Bedeutung („... eine Art Platonismus voraussetzen, die keinen kritischen Geist ... und die nicht einmal ..."). Man kann spekulieren, ob der Beistrich Gödels Absicht entspricht oder noch mangelnden Kenntnissen der englischen Grammatik zuzuschreiben ist.

Zweifel an der Universalität der Unvollständigkeitserscheinungen auszuräumen. Dementsprechend definierte er ein formales mathematisches System recht allgemein als „System von Symbolen gemeinsam mit Regeln, wie sie zu verwenden sind", wobei die Ableitungsregeln und die Definitionen, welche Symbolketten sinnvolle Formeln beziehungsweise Axiome darstellen, konstruktiv sein müßten (im Sinne von endlichen Entscheidungsverfahren). In weiterer Folge zeigte er sein Resultat allerdings anhand eines bestimmten Systems als konkretem Beispiel.

Wie in seiner früheren Arbeit definierte Gödel die Klasse der primitiv rekursiven (er nannte sie nur „rekursiv") Funktionen, die „die wichtige Eigenschaft haben, daß für jeden Wert des Arguments der Wert der Funktion in einem endlichen Verfahren berechnet werden kann". Er war sich auch dessen bewußt, daß nicht alle Funktionen mit dieser Eigenschaft primitiv rekursiv waren, da 1927/28 Wilhelm Ackermann (und unabhängig davon beinahe gleichzeitig Gabriel Sudan) Beispiele für effektiv berechenbare Funktionen angegeben hatten, definiert durch verschachtelte Rekursionen, die zu schnell anwachsen, um primitiv rekursiv zu sein [245]. Gödel erwähnte Ackermanns Beispiel im letzten Abschnitt seiner Vorträge von 1934, um den Begriff der „allgemein rekursiven Funktion" zu motivieren, den er dort definierte; aber schon zuvor, in Fußnote 3, war er vom „heuristisches Prinzip" ausgegangen, daß sich alle endlich berechenbaren Funktionen durch derartige verallgemeinerte Rekursionen erhalten lassen.

Diese Annahme wurde seither oft kommentiert. Martin Davis, als er Gödels Vorträge aus dem Jahr 1934 publizierte, hielt sie für eine Variante der Churchschen These, aber in einem Brief an Davis [246] betonte Gödel, daß diese Interpretation „nicht richtig" sei, da er damals „überhaupt nicht" überzeugt gewesen sei, daß sein Konzept der Rekursion „alle möglichen Rekursionen" einschloß. Vielmehr beziehe sich seine Annahme nur „auf die Äquivalenz von ‚endlichem (Berechnungs)verfahren' und ‚rekursivem Verfahren'". Um diesen Punkt zu klären, schrieb er ein Nachwort zu den Vorträgen [247], in dem er andeutet, daß es Alan Turings (1937) Arbeit gewesen sei, die ihn letztendlich überzeugt habe, daß die intuitiv berechenbaren Funktionen mit den allgemein rekursiven übereinstimmen.[14]

In mehreren Publikationen wurde Gödels Widerstreben kommentiert, die allgemeine Rekursion oder die λ-Definierbarkeit als geeignete Charakterisierung des intuitiven Begriffs der effektiven Berechenbarkeit zu akzeptieren [248]. Man stimmt allgemein überein, daß weder der Formalismus Gödels noch der Churchs so klar und überzeugend war wie die Analyse Turings, und Wilfried Sieg hat behauptet, daß die Tatsache, daß sich die verschiedenen Begriffe von Church, Gödel, Post und Turing als identisch herausgestellt haben, kein so überzeugendes Argument für die Churchsche These sei wie allgemein angenommen. Abgesehen von Gödels üblicher Vorsicht gab

---

14 Turings Konzept einer universellen Maschine und seine Umformulierung des ersten Unvollständigkeitssatzes als das sogenannte Halteproblem sind heute weithin bekannt.

es also gute Gründe für seine Skepsis. Was wollte er dann mit seinem Begriff der allgemeinen Rekursion erreichen?

Daß Gödel sich im Gegensatz zu Church, Kleene, Rosser, Post und anderen von der weiteren Entwicklung der Rekursionstheorie fernhielt, liefert einen Hinweis auf seine Motive. Teilweise war dieses Verhalten typisch für Gödel: Er war im Grunde ein Wegbereiter, der ein großes Problem anging, einen wesentlichen Durchbruch erzielte und die detaillierte Entwicklung seiner Ideen anderen überließ. Darüber hinaus deuten jedoch seine nachträglichen Bemerkungen anläßlich der Princeton Bicentennial Conference (Gödel 1946) an, daß er nicht an die *Möglichkeit* glaubte, „eine absolute Definition für einen interessanten epistemologischen Begriff" zu finden. Daß die allgemeine Rekursion genau das leisten würde – daß insbesondere „die Diagonalisierung nicht [aus der Klasse der partiell rekursiven Funktionen] herausführt" – erschien ihm als „eine Art Wunder". Also versuchte er nicht, mit der Definition der allgemeinen Rekursion alle möglichen Rekursionen einzuschließen – dieser Versuch wäre ihm wie die Jagd nach einem Phantom vorgekommen.

Gödel kam zu seiner Definition durch eine Modifikation einer Idee Herbrands [249]; und Wilfried Sieg hat argumentiert, daß Gödels wahre Absicht im letzten Abschnitt seiner Vorträge von 1934 die war, „die rekursiven Funktionen von [Herbrands] epistemologisch eingeschränktem Beweisbegriff zu trennen", indem er „mechanische Regeln zum Ableiten von Gleichungen" spezifizierte. Gödels Begriff der „allgemeinen" Rekursion war, so meint Sieg, in dem Sinn *allgemeiner*, daß Herbrand nur diese Funktionen zu charakterisieren beabsichtigt hatte, deren Rekursivität mit *finitären* Mitteln *bewiesen* werden kann [250].

Gödels Vorlesungen dauerten vom Februar bis zum Mai. Im April machte er allerdings Ausflüge nach New York und Washington, um zwei populäre Vorträge über die Unvollständigkeitssätze zu halten. Der erste, mit dem Titel „The Existence of Undecidable Propositions in Any Formal System Containing Arithmetic", wurde am Abend des 18. April vor der Philosophical Society der New York University gehalten. Zwei Tage später sprach er vor der Washington Academy of Sciences zum Thema „Can Mathematics Be Proved Consistent?".[15] Am 24. April kehrte Gödel nach New York zurück, wo er einige Tage blieb. Dort könnte er mit U.S.-Behörden und der österreichischen Botschaft über seinen Visum-Status verhandelt haben, da ihn Flexner am 7. März informiert hatte, daß ihm das Institut 2.000 Dollar zur Verfügung stellen würde, „als Stipendium für ein halbes Jahr oder mehr im Studienjahr 1934/35" [251].

GÖDEL LEGTE am 26. Mai mit dem italienischen Linienschiff „S. S. Rex" ab. Das Schiff erreichte Gibraltar fünf Tage danach, legte am 2. Juni in Neapel an und fuhr am

---

15 Es gibt vom ersten Vortrag, nicht aber vom zweiten, ein Manuskript. Es ist bis heute nicht publiziert worden und nur insofern von Interesse, als es Gödels Fähigkeit zeigt, seine Ideen einer breiten Zuhörerschaft zu erklären.

nächsten Tag nach Villefranche und Genua weiter, wo Gödel von Bord ging. Nach einer Nacht in Mailand verbrachte er drei Tage in Venedig und reiste am 7. Juni nach Wien zurück. Er schreibt nichts über seine Reise, aber der entspannte Charakter – besonders der Ausflug nach Venedig – legt nahe, daß sie für ihn zumindest in gewissem Ausmaß eine Ferienreise war.

Ferien hatte er damals zweifellos dringend nötig; aber welche Erholung sein Ausflug auch darstellen mochte, sie war von kurzer Dauer, da sich die Universität, die Stadt und der Staat, zu denen er zurückkehrte, in einer tiefen Krise befanden. Am 12. Februar hatte der erste der zwei Ausbrüche des Bürgerkriegs stattgefunden. Im Juni steuerte die Situation auf einen neuerlichen Ausbruch der Gewalt hin, und im Juli fand eine Reihe beunruhigender, teilweise nicht in Zusammenhang stehender Ereignisse statt: Am 8. erließ Unterrichtsminister Karl Schuschnigg ein Dekret, daß nur diejenigen Rektoren und Dekane vom Staat anerkannt würden, die der Vaterländischen Front beitreten [252]. Ungefähr zur selben Zeit war Gödels Mentor Hans Hahn gezwungen, einen Urlaub auf dem Land zu unterbrechen, da man unerwarteterweise die Notwendigkeit einer Krebsoperation feststellte. Er unterzog sich dieser Operation, starb aber am 24. im Alter von fünfundfünfzig Jahren – am Tag bevor eine Gruppe Nationalsozialisten das Kanzleramt stürmte und Dollfuß ermordete.

Der Putschversuch schlug fehl, danach „stabilisierte sich die Lage alsbald – nach außen hin – unter dem ungeheuren Druck der neuen Regierung Schuschnigg". Doch unter „Propaganda und Druck, Furcht und Verdacht, Ungewißheit und beginnender Auswanderung" begann das intellektuelle Leben Wiens schnell zu verfallen, und in der Universität „herrschte im Lehrkörper wie in der Studentenschaft die extrem nationalistische Majorität" [253].

Die Situation wurde am 7. August durch ein Gesetz weiter verschlimmert, das unter anderem „dem Unterrichtsminister gestattete, Mitglieder des Lehrkörpers *aller* öffentlich geförderter Hochschulen und Universitäten zeitweilig zu pensionieren", wann immer es wegen Ausgabenkürzungen oder Umstrukturierungen notwendig schien [254]. Anders als das zuvor erwähnte deutsche Gesetz war dieses nicht antisemitisch; aber „einige der Pensionierten waren Juden, die nie politisch aktiv gewesen waren" – darunter Professor Gomperz, bei dem Gödel seine Philosophiegeschichte-Vorlesungen gehört hatte [255].

Während dieser Entwicklungen begann sich Gödels körperliche und geistige Gesundheit zu verschlechtern. Wie er es später gegenüber Veblen [256] darstellte, begannen die Probleme mit „einer Entzündung des Kiefers durch einen schlechten Zahn". Sie trat auf, erinnerte er sich später, während eines Urlaubs, den er mit seiner Mutter in einem kleinen Dorf verbrachte. Für ihn war an der Sache allein der Zahnarzt schuld, der den Zahn plombiert „oder vielmehr infiziert hat" – derselbe, der eine ungeschickte Kieferoperation an seinem Freund Marcel Natkin vorgenommen habe [257]. Danach, so erzählte er Veblen, fühlte er sich „lange Zeit scheußlich" und verlor viel Gewicht, teilweise wegen seiner „üblichen Magenverstimmungen". Im

September habe er sich „beinahe erholt gehabt", aber im Oktober bekam er wieder Fieber und litt an „Schlaflosigkeit, etc." [258].

Was er nicht erzählte, war, daß er die Woche vom 13. bis zum 20. Oktober, oder vielleicht einen längeren Zeitraum, im Sanatorium „Westend" in Purkersdorf bei Wien verbracht hatte,[16] einer Institution „für Heilbäder und physikalische Therapie", die vom Industriellen Viktor Zuckerkandl gegründet worden war.

Von Josef Hoffmann[17] 1904/05 am Ort einer Heilquelle gleichen Namens errichtet, mit Innenausstattung aus der Wiener Werkstätte nach Entwürfen von Hoffmann und Koloman Moser, stellt das Gebäude ein bis heute erhaltenes Wahrzeichen der Jahrhundertwende-Architektur dar (Abb. 11 und 12) [259]. Entsprechend der Aufgabe der Institution bestand das Erdgeschoß aus zwei großen Badehallen – eine für Männer, die andere für Frauen –, dem Untersuchungszimmer und einem Raum voller Fitneßgeräte für therapeutische Übungen. Der erste Stock beherbergte den Speisesaal, das Musikzimmer, Zimmer für Tischtennis, Billard und Brettspiele, Lese- und Schreibräume und eine große Veranda. Die Patientinnen und Patienten waren in ungefähr fünfzehn Einzelzimmern im obersten Stock untergebracht.

Das Sanatorium war eine Einrichtung für Wohlhabende, teils Kurbad, teils Klinik, teils Erholungsheim, mit Einrichtungen zur Rehabilitation und diätetischen Programmen. Es konnte den geistig oder körperlich Gebrechlichen dienen und denen, die sich für gebrechlich hielten. Es war keine Nervenheilanstalt im modernen Sinn, bot aber eine friedliche Atmosphäre und ausgewogene Lebensweise zur Erholung von körperlicher oder geistiger Belastung. Daher war es ein geeignetes Asyl für jemanden wie Gödel, der überarbeitet war, emotional unstabil, hypochondrisch und in der Lage, die Behandlung zu bezahlen.

Julius Wagner-Jauregg war unter denen, die zu Gödels Fall konsultiert wurden. Er war ein weltberühmter Psychiater, der für seine Behandlung der progressiven Paralyse 1927 den Nobelpreis erhalten hatte. Seiner Meinung nach hatte Gödel wegen Überarbeitung einen Nervenzusammenbruch erlitten, von dem er sich bald erholt haben sollte [260]; und er erholte sich auch schnell genug, um an der Sitzung von Mengers Kolloquium am 6. November teilzunehmen (die erste des neuen Studienjahres), wo er eine Bemerkung zur mathematischen Ökonomie beisteuerte (1936a).

---

16 Die Daten stammen aus Rechnungen aus Gödels Nachlaß. Es ist auch bemerkenswert, daß er den Tod Hahns in seinem Brief an Veblen nicht erwähnt (wohl aber im Entwurf) genauso wenig wie die anderen Umbrüche, die um ihn herum vorsichgehen. Er erwähnte im Gegenteil, daß sich die „wirtschaftliche Situation in Österreich" zu erholen schien, und: „An der Universität ist es ruhig, und es hat sich durch den Regierungswechsel beinahe nichts geändert"! Er erwähnte nur, daß Nöbeling – mit dem er bisher das Journal zu Mengers Kolloquium herausgegeben hatte – „ein Nazi geworden ist und eine Position in Deutschland bekommen hat".

17 Ein Mitbegründer der Sezession. Zuckerkandls Schwägerin Bertha war eine Förderin Hoffmanns.

**Abb. 11.** Das Sanatorium Purkersdorf bei Wien, um 1906, Ostseite

Er schrieb jedoch in seinem Brief an Veblen vom 1. Januar, daß er sich zwar „viel besser fühle", aber „immer noch nervös" sei und fürchte, daß „eine unruhige Überfahrt oder ... plötzliche Änderungen zu einem Rückfall" führen könnten. Dementsprechend ersuchte er, seinen zweiten Besuch in Princeton auf den Herbst zu verschieben [261].

(Veblen erwiderte besorgt, es sei „bedauerlich", daß Gödel nicht dieses Jahr kommen könne, da Church von seinen Lehrverpflichtungen befreit sei und dadurch Gelegenheit hätte, mit Gödel logische Themen in aller Ausführlichkeit zu diskutieren. Er sprach jedenfalls mit Flexner über Gödels Ersuchen, und sie kamen überein, Gödels Stipendium ins nächste Jahr zu übertragen.)

Die Aufzeichnungen über Gödels Tätigkeiten der nächsten Monate sind spärlich, aber er schien ziemlich aktiv an Mengers Kolloquium teilgenommen zu haben, dessen Journal er nach wie vor herausgab (nun gemeinsam mit Abraham Wald). Menger schreibt dazu:

> Alles in allem war Gödel nach seiner Rückkehr aus Amerika eher noch zurückgezogener als zuvor; doch sprach er mit Gästen des Kolloquiums, ... besonders aber mit Wald und Tarski, der während der ersten Hälfte des Jahres 1935 mit einer fellowship im Kolloquium arbeitete. Allen Mitgliedern der Gruppe gegenüber war Gödel freigiebig mit seinem Urteil und Rat in mathematischen und logischen Fragen. Er durchblickte die

**Abb. 12.** Das Sanatorium Purkersdorf bei Wien, um 1906, Aula

problematische Situation stets rasch und vollständig und antwortete mit höchster Präzision in einem Minimum von Worten, wobei er dem Fragesteller oft neue Gesichtspunkte eröffnete. Das alles äußerte er mit völliger Selbstverständlichkeit, aber oft mit einer gewissen Schüchternheit, deren Scharm in manchem Zuhörer warme persönliche Gefühle für den Sprecher erweckte [262].

Menger bemerkte auch, daß „Gödel ... nun noch mehr über Politik ... sprach", aber selbst dem „unentrinnbar scheinenden entsetzlichen Dilemma", das damals Europa und die Welt bedrohte, „kühl" gegenüberstand [263].

Gödels Entlehnzettel und Notizhefte dieser Zeit zeigen, daß er sich viel mit Physik beschäftigte. Unter den vielen Büchern, die er entlehnte, waren Werke von Eddington, Planck, Mach, Born, Nernst, Schrödinger, Lorentz, Sommerfeld und Dirac sowie Hermann Weyls *Mathematische Analysis des Raumproblems*. Drei Notizhefte zur Physik, alle aus dem Jahre 1935, beinhalten Material zu Themen wie statistische Mechanik und Optik, während sich ein viertes, undatiertes, mit Quantenmechanik beschäftigt. Da sich bei den Notizheften einige lose Blätter mit Teilen von

Prüfungen fanden, könnte Gödel dieses Frühjahr einige Physikvorlesungen besucht haben, vielleicht als Folge der Vorlesungen von Neumanns am IAS im vorhergegangenen Jahr [264].

Besonders bemerkenswert ist das beinahe völlige Fehlen von Entlehnzetteln zu philosophischen Werken. Obwohl Menger bestätigte, daß Gödel einige Jahre zuvor intensiv Leibniz zu studieren begonnen hatte, besaß Gödel offenbar nur ein einziges Werk Leibniz' (die *Kleineren philosophischen Schriften*), und keines scheint auf den Entlehnzetteln aus dem Jahre 1935 auf. Einer dieser Entlehnzettel ist jedoch interessant: der für Edmund Husserls *Vorlesungen zur Phänomenologie des Bewußtseins*. Vielleicht wurde Gödels Interesse an diesem Werk durch den Wienbesuch Husserls im Mai geweckt, als dieser zwei Vorlesungen zum Thema „Die Philosophie in der Krisis der europäischen Menschheit" hielt [265].

Im selben Monat fuhr Gödel mit seinen eigenen Vorlesungen fort. Seine zweite Veranstaltung, die er als Dozent hielt, war eine zweistündige Vorlesung mit dem Titel „Ausgewählte Kapitel in Mathematischer Logik", die an Donnerstagen und Freitagen stattfand, beginnend mit 9. Mai. Auch zu diesen Vorlesungen gibt es nur fragmentarische Unterlagen, und man hat nur neun Anmeldungen gefunden, es können aber mehr Studierende teilgenommen haben.

Vermutlich während dieser Zeit gelang Gödel ein weiterer bedeutender Durchbruch: der Beweis, daß das Auswahlaxiom relativ konsistent zu den anderen Axiomen der Mengentheorie ist. Wann er sich mit Mengentheorie zu beschäftigen begonnen hatte,[18] ist unklar, hätte er das Resultat jedoch früher erzielt, dann hätte er es sicher vor Mengers Kolloquium präsentiert. So jedoch war von Neumann der erste, der davon erfuhr, als Gödel ihn im darauffolgenden Herbst traf.

Zu einem ganz anderen Gebiet hielt Gödel am 19. Juni eine kurze Präsentation vor dem Kolloquium – sein letzter publizierter Beitrag dazu [266]. Der Titel war schlicht „Über die Länge von Beweisen", und das Hauptresultat wurde ohne Beweis behauptet: „Der Übergang [zu einer] Logik ... höhere[r] Stufe bewirkt ... nicht bloß, daß gewisse früher unbeweisbare Sätze beweisbar werden, sondern auch[,] daß unendlich viele der schon vorhandenen Beweise außerordentlich stark abgekürzt werden können", wobei mit „Länge eines formalen Beweises" hier nicht die Anzahl der verwendeten Symbole, sondern die der verwendeten Formeln gemeint ist. Dieses Resultat wurde mit der Entwicklung der Komplexitätstheorie etwa dreißig Jahre später, trotz einiger Unklarheiten der Aussage, als frühes Beispiel eines „speed-up"-Theorems gewürdigt – ein wichtiges Gebiet der theoretischen Informatik [267].

Am 1. August schrieb Gödel an Flexner, daß er sich „seit einigen Monaten seiner normalen Gesundheit erfreut" habe, und sich daher „sehr darauf freue, das nächste Semester in Princeton zu verbringen". Er kündigte an, daß er vermutlich Ende

---

18 Was der Legende nach mit dem Ausruf „Jetzt: Mengenlehre!" eingeleitet wurde.

September mit der „Georgic" oder der „President Roosevelt" in New York eintreffen werde, und ersuchte um einen Reisekostenvorschuß von 150 Dollar [268].

Flexner erwiderte am 22. August, daß er sich über Gödels Erholung „freue", und schickte einen Scheck über 150 Dollar [269]. Er wußte nicht, daß sich Gödel gerade erneut in einem Sanatorium aufhielt, diesmal in Breitenstein am Semmering. Das Sanatorium Breitenstein scheint allerdings mehr ein alpines Kurhotel gewesen zu sein als eine Nervenheilanstalt, und, wie bereits erwähnt, Flexner fand, als Gödel fünf Wochen später in Princeton ankam, daß dieser viel besser aussähe als zwei Jahre zuvor.

Bei seiner zweiten Amerikareise schaffte es Gödel, ohne Zwischenfälle auf das Schiff zu kommen, und diesmal fehlte es ihm nicht an intellektueller Gesellschaft während der Reise, da sich unter den Passagieren der „Georgic", die LeHavre am 20. September verließ, Wolfgang Pauli und Paul Bernays befanden, ebenfalls unterwegs zum IAS. Pauli hatte Gödel vorher noch nie getroffen, und sobald er von Bernays erfuhr, daß sich Gödel an Bord befand, ließ er ihm mitteilen, daß er gerne seine Bekanntschaft machen würde [270]. Was die beiden besprochen haben, ist nicht bekannt, aber zwischen Bernays und Gödel gab es einen wichtigen Gedankenaustausch: Wie Bernays später Kreisel mitteilte [271], war es während dieser Reise und der ersten Wochen nach ihrer Ankunft, daß Gödel ihm die Details seines zweiten Unvollständigkeitsbeweises erklärte, wie sie danach in Hilbert und Bernays' Buch präsentiert wurden.

Von Gödels Tätigkeit in Princeton im Herbst 1935 sind zwei Notizhefte erhalten [272]. Das erste enthält Differentialgeometrie, gefolgt von einer systematischen Entwicklung der Mengentheorie, ähnlich der in seiner Monographie (1940). Das zweite, hauptsächlich in Kurzschrift und ziemlich unübersichtlich, beinhaltet ein Kapitel zum Auswahlaxiom (mit der Beschriftung „rein") und Material zur Kontinuumshypothese (als „halbfertig" bezeichnet). Diese Unterscheidung und die Hinweise aus Gödels Korrespondenz mit von Neumann (mit dem er seine Arbeit zum ersten Thema diskutierte, aber nicht die zum zweiten) weisen darauf hin, daß Gödel das „reine" Material getrennt zu publizieren beabsichtigte.

Nach seiner Ankunft fand Gödel Unterkunft in dem Haus Madison Street 23, wo er vermutlich bis zum Ende des Herbstsemesters bleiben wollte. Am 17. November benachrichtigte er jedoch unvermittelt Flexner, daß er sich gezwungen sehe, aus Gesundheitsgründen seine Tätigkeit abzubrechen (offenbar litt er an einem Rückfall in seine Depression). Die beiden trafen einander am 20., um die Situation zu besprechen, und einige Tage danach begleitete Veblen Gödel zu einem Arzt, der bestätigte, daß die Rückkehr nach Wien die „beste Entscheidung" wäre. Flexner akzeptierte dieses Urteil mitfühlend und mit Bedauern, mußte Gödel aber informieren, er könne ihm unter den gegebenen Umständen nur das halbe Stipendium auszahlen lassen (das Stipendium war ja „für ein halbes Jahr oder mehr" angesetzt). Er drückte seine Hoffnung aus, daß Gödel sich „rasch und vollständig" erhole und bald „seine wichtige wissenschaftliche Arbeit" wieder aufnehmen könne. Veblen schloß sich dem an und erinnerte Gödel, daß „die Professoren am Institut bereits entschieden" hätten, ihn nach seiner Genesung, sobald er zurückkehren wolle, wieder einzuladen [273].

Gödel verließ New York am 30. November an Bord der „Champlain", Veblen begleitete ihn zum Hafen und versprach, Gödels Familie nicht durch Berichte über seinen Zustand zu beunruhigen. Aber er bekam diesbezüglich bald Bedenken. Am 3. Dezember schrieb er Gödel, daß er es nach genauerer Überlegung „nicht wage", seinen Bruder Rudolf über seinen Zustand im unklaren zu lassen, angenommen, „Ihnen könnte etwas zustoßen, ohne daß irgendeiner Ihrer Bekannten auf beiden Seiten des Atlantiks für Tage oder Wochen etwas bemerkt". Dementsprechend habe er Rudolf telegraphiert, daß Kurt aus Gesundheitsgründen heimkehre und am 7. Dezember in Le Havre ankommen werde [274].

Offenbar war Veblen ernsthaft in Sorge um Gödels Gesundheit und geistige Stabilität. Auf der anderen Seite erwartete er anscheinend eine rasche Erholung, da er nur eine Woche nach dem Brief an Gödel an Professor Paul Heegard in Oslo schrieb und vorschlug, Gödel einzuladen, eine der Hauptreden des bevorstehenden Internationalen Mathematikerkongresses zu halten. Veblen erwähnte Gödels Zusammenbruch genausowenig wie Details über dessen jüngsten Entdeckung, er sprach nur vage und geheimnisvoll von Gödels „jüngstem, noch unveröffentlichtem Werk", das „wie seine Publikationen ... interessant und wichtig" sei [275].

Von Le Havre schaffte es Gödel bis nach Paris. Von dort rief er in höchster Qual seinen Bruder an und bat, daß dieser ihn nach Wien begleiten möge. Aber Rudolf konnte nicht so kurzfristig nach Paris, daher mußte Kurt warten. Er blieb drei Tage im Palace-Hotel, dann – am 11. – fand er, daß sich sein Zustand soweit gebessert habe, daß er allein im Zug nach Wien reisen könne [276].

Mittlerweile hatte sich die Situation in Wien derart verschlechtert, daß sich Menger entschlossen hatte, sich um eine Stellung in Amerika zu bewerben. Nicht lange vor der Rückkehr Gödels beschrieb er in einem undatierten Brief aus Genf an Veblen die Situation: „Ich glaube zwar nicht, daß Österreich mehr als 45% Nationalsozialisten hat, der Prozentsatz an den Universitäten ist aber sicherlich 75%, und unter den Mathematikern, mit denen ich zu tun habe, sind es ... [abgesehen von] einigen meiner Schüler, beinahe 100%". Er habe mit ihnen zwar hauptsächlich bei administrativen Angelegenheiten zu tun, denen Menger „nur allzugerne fernblieb", das wirkliche Problem sei aber die „allgemeine politische Atmosphäre, deren Spannungen und Bedrohungen" eine immer größere, mittlerweile „unerträgliche" Belastung für seine Nerven darstellten. „Man kann einfach nicht ... die für die Forschung notwendige Konzentration finden, wenn man zweimal täglich über Geschehnisse liest ..., die sowohl die Grundlage der Zivilisation des Landes als auch die persönliche Existenz bedrohen" [277].

Veblen muß bereits zur Zeit der Abreise Gödels Erkundigungen für Menger angestellt haben, da sich Menger in einem Brief vom 17. Dezember dafür bei ihm bedankt. Er erwähnt dabei auch, daß er Gödel seit seiner Rückkehr zweimal gesehen habe: „Es ist ein Jammer, daß er sich so überarbeitet hat, daß er Schlafmittel nehmen mußte, aber es ist noch schlimmer, daß er begonnen hat, sich daran zu gewöhnen. Aber ich denke, daß die Depressionen nach einigen Wochen vollkommener Ruhe verschwunden sein werden" [278].

Tatsächlich dauerte es allerdings viel länger, bis sich Gödel erholt hatte. In einem Teil einer gestrichenen Passage aus dem Entwurf eines Briefes an Veblen erwähnt Gödel, daß er „1936 für einige Monate in einem Sanatorium für Nervenkrankheiten [in Rekawinkel], gleich westlich von Wien" gewesen sei [279], und unter seinen Papieren finden sich auch Rechnungen vom Juni 1936 von einer Institution in Golling bei Salzburg. Die Art dieser Institution ist unklar, aber Gödel könnte damals einfach Abstand von Wien gesucht haben, da am 22. Juni Moritz Schlick im Hauptgebäude der Universität Wien ermordet worden war.[19]

Außerdem hielt sich Gödel später in diesem Jahr dreimal in Hotels in Aflenz auf (17.–29. August, 2.–24. Oktober und 31. Oktober bis 21. November), einem Kurort, der in früheren Jahren ein Lieblingsort der Familie Gödel gewesen war. Es gibt keine Berichte, daß er beim ersten oder dritten Besuch Begleitung gehabt hätte, aber den zweiten unternahm er mit Adele – die auf der Rechnung als „Frau Dr. Gödel" vermerkt wurde [280].

Ob die beiden zuvor in Wien zusammengelebt hatten, ist unklar,[20] jedenfalls steuerte Adele zum Aflenzaufenthalt mehr bei als Romantik. Ihrer eigenen späteren Aussage nach [281] fungierte sie als Vorkosterin für Gödels Nahrung – eine Aufgabe, die ihre Rolle als Beschützerin in späteren Jahren vorwegnahm, als Gödels diätetische Besessenheit und Angst vor Vergiftung – besonders durch Gase, die seinem Kühlschrank entwichen – noch massiver wurden, Symptome einer Geisteskrankheit, die seine körperliche Gesundheit zunehmend gefährdete.

---

19 Schlick wurde auf den Stiegen zum Auditorium Maximum der Universität Wien erschossen, auf dem Weg zu seiner letzten Vorlesung dieses Semesters. Der Attentäter war ein verwirrter ehemaliger Student, Dr. Hans Nelböck. Die Nationalsozialisten versuchten, Schlicks „subversive" Aktivitäten zum Tatmotiv zu machen, aber es scheint eher eine private psychopathologische Tat gewesen zu sein. Das Verbrechen wird von Siegert (1981) detailliert geschildert (zugleich in der Anthologie *Attentate, die Österreich erschütterten*), der auch vermutet, daß vielleicht eine Freundin Nelböcks die Tat angestiftet hatte, Sylvia Borovicka, die sich ebenfalls psychiatrischer Behandlung unterzogen und enormen Haß auf Schlick entwickelt hatte.

20 In vorsichtigen Antworten während eines Interviews mit Werner Schimanovich und Peter Weibel gab Rudolf Gödel widerstrebend zu, daß es einige Wohnorte seines Bruders in Wien gegeben habe, die er nie besucht hatte, aber er gab keine Daten an und sagte, daß er nicht wisse, ob Kurt in einem davon mit seiner „Freundin" gelebt habe. Unter Gödels Papieren findet sich jedoch ein Lieferschein vom November 1937, ausgestellt auf „Herrn und Frau Dr. Gödel".

Weitere Hinweise auf den Geisteszustand Gödels liefern die Bücher, die er in den folgenden Monaten las. Im Dezember 1936, während er für fünf Tage im Hotel „Drei Raben" in Graz wohnte, versuchte er ein Handbuch über Toxikologie und Behandlung von Vergiftungen zu erwerben, und die Entlehnzettel der nächsten zwei Monate zeigen, daß er verschiedenstes zu Themen wie Pharmakologie, Physiologie und Pathologie, Psychiatrie, Neurologie und Gesetzgebung in bezug auf Geisteskrankheiten gelesen hat. (Unter den Titeln waren *Neue Behandlungsmethode der Schizophrenie, Differentialdiagnostik in der Psychiatrie, Die Irrengesetzgebung in Deutschland, Handbuch der österreichischen Sanitätsgesetze und Verordnungen* und *Geschichte der Geisteskrankheiten* – Lektüre, die Gödel zu einem noch schwieriger zu behandelnden Patienten gemacht haben könnte.) Der Titel einer technischen Abhandlung, die er mehrmals auslieh, ist besonders suggestiv: *Die Kohlenoxydgasvergiftung*. Im Hinblick auf die am Ende von Kapitel IV erwähnten Erinnerungen Rudolf Gödels könnte das Interesse seines Bruders an diesen Themen auf Suizidabsichten hindeuten. Aber Gödels spätere Furcht vor Vergiftung scheint eine genauso plausible Erklärung, und da die Wohnungen, in denen er in Wien lebte, mit Kohle und Koks beheizt wurden, waren solche Ängste vielleicht nicht gänzlich unbegründet.

VIERZIG JAHRE danach meinte Gödel rückblickend, daß 1936 eines der drei schlimmsten Jahre seines Lebens gewesen sei [282]. Für die Geschichte der Logik war es jedoch eine große Zeit: das *Journal of Symbolic Logic* wurde gegründet, Alonzo Church veröffentlichte „An Unsolvable Problem of Elementary Number Theory" (in dem er seine These verwendete, um die Unentscheidbarkeit der arithmetischen Wahrheit zu zeigen), Kleenes Untersuchungen „General Recursive Functions of Natural Numbers" und „λ-Definability and Recursiveness" mit den Rekursions- und Normalformsätzen erschienen, Gerhard Gentzen zeigte erstmals beweistheoretisch die Konsistenz der formalisierten Arithmetik. 1936 ging Turing nach Princeton, um bei Church zu dissertieren. Er erwartete, Gödel dort zu treffen, diese Gelegenheit wurde ihm aber durch die Krankheit Gödels verwehrt.[21] Die beiden sind einander nie begegnet.

Im Frühjahr 1937 hatte sich Gödel soweit erholt, daß er wieder eine Vorlesung über axiomatische Mengentheorie ankündigte. Die Vorträge wurden für Anfang Februar angesetzt, aber zumindest zweimal verschoben. Sie wurden schließlich im Sommer gehalten und signalisierten Gödels Rückkehr zu (relativer) Gesundheit und zu überragenden logischen Arbeiten.

---

21 Auch sonst hätte er ihn vielleicht verpaßt, da nicht klar ist, ob Gödel geplant hatte, das zweite Semester 1935/36 am IAS zu verbringen. Aufzeichnungen der Universität Wien zeigen nämlich, daß Gödel angekündigt hatte, im Wintersemester eine Vorlesung über Mengentheorie zu halten.

# VI
# „Jetzt: Mengenlehre!"
## (1937–1939)

DIE FRÜHGESCHICHTE der Mengentheorie, von ihrer Gründung durch Cantor infolge seiner Studien zu trigonometrischen Reihen bis zu ihrer Axiomatisierung durch Zermelo im Jahr 1908, wurde in Kapitel III kurz beschrieben. Man wird sich erinnern, daß Cantor der erste war, der behauptete (und in weiterer Folge erfolglos zu beweisen versuchte), daß jede überabzählbare Menge reeller Zahlen bijektiv auf die Menge alle reellen Zahlen abgebildet und daß jede Menge wohlgeordnet werden kann, daß Hilbert die Aufmerksamkeit der mathematischen Gemeinschaft auf diese zwei Probleme lenkte, indem er sie gemeinsam an erste Stelle seiner Liste mathematischer Probleme setzte, und daß Zermelo die Wohlordenbarkeit aus dem Auswahlaxiom ableiten konnte, dessen fundamentalen Charakter er als erster erkannte.

Eine ausführliche Darstellung der folgenden Kontroversen und der verschlungenen Zusammenhänge zwischen dem Auswahlaxiom und seinen zahlreichen Varianten findet man bei Gregory H. Moore [283]. Sein Buch bildet die Basis der Darstellung der nächsten Seiten, die versucht, jene Entwicklungen der Mengentheorie während der Jahre 1908–30 zusammenzufassen, die für das Verständnis der Beiträge Gödels zu diesem Thema notwendig sind.

In Zermelos (1908b) Artikel wurde die erste Axiomatisierung der Mengentheorie veröffentlicht. Zermelo war jedoch nicht der erste, der die Notwendigkeit einer Axiomatisierung postulierte: Der italienische Mathematiker Cesare Burali-Forti sah diese bereits 1896, lange bevor die mengentheoretischen Paradoxa auftraten. Burali-Forti hatte zwei mögliche Axiom-Kandidaten angegeben, aber kein Axiomen*system*. Auch erschienen „bestimmte Propositionen, die aus heutiger Sicht Zermelos Axiomen der Vereinigung und Aussonderung ähnlich sind", schon in einem Brief Cantors an Dedekind aus dem Jahre 1899; „es gibt jedoch keinen Hinweis, daß Cantor [diese Propositionen] als *Postulate*" ansah [284]. Zermelo war also der erste, der eine explizite Axiomatisierung der Mengentheorie selbst angab.

Zermelo veröffentlichte seine Axiome zwanzig Jahre bevor die First-order-Logik präzise definiert wurde (das System, in dessen Rahmen seine Axiome heute üblicherweise verwendet werden), sein System war also nicht formal im heutigen Sinn. Er ergänzte seine sieben Axiome vielmehr durch eine Reihe „grundlegender Definitionen", darunter: „Die Mengenlehre hat zu tun mit einem *Bereich* ... von Objekten, ... die wir einfach als *Dinge* bezeichnen wollen, unter denen die *Mengen* einen Teil bilden".[1] Weiters: „Zwischen den Dingen des Bereiches bestehen gewisse *Grundbeziehungen* der Form $a \in b$" (was heißt, daß $b$ Menge ist und $a$ ein Element davon). Zusätzlich zum üblichen Begriff der Teilmenge führte Zermelo noch den der *definiten Aussage* ein: „Eine Frage oder Aussage, über deren Gültigkeit oder Ungültigkeit die Grundbeziehungen des Bereiches vermöge der Axiome und der allgemeingültigen logischen Gesetze ohne Willkür entscheiden" [285]. Die Axiome selbst (leicht für die moderne Notation umformuliert) waren:

I. (Axiom der Bestimmtheit) Wenn $M$ und $N$ Mengen sind, und sowohl $M \subset N$ als auch $M \subset N$ (d.h., jedes Element von $M$ ist auch Element von $N$ und umgekehrt), dann $N = M$. Mengen sind also durch ihre Elemente vollständig bestimmt.

II. (Axiom der Elementarmengen) Es gibt eine Menge (die *Nullmenge*), die keine Elemente enthält. Wenn $a$ ein beliebiges Objekt des Bereiches ist, dann gibt es eine Menge $\{a\}$, deren einziges Element $a$ ist, wenn $a$ und $b$ zwei beliebige Objekte des Bereichs sind, dann gibt es eine Menge $\{a, b\}$, die nur $a$ und $b$ als Elemente enthält.

III. (Axiom der Aussonderung) Ist die Klassenaussage $F(x)$ *definit* für alle Elemente einer Menge $M$, so besitzt $M$ eine Teilmenge, deren Elemente genau die $x$ in $M$ sind, für die $F(x)$ wahr ist.

IV. (Axiom der Potenzmenge) Jeder Menge $M$ entspricht eine zweite Menge (die *Potenzmenge*), deren Elemente (alle) Teilmengen von $M$ sind.

V. (Axiom der Vereinigung) Jeder Menge $M$ entspricht eine zweite Menge (die *Vereinigungsmenge*), deren Elemente (alle) Elemente von Elementen von $M$ sind.

VI. (Axiom der Auswahl) Wenn $M$ eine Menge ist, deren Elemente alle Mengen ungleich der Nullmenge und untereinander alle verschieden sind, dann enthält die Vereinigung von $M$ mindestens eine Untermenge, die mit jedem Element von $M$ ein und nur ein Element gemeinsam hat.

VII. (Axiom des Unendlichen) Es gibt zumindest eine Menge im Bereich, die die Nullmenge enthält und die $\{a\}$ enthält, wann immer sie $a$ selbst enthält.

Nach Moore gab „Zermelo keine Begründung für die Wahl seiner Axiome, außer daß sie die Hauptresultate der Cantorschen Mengentheorie lieferten" [286]. Er hatte erkannt, daß die Cantorsche Mengentheorie – insbesondere Cantors Konzeption der Menge als „Zusammenfassung von bestimmten wohlunterschiedenen Objekten unserer Anschauung oder unseres Denkens zu einem Ganzen" – durch „gewisse Widersprüche" untergraben worden ist, aber er meinte, durch Einschränkung dieser Prin-

---

1 Zermelo ließ zu, daß der „Bereich" Objekte beinhaltet, die keine Mengen waren. Diese *Urelemente* konnten Elemente von Mengen sein, aber die Axiome sagten nichts über sie aus, ihr ontologischer Status blieb völlig ungeklärt.

zipien die Widersprüche vermeiden und zugleich alles „Wertvolle dieser Lehre" beibehalten zu können. Zermelo gab zu, daß er die Konsistenz seiner Axiome „noch nicht streng beweisen" konnte, aber er konnte immerhin zeigen, „daß die bekannten ‚Antinomien' sämtlich verschwinden, wenn man die hier vorgeschlagenen Prinzipien zugrunde legt". Insbesondere erlaube das Axiom der Aussonderung nicht, daß „Mengen *independent definiert*" werden, sie würden vielmehr „immer nur als Untermengen aus bereits gegebenen *ausgesondert* ..., wodurch widerspruchsvolle Gebilde wie ‚die Menge aller Mengen' oder ‚die Menge aller Ordinalzahlen'" ausgeschlossen wären. Die Definitheit-Voraussetzung für das Aussonderungskriterium verhindere darüber hinaus Paradoxa wie die Antinomie von Richard. Im Hinblick auf die „tiefer liegenden Probleme" der Konsistenz und Unabhängigkeit drückte er die Hoffnung aus, „wenigstens eine nützliche Vorarbeit ... für spätere Untersuchungen" geliefert zu haben.

Tatsächlich dauerte es viele Jahre, bis auf diese Fragen genauer eingegangen wurde. In der Zwischenzeit ließen sich Zermelos Kritiker auch durch seine Einbettung des Auswahlaxioms in ein größeres Axiomensystem nicht besänftigen. Vielmehr lieferte sein Aussonderungsaxiom – und besonders der Begriff der „definiten Eigenschaft" – neue Nahrung für Kontroversen. Bertrand Russell und Philip Jourdain waren unter denen, die Zermelos Axiomatisierung privat kritisierten, während Poincaré und Weyl dies sogar öffentlich taten. (Letzterer konstruktiv, indem er den Begriff „definit" präzisierte.) Außerhalb Deutschlands fand Zermelos Axiomatisierung überhaupt keine Akzeptanz.

Einer der wenigen Landsleute Zermelos, die ihn unterstützten, war Abraham Fraenkel. 1919 veröffentlichte er ein einführendes Lehrbuch zur Mengentheorie, in dem er Zermelos System uneingeschränkt übernahm – offensichtlich bekümmerte es ihn nicht (oder er war sich dessen nicht bewußt), daß das Axiom der Aussonderung zwar die Konstruktion einer paradoxen Russellmenge $\{x : \neg x \in x\}$ verhinderte, nicht aber Mengen, die sich selbst enthalten (oder, allgemeiner Mengen am Beginn einer unendlichen absteigenden ∈-Kette: $... \in M_n \in ... \in M_2 \in M_1$).

Der Russe Dimitry Mirimanoff hatte zwei Jahre zuvor auf diese Möglichkeit hingewiesen. Er nannte solche Mengen „außergewöhnlich", empfand aber ihre Existenz offenbar mehr als Kuriosität denn als Defekt. 1922 entdeckte jedoch Fraenkel, und unabhängig von ihm Skolem, einen bedenklicheren Mangel des Systems Zermelos: Die Axiome ließen die Konstruktion bestimmter mathematisch relevanter Mengen nicht zu (insbesondere die der Menge $\{\mathbf{N}, \mathfrak{P}(\mathbf{N}), \mathfrak{P}(\mathfrak{P}(\mathbf{N})), ...\}$, wobei $\mathfrak{P}$ für die Potenzmengenoperation steht).

Um diesen Mangel zu beheben führte Fraenkel (1922a) ein neues Axiom ein – das der Ersetzung: Wenn man jedes Element einer gegebenen Menge durch ein anderes Objekt des Bereichs ersetzt, ist die so konstruierte Entität wieder eine Menge. Beinahe zur gleichen Zeit formulierte Skolem (1923b) das gleiche Prinzip etwas präziser, im Rahmen der First-order-Logik. Skolem verstand unter einer „definiten"

Eigenschaft eine First-order-Formel der Sprache der Mengentheorie (die nur $\in$ und = als Relationssymbole beinhaltet). Eine solche Formel $A(x,y)$ mit den freien Variablen $x$ und $y$ nannte Skolem funktional auf der Menge $M$, wenn es für jedes $x \in M$ höchstens ein $y$ gibt, so daß $A(x,y)$ wahr ist. Skolems Axiom besagte nun, daß das Bild von $M$ unter $A$ (das heißt $\{y : \exists x (x \in M \vee A(x,y))\}$) wieder Menge ist, wenn $A$ funktional auf $M$ ist.[2]

Zwei andere Arbeiten Fraenkels beschäftigten sich mit Urelementen. In der einen (1921) stellte er ein Axiom der Beschränkung vor, das solche Nichtmengen ausschloß, während er in der anderen (1922b) wesentlichen Gebrauch der Urelemente machte, um die Unabhängigkeit des Auswahlaxioms von den anderen Axiomen zu zeigen. Die Vorteile der Weglassung der Urelemente wurden bald gewürdigt, und Fraenkels Beschränkungsaxiom wurde implizit in die Formalisierung aufgenommen: Alles, was nicht mit den anderen Axiomen konstruiert werden konnte, wurde als nichtexistent betrachtet. Dadurch tauchte die Unabhängigkeit des Auswahlaxioms erneut als offenes (und nun viel komplizierteres) Problem auf – das Gödel in den frühen vierziger Jahren mit großer Anstrengung, aber nur teilweisem Erfolg bearbeitete.

Weitere Änderungen wurden von v. Neumann (1925) vorgeschlagen. Auf die Unterscheidung Cantors zwischen „konsistenten" und „inkonsistenten" (oder „absolut unendlichen") Klassen zurückkommend, bemerkte von Neumann, daß letztere nicht zu Widersprüchen führen, solange sie nicht als Elemente zugelassen werden. Er charakterisierte sie als die Klassen, die bijektiv auf die Klasse aller Mengen abgebildet werden können – ein Kriterium, das die Schemata der Ersetzungs- und Aussonderungsaxiome beinhaltete und als einziges Axiom ausgedrückt werden konnte. Er begann auch das Studium der inneren Modelle der Mengentheorie – solche, die in einem gegebenen Modell enthalten und definierbar sind – und benützte sie, um zu zeigen, daß ein zusätzliches Axiom, das unendliche absteigende $\in$-Ketten verhindert, relativ konsistent zu den anderen Axiomen der Mengentheorie ist. Gödel verwendete später dieselbe Methode, um die relative Konsistenz des Auswahlaxioms und der Kontinuumshypothese zu beweisen.

Zermelo (1930) verwendete eine adaptierte Axiomatisierung, die er ZF′ nannte, um Fraenkels Beitrag zu würdigen. Wie die ursprüngliche Axiomatisierung ließ ZF′ Urelemente zu. Zermelo nahm jedoch in Anlehnung an von Neumann ein neues Axiom dazu – das der Fundierung –, um unendliche absteigende $\in$-Ketten zu verhindern. Er behielt seine Formulierungen der Axiome der Bestimmtheit, Potenzmenge und Vereinigung bei, ersetzte allerdings das Elementarmengenaxiom Fraenkel folgend durch das Paarmengenaxiom, das zu zwei beliebigen Objekten $a$, $b$ des Bereichs

---

[2] Mirimanoff (1917) war sowohl Fraenkel als auch Skolem zuvorgekommen, indem er als Axiom annahm, daß jede Klasse von Mengen, die bijektiv auf eine gegebene Menge abgebildet werden kann, selbst Menge ist; und Cantor machte in einem Brief an Dedekind im wesentlichen dieselbe Annahme, wenn er sie auch als Tatsache und nicht als Axiom formulierte.

die Existenz der Menge {a, b} garantiert. Die Axiome des Unendlichen und der Auswahl wurden weggelassen, während in den Axiomen der Aussonderung und Ersetzung der Begriff „definit" im Sinne Skolems und Fraenkels präzisiert wurde. Da er jedoch das Skolem-Paradoxon „äußerst widerlich fand ... [und] glaubte, daß der Satz von Skolem–Löwenheim eher die Einschränkungen der First-order-Logik demonstrierte als die Unzulänglichkeit der axiomatischen Mengenlehre" [287], formulierte Zermelo die Ersetzungs- und Auswahlaxiome in der Sprache der *Second-order*-Logik.

Das war der Hintergrund für seine polemische Rede in Bad Elster im September 1931. Letztendlich setzte sich seine Meinung über die First-order-Logik nicht durch, aber das System ZF′ – als First-order-Theorie mit Unendlichkeitsaxiom, aber ohne Urelemente – wurde bald die Standardaxiomatisierung der Mengentheorie und ist seither unter dem Namen ZF (oder ZFC, wenn man auch das Auswahlaxiom, AC, zu den Axiomen zählt) bekannt.

Zufälligerweise stellte Zermelo seine Axiomatisierung erstmals im gleichen Jahr vor, in dem Hausdorff die verallgemeinerte Kontinuumshypothese postulierte. Aber die darauf folgende Entwicklung der Axiomatik trug wenig zur Lösung des Kontinuumsproblems bei. Vor 1926 war das einzige wesentliche Ergebnis zur Größe des Kontinuums, abgesehen von Cantors Theorem, ein Resultat Julius Königs aus dem Jahre 1904. In einer Rede vor dem Dritten Internationalen Mathematikerkongreß zeigte er im Endeffekt, daß $2^{\aleph_0} \neq \aleph_{\alpha+\omega}$. (Allgemeiner konnte sein Beweis benützt werden, um zu zeigen, daß $2^{\aleph_0} \neq \aleph_\beta$ für alle $\beta$ mit Kofinalität $\omega$.) König nahm jedoch fälschlicherweise an, daß er Kontinuumshypothese und Auswahlaxiom widerlegt habe.

Im Gegensatz dazu behauptete Hilbert in seiner berühmten Ansprache „Über das Unendliche", daß als Folgerung „der Lösbarkeit eines jeden mathematischen Problems" die Kontinuumshypothese *beweisbar* sei. Er stellte „den Grundgedanken des Beweises ... inhaltlich kurz" vor, aber sein Argument ist vage und wenig überzeugend. (Dennoch hatte Hilberts Zugang zu dem Problem „entfernte Ähnlichkeit" zu Gödels späterem Konzept der konstruktiblen Mengen, wie dieser selbst später betonte [288].)

Kurz danach untersuchten Adolf Lindenbaum und Alfred Tarski (1926) verschiedene Aussagen der Kardinalzahlenarithmetik, die zu AC oder GCH äquivalent waren. Unter anderem stellten sie fest, daß AC aus der Annahme folgt, daß für unendliches $A$ kein $B$ strikt mächtiger als $A$ und zugleich strikt kleiner als die Potenzmenge von $A$ ist.

GÖDELS EIGENE Beiträge zur Mengentheorie standen zu diesen Entwicklungen in Bezug. Es gibt Hinweise [289], daß er am ersten Hilbertschen Problem ungefähr zur selben Zeit zu arbeiten begann wie am zweiten: 1928 entlehnte er Skolems Helsingfors-Kongreß-Arbeit (1923b) aus der Universitätsbibliothek der Universität Wien, und 1930 erneut, gemeinsam mit Fraenkels *Einleitung in die Mengenlehre*, den Ausgaben der *Mathematischen Annalen* und der *Mathematischen Zeitschrift*, die von Neumanns Arbeiten (1928a, 1928b) enthielten, und den Band der *Göttinger Nachrichten*, der Hilberts (1900) Rede enthielt. Nach der Königsberger Konferenz besuchte

Gödel die Preußische Staatsbibliothek in Berlin und suchte nach verschiedenen skandinavischen und polnischen Journalen, und 1931, nach der Vollendung seiner Unvollständigkeitsarbeit, entlieh er Fraenkels (1922a) Artikel.

Daß Gödel die ersten beiden Hilbertschen Probleme gemeinsam in Angriff nahm, ist nicht verwunderlich, wenn man bedenkt, daß er ursprünglich modelltheoretisch die relative Konsistenz der Analysis beweisen wollte. Das arithmetische Komprehensionsaxiom, das in diesem Zusammenhang auftrat, war der Skolemschen Formulierung des Aussonderungsaxioms ähnlich (das Gödel einmal als das „wirklich einzige essentielle Axiom der Mengenlehre" bezeichnete [290]), und es gibt auch eine bemerkenswerte Parallele zwischen Gödels Versuch, Second-order-Variablen als *definierbare* Zahlenmengen zu interpretieren, und seiner Konstruktion eines Modells der Mengentheorie durch Iteration einer *definierbaren* Potenzmengenoperation. Das Scheitern des ersteren Versuchs (das gemäß dem zweiten Unvollständigkeitssatz unvermeidbar war) machte klar, daß ein Beweis der Konsistenz von ZFC nur relativ sein konnte.

Über diese konzeptuellen Ähnlichkeiten hinaus sind die Argumente in Gödels Unvollständigkeitsarbeit (1931a) und seiner mengentheoretischen Monographie (1940) auch ähnlich aufgebaut: In beiden wird eine grundlegende Eigenschaft für Prädikate vorgestellt – im ersten Fall die (primitive) Rekursivität, im zweiten „Absolutheit für das konstruktible Untermodell" – und die Beweise werden durch lange Ketten von Lemmata geführt, in denen gezeigt wird, daß eine große Zahl von Prädikaten die jeweilige Eigenschaft besitzt. In jedem Fall gibt es jedoch einen wichtigen Begriff – die Beweisbarkeit in der formalen Zahlentheorie beziehungsweise die Eigenschaft, Kardinalzahl zu sein, in der Mengentheorie –, der jene Eigenschaft *nicht* besitzt, und der Rest des Beweises baut auf diese Tatsache auf. In beiden Beweisen ist die Unterscheidung zwischen interner und externer Sichtweise wesentlich: in der Unvollständigkeitsarbeit zwischen mathematischen und metamathematischen Begriffen, in der Mengentheorie zwischen den Funktionen, die innerhalb eines gegebenen Untermodells existieren, und denen außerhalb davon.

Ein wesentliches Konzept für Gödels mengentheoretische Arbeit ist die *Mengenhierarchie*, ein Begriff, der von Zermelo (1930) eingeführt wurde.[3] Da es in ZF weder außerordentliche Mengen noch Urelemente gibt, kann man eine transfinite Folge von Ebenen $R(\alpha)$ ($\alpha$ Ordinalzahl) induktiv wie folgt definieren:

$$R(0) = \emptyset \text{ (die leere Menge)},$$
$$R(\alpha+1) = \mathfrak{P}(R(\alpha))$$

und (für Limesordinalzahlen $\lambda$)

$$R(\lambda) = \bigcup_{\alpha < \lambda} R(\alpha)$$

---

3 Die zugrundeliegende Idee war allerdings lange davor von Mirimanoff (1917) vorweggenommen worden, der gezeigt hatte, wie man jeder Menge eine Ordinalzahl als *Rang* zuordnen kann.

(hier steht $\mathfrak{P}$ wieder für die Potenzmengenoperation). Die Ebenen der konstruktiblen Hierarchie Gödels, heute üblicherweise mit $L(\alpha)$ bezeichnet, werden auf gleiche Weise definiert (mit $L$ anstelle von $R$), nur daß $\mathfrak{P}$ durch die Operation ersetzt wird, die jeder Menge $s$ nicht die Menge *aller* Teilmengen, sondern die Menge der Teilmengen zuordnet, die mittels First-order-Formeln der Sprache der Mengentheorie (unter Verwendung zusätzlicher Konstanten für die Elemente von $s$) *definierbar* sind. Dementsprechend gilt $L(\alpha) \subset R(\alpha)$ für alle $\alpha$, und Gödel zeigte, daß die Klasse $L$ der konstruktiblen Mengen – die Vereinigung aller $L(\alpha)$ – ein Untermodell des Universums $V$ aller Mengen – die Vereinigung aller $R(\alpha)$ – ist. Das heißt, $L$ erfüllt die Axiome von ZF, wenn $V$ sie erfüllt. Aber die in jeder Ebene $\alpha$ neu dazukommenden Mengen sind *definierbar* aufzählbar durch die kleinsten Codezahlen der Formeln, die sie definieren, weil man eine Aufzählung der Mengen kleineren Ranges, die als Parameter in den definierenden Formeln auftreten können, schon voraussetzen kann. Daher hat die gesamte Klasse $L$ eine definierbare Wohlordnung, erfüllt also AC, daher ist ZFC relativ konsistent zu ZF.

Soviel hatte Gödel vermutlich schon zur Zeit seines Besuchs in Princeton im Jahre 1935 herausgefunden. Hätte er damals nicht unter Depressionen gelitten, hätte er das Ergebnis vermutlich kurz darauf publiziert. So präsentierte er es jedoch erst 1937 der Öffentlichkeit.

Gödels Vorlesung des Sommersemesters, „Axiomatik der Mengenlehre", die im Mai 1937 begann, fand einmal die Woche, insgesamt zwölfmal statt. Ein ziemlich zusammenhängendes Bild ihres Inhalts kann man Gödels Kurzschriftnotizen für die Vorlesung entnehmen und den Erinnerungen eines Studenten dieses Kurses, Professor Andrzej Mostowskis [291]. Beide Quellen bestätigen, daß Gödel das Axiom der Konstruktibilität nicht erwähnte (die Aussage $\forall x \exists \alpha (x \in L(\alpha))$, die eine wichtige Rolle in seinen späteren Arbeiten zu diesem Thema spielte), genausowenig die Kontinuumshypothese. In einem Brief an Menger vom 3. Juli berichtet Gödel jedoch, daß er ein Teilresultat zur CH vor dem Menger-Kolloquium (oder was davon übriggeblieben war) vorgetragen habe.[4]

Was Gödel Menger gegenüber *nicht* erwähnte, war, daß er drei Wochen zuvor – also während der Zeit, in der er seine Vorlesung hielt – den endgültigen Durchbruch in seinem relativen Konsistenzbeweis für CH erzielt hatte. Eine Anmerkung auf der Innenseite des Umschlags des ersten seiner sechzehn Arbeitshefte deutet an, daß dieses Ereignis in der „Nacht zum 14. und 15. Juni" 1937 stattgefunden hatte [293].

Die erste Person, der Gödel die Neuigkeit seines Erfolgs anvertraute, war von Neumann, der am 13. Juli aus Budapest geschrieben hatte, um seine Freude darüber auszudrücken, daß sich Gödel genügend erholt habe, um seine Vorlesungen

---

4 Menger selbst hatte Österreich im Januar 1937 verlassen, um eine Stelle in Notre Dame, Indiana, anzunehmen. Nach seiner Abreise organisierten Franz Alt und Abraham Wald einige Zusammenkünfte, aber es wurden keine Aufzeichnungen über deren Inhalt gemacht [292].

weiterzuführen. von Neumann schlug vor, daß Gödel 1938/39 wieder ans IAS kommen solle, und lud ihn ein, seine Arbeit zum Auswahlaxiom in den *Annals of Mathematics* zu veröffentlichen, einem Journal, das vom IAS und dem Mathematikinstitut der Princeton University gemeinsam herausgegeben wurde. Gegen Ende erwähnt von Neumann, daß er innerhalb der nächsten Wochen Wien besuchen werde, und bei dieser Gelegenheit zeigte ihm Gödel die Details seines neuen Beweises [294].

von Neumann war offenbar begeistert. Am 14. September schrieb er erneut, er habe mit Lefschetz über das Thema gesprochen und könne verbindlich versprechen, daß Gödels Arbeit zur GCH im ersten Band der *Annals* erscheinen werde „vierzehn oder mehr Tage nach Ankunft des Manuskriptes" [295]. Er konnte jedoch nichts Verbindliches zu der Möglichkeit von Gödels Rückkehr ans IAS sagen, da Flexner und Veblen den Sommer über verreist und noch nicht zurückgekehrt waren.

In der Zwischenzeit wurde Gödel auf Betreiben Mengers für den kommenden Winter und Frühling nach Notre Dame, Indiana, eingeladen. In einem Brief vom 22. Mai teilte ihm Menger mit, daß Notre Dame sich bemühe, sein Mathematik- und Physikinstitut zu verstärken. Er habe Gödels Namen gegenüber Kardinal John O'Hara erwähnt, dem Präsidenten von Notre Dame. Und O'Hara habe sich sofort interessiert gezeigt. Daher schreibe er, um zu fragen, ob Gödel an einer Einladung nach Notre Dame interessiert sei [296].

Gödel antwortete am 3. Juli, die Idee schiene ihm interessant, er habe aber vor dem Sommersemester 1938 keinesfalls Zeit. Wegen der Gesundheitsprobleme, mit denen er in Amerika gekämpft hatte, wolle er sich nicht auf mehr als ein Semester hinaus verpflichten, und Philipp Frank habe ihn bereits eingeladen, das kommende Semester in Prag zu verbringen.

Gödels Antwort erreichte Menger erst nach Wochen, und in der Zwischenzeit hatte O'Hara ihm eine offizielle Einladung zu einem Aufenthalt in Notre Dame geschickt, für die Zeit vom Februar bis zum Juni 1938. Er stellte ein Stipendium in der Höhe von ca. 2.000 Dollar in Aussicht, dazu die Lebenserhaltungskosten und 400 Dollar für die Reise [297].

Menger hatte immer noch nichts von Gödel gehört, als Veblen auf seiner Reise zurück nach Osten in Notre Dame Station machte. Menger erzählte Veblen vom Angebot O'Haras, aber keiner der beiden wußte von den Kontakten von Neumanns mit Gödel.

Am 12. September schließlich schickte Menger Gödel ein Telegramm. Er drückte seine Hoffnung aus, ihn im Februar zu sehen, und erwähnte als weiteren Anreiz, daß der Algebraiker Emil Artin im selben Jahr Notre Dame besuchen werde, daß es einige gute Studierende gebe und die Lebenserhaltungskosten geringer seien als an der Ostküste [298].

Letztlich gab es gar keine Überschneidung der verschiedenen Einladungen: Franks Angebot fiel aus, und von Neumanns Plan war von Anfang an gewesen, Gödel für das *darauffolgende* Jahr einzuladen, da die IAS-Stipendien für 1937/38 bereits vergeben worden waren. Veblen schrieb Gödel am 1. November, daß ein unerwarteter Ausfall die finanziellen Mittel für eine Reihe von fünf bis zehn Vorträgen freigemacht habe, so daß Gödel „neben einem längeren Notre-Dame-Aufenthalt" nach Princeton kommen könne [299]. Gödel hatte sich jedoch entschlossen, in Wien zu bleiben. Er schrieb O'Hara, daß er Notre Dame dieses Jahr nicht besuchen könne, fügte aber hinzu, daß er eventuell interessiert wäre, im nächsten September zu kommen, wenn die Einladung bis dahin aufgeschoben werden könne.

Seine Unsicherheit spiegelte teilweise das kontinuierlich schlimmer werdende politische und akademische Klima in Österreich wider. Mit dem Tod Hahns und Schlicks und der Emigration Carnaps und Mengers war er beinahe der einzige Logiker in Österreich. Daß er unter solchen Umständen überhaupt arbeiten konnte, zeigt, wie sehr er in seine Forschung vertieft war und wie wenig er sich mit der Krise um ihn herum auseinandersetzte. In seinem Brief an Menger vom 3. Juli erwähnt er, daß er sich immer noch nicht entschieden habe, ob er „im nächsten Semester etwas Elementares ... etwas Höheres ... oder ... gar nicht[s] lesen" würde, „im zweiten Fall besteht die Gefahr, daß ich keine Hörer unter den Studenten habe" [300].

Ohne Hahn und Menger gab es auch kaum Seminare oder Kolloquien, die Gödel besuchte. Es gab aber eine kleine Diskussionsrunde, ursprünglich unter der Führung von Heinrich Gomperz, die sich seit einiger Zeit beim Philosophen Victor Kraft traf. Gomperz war 1934 gezwungen worden, seine Anstellung an der Universität Wien aufzugeben, und 1938 wanderte er nach Amerika aus, wo er eine Position an der University of Southern California annahm. In seiner Abwesenheit versuchte sein Student Edgar Zilsel, die Treffen fortzuführen. Ein organisatorisches Treffen, zu dem Gödel eingeladen wurde, fand am 2. Oktober 1937 statt.

Ein informelles Kurzschriftprotokoll [301] der Sitzung zeigt, daß Edith Weisskopf unter den Anwesenden war (eine Schwester des bekannten Physikers Victor), die gerade in Psychologie promoviert hatte und mit ihrer Professorin Else Frenkel das Buch *Wunsch und Pflicht im Aufbau des menschlichen Lebens* veröffentlicht hatte; ebenso Walter Hollitscher, ein Medizinstudent, österreichischer Kommunist und Schlick-Anhänger, der nach dem Krieg die Schriften Schlicks herausgab; Heinrich Neider, der als Student zum Wiener Kreis gehört hatte; Franz Kröner, ein Student Gomperz', der mit einigen Mitgliedern des Kreises bekannt war; und Rose Rand (die nach Gödels Darstellung während eines Großteils des Treffens schlief!), ein Flüchtling aus Lemberg, die als Studentin ebenfalls Mitglied des Kreises gewesen war. Es wurde vereinbart, daß sich die Gruppe jeden zweiten Sonntag treffen sollte, und Zilsel schlug vor, daß Gödel bei einem der nächsten Treffen über Konsistenzfragen in der Logik vortragen solle, ein Thema, das durch Gentzens Konsistenzbeweis neuerlich in den Mittelpunkt des Interesses gerückt war.

Gödel äußerte anfangs Bedenken, er brauche Zeit, einen solchen Vortrag vorzubereiten und er wäre nach den ersten Wochen vielleicht nicht in der Lage, weiterhin an den Sitzungen teilzunehmen. Er wurde jedoch überredet. Soweit bekannt, war sein

Vortrag vor dem Zilsel-Kreis sein letzter vor einem Wiener Publikum. Er blieb Zeit seines Lebens unveröffentlicht, aber nach seinem Tod wurde ein gekürzter Entwurf unter seinen Papieren gefunden. Obwohl stellenweise inkohärent, hat er historische und philosophische Bedeutung; er wurde in Band III der *Collected Works* (*1938a) rekonstruiert.

Gödel beginnt seinen Vortrag mit der These, daß ein Konsistenzbeweis eines Systems „nur Sinn hat", wenn er das Problem entweder „auf [die Konsistenz] ein[es] echte[n] Teil[systems] reduziert" oder es „auf etwas zurückführt, was zwar nicht Teil, aber was evidenter, zuverlässiger etc. ist, so daß dadurch die Überzeugung gestärkt wird" (wie zum Beispiel die Reduktion nichtkonstruktiver Argumente auf konstruktive). Nachdem er die Schwierigkeiten dargestellt hat, die mit der Charakterisierung der Begriffe „konstruktiv" und „finit" verbunden sind, stellt er fest, daß ein finiter Konsistenzbeweis für die Arithmetik unmöglich ist, und widmet daher den Rest des Vortrages der Frage, wie die finiten Methoden erweitert werden könnten, um sinnvolle Konsistenzbeweise zu erhalten. Er führt drei Möglichkeiten an:

1. die Einführung höherer Typen von Funktionen (eine Idee, die Gödel in den folgenden Jahren weiterentwickeln, aber erst 1958 im *Dialectica*-Artikel veröffentlichen sollte),
2. modallogische Überlegungen,
3. transfinite Induktion (wie sie Gentzen verwendete), bis zu „gewisse[n] konkret definierte[n] Ordinalzahlen der zweiten Klasse".

Der Vortrag ist typisch für Gödel: klar, kompromißlos und weitblickend. Man kann sich fragen, was für einen Eindruck er bei der mathematisch nicht allzu gebildeten Zuhörerschaft hinterlassen hat.

MITTE NOVEMBER 1937 zog Gödel aus dem Haus in der Josefstädter Straße aus, in eine Wohnung im dritten Stock der Himmelstraße 43 (Tür 5), im Wiener Bezirk Grinzing. Der Umzug scheint finanziell motiviert gewesen zu sein, genauso wie die Rückkehr von Gödels Mutter in die Villa nach Brünn (ein mutiger Schritt, da sie von Anfang an eine vehemente Gegnerin des Nationalsozialismus gewesen war und regelmäßig unvorsichtige Bemerkungen gemacht hatte).[5] Trotz des Umzugs, seiner unsicheren finanziellen und akademischen Situation und der bedrohlichen Entwicklungen in seiner Umgebung konnte Gödel im Laufe der nächsten Monate drei Notizhefte mit Material zur Kontinuumshypothese füllen [303]. Anders als man erwarten würde, enthalten sie nicht Entwürfe zu einer detaillierten Darstellung der schon erzielten Ergebnisse, sondern Versuche, diese Ergebnisse zu verallgemeinern. In

---

5 Marianne teilte das Haus mit Tante Anna bis zu deren Tod (ungefähr zu Kriegsbeginn), danach mit ihrer Schwester Pauline, bis diese 1942 starb. Sie kehrte erst 1944 nach Wien zurück, als ihr Sohn Rudolf sie überzeugen konnte, daß der Aufenthalt in Brünn zu gefährlich war [302].

einem Brief an Menger vom 15. Dezember berichtet er: „Gegenwärtig versuche ich, auch die *Unabhängigkeit* der Kontinuumshypothese zu beweisen, weiß aber noch nicht, ob ich damit durchkommen werde." Bis dahin hatte Gödel nur von Neumann über sein *Konsistenzergebnis* zur GCH berichtet, und er bat Menger „einstweilen davon niemand etwas zu sagen" [304].

Kurz danach besuchte von Neumann Europa und nahm die Gelegenheit wahr, ein Treffen mit Gödel zu vereinbaren. Dieses fand im Hotel Sacher am Sonntagmorgen des 23. Januars 1938 statt [305]. von Neumann wollte seine Pläne für einen Besuch Gödels am IAS im nächsten Jahr besprechen, und er erkundigte sich zweifellos auch nach Gödels Fortschritten bei der Zusammenschrift seines Konsistenzresultats. Er erfuhr, daß Gödel in der Zwischenzeit unter anderem ein Theorem zu bijektiven Bildern koanalytischer Mengen gefunden habe.[6]

Leider stellte sich das „Theorem" später als falsch heraus. In einem Brief an von Neumann schrieb Gödel kurz vor seiner Rückkehr nach Amerika im darauffolgenden Sommer, daß es durch ein kürzlich veröffentlichtes Resultat Stefan Mazurkiewicz' widerlegt worden sei, und daß er seitdem einige Ergebnisse „in die andere Richtung" erzielt habe. Insbesondere sei die Annahme relativ konsistent, daß es nichtmeßbare Mengen gäbe, die stetige bijektive Bilder von koanalytischen Mengen seien, genauso, daß es überabzählbare koanalytische Mengen gäbe, die keine perfekte Teilmenge enthielten [306]. Im selben Brief erwähnt Gödel, daß er zwei Monate zuvor die Zusammenschrift seines Konsistenzergebnisses „im wesentlichen beendet" habe. Er wolle allerdings immer noch „einige Änderungen" vornehmen, und man würde sich das Hin- und Herschicken der Korrekturbögen sparen, wenn er die Arbeit erst nach seiner Ankunft in Amerika zur Publikation einreiche.

Vermutlich war Gödel im Winter und Frühling des Jahres 1938 mit der Vorbereitung dieses Manuskripts und seines kommenden Auslandsaufenthaltes beschäftigt. Im Dezember schrieb Veblen erneut und schlug vor, daß Gödel das Herbstsemester 1939 an Notre Dame und das Frühlingssemester in Princeton verbringen könnte, aber im März antwortete Gödel, daß er nicht wisse, ob er sich für ein ganzes Jahr beurlauben lassen könne, und selbst wenn das möglich wäre, fände er es besser, Princeton vor Weihnachten zu besuchen und in Anschluß daran Notre Dame.

In weiterer Folge wurde zur allgemeinen Zufriedenheit folgende Vereinbarung getroffen: Gödel würde im November und Dezember am IAS über seine Arbeiten zur Mengentheorie vortragen, und wäre Februar bis Juli in Notre Dame. Menger schlug vor, daß Gödel während seines Aufenthalts in Notre Dame „eine sehr elementare Einführung zur mathematischen Logik" halten solle, „irgendetwas in der Art von Hilbert–Ackermann", und zusätzlich „eine fortgeschrittene Darstellung entweder des

---

6 Eine Teilmenge des $\mathbf{R}^n$ heißt analytisch, wenn sie die Projektion (bezüglich einer Koordinate) einer Borelmenge des $\mathbf{R}^{n+1}$ ist, koanalytische Mengen sind die Komplemente von analytischen.

Kontinuums- oder des Entscheidungsproblems, für zwei Stunden pro Woche" [307]. Gödel jedoch meinte, daß das mengentheoretische Material kaum in ein Zwei-Stunden-Format passen würde, und er äußerte auch seine Bedenken, daß er „zum Halten einer elementaren Vorlesung wegen mangelnder Englischkenntnisse, mangelnder Erfahrung in elementaren Vorlesungen und mangelnder Zeit zur Vorbereitung gegenwärtig nicht sehr geeignet" sei [308]. Nach weiteren Verhandlungen wurde vereinbart, daß er drei Stunden pro Woche über das Fortgeschrittenen-Thema vortragen solle, und daß die beiden gemeinsam ein einführendes Logikseminar abhalten würden.

Es ist nur ein verbrannter Rest von Gödels Brief an Veblen erhalten, datiert mit 26. März, gerade dreizehn Tage nach dem Anschluß [309]. Es wäre interessant zu wissen, was Gödel zu diesem Ereignis zu sagen hatte (beziehungsweise ob er es überhaupt erwähnte), oder welche unmittelbaren Konsequenzen es auf sein Leben oder seine Arbeit hatte, aber es gibt erstaunlicherweise keine Erwähnung der Machtergreifung der Nationalsozialisten in der gesamten Korrespondenz Gödels. Unter seinen Papieren finden sich jedoch einige Dokumente von nationalsozialistischen Funktionären der Universität Wien, aus denen ersichtlich ist, daß am 23. April seine Lehrbefugnis offiziell erlosch.

Es gibt keine Hinweise, daß Gödel damals irgendwelche Versuche unternommen hätte, gegen diese Entwicklung zu protestieren, auch erwähnte er sie nicht in seiner Korrespondenz mit den Kollegen in Notre Dame oder am IAS. Er beantragte allerdings auch keine Beurlaubung für das kommende Jahr, sondern informierte erst am 31. Oktober – zwei Wochen nach seiner Ankunft in Princeton – den Dekan der philosophischen Fakultät der Universität Wien, daß er eine Einladung angenommen habe, das Wintersemester 1938/39 in Princeton zu verbringen. (Notre Dame erwähnte er überhaupt nicht.) Es könnte der Entzug seiner Lehrbefugnis gewesen sein, der ihn letztendlich dazu brachte, nach Amerika zurückzukehren. Jedenfalls informierte er Menger und Veblen erst Ende Juli von seiner Entscheidung.

Aus Gödels Antrag an Veblen auf 300 Dollar Reisekostenzuschuß mag man auf seine finanzielle Lage in dieser Zeit schließen. Wegen der damals geltenden Devisenbeschränkungen konnte Veblen der Bitte allerdings nicht nachkommen. Er bot stattdessen an, die Fahrt direkt zu bezahlen, aber schließlich konnte Gödel die erforderliche Summe selbst aufbringen. Er durfte allerdings kein Bargeld aus Deutschland ausführen, und mußte daher 25 Dollar zum Hapag-Büro in New York schicken lassen, da ihm gesagt wurde, daß er diese Summe besitzen müsse, um von Bord gehen zu können [310].

Bemerkenswerterweise scheint er keine Probleme gehabt zu haben, die notwendige Ausreisebewilligung und das Visum zu bekommen, aber er teilte Flexner mit, daß die Schiffe „derart überfüllt" seien, daß es schwer sei, „ein Ticket zu bekommen" [311]. Er buchte schließlich eine Kabine auf dem deutschen Linienschiff „Hamburg", das am 7. Oktober in New York ankommen sollte. Irgend etwas ging später allerdings schief, da er am 29. September ein dringendes Funktelegramm aus Hamburg schickte:

Könnte das IAS ein Ticket von Holland oder England organisieren? Anderenfalls könne er nicht kommen [312].

Flexner erwiderte am nächsten Tag, daß er „im Moment nichts unternehmen" könne [313], und so legte die „Hamburg" ohne Gödel ab. Es gelang ihm jedoch, eine Karte für die „New York" zu bekommen, die Cuxhaven am 6. Oktober verließ und am 15. in New York ankam.

Was war geschehen? Wenn er, wie es seine Briefe vom 3. September anzudeuten scheinen, damals bereits ein Ticket gehabt hat, warum konnte er dann nicht mit der „Hamburg" reisen? War das Schiff überbucht? Oder gab es eine andere Erklärung?

Man kann nur spekulieren, aber es gibt gute Gründe anzunehmen, daß Gödel vergeblich versuchte, ein *zweites* Ticket zu besorgen, da er und Adele am 20. September in aller Stille geheiratet hatten (Abb. 13). Ob sie ihn daraufhin nach Hamburg begleitet hat, weiß man nicht, aber es ist interessant, daß er am 29. – dem Tag, an dem er Flexner telegraphierte – auch zwei eingeschränkte Vollmachten unterzeichnete, die Adele die öffentliche Bekanntgabe der Eheschließung und den Erhalt einer offiziellen Heiratsurkunde ermöglichten [314]. Sicher hätte er seine Braut gerne mitgenommen nach Amerika (insbesondere angesichts der „Frustrationen seines Junggesellenlebens in Princeton", die er Kreisel gegenüber mehr als zwanzig Jahre später erwähnte [315]), und vielleicht ist das der Grund, daß er in seinem Telegramm erklärte, nur kommen zu können, wenn das IAS ihm zu einem weiteren Ticket verhelfe. Wenn dem so ist, dann hat er (oder sie) diese Meinung jedenfalls in der Woche vor seiner Abreise geändert, da Adele letztendlich in der Wohnung in Grinzing zurückblieb.

Die Hochzeit selbst war eine private, standesamtliche Zeremonie, anwesend waren die nahen Verwandten des Paares und ein paar Bekannte. Zwei Zeugen unterzeichneten die Heiratsurkunde: Karl Gödel, ein Cousin von Kurts Vater, akademischer Maler, wohnhaft in der Amalienstraße 55; und Hermann Lortzing, ein Buchsachverständiger, Domanigasse 3. Obwohl Kurts Bruder anwesend war, konnte er später, in einem Interview zur Hochzeit befragt, nur wenig Auskunft geben. Er sagte jedoch, daß Kurt ihm Adele erst vorgestellt habe, als die beiden sich schon zur Hochzeit entschlossen gehabt hatten, obwohl sie schon einige Jahre liiert gewesen waren [316].

Weder Menger noch Veblen wußten von der bevorstehenden Heirat. Menger hatte einige Monate zuvor zumindest von der Verlobung gehört. Er schrieb Veblen: „Ich habe dieselbe Ankündigung [wie Sie] bekommen ... Ich habe die Braut nie getroffen, und weiß nur, daß vor drei Jahren, als er krank war, ihn jemand mit Vornamen Adele besucht hat. Auch ich glaube, daß ihm die Heirat gut tun dürfte." [317]. Man kann nur staunen, wie Gödel seine Beziehung mit Adele so lange selbst vor seinen engsten Bekannten[7] geheimhalten konnte.

---

7 Ganz zu schweigen von den Biographinnen und Biographen: Bis heute ist kein einziger Brief zwischen Kurt und Adele aufgetaucht.

**Abb. 13.** Das Hochzeitsphoto von Kurt und Adele Gödel, Wien, 1938

OBWOHL GÖDEL den Beginn seiner IAS-Vorlesungen erst um den 1. November angesetzt hatte, machte die verspätete Ankunft das Leben in den ersten Wochen in Princeton zweifellos hektischer als ihm lieb war. Offenbar hatte er es eilig, irgendwo unterzukommen, da er nicht wie bei seinem früheren Besuch in Princeton eine Wohnung mietete, sondern während des ganzen Aufenthalts im Peacock Inn nahe dem Campus wohnte. Er muß sofort nach seiner Ankunft seine Arbeit aufgenommen haben, da er am 9. November bereits eine Ankündigung (1938) seines Konsistenzresultats an die *Proceedings of the National Academy of Science* geschickt hatte [318].

In der Zwischenzeit, Ende Oktober, reiste er auch nach New York, um an einem regionalen Treffen der American Mathematical Society (AMS) teilzunehmen. Er dürfte das hauptsächlich getan haben, um mit Menger über die geplanten Vorlesungen in Notre Dame sprechen zu können, aber bei diesem Anlaß machte er auch Bekanntschaft mit Emil Post.

Wie in Kapitel III erwähnt, hatte Post in seiner Dissertation 1920 die syntaktische Vollständigkeit der Aussagenlogik gezeigt. Damals stand er auch knapp vor den Unvollständigkeitsresultaten – eine Tatsache, die erst viel später erkannt wurde, als sein „Account of an Anticipation" posthum (Davis 1965) veröffentlicht wurde. Dementsprechend war es für ihn ein sehr emotionales Erlebnis, Gödel Auge in Auge gegenüberzustehen. „Fünfzehn Jahre lang", schrieb er danach am selben Tag, „hatte ich davon geträumt, die mathematische Welt mit meinen unorthodoxen Ideen in Erstaunen zu setzen, und es war beinahe zu viel für mich, den Mann zu treffen, der in erster Linie für das Scheitern dieses Traumes verantwortlich war" [319]. Er brachte Gödel allerdings eher Bewunderung als Ressentiments entgegen: „Die stärkste Behauptung, die ich aufstellen kann, ist wohl, daß ich Gödels Theorem 1921 *bewiesen* hätte – wenn ich Gödel gewesen wäre."

Sein Gespräch mit Gödel verfolgte Post dermaßen, daß er Gödel am nächsten Tag schrieb, und weiter zu erklären versuchte, was er selbst schon herausgefunden hatte:

> In unserem gestrigen Gespräch betonten Sie jedesmal, wenn es zu einem Vergleich Ihres Theorems mit absolut unlösbaren Problemen kam, daß in ersterem eine bestimmte formal unentscheidbare Proposition auftritt. Ich möchte daher herausstreichen, daß genau dasselbe in meinem Verfahren geschieht, Ihr Theorem als Folgerung aus der Existenz absolut unlösbarer Probleme herzuleiten. ...
>
> Natürlich ist Ihre spezielle unentscheidbare Proposition für ein logisches System von speziellem Interesse in der Interpretation als Aussage zur Konsistenz des formalen Systems. Ich fürchte, das hat zu Mißinterpretationen der Bedeutung Ihres Theorems und seiner Verbindungen zu möglichen Konsistenzbeweis[en] geführt ...

Posts Darstellung seiner Ideen erströmt sich über vier handgeschriebene Seiten. Am Ende räumt er ein, daß „keines meiner Resultate die bestechende Realisierung Ihres Beweises ersetzen hätte können." Er konnte diese Realisierung nicht bewirken,

> [weil] ich dachte, einen Weg zu sehen, „alle endlichen Verfahren des menschlichen Verstandes" zu analysieren, ... und daß ich die obige Folgerung [der Existenz unentscheidbarer Sätze] allgemein und nicht nur für das System der *Principia Mathematica* beweisen können würde. ... Daß ich meine Arbeit wie oben dargestellt nicht veröffentlicht habe, hat den Grund, daß die Stärke meines Arguments von der Identifizierung meiner „normalen Systeme" mit jeder symbolischen Logik abhängt, und die einzige Grundlage dafür waren die erwähnten Reduktionen.

Angesichts der Schwierigkeiten, mit denen er beim Versuch zu kämpfen hatte, andere seiner Arbeiten zu veröffentlichen, sah Post

> keine Hoffnung, diese Reduktionen in Druck zu bekommen. Und dann kam die [manisch-depressive] Krankheit, und mit ihr ein festgelegter Ablauf der Vorbereitung zur Arbeit, was mich schrittweise unempfänglicher für diese meine allgemeinen Ideen werden ließ. Und dieser Ablauf nahm und nimmt soviel mehr Zeit in Anspruch als geplant, daß ich schließlich von Ihnen und sogar Turing überholt wurde.

Post entschuldigte sich für seine „egoistischen Ausfälle" und versicherte Gödel, daß „der einzige Groll, den ich hegen könnte, Groll gegen das Schicksal, wenn nicht gegen mich selbst ist ... und letztendlich sind es nicht die Ideen, sondern ihre Ausführung, die wahre Größe auszeichnet" [320].

Nach ihrem Treffen sandte Gödel eine Menge Sonderdrucke an Post, er erwähnte aber nicht sein jüngstes mengentheoretisches Resultat. Post erfuhr davon erst durch die Zusammenfassung (Gödel 1939a) für die Rede, die Gödel vor der Jahresversammlung der AMS in Williamsburg am 28. Dezember hielt, nach dem Ende seiner Vorlesungen in Princeton. Diese Neuigkeit veranlaßte Post, Gödel ein Gratulationsschreiben zu schicken, in dem er mutmaßte, daß Gödels Erfolg seiner Gabe zuzuschreiben sei, „ein simplifiziertes logisches System zu konstruieren, das die Kennzeichen des Allgemeinen trägt ... und dabei handhabbar ist" [321].

Zu seinen Vorlesungen im Jahr 1938 bereitete Gödel ein detailliertes Manuskript vor [322]. Dennoch beantragte er, wie schon 1934, daß ein Student ein Skriptum als Grundlage einer Veröffentlichung erstellen solle. Dieser Student war George W. Brown, ein Schüler von Samuel S. Wilks in mathematischer Statistik. Brown war in Harvard durch Vorlesungen von E. V. Huntington und W. V. Quine mit Logik in Berührung gekommen, und seiner Erinnerung nach war es „vermutlich" Alonzo Church, der ihn für diese Aufgabe rekrutierte. Jedenfalls war Brown „immer noch an Logik interessiert und geehrt durch die Möglichkeit, Gödel zu assistieren" [323].

Brown fand in Gödel einen „strengen Arbeitgeber", berichtet jedoch, daß er „große Freude an der Erfahrung" gehabt habe, und die Vorlesungen seien „vorbildlich in ihrer Präzision und Organisation" gewesen. Bemerkenswerterweise konnte er sich nicht erinnern, jemals Gödels eigene Notizen gesehen zu haben. Seine Aufgabe war es, „Notizen zu machen", den Textfluß zu verbessern „und die Erstellung des Manuskripts zu überwachen". Das Endresultat wurde mit einer Maschine namens „Varityper" erstellt, die austauschbare Typenräder hatte, ähnlich einer heutigen Daisy-wheel-Schreibmaschine [324].

Im Gegensatz zu den Darstellungen, die er bei verschiedenen anderen Gelegenheiten brachte, verwendete Gödel für seine Princeton-Vorlesungen nicht direkt die ZF-Mengentheorie. Er adaptierte vielmehr einen Klassenformalismus, der von v. Neumann und Bernays entwickelt worden war. Diese Formulierung hatte zwei technisch wichtige Vorteile: Sie stellte eine *endliche* Axiomatisierung zur Verfügung und erlaubte, den Begriff der First-order-Definierbarkeit über einer Struktur syntaktisch auszudrücken, als Abschluß unter acht fundamentalen mengentheoretischen Operationen. Auch konnte das Axiom der Konstruktibilität als einfache Klassengleichung $V = L$ ausgedrückt werden. Wie Gödel selbst jedoch später einräumte [325], vereinfachten zwar die acht Operationen einige Überlegungen für die Beweise, verschleierten aber die zugrundeliegenden intuitiven Vorstellungen. Dementsprechend folgen die meisten modernen Darstellungen dem Formalismus von Gödels Zusammenfassungen (1939a, b).

Die wesentlichen Schritte des Beweises sind in jedem Fall dieselben. Nachdem die Hierarchie der konstruktiblen Mengen definiert wird, muß man drei Behauptungen zeigen: Erstens, daß das Universum dieser Mengen (das „konstruktible Universum") die Axiome von ZFC erfüllt, zweitens, daß es auch das Axiom der Konstruktibilität erfüllt, und drittens, daß letzteres sowohl das Auswahlaxiom (wie schon zuvor angedeutet) als auch GCH impliziert.

Der Beweis der ersten Behauptung ist relativ geradlinig. Bei der zweiten muß man allerdings beachten, daß *manche* definierbaren Begriffe, wie zum Beispiel Kardinalzahlen, wesentlich vom zugrundeliegenden Universum abhängen: Nur weil es eine bijektive Abbildung zwischen zwei Mengen in $V$ gibt (dem Grundmodell von ZF, in dem die Konstruktion durchgeführt wird), muß es diese Abbildung nicht im Untermodell $L$ geben. Begriffe, die für $L$ und $V$ dieselbe Bedeutung haben, werden *absolut* für das konstruktible Untermodell genannt, also beweist man die zweite Behauptung im wesentlichen, indem man zeigt, daß der Begriff der konstruktiblen Menge selbst absolut ist (das heißt, daß jede Menge, die in $V$ konstruktibel ist, auch in $L$ konstruktibel ist).

In dieser Formulierung erscheint das Konzept der Absolutheit als semantischer Begriff, und der Konsistenzbeweis für AC und CGH verwendet nicht nur die *Konsistenz* von ZF, sondern die Existenz eines *Modells* für die Axiome – die nach dem zweiten Unvollständigkeitssatz in ZF nicht beweisbar ist, da die Konsistenz von ZF nicht in ZF beweisbar ist. Um dieses Problem zu umgehen, verwendete Gödel eine *syntaktische* Charakterisierung der Absolutheit, mit Hilfe des Begriffs der Relativierung einer Formel von ZF auf die definierbare Klasse $L$.[8] Mit dieser Methode kann das ganze Argument vollständig in ZF durchgeführt werden.

Der dritte Schritt – der Beweis, daß das Axiom der Konstruktibilität GCH impliziert – ist der schwierigste. Er beruht auf dem Begriff der *Ordnung* einer konstruktiblen Menge $x$, definiert als kleinste Ordinalzahl $\alpha$, so daß $x \in L(\alpha+1)$. Durch die Definition der konstruktiblen Hierarchie ist klar, daß $L(\alpha)$ eine echte Teilmenge von $L(\alpha+1)$ ist (insbesondere ist $\alpha$ in $L(\alpha+1) \setminus L(\alpha)$), also gibt es für jede Ordinalzahl $\alpha$ konstruktible Mengen mit Ordnung $\alpha$. Durch Anwendung von Cantors Theorem kann man die stärkere Aussage erzielen, daß es für jede Ordinalzahl $\beta$ zwischen $\omega_\alpha$ und $\omega_{\alpha+1}$ (die kleinsten Ordinalzahlen mit Kardinalität $\aleph_\alpha$ beziehungsweise $\aleph_{\alpha+1}$) konstruktible Teilmengen von $L(\omega_\alpha)$ der Ordnung $\beta$ oder größer gibt. Aber Gödel zeigte, daß es *keine* konstruktible Teilmenge von $L(\omega_\alpha)$ der Ordnung $\omega_{\alpha+1}$ gibt, weshalb – in $L$ – die Potenzmenge von $\omega_\alpha$ – eine Teilmenge der Potenzmenge von $L(\omega_\alpha)$ – Kardinalität $\aleph_{\alpha+1}$ haben muß, das heißt $2^{\aleph_\alpha} \leq \aleph_{\alpha+1}$. Es war vermutlich der Beweis dieser Tatsache, den Gödel in der Nacht vom 14. auf den 15. Juli fand.

---

8 Ohne näher auf Details einzugehen, wird die Relativierung $\phi^L$ einer Formel $\phi$ von ZF induktiv definiert durch Einschränkung aller Quantoren in $\phi$ auf die Elemente in $L$. Wenn $\phi$ also die Form $\exists x \psi$ hat, dann hat $\phi^L$ die Form $\exists x (x \in L \wedge \psi^L)$; hat $\phi$ die Form $\forall x \psi$, dann ist $\phi^L$ $\forall x (L(x) \rightarrow \psi^L)$.

# VII
# Heimkehr und Vertreibung
(1939–1940)

GÖDELS SCHWIERIGKEITEN mit den amerikanischen Einreisebehörden kamen offenbar daher, daß er 1933 oder 1935 in die USA hatte einreisen dürfen, um dort einen permanenten Wohnsitz zu gründen, sich dann aber zu lange außerhalb der USA aufhielt, so daß seine Wiedereinreisegenehmigung ablief. Deshalb mußte er 1938 mit einem Besuchervisum einreisen und mit einem deutschen Paß, da sein österreichischer nicht mehr gültig war [339]. Im Frühjahr 1939 war er also mit dem Problem konfrontiert, dieses Visum zu verlängern.

Trotz des Scheiterns von Flexners Bemühungen gibt es keine Hinweise, daß Gödel die Schwierigkeiten vorhersah, die ihm bei der Rückkehr in die Vereinigten Staaten in diesem Herbst bevorstanden. Er war zweifellos bürokratische Hürden gewohnt, und als er am 14. Juni an Bord der „Bremen" ging, um nach Europa zurückzukehren, galten seine Gedanken vermutlich in erster Linie dem bevorstehenden Wiedersehen mit seiner Frau.

Aus der Korrespondenz mit Kollegen zu schließen, machte er sich mehr Sorgen über die Publikation seiner Princeton-Vorlesungen als über Visum-Fragen. Noch am selben Tag, an dem er in Bremen ankam, schickte Gödel einen Brief an Bernays – offenbar den ersten nach ihrer Trennung im November 1935 –, in dem er erklärt, daß er, gerade als seine Vorträge mimeographiert werden sollten, entdeckte, daß das verwendete Axiomensystem sich in einem Punkt von dem unterscheide, das Bernays im *Journal of Symbolic Logic* veröffentlicht habe. Er bat Bernays, die Rollen zu klären, die er und von Neumann bei der Formulierung des Klassenformalismus der Mengentheorie gespielt haben, und bat trotz der langen Pause in ihrer Korrespondenz um sofortige Antwort, um weitere Verzögerungen bei der Vervielfältigung seiner Vorträge zu vermeiden [340].

Einen Monat später schrieb von Neumann an Gödel, um zu fragen, ob er irgendwelche Einwände dagegen habe, die Vorlesungen als Monographie zu veröffentlichen, unter Verwendung einer technisch fortgeschritteneren Vervielfältigungsmethode. Gödel antwortete am 17. August, nach einer Urlaubswoche mit Adele in Baden. Er willigte ein und bemerkte abschließend noch beiläufig: „Bei mir gibt es nicht viel Neues, ich hatte in letzter Zeit eine Menge mit Behörden zu tun. Ende September hoffe ich wieder in Princeton zu sein" [341].

Diese Hoffnung sprach er auch in seinem Brief an Menger vom 30. August aus – ein Brief, der nach Meinung Mengers „ein[en] Rekord von Unbekümmertheit ... an der Schwelle welthistorischer Ereignisse" darstellt:[1] „Ich bin seit Ende Juni wieder hier in Wien u. hatte in den letzten Wochen eine Menge Laufereien, so daß es mir bisher leider nicht möglich war, etwas für das Kolloquium zusammenzuschreiben. Wie sind die Prüfungen über meine Logikvorlesung ausgefallen?" [342].

Man kann sich fragen, ob Gödel wirklich so unbekümmert bezüglich seiner Rückkehr nach Amerika war, wie seine Briefe andeuten. War er naiv optimistisch? Blind gegenüber den Geschehnissen? Oder versuchte er lediglich, seine Besorgnis zu verbergen? Und was waren die Angelegenheiten, die ihm „eine Menge Laufereien" im Umgang mit den „Behörden" verursachten?

Zuerst einmal gab es Probleme mit Überweisungen von seinem Konto in Princeton auf das in Wien. Eine Summe von 1.084 Dollar war Ende Juli immer noch nicht ausbezahlt worden, so daß er an die Devisenstelle Wien schrieb und um eine Klärung der Angelegenheit ersuchte. Diese ließ aber mehrere Monate auf sich warten. Die Angelegenheit ist erwähnenswert, da Gödel im Gegensatz zu seiner früheren Praxis und trotz der Aussicht, im nächsten Monat nach Princeton zurückzukehren, sein Konto in Princeton am 20. September aufgelöst hatte. (Selbst 1936 rührte er dieses Konto kaum an. Im Juni 1936 waren 400 Dollar darauf deponiert.) Außerdem ist der Brief an die Devisenstelle der einzige bekannte Fall, in dem er „Heil Hitler" vor seine Unterschrift gesetzt hat [343].

Dann war da auch die Frage seiner Abwesenheit von der Universität Wien im vergangenen Studienjahr. Gödel hatte nämlich den Dekan über seinen Princeton-Aufenthalt erst *nach* seiner Ankunft in den Vereinigten Staaten informiert, was gegen ein Dekret verstieß, das am 19. August 1938 vom österreichischen Unterrichtsminister erlassen worden war, ungefähr sechs Wochen vor Gödels Abreise. Nach diesem Dekret, das an die Rektoren aller österreichischer Universitäten ergangen war, waren „alle Mitglieder der Lehrkörper aller Hochschulen" – auch die pensionierten oder entlassenen – „verpflichtet, nur mit der Zustimmung des Ministeriums mit ausländischen Universitäten zu verhandeln." Sollte der Rektor von dem Versuch, „eine Anstellung im Ausland zu bekommen", Kenntnis erlangen, war er verpflichtet, „sofort das Ministerium zu unterrichten" [344].

Dementsprechend wurde der Brief Gödels vom 31. Oktober vom Dekan an das Unterrichtsministerium weitergeleitet. Er kam dort am 23. November an und wurde an das Ministerium für Innere und Kulturelle Angelegenheiten weitergeschickt. Aber bis zum 4. Juli des kommenden Jahres wurden keine Maßnahmen ergriffen. An diesem Tag schrieb ein Beamter des letztgenannten Ministeriums an den Rektor und fragte, „ob sich Dr. Gödel aus privaten Gründen in USA aufhält oder ob es sich hiebei

---

1 Menger (1981, S. 23). Zwei Tage später fand der deutsche Angriff auf Polen statt, der die Woche zuvor durch den Nichtangriffspakt mit der Sowjetunion vorbereitet worden war. Gödel mag von diesem Abkommen nichts gewußt haben, aber es würde sich innerhalb weniger Monate als wesentlich für seine Zukunft herausstellen.

Trotz dieser Tatsache war es, wenn man dafür qualifiziert war, viel schneller, ein Nonquota-Visum zu beantragen, auf der Basis von Abschnitt 4(d) des Statuts von 1924 [352], das aus dem Quotensystem unter anderem ausnahm:

> Ein Immigrant, der kontinuierlich für zumindest zwei Jahre unmittelbar vor dem Zeitpunkt seines Antrags ... auf eine Einreisebewilligung in die Vereinigten Staaten dem Beruf eines ... Professors in einer Hochschule, einer Universität oder einer anderen akademischen Einrichtung nachgegangen ist und in die Vereinigten Staaten ausschließlich zum Zweck der Ausübung dieses Berufes einreisen will ... sowie seine Frau ... wenn sie ihn begleitet oder ihm nachreist.

In seinem Artikel „American Refugee Policy in Historical Perpective" [353] kommentiert Roger Daniels, daß „diese Bestimmung" zwar „beinahe ideal für" Personen wie Gödel gewesen zu sein scheint, tatsächlich aber habe „das State Department, und besonders Avra M. Warren, Leiter der Visum-Abteilung, die Schwierigkeiten laufend erhöht – man ist fast versucht zu sagen erfunden". Daniels erwähnt das Beispiel eines Berliner Hochschullehrers, dem ein Nonquota-Visum verweigert wurde (und der später in Bergen-Belsen umkam), weil die Universität, an der er lehrte, von den Nationalsozialisten zu einer Lehranstalt degradiert wurde.

Gegen Gödels Nonquota-Visum gab es ähnliche Einwände. Der Beantwortung eines Antrags Flexners (in Vertretung Gödels) [354] legte Warren eine Kopie von der Interpretation des Abschnitts 4(d) durch das State Department bei:

> Normalerweise muß eine Person, die um ein Nonquota-Visum als „Professor" ansucht, nachweisen können, daß sie tatsächlich mit dem Unterrichten von Studenten als Mitglied des Lehrkörpers einer Hochschule, Universität oder einer anderen akademischen Einrichtung befaßt war, und daß das ihre Hauptbeschäftigung dargestellt hat. ... In anderen Fällen ... kann die Art der Lehrtätigkeit des Antragstellers sowie die Art der Institution, an der er tätig war, in Betracht gezogen werden. ... Der Antragsteller muß nachweisen, den Beruf eines Professors durchgehend für zumindest zwei dem Antrag unmittelbar vorangehende Jahre ausgeübt zu haben, außer in Fällen, in denen die Tätigkeit des Antragstellers durch Gründe außerhalb seiner Kontrolle unterbrochen worden ist.

Bei dieser Gelegenheit forderte Warren auch Details zu der Art der Anstellung an, die das IAS Gödel angeboten hatte. Wäre er Mitglied des Lehrkörpers? In welchem Ausmaß würde er unterrichten? Und würde seine Anstellung vermutlich erneuert werden?

Die hier angesprochenen Fragen hatte von Neumann bereits in seinem Brief vom 27. September an Flexner angeschnitten. Nach dem Studium der Interpretation des State Departments und Warrens Brief schrieb von Neumann neuerlich an Flexner und schlug mögliche Antworten vor [355]. Er betonte Gödels einzigartige Stellung in der mathematischen Gemeinschaft und empfahl auch, sich auf die „Ausnahmebestimmung" in dem zitierten Abschnitt zu beziehen, da das Ende der Lehrtätigkeit Gödels ja durch die deutschen Behörden erzwungen worden war. Aber er hütete sich, die unangenehme Tatsache zu erwähnen, daß Gödel auch vor dem Entzug seiner Lehrbefugnis diese nur sehr unregelmäßig ausgeübt hatte.

von Neumann merkte auch an, daß die Beträge von Gödels Stipendien kontinuierlich angewachsen seien,[2] aber er sprach die Fragen nach Gödels Status am IAS nicht weiter an – Fragen, die zwar harmlos schienen, aber im Hinblick auf den Charakter des IAS besonders problematisch waren, wie Warren zweifellos wußte. Natürlich wurde am Institut nicht im herkömmlichen Sinn unterrichtet,[3] und obwohl Gödel bedeutende Sätze bewiesen hatte – was im Hinblick auf Abschnitt 4(d) von geringer Bedeutung war –, war ihm nie eine Professur oder auch nur eine Langzeitanstellung am IAS angeboten worden.

Die Aufgabe, Warren formell zu antworten, fiel nicht an Flexner, sondern an seinen Nachfolger, Frank Aydelotte. Es war nicht Flexners Absicht, als IAS-Direktor zurückzutreten, besonders da das Institut gerade in die neuen Räumlichkeiten eingezogen war (Fuld Hall), an deren Planung er mitgewirkt hatte. Aber „als das Institut größer wurde, entstanden Meinungsverschiedenheiten zwischen dem Direktor und einigen Kuratoriumsmitgliedern andererseits und dem Lehrkörper andrerseits". Unter ersteren war „die Meinung weitverbreitet, daß ... [Professoren] nichts mit administrativen Angelegenheiten zu tun haben sollten", während die Professoren selbst „verständlicherweise ... zumindest eine starke beratende Stimme in wichtigen akademischen Fragen" beanspruchten. Als Flexner also „zwei Ökonomieprofessoren ohne jegliche Rücksprache mit dem Lehrkörper bestellte", gab es „Proteste von solchem Ausmaß, daß ... [er] zurücktreten mußte." [356].

In Beantwortung von Warrens Fragen berichtete Aydelotte geradeheraus, daß das Kuratorium des Instituts die Frage der Erneuerung der Anstellung Gödels noch nicht behandelt habe. Aber es bestünde „jede Hoffnung" für diese Wiederbestellung, da sie seine Zustimmung habe und „der Wunsch aller Mitglieder der School of Mathematics" sei.

Bezüglich der Verpflichtungen Gödels war er jedoch etwas diplomatischer: „Als Mitglied des Institutes", erklärte er, „gehört Unterrichten ... zu Professor Gödels Aufgaben. Der Unterricht hier ist auf sehr hohem Niveau und daher weniger formal als an normalen Universitäten" [357]. In Wirklichkeit war Gödel natürlich weder jemals Professor gewesen noch hatte er irgendwelche Lehrverpflichtungen.

Am 24. November unterrichtete Warren Aydelotte über „einen telegraphischen Bericht ... des amerikanischen Konsulatsbeamten in Wien", der besagte, daß Gödels Fall „bei vorläufiger Prüfung als geeignet für einen Nonquota-Status erscheint". Aber, so fährt der Bericht fort, Gödel habe „noch keinen formalen Visumsantrag eingereicht", obwohl er schon am 1. September dazu „eingeladen" worden sei. Der Grund

---

[2] Sie hatten 3.000 Dollar für die zwei Semester 1933/34 betragen, 2.000 Dollar für das Herbstsemester 1935, 2.500 für das Herbstsemester 1938. Für die beiden Semester 1939/40 waren 4.000 Dollar vorgesehen.

[3] Von Anfang an hatte das IAS das Recht, graduate degrees zu verleihen. Dieses Recht besitzt es bis heute, hat es aber nie ausgeübt.

dafür sei, so der Konsul, daß Gödel zweifelte, eine Ausreiseerlaubnis zu erhalten, „obwohl er offenbar [noch] nicht versucht hat, diese Bewilligung zu erwirken" [358].

Dieser Report stimmt mit Gödels eigener Darstellung der Vorgänge überein, die er Veblen drei Tage später in dem oben zitierten Brief gab. Zu dieser Zeit begann er sich offenbar damit abzufinden, in Wien zu bleiben, da er in einer anderen gestrichenen Passage berichtet: „Ich beginne mich nun nach einer Position hier umzusehen (vielleicht in der Industrie), da meine Ersparnisse nicht ausreichen, um längere Zeit davon zu leben." Dennoch zog er seinen Antrag auf Beurlaubung von der Universität nicht zurück. Laut einem Brief, den der Dekan dem Rektor an genau demselben Tag schickte, machte Gödel seine finanzielle Situation als Argument für seinen Antrag geltend.

In diesem Brief wägt der Dekan Gödels wissenschaftliche Reputation gegen seine politischen Ansichten ab: „Gödel ... besitzt kaum ein inneres Verhältnis zum Nationalsozialismus. Er macht den Eindruck eines durchaus unpolitischen Menschen. Er wird daher auch aller Voraussicht nach schwierigeren Lagen, wie sie sich für einen Vertreter des neuen Deutschland in [den] USA sicherlich ergeben werden, kaum gewachsen sein." Allerdings mache Gödel „als Charakter ... einen guten Eindruck ... Er hat gute Umgangsformen und wird gesellschaftlich gewiß keine Fehler begehen, die das Ansehen seiner Heimat im Auslande herabsetzen können." Und außerdem: „Falls Gödel aus politischen Gründen die Ausreise nach Amerika versagt werden sollte, erhebt sich allerdings die Frage des Lebensunterhaltes für ihn. Gödel verfügt hier über keinerlei Einkommen und will die Einladung nach USA nur annehmen, um seinen Unterhalt bestreiten zu können. Die ganze Frage der Ausreise wäre hinfällig, wenn es gelänge, Gödel innerhalb des Reiches eine entsprechend bezahlte Stellung zu bieten" [359].

Wie prekär Gödels finanzielle Lage damals wirklich war, kann man einer Bilanz entnehmen, die er Mitte Dezember 1939 zog [360]. Er listet zwei Anleihen auf, eine über 1.250 Reichsmark, die andere über 1.500 Schweizer Franken; zwei Bankkonten mit 1.250 Reichsmark beziehungsweise 1.684 Tschechischen Kronen, 4,5 Anteile eines tschechischen Stahlwerks, 1 Anteil an einer österreichischen Waggonfabrik, und seinen Teilbesitz an der Villa in Brünn, den er mit 10.000 Reichsmark bewertete. Abgesehen von den wenigen Aktien belief sich sein Vermögen also auf eine Summe, die heute ungefähr 660.000 Schilling entspräche [361], davon war zumindest zwei Drittel an das Haus gebunden, in dem seine Mutter und seine Großtante lebten. Seine flüssigen Mittel entsprachen also ungefähr der Hälfte des Angebots des IAS. In anderer Hinsicht jedoch schien die finanzielle Lage nicht so dramatisch: Anfang November waren er und Adele von der Mietwohnung in Grinzing in eine Eigentumswohnung umgezogen.[4]

---

4 In der Hegelgasse 5, nicht weit von der Staatsoper. Die beiden blieben bis einige Jahre nach Kriegsende Eigentümer dieser Wohnung und vermieteten sie während ihrer Abwesenheit. Die Einkünfte daraus halfen wahrscheinlich bei den Unterstützungszahlungen an ihre Familien.

Diese Investition in so unsicheren Zeiten scheint recht bemerkenswert, und muß als deutlicher Hinweis gesehen werden, daß Gödel, trotz seiner Erkundigungen, immer noch nicht ernsthaft an Emigration dachte. Zweifellos bot ihm Wien nach wie vor Attraktionen, und er und Adele zögerten sicherlich auch, ihre Familien zurückzulassen. Dennoch sollten sie kaum zwei Monate später Österreich endgültig verlassen. Was brachte diese jähe Entscheidung?

Sehr wahrscheinlich liefert ein in diese Zeit fallender Zwischenfall die Antwort. Während Gödel eines Tages mit Adele nahe der Universität spazieren ging, wurde er von einer Bande junger Nationalsozialisten attackiert. Aus welchem Grund auch immer – ob er fälschlicherweise für einen Juden gehalten wurde, ob er als jemand erkannt wurde, der sich mit jüdischen Kollegen angefreundet hatte, oder ob er einfach als Intellektueller zur Zielscheibe wurde[5] – die Jugendlichen packten ihn, schlugen auf ihn ein und schlugen ihm die Brille vom Gesicht, bevor Adele sie mit Hieben ihres Schirmes vertreiben konnte.

Gödel wurde nicht verletzt, aber der Zwischenfall mußte ihm klargemacht haben, wie gefährlich die Situation geworden war, da er sich Anfang Dezember entschied, nach Berlin zu fahren, um einen Ausweg zu suchen. In seinem Brief an Veblen vom 27. November fragt er: „Glauben Sie, daß es momentan gefährlich ist, den Atlantik an Bord eines italienischen Schiffes zu überqueren?" Und am 5. Dezember schrieb er Helmut Hasse, damals Vorstand des Mathematikinstituts in Göttingen: „Ich habe in nächster Zeit in Berlin zu tun und beabsichtige, mich auf der Rückreise ... in Göttingen aufzuhalten. Ich könnte diese Gelegenheit benützen, in einem Vortrag über meinen Beweis für die Widerspruchsfreiheit der Cantorschen Kontinuumshypothese zu referieren, wenn dafür Interesse besteht" [363]. Er ließ besonders Gerhard Gentzen grüßen.

Hasse schrieb zwei Tage später, daß er Gödels Vortrag für Freitag, 15. Dezember, 8 Uhr 30 abends angesetzt und Gentzen informiert habe, der damals in Braunschweig Militärdienst leistete, um ihm vorzuschlagen, sich für den Vortrag beurlauben zu lassen. (Man weiß nicht, ob Gentzen tatsächlich beim Vortrag anwesend war.) Er selbst blicke dem Vortrag erwartungsvoll entgegen, bedaure aber, Gödel keine Unterkunft in den Gästezimmern der Universität anbieten zu können, da diese alle belegt seien.

Gödel wohnte stattdessen im Hotel „Zur Krone", wo er am 14. abstieg. In der Zwischenzeit hatte er seine Reisepläne geändert, so daß er Berlin nach seinem Vortrag anstatt davor besuchte – vielleicht um sich mehr Zeit zu geben, einerseits um

---

5 Alle drei Erklärungen scheinen gleich plausibel. Man muß sich vor Augen halten, daß diese Banden bei ihren Übergriffen wenig differenziert vorgingen. Nach einer Darstellung der Situation in Wien zu dieser Zeit bevölkerten „Banden junger Männer und Mädchen die Straßen, die jede Person belästigten, die in ihren Augen auch nur annähernd jüdisch aussah" [362], also könnte Gödels Gewohnheit, einen schwarzen Hut und einen langen Mantel zu tragen, den Übergriff ausgelöst haben. Aber auch manche, die es besser wissen sollten, hielten ihn für einen Juden, so zum Beispiel Bertrand Russell, in der zweiten Ausgabe seiner Autobiographie (S. 326).

die Rede vorzubereiten, andrerseits um mit den Behörden zu verhandeln. Der Vortrag war das einzige Mal, bei dem er seine GCH-Resultate vor einem europäischem Publikum vortrug, und er entwarf das Kurzschriftmanuskript sorgfältig.

Wie meistens war seine Präsentation von vorbildlicher Klarheit. Nach einer kurzen Übersicht des historischen Hintergrunds der Kontinuumshypothese stellte Gödel die wichtigsten Schritte seines Beweise vor. Er vermied ein Übermaß an technischen Details, brachte aber dennoch eine gutmotivierte Darstellung der zugrundeliegenden Ideen. Wie es sich bei diesem Anlaß gehörte, zollte er Hilbert Tribut, indem er bestimmte Analogien zwischen seinen eigenen Argumenten und denen Hilberts betonte, die dieser 1925 in seiner Vorlesung „Über das Unendliche" (veröffentlicht als Hilbert 1926) postuliert, aber nicht bewiesen hatte. Insbesondere erinnerte Gödel daran, daß Hilbert eine „gewisse Klasse von Funktionen ganzer Zahlen ausgesondert [hatte], nämlich die rekursiv definierten." Dem entsprechend, sagte Gödel, habe er selbst eine bestimmte Klasse von Mengen (die konstruktiblen) definiert und zwei analoge Tatsachen über sie bewiesen: Die Menge der konstruktiblen Teilmengen der natürlichen Zahlen hat Kardinalität $\leq \aleph_1$, und die Klasse der konstruktiblen Mengen ist abgeschlossen unter den in der Mathematik verwendeten Definitionsmethoden (selbst den nichtprädikativen). Darüber hinaus verwende der Beweis der ersten Tatsache dieselbe Idee, die Hilbert einzusetzen versuchte, um *sein* erstes Lemma zu demonstrieren, nämlich, „die Vermeidbarkeit allzu hoher Variablentypen in der Definition von konstruierbaren Mengen" [364].

Gödel verließ Göttingen am Morgen des 17. Dezember und kam einige Stunden später in Berlin an. Dort bekam er am 19. Dezember endlich deutsche Visa für sich selbst und Adele, gültig für eine Ausreise (und Rückkehr) bis zum 30. April 1940. Daß ihm die Ausreise letztlich bewilligt wurde, war seiner Ansicht nach wahrscheinlich einem Gesuch zuzuschreiben, das Aydelotte für ihn an den Verantwortlichen in der deutschen Botschaft in Washington geschrieben hatte. In diesem Brief, datiert mit 1. Dezember 1939, hatte Aydelotte betont, daß Gödel ein Arier und einer der größten Mathematiker der Welt sei. „Sein Fall könnte kaum einen Präzedenzfall schaffen, da es in der Welt nur wenige Menschen von ähnlicher wissenschaftlichen Bedeutung gibt". Daher hoffe er, „daß die deutsche Regierung es für wichtiger erachte, daß [Gödel] seine wissenschaftliche Arbeit fortführen kann", als daß er den Militärdienst ableiste, zu dem Gödel „vermutlich" verpflichtet sei [365].

Gödel dankte Aydelotte in einem Brief, den er am 5. Januar aus Wien schrieb. Er hatte zwar noch amerikanische Einreisevisa zu besorgen, hoffte aber, daß sie ohne Verzögerung ausgestellt würden (wie es drei Tage später auch geschah), so daß er Wien sofort verlassen könne. „Die einzige verbleibende Schwierigkeit ist, daß ich die Route durch Rußland und Japan [mit der transsibirischen Eisenbahn] nehmen muß. Die deutsche Ausreisegenehmigung macht ausdrücklich diese Einschränkung, und außerdem hat man mir in allen Schiffahrtsbüros gesagt, daß die Gefahr für deutsche Staatsangehörige, von Engländern verhaftet zu werden, am Atlantik sehr groß sei" [366].

Vor Reiseantritt mußten noch die Transitvisa besorgt werden. Die russischen wurden am 12. Januar in Berlin ausgestellt, sie waren vierzehn Tage gültig – drei dieser Tage verstrichen, bevor Gödel Bewilligungen für sich und Adele erhalten konnte, Litauen und Lettland zu durchqueren. Endlich, am späten Nachmittag des 15., telegraphierte er von Berlin aus dem IAS, daß sie Moskau vermutlich am 18. verlassen und am 30. in Yokohama ankommen würden. Er ersuchte, man möge ihm eine Außenkabine für zwei Personen an Bord der „S.S. Taft" (planmäßige Abfahrt von Yokahoma am 1. Februar) buchen und die Bestätigung ans Hotel „Metropole" in Moskau schicken.

Die Gödels überquerten die Grenze nach Litauen am 16., nach Lettland am Tag darauf. Am 18. wurden ihre Pässe in Bigosovo gestempelt, ein Eisenbahnknotenpunkt nahe des heutigen Druja auf der russischen Seite der lettischen Grenze. Von dort reisten sie – bereits mit Verspätung – nach Moskau und dann die Transibirien-Route über Nowosibirsk, Čita und Otpor (heute Zabajkal'sk, an der Grenze zur heutigen Mandschurei, damals ein japanischer Marionettenstaat) und kamen schließlich in Wladiwostok an.

Gödel hinterließ keinen Bericht über diese ermüdende Reise, weder in seiner Korrespondenz noch in privaten Unterlagen. Adele erwähnte sie flüchtig in Gesprächen, die sie Jahre später mit ihrer Freundin Elizabeth Glinka führte, aber ihre einzigen bleibenden Erinnerungen waren, daß sie viel nachts reisten und ständig befürchten mußten, aufgehalten und zurückgeschickt zu werden.[6]

ALS DIE GÖDELS am 2. Februar in Yokohama ankamen, hatte die „Taft" bereits abgelegt, daher mußten sie bis zur Ankunft der „President Cleveland" am 20. dort warten. Diese Verzögerung trug sicherlich zu ihrer Beunruhigung bei, stellte aber auch eine willkommene Unterbrechung ihrer Reise dar. Gödel fand das amerikanische Hotel, in dem sie wohnten, „sehr schön", und Adele nahm die Gelegenheit wahr, Einkäufe zu machen. Als sie schließlich weiterreisten, nahm sie, so wird berichtet, einen „Koffer" voller erstandener Waren mit [367]. (Es ist nicht bekannt, was die beiden aus Wien mitgenommen haben, es kann aber nicht viel gewesen sein. Nach dem Krieg wurde Gödel von seinem Bruder eine Wagenladung Bücher und Unterlagen geschickt, darunter ein Sortiment Rechnungen, Belege und Notizen von geringem Wert, abgesehen vom biographischen.)

Yokohama war der zweite Anlaufhafen der „President Cleveland". Sie begann ihre Reise am 10. Februar in Manila und legte zuerst in Shanghai an, wo ein Großteil ihrer Transpazifik-Reisenden an Bord gingen. Sie erreichte Honolulu acht Tage nach der Abfahrt aus Yokohama, und kam am 4. März in San Francisco an.

---

6 Wegen der kurzen Dauer des Deutsch-Sowjetischen Nichtangriffspaktes entkamen nur wenige Flüchtlinge über die Transsibirien-Route. Ein anderer Mathematiker, dem dies gelang, war der Geometer, Topologe und Gruppentheoretiker Max Dehn.

Entsprechend den U.S.-amerikanischen Einwanderungsbestimmungen war der Kapitän verpflichtet, eine Passagierliste anzufertigen, die Namen, Staatsbürgerschaft und Zielort innerhalb der USA aller ankommenden Reisenden enthielt. Diese Liste hielt auch deren physische Erscheinung fest, die Einschätzung ihrer körperlichen und geistigen Verfassung durch den Kapitän und ihre Antworten auf einige Fragen zu ihrem Immigrations-Status.

Der Name „Gödel" scheint in der Liste der Passagiere der zweiten Klasse auf, wo er sich von einer langen Reihe chinesischer Namen abhebt [368]. Kurt wird als 170 cm groß beschrieben, mit heller Hautfarbe und durchschnittlich gebaut, mit braunen Haaren und blauen Augen, Adele, deren Mädchenname arg verstümmelt wurde, als 160 cm groß, ebenfalls mit heller Hautfarbe (abgesehen von ihrem Mal), mit hellen Haaren und grauen Augen. Der Kapitän schätzte die körperliche und geistige Gesundheit der beiden als gut ein, und beide verneinen die Fragen „Waren Sie jemals in einer Institution zur Pflege und Behandlung von Geisteskranken?" und „Kommen Sie wegen eines Angebots ... in den Vereinigten Staaten zu arbeiten?" – Antworten, die im Sinne der Einreisegesetze korrekt waren: Gödel war zwar wegen psychischer Probleme in einem Sanatorium gewesen, nicht jedoch in einer Nervenheilanstalt im engeren Sinne. Und die temporäre Anstellung, die ihm am IAS angeboten worden war, galt nicht als „labor".[7] Beide gaben an, nicht in ihr Ursprungsland zurückkehren zu wollen, sondern einen ständigen Wohnsitz in den USA, aber keine U.S.-amerikanische Staatsbürgerschaft anzustreben.

In San Francisco mußte Gödel immer noch die Fahrkarten für die Transkontinental-Reise besorgen, aber das stellte offenbar keine Schwierigkeit dar, da er am 5. März dem IAS telegraphierte, daß sie erwarteten, in der nächsten Woche in New York anzukommen.

Auf diesem letzten Teil der Reise konnten er und Adele sich endlich etwas entspannen und die vorbeiziehende Landschaft genießen. Sie bekamen nur einen flüchtigen Eindruck von den Schönheiten des amerikanischen Westens, aber dieser war bleibend: In Beantwortung einer Bildpostkarte, die ihm seine Mutter ein Jahrzehnt später vom Semmering schickte, bemerkte Gödel, daß es so schöne Landschaften in den Vereinigten Staaten nur in den weit westlichen Gebieten gäbe [370].

---

7 Die Absicht hinter der zweiten Frage war, „Fremde unter Kontrakt" und Personen, die „wahrscheinlich der Öffentlichkeit zur Last fallen" würden, auszuschließen. Aber „artists, musicians, teachers, and members of learned professions" (d.h. Theologie, Jura und Medizin) waren aus der Kategorie „laborer" ausgenommen, also waren Intelektuelle doppelt privilegiert, wenn es darum ging, den Catch-22-Einreisebedingungen zu entgehen [369].

# VIII
# Jahre des Übergangs
(1940–1946)

OSCAR MORGENSTERN war einer der ersten, der Gödel nach seiner Ankunft in Princeton traf. Er hatte Gödel Jahre zuvor bei einem Treffen des Schlick-Kreises kennengelernt. Dazwischen hatten die beiden wenig Kontakt gehabt, teilweise wegen Gödels Krankheitsausbrüchen und seiner Amerikareisen. Morgenstern kam im Januar 1938 in die USA, um als Gastprofessor in Carnegie eine Reihe von Vorträgen zu halten. Nur zwei Monate später fand der Anschluß statt, und sofort danach wurde Morgenstern als Direktor des Österreichischen Instituts für Wirtschaftsforschung entlassen. Er beschloß klugerweise, in Amerika zu bleiben, und hatte das Glück, eine Anstellung in Princeton angeboten zu bekommen.

Morgenstern könnte Gödel während dessen Besuchs am IAS im Herbst 1938 kurz getroffen haben. Damals gab es für die beiden wenig Gelegenheit, wieder engere Kontakte zu knüpfen, aber als Gödel 1940 zurückkehrte, war Morgenstern sehr interessiert, mit ihm ins Gespräch zu kommen, um etwas über die Situation in Österreich zu erfahren. Das Gespräch schien aber nicht ganz den von ihm erwarteten Verlauf genommen zu haben. Er notierte: „Gödel ist aus Wien gekommen. ... Über Wien befragt: ‚Der Kaffee ist erbärmlich' (!) Er ist sehr spaßig, in seiner Mischung aus Tiefe und Weltfremdheit" [371].

Weitere Überraschungen warteten auf Morgenstern, als er im Laufe der nächsten Monate mit seinem Landsmann besser bekannt wurde. Er war zum Beispiel über Gödels Interesse an Gespenstern erstaunt, und auch über Gödels Wahl seiner Frau, die er als „Wiener Wäschermädeltyp" beschrieb: „Wortreich, ungebildet, resolut". Er sah voraus, wie schwierig es für Adele werden würde, von der Gesellschaft in Princeton akzeptiert zu werden, und er fand es nahezu unmöglich, in ihrer Gegenwart mit Kurt zu sprechen. Die Anziehung zwischen den beiden blieb ihm „ein Rätsel", aber er konnte nicht leugnen, daß Gödel in Adeles Begleitung besser aufgelegt war als je zuvor. Sie „hat ihm wahrscheinlich das Leben gerettet", mutmaßte er, und fügte hinzu, daß Gödel „leicht verrückt" sei [372].

Unmittelbar nach ihrer Ankunft zogen die Gödels in eine Wohnung in Nassau Street 245. Offensichtlich war sie nur spärlich möbliert, da Gödel im folgenden Juli in einem Brief an Veblen erwähnt, daß seine Frau „einen überraschend hübschen Teppich für 10 $ [sic], eine ausgezeichnete Nähmaschine für 25 $ und einen Staubsauger (neu) für 30 $ gekauft" habe, und „nächsten Monat will sie einen Tisch und einige Stühle kaufen". Er fügte hinzu, daß Adele kürzlich die farbige Hausangestellte entlassen habe, seiner Meinung nach eine schlechte Idee, da „sie sich in der heißen Jahreszeit nicht überarbeiten sollte und mehr Zeit anderen Dingen, z.B. dem Englischlernen widmen sollte" [373].

Solche Kommentare legen nahe, daß das Paar keine gröberen finanziellen Schwierigkeiten hatte, obwohl Gödel letztendlich nur die Hälfte des Stipendiums bekommen hatte, das ihm ursprünglich vom IAS füs Studienjahr 1939/40 angeboten worden war. (Bei einer Sitzung der School of Mathematics im Dezember 1939 wurde empfohlen, daß „angesichts [Dr. Gödels] erzwungener Abwesenheit ... eine Summe von 1.500 Dollar von den für ihn bereitgestellten Mitteln" abgezweigt und „für die Unterstützung der Doktoren [Paul] Erdös und [Paul] Halmos verwendet" werde.) Im Jahr 1940/41 wurde ihm das volle Stipendium bezahlt, so auch im Jahr darauf [374].

Diese Geldmittel kamen aus einer externen Quelle. Am 2. August 1940 schrieb Aydelotte an die Rosewald-Foundation, um für Unterstützung für Gödel und einige andere zu werben. Er wurde an das Emergency Committee in Aid of Displaced Foreign Scholars verwiesen, eine Organisation, die im Mai 1933 gegründet worden war, um Hochschulen und Universitäten bei der Bereitstellung kurzfristiger Anstellungen von Flüchtlingen von hohem wissenschaftlichem Rang zu unterstützen. Die Antwort kam prompt – vielleicht auch weil Oswald Veblen dem Komitee seit seiner Gründung angehörte: Am 24. Dezember stellte der Kassier dem IAS eine Summe von 11.000 Dollar zur Verfügung, um damit Gödel und einige andere zu unterstützen (Valentin Bargmann, Alfred Brauer, Paul Frankl, Felix Gilbert, Anton Raubitschek, Herbert Rosinski, Carl Siegel und Kurt Weizmann). Gödels Anteil belief sich auf 1.222,22 Dollar [375].

Ein größeres Problem für Gödel war sein Status als Immigrant. Am 25. April schrieb Aydelotte sowohl an den deutschen Konsul in New York als auch an die deutsche Botschaft in Washington und ersuchte um Unterstützung beim Versuch, Gödels Beurlaubung verlängern zu lassen, die am 31. Juli ablaufen würde [376]. Aber als Gödel eine Woche vor Ablauf der Frist an Veblen schrieb, hatte er immer noch keine Reaktion auf seinen Antrag,[1] genausowenig wie auf seine Absichtserklärung, U.S.-amerikanischer Bürger zu werden [377].

Anscheinend verfolgte Gödel also schlau zwei gegensätzliche Strategien. Einerseits gab er, wie schon bemerkt, bei seiner Ankunft in San Francisco an, daß er nicht vorhabe, sich um die Staatsbürgerschaft zu bewerben, ohne Zweifel war ihm bewußt, daß ein solcher Antrag die Chance auf Verlängerung seiner Beurlaubung gefährden würde. Andrerseits begann er, nachdem er die Verlängerung beantragt hatte, mit seinen Bemühungen, Amerikaner zu werden: Er und Adele erhielten ihre ersten

---

[1] Die Mühlen der österreichischen Unterrichtsbürokratie mahlten so langsam, daß eine Verlängerung (bis zum 31. Juli 1941) erst am 7. März 1941 bewilligt wurde, eine weitere (bis zum 1. Dezember 1941) am 21. Juni. Die Korrespondenz dazu ist in Gödels persönlichem Ordner im Dekanats-Bestand der philosophischen Fakultät der Universität Wien erhalten.

Einbürgerungsformulare am 12. Dezember 1940. Seine Aussichten waren zu dieser Zeit natürlich in beiden Ländern unsicher. Seine Position am IAS war noch keine unbefristete, und seinem Antrag auf Ernennung zum Dozenten neuer Ordnung wurde in Wien erst am 28. Juni 1940 stattgegeben. Von da an bis Kriegsende wurde er im Personal- und Vorlesungsverzeichnis der Universität Wien als Dozent angeführt, der nicht vortragen werde.

Bei aller Schläue machte Gödel jedoch einen Fehler, der ihm während der nächsten Jahre beträchtliche Unannehmlichkeiten schaffen sollte: Weil ihre Ausreise aus Österreich nach dem Anschluß stattgefunden hatte, wurden ihm und Adele deutsche und nicht österreichische Pässe ausgestellt, was sie zur fälschlichen Annahme führte, daß die USA Österreich nicht mehr als eigenen Staat anerkannten. In Erfüllung des Alien Registration Act von 1940 registrierten sie sich daher als deutsche Staatsangehörige und bekamen so den Status „enemy alien", weshalb sie Ausweise mit sich führen und vor dem Verlassen Princetons um Genehmigung ansuchen mußten. Dieses Mißverständnis wurde nicht vor dem Frühjahr 1942 geklärt.

Ein anderes Thema, das Gödels Aufmerksamkeit während dieser Monate beanspruchte, war die Publikation seiner Monographie zum Konsistenzresultat. Am 24. Juli schrieb Gödel an Veblen (damals auf Urlaub in Maine), daß George Brown, der zu den Vorträgen das offizielle Skriptum erstellt hatte, in Boston gewesen sei und daß sich das Manuskript selbst „offenbar noch im Korrekturstadium" befinde, obwohl Professor Tucker in Princeton ihm versprochen habe, daß „die Vervielfältigung höchstwahrscheinlich bis 15. Juli abgeschlossen" sein werde. Es ist unklar, wann die Arbeit an den Skripten schließlich beendet wurde, aber der Band erschien vor Ende des Jahres. Er erschien in der Princeton University Press als drittes Werk der prestigeträchtigen [378] Reihe *Annals of Mathematics Studies* und wurde seitdem immer wieder aufgelegt.

Während der Korrekturphase trug Gödel seine Konsistenzresultate erneut am IAS vor. Später, am 15. November, stellte er sie auch in einer Rede vor dem Mathematischen Kolloquium der Brown University vor. Bei beiden Gelegenheiten schrieb er – wie es seine Gewohnheit war – seine Bemerkungen erneut auf, und als Schlußbemerkung seiner Brown-Vorlesung sprach er die Vermutung aus, daß sich auch die Negation der Kontinuumshypothese als relativ konsistent zu den Axiomen der Mengentheorie erweisen werde. Zwei Gründe für diese Annahme seien, daß die Inkonsistenz der Negation „die Inkonsistenz des Begriffs der Zufallsfolge implizieren ... und einen Beweis für das Auswahlaxiom liefern würde", was er beides nicht für wahrscheinlich hielt.

GÖDEL HATTE schon im Herbst des Jahres 1937 begonnen, nach einem Beweis der Unabhängigkeit der Kontinuumshypothese zu suchen, und er hatte sich seitdem kontinuierlich damit beschäftigt. Das war aber nicht sein einziges Forschungsvorhaben, entsprechend der Beschreibung seiner Aktivitäten im *IAS Bulletin* Nr. 10, veröffentlicht am Ende des Studienjahres 1939/40: Allgemeiner waren seine Pläne für 1940/41, zu „bestimmten Problemen der Grundlagen der Mathematik" vorzutragen, und im Frühjahr 1941 tat er das auch. Die bestimmten Probleme waren eine Weiterentwicklung der Ideen, die er zuerst vor dem Zilsel-Kreis vorgestellt hatte.

Wieder einmal trug Gödel die Ergebnisse bei verschiedenen Anlässen vor: In einer Vorlesung am IAS und in einem Vortrag in Yale am 15. April (posthum veröffentlicht als *1941 in Band III der *Collected Works*). Die Ideen erschienen aber nicht vor 1958 in Druck, und auch dann nur sehr gerafft und entwurfsartig.[2]

Den Yale-Vortrag mit dem Titel „In welchem Sinne ist intuitionistische Logik konstruktiv?" begann Gödel mit einer Unterscheidung zwischen zwei Arten von Einwänden, die vom Intuitionismus gegen die klassische Mathematik angeführt wurden: Erstens gegen die Verwendung „sogenannter nicht prädikativer Definitionen", zweitens gegen „den Satz vom ausgeschlossenen Dritten und verwandte Theoreme der Aussagenlogik". Entgegen allem Anschein, so behauptete Gödel, habe der erste Einwand größeres Gewicht. „Es kann ziemlich allgemein gezeigt werden, daß jeder klassische Beweis, sobald er keine nicht prädikativen Definitionen verwendet, ein korrekter intuitionistischer Beweis wird, wenn man Existenz und Disjunktion [geeignet um]definiert".

Diese Tatsache – Gödels Meinung nach eine Folge des vagen, (notwendigerweise) unformalen Begriffs der „Ableitung" – weckt Zweifel an der Reinheit der Bindung des Intuitionismus an konstruktive Methoden. Gödel schlug vor, die Begriffe der intuitionistischen Logik, die „primitiv" verwendeten, „in strikt konstruktive" umzuformulieren. Dementsprechend setzte er fest, daß erstens alle primitiven Funktionen berechenbar sein müssen und alle primitiven Relationen definierbar, zweitens, daß Existenzaussagen „nur als Abkürzungen für tatsächliche Konstruktionen" verwendet werden sollen, und drittens, daß die Negation einer Allaussage als Annahme der Existenz (im soeben spezifizierten Sinne) eines Gegenbeispiel verstanden werden soll.

Er fuhr fort, zu demonstrieren, wie das „nicht für die gesamte intuitionistische Logik, sondern für ihre Anwendung in der Zahlentheorie" durchgeführt werden könne, wo keine nicht prädikativen Definitionen verwendet werden.

Als „konkrete Objekte" seines Systems $\Sigma$ nahm Gödel die natürlichen Zahlen und die Funktionen aller endlichen Typen (Funktionen von Funktionen etc.), die entweder durch explizite oder rekursive Definitionen definiert werden können. Er illustrierte dann anhand von Beispielen, wie man zeigen kann, daß die Axiome und Ableitungsregeln der intuitionistischen Logik Theoreme des System $\Sigma$ sind, und er schloß mit einigen Anwendungen seiner Interpretation. Darunter war ein Beweis der

---

2 In Beantwortung der Frage eines Studenten meinte Gödel viele Jahre später: „Es gab mehrere Gründe, warum ich [diese Ergebnisse] damals nicht veröffentlichte. Einer war, daß sich mein Interesse anderen Gebieten zuwandte, ein anderer, daß damals nicht allzu großes Interesse an Hilberts Programm bestand" [379].

Konsistenz mit der intuitionistischen Logik des Prinzips $\neg(\forall A)(A \vee \neg A)$ (trotz der Inkonsistenz der Annahme $(\exists A)\neg(A \vee \neg A)$) und der Reduktion der Konsistenz der klassischen Zahlentheorie auf die von $\Sigma$.

IM SOMMER 1941 waren Kurt und Adele reif für einen längeren Urlaub. Sie verließen Princeton Anfang Juli und reisten nach Brooklin, Maine, eine Gemeinde nahe Bar Harbor, wahrscheinlich aufgrund der Empfehlung Veblens, der oft den Sommer dort verbracht hatte. Für die nächsten zwei Monate wohnten sie in der Mountain Ash Inn, wo ihnen das angenehme Klima und das ausgezeichnete Essen sehr zusagten. Es war, schrieb Gödel an Veblen, „wirklich einer der anziehendsten Orte, den ich in meinem Leben gesehen habe". Er war besonders von den lilafarbigen Blumen berührt, die – wie er sich später erinnerte – die gleichen waren, die er zwanzig Jahre zuvor in Marienbad blühen gesehen hatte [380]. Gegen Ende ihres Aufenthaltes besuchten die Gödels Kleene im Haus seiner Eltern im nahegelegenen Hope, Maine [381].

Zweifellos gehörte die kühle, klare Luft zu den Dingen, die Gödel am meisten an seinem Urlaub in Maine schätzte. Sie könnte der Hauptgrund für den Besuch gewesen sein, und nach der Rückkehr zogen er und Adele um – in eine Wohnung in Chambers Terrace 3 – der erste von drei Umzügen, nach eigener Darstellung um der schlechten Luft von der Zentralheizung zu entkommen [382]. Dieser Versuch brachte jedoch wenig, da sich Morgenstern kaum einen Monat später beschwerte, daß Gödel ständig auf das Thema der „Gase" kam: Er sei überzeugt, daß die Heizungsanlage Rauchgase ausstoße, und er habe sich von einem neuerworbenen Bett getrennt, da er nach einigen Tagen den Geruch des Holzes und der Politur nicht mehr ertragen konnte [383].

Solches Verhalten löste bei einigen Kollegen Gödels ernsthafte Besorgnis aus. Aydelotte kontaktierte Gödels Arzt, Dr. Max Gruenthal. „Ich bin naturgemäß ziemlich besorgt über Dr. Gödels Zustand", schrieb er,

> und wäre Ihnen sehr dankbar, wenn Sie mir Ihre allgemeine Meinung zu seinem Fall mitteilen könnten, ... und ob Sie es insbesondere für unbedenklich halten, daß er seine Arbeit fortführt ... und ob wir hier am Institut irgendetwas tun können, um die psychische Belastung zu erleichtern, unter der er offensichtlich leidet.
>
> Im speziellen würde ich gerne wissen, ob Sie die Gefahr sehen, daß sein Leiden eine gewalttätige Form annimmt, so daß er sich selbst oder andere ... verletzen könnte [384].

Dr. Gruenthal erwiderte, daß er zwar ohne Gödels Einwilligung keinen detaillierten Bericht über dessen Zustand geben könne, er konnte aber Aydelotte dahin gehend beruhigen, daß er „keine akute Gefahr" sehe, „daß sein Leiden eine gewalttätige Form annimmt". Aber woran, fragte er, sei es ersichtlich gewesen, daß Gödel „an psychischer Belastung leide"?

Aydelotte erläuterte daraufhin, „was uns hier auf Dr. Gödels Schwierigkeiten aufmerksam gemacht hat, war, daß er glaubt, die Radiatoren und der Kühlschrank in seinem Appartement sonderten eine Art Giftgas ab. Er hat sie dementsprechend entfernen lassen, was seine Wohnung im Winter reichlich unkomfortabel macht. ... [Er] scheint jedoch kein Mißtrauen gegenüber der Heizungsanlage des Instituts zu hegen, und ... führt seine Arbeit hier sehr erfolgreich fort" [385].

Da es Anzeichen gab, daß sich Gödels Zustand besserte, entschied sich Aydelotte, nicht mehr zu tun, als Gödel zu drängen, seinen Arzt häufiger zu besuchen; und – wie Gruenthal es vorhergesagt hatte – es erfolgten auch keine Gewaltausbrüche. Aber Gödels Besessenheit von frischer Luft und seine Ängste bezüglich seines Kühlschranks folgten ihm den Rest seines Lebens, und es scheint sicher, daß Zweifel an seiner geistigen Stabilität hinter dem Widerstreben des Instituts stand, ihm eine permanente Position zu gewähren.³

Das Institut fuhr bis 1946 fort, Gödels Stipendium von Jahr zu Jahr zu verlängern. Der Impuls, ihn endlich zum ständigen Mitglied zu ernennen, scheint von v. Neumann ausgegangen zu sein, unter dessen Papieren in der Library of Congress sich auch eine kryptische Notiz von Veblen findet, datiert mit 5. Dezember 1945, die die Bemerkung enthält: „Vielen Dank für Ihre Aktion und den Brief bezüglich Gödel. Ich habe das Thema Aydelotte gegenüber aufgebracht, und ich denke, es besteht die Chance, daß wir das Geschäft sofort durchziehen können." Was das „Geschäft" war, wird aus dem Protokoll einer Sitzung am IAS dreizehn Tage danach klar: „Der Direktor empfiehlt, daß Professor Kurt Gödel zum ständigen Mitglied mit einem Stipendium von 6.000 Dollar ernannt wird, zuzüglich Beiträgen zu seinen Pensionszahlungen, die ihm im Alter von 65 eine Pension von 1.500 Dollar ermöglichen." Es gab jedoch die Einschränkung, „daß die Vereinbarung dergestalt sein soll, daß Professor Gödel mit einer Pension von 1.500 Dollar in den Ruhestand geschickt werden sollte, sobald er aufgrund einer körperlichen [oder geistigen?] Behinderung seinen Pflichten nicht nachkommen kann" (Zusatz vom Autor) [387].

VOM FRÜHJAHR 1941 bis zum Herbst des Jahres 1946 hielt Gödel keine Vorlesungen. Statt dessen widmete er sich weiter dem Versuch, die Unabhängigkeit von Auswahlaxiom und Kontinuumshypothese zu beweisen, und nahm das Studium des Lebens und Werks Leibniz' wieder auf.

Innerhalb eines Jahres nach dem Brown-Vortrag berichtete Morgenstern, daß Gödel „sagt, daß er mit dem Unabhangigkeitsbew[eis] des Kontin[uums]problems gute Fortschritte macht, und viell[eicht] in einigen Monaten fertig sein wird" [388]. Dieser Optimismus stellte sich als unbegründet heraus, aber zumindest spornte er

---

3 Im Juni 1941 setzte Aydelotte beispielsweise Gödels Namen auf eine Liste von Personen, die vom IAS für das kommende Jahr akzeptiert worden waren, aber „noch Anstellungen suchen". Diese Liste wurde an das Emergency Committee gesendet, das zwar keine weitere Unterstützung für Gödel bereitstellte, aber Informationen über ihn an den Vorstand des Mathematikinstituts der University of Wyoming weiterleitete [386].

Gödel für einige Zeit an: Die (wenigen) datierten Einträge in den Bänden 14 und 15 seiner Arbeitshefte lassen keinen Zweifel, daß er 1942 einen Großteil seiner Bemühungen auf das Unabhängigkeitsproblem richtete.

Im Sommer dieses Jahres kehrten er und Adele nach Maine zurück, diesmal wohnten sie im Blue Hill House (heute Blue Hill Inn) in der gleichnamigen Gemeinde. Auch dort setzte er seine Arbeit intensiv fort [389].

Jahre später erzählte Louise Frederick, die Leiterin des Blue Hill House zur Zeit des Besuchs Gödels, von diesem Ereignis, das ihr lebhaft in Erinnerung geblieben war [390]. Während seines gesamten Aufenthaltes sei Gödel „überaus schweigsam und mürrisch" gewesen, und machte einen gedankenverlorenen Eindruck.

> Tagsüber verbrachte er die meiste Zeit in seinem Zimmer ..., [wo] er den ganzen Tag aus dem Blickfeld verschwinden konnte, Adele machte die Betten selbst und erlaubte nicht einmal dem Personal, das Zimmer zu betreten. [Er] machte seine Überlegungen während langer nächtlicher Spaziergänge ..., verließ das Haus nach Sonnenuntergang und kehrte nach Mitternacht zurück. Er ging mit den Händen hinter seinem Rücken verschränkt, vorwärts gelehnt, zu Boden schauend, ... normalerweise die Parker Point Road entlang, ein enger Weg, der durch den Föhrenwald die Küste entlanglief, gesäumt von einigen der reichsten Häuser der Gegend.

Damals waren die Vereinigten Staaten natürlich schon im Krieg, und so erweckten Gödels nächtliche Wanderungen Mißtrauen. Laut Frau Frederick dachten viele, daß „dieser finstere Mensch mit einem breiten deuschen Akzent, der nächtens alleine den Strand entlang wanderte ..., ein deutscher Spion [sein mußte], der Schiffen und U-Booten in der Bucht Signale gab"!⁴

Gödel selbst hinterließ keine Aufzeichnungen über seine Eindrücke von Blue Hill, wahrscheinlich weil er so in seine Arbeit vertieft war. Anscheinend hatte er kaum Bekanntschaft mit anderen Gästen dort geschlossen: Frederick erinnerte sich, daß sie Gödel nie im Gemeinschaftsraum der Herberge gesehen habe, und „obwohl [die beiden] zu den Mahlzeiten in den Speisesaal kamen, aßen sie beinahe nie etwas". Sie verließen Maine am Ende des Sommers, um niemals wiederzukommen. Danach schrieb Gödel zweimal an Frederick und „beschuldigte sie, den Schlüssel zu seinem Koffer gestohlen zu haben".

Viel später berichtete Gödel über seine Errungenschaften in diesem Jahr. Entgegen hartnäckiger Gerüchte sei es ihm nicht gelungen, die Unabhängigkeit des Auswahlaxioms in der Zermelo-Fraenkel-Mengentheorie zu beweisen. „Ich [war] bloß im Besitz gewisser Teilresultate ..., nämlich von Beweisen für die Unabhängigkeit des Konstruktibilitäts- und Auswahlaxioms in der Typentheorie. Auf Grund meiner höchst unvollständigen Aufzeichnungen von damals (d.h. 1942) könnte ich ohne Schwierigkeiten nur den ersten dieser beiden Beweise rekonstruieren" [391].

---

4 Gödel hatte sich ganz im Gegenteil nach dem Krieg zum Dienst als ziviler Luftraumbeobachter gemeldet, wie er einmal seinem Kollegen Atle Selberg erzählte.

NACH IHRER RÜCKKEHR nach Princeton zogen sie neuerlich um, diesmal in eine Wohnung in der Stockton Street 108, wo einst die Hun-Schule stand. In ihrer neuen Nachbarschaft lebte zufälligerweise auch George Brown, der aus Boston zurückgekehrt war, um eine Stelle als Forschungsassistent anzutreten. Er hatte kürzlich geheiratet, und seine Frau Bobbie hatte den Auftrag bekommen, die Illustrationen zum damals in Vorbereitung befindlichen Buch von Morgenstern und v. Neumann, *Theory of Games and Economic Behavior*, zu erstellen.

Nach der Darstellung Browns [392] waren die Gödels „nicht sehr gesellig". Mehr als einmal bemerkte er, daß Kurt es „vermied, [seine] Wohnung zu verlassen, sobald bestimmte ausländische Besucher in der Stadt waren" – anscheinend weil er fürchtete, von ihnen ermordet zu werden.[5] Die Gödels luden zwar die Browns einige Male zu sich ein, da sich Kurt aber weigerte, Gelsengitter in die Fenster einzusetzen, um die Luftzufuhr nicht zu behindern, waren die Räume offen für Staub, Zugluft und Insekten – ein Umstand, der Frau Brown die Lust an den Besuchen verleidete.

Dennoch wurden die beiden Paare während der wenigen Monate, in denen sie benachbart waren, ziemlich gut miteinander bekannt. Frau Brown (heute Dorothy Paris) erinnerte sich, daß Adele sehr einsam war, auch wegen der Unterbrechung der Korrespondenz mit Österreich während des Krieges, und sie war „voll Trauer, daß [sie] kein Kind hatte". Da Dorothy im Gegensatz dazu damals sowohl viel zu tun hatte als auch schwanger war, gab es genug Gründe für Adele, sie zu beneiden. Aber als das Baby kam, war Adele „überaus aufmerksam und großzügig mit ihrer Zeit und Hilfe" [394].

Es gab allerdings einige Aspekte in Adeles Verhalten, die den Browns „mehr als nur etwas seltsam" vorkamen. Dazu gehörte die Faszination, die die Katzen der Browns auf Adele ausübten. Diese Katzen hatten einen unüblichen Körperbau und hatten keinen Schwanz (vermutlich Manx-Katzen). Als Adele diese Katzen sah, wollte sie auch so ein Paar haben. Manx-Katzen waren damals allerdings nicht erhältlich, also mußte sie sich mit normalen Katzen zufriedengeben – und Frau Brown hatte eine schwere Zeit, Adele von der Idee abzubringen, ihren Katzen den Schwanz amputieren zu lassen! Das gelang erst durch den Hinweis auf die wesentliche Rolle, die der Schwanz einer normalen Katze für ihre Balance spielt [395].

Über die Jahre hatten die Gödels eine Reihe anderer Haustiere. In der Familienkorrespondenz erwähnt sind ein „Cocker-Spaniel" – unglücklicherweise nach nur einem Jahr von einem Auto überfahren –, ein Taubenpaar und ein Hund namens Penny, erworben im Jahre 1953 und zwölf Jahre danach immer noch „herzig wie je". Diese Tiere brachten Kurt und Adele viel Freude, halfen Adele zweifellos, mit ihrer

---

[5] Brown erklärte, „willentlich alle konkreten Namen, üblicherweise die von bekannten Mathematikern, aus dem Gedächtnis gestrichen" zu haben. Nach Paul Erdös [393] war einer der Gefürchteten der Topologe Eduard Čech, der in Brünn von 1923 bis 1939 Professor gewesen war.

Einsamkeit fertigzuwerden, und gaben ihr etwas, was sie bemuttern konnte, als Ersatz für das ersehnte Kind.

Es kann nur spekuliert werden, warum die Gödels keine Kinder hatten. Für Louise Frederick schien es offensichtlich, daß Kurt einfach „nicht die Kraft hatte, ein Kind zu zeugen", aber vermutlich war Adeles Alter (zur Zeit ihrer zweiten Heirat war sie beinahe vierzig) ein wichtiger Faktor. Außerdem gibt es Hinweise, daß die beiden Empfängnisverhütung praktiziert haben. Rudolf Gödel meinte, sein Bruder hätte möglicherweise deshalb keine Kinder haben wollen, weil er über das häufige Auftreten von Krebs in Adeles Familie besorgt war [396]. Adele ihrerseits erzählte einmal einer Freundin, daß ein Arzt ihr gegenüber gemeint habe, daß Kurts psychische Probleme vererbbar sein könnten. Sie erzählte auch, daß die beiden während des Krieges ein ausländisches Waisenkind durch eine internationeale Hilfsorganisation unterstützt hatten. Nach dem Krieg hätten sie die Möglichkeit gehabt, das Mädchen (unbesehen) zu adoptieren, aber Kurt habe eingewendet, daß nur Blutsverwandte den Namen Gödel tragen sollten [397].

Was auch der wahre Grund gewesen sein mag, Adele war jedenfalls gezwungen, ihre mütterlichen Gefühle zu sublimieren. Das tat sie auf mehrere Arten neben den schon erwähnten: Als talentierte Näherin – so wird gesagt – habe sie während des Krieges jeden Tag ein Kinderkleid genäht und Hilfsorganisationen gespendet. Ihre Beiträge waren so wertvoll, daß die Stadt Wien ihr nach dem Krieg als Zeichen ihrer Wertschätzung eine Büste ihres Vaters schenkte, der während des Krieges ohne Kontakt zu Adele gestorben war [398].

DIE FRUSTRATION, daß er die Ergebnisse des „Sommers '42" nicht verbessern konnte, brachten Gödel dazu, die Arbeit am Unabhängigkeitsproblem abzubrechen. Er wandte sich statt dessen der Philosophie zu, und gerade in dieser Zeit – zufällig, wie es scheint – lud ihn Professor Paul Arthur Schilpp, Herausgeber der namhaften Reihe *Library of Living Philosophers*, ein, einen Essay zu Russells mathematischer Logik für den Band *The Philosophy of Bertrand Russell* zu erstellen.

Als Schilpp die Einladung im November 1942 aussprach, wußte er vermutlich nichts von der gescheiterten Zusammenarbeit Gödels mit Heyting acht Jahre zuvor. Sonst wäre seine Freude über Gödels Zusage wohl durch Besorgnis über die weiteren Entwicklungen getrübt gewesen. Gödel lieferte den Entwurf jedoch schon sechs Monate später ab.

Im Anschluß daran entwickelte sich aber eine Korrespondenz, die an den Briefwechsel Gödels mit Neugebauer erinnert. Wie immer war Gödel pedantisch und ließ sich nicht drängen. Er versprach Schilpp eine überarbeitete Fassung noch vor seinem Urlaub im Hotel „St. Charles" in Seaside Heights, New Jersey (das er auch die beiden folgenden Sommer besuchte). Aber letztendlich lieferte er die endgültige Fassung erst am 28. September ab. Als Gründe für diese Verzögerung nannte er in einem Brief an Schilpp Gesundheitsprobleme, eine Operation seiner

Frau, und – noch während ihres Krankenhausaufenthaltes – den Umzug in eine neue Wohnung (Alexander Street 120, wo sie bis zum Kauf eines Hauses sechs Jahre danach bleiben sollten) [399]. Außerdem mußte er sich früher in diesem Sommer auch wieder einmal einer Musterung stellen.

Die Reihe *Library of Living Philosophers* sah vor, den jeweiligen Porträtierten um Antworten auf die Essays zu bitten. Gödel sah Russells Erwiderung erwartungsvoll entgegen, aber zu dem Zeitpunkt, zu dem seine revidierte Fassung eintraf, hatte Russell bereits seine Erwiderungen auf die anderen Essays fertiggestellt und konnte der Angelegenheit „keine Zeit" mehr widmen. Gödel tat sein Bestes, ihn umzustimmen, aber schließlich lieferte Russell nur eine kurze Bemerkung zu Gödels Artikel, in der er zugab, daß es „achtzehn Jahre" her sei, seitdem er „zuletzt auf dem Gebiet der mathematischen Logik gearbeitet" hatte, und daß es daher „viel Zeit gebraucht hätte, um zu einer kritischen Einschätzung von Dr. Gödels Meinungen zu kommen".

Russell hatte gerade in diesem Frühjahr einige Zeit in Princeton verbracht, während Gödel seine Kritik zusammenstellte. Er hatte am IAS vorgetragen, und Gödel hatte den Vortrag besucht. Nach den Erinnerungen Morgensterns hatte Russell damals jedoch den Kontakt zur Mathematik so weitgehend verloren, daß er noch nie von solchen Größen wie von Neumann oder Siegel gehört hatte, die damals beide am Institut waren.

Russell erwähnte seinen Princeton-Aufenthalt im zweiten Band seiner *Autobiographie*, wo er anmerkt, daß sich „einmal wöchentlich" Einstein, Gödel, Pauli und er selbst bei Einstein trafen und diskutierten.[6] Es gibt jedoch keinen Hinweis, daß das Gespräch je auf Gödels Essay kam, Russell bezeichnete die Diskussion als „in mancher Hinsicht enttäuschend", denn: „obwohl alle drei Juden waren, Exilanten, und, zumindest theoretisch, Kosmopoliten ... hatten sie alle einen deutschen Zugang zur Metaphysik." Außerdem „erwies sich Gödel als reinster Platonist [401].

Gödel war natürlich kein Jude. Er *war* Platonist geworden, aber – wie er in seinem Essay betonte – auch Russell war von „ausgesprochen realistischen" Annahmen ausgegangen. In seiner *Introduction to Mathematical Philosophy* zum Beispiel erklärt Russell, daß sich „Logik genauso mit der wirklichen Welt beschäftigt wie Zoologie, wenn auch mit abstrakteren und allgemeineren Mitteln."

An anderer Stelle, so merkte Gödel an, hat Russell „die Axiome der Logik und Mathematik mit Naturgesetzen verglichen, und logische Einsichten mit Sinneswahrnehmung" – eine Parallele, die er selbst aus ganzem Herzen teilte. Gödel behauptete, daß man sich „Klassen und Konzepte ... auch als reale Objekte denken" könne, und daß die Annahme ihrer Existenz „geradeso legitim ist wie die Annahme von physikalischen Körpern ... [da] beide im gleichen Sinne notwendig sind, um eine zufrieden-

---

6 In einem Entwurf eines Briefes an Kenneth Blackwell, Kurator des Russell-Archivs an der McMaster University, sagte Gödel später, daß er sich nur an ein einziges derartiges Zusammentreffen erinnerte, und bestritt auch andere Behauptungen Russells über ihn [400].

stellende Theorie unserer Sinneswahrnehmung aufstellen zu können". Gödel meinte weiter, daß „Axiome nicht notwendigerweise selbst evident sein müssen. Ihre Rechtfertigung" liege vielmehr „(genauso wie in der Physik) in der Tatsache, daß sie es ermöglichen ..., Sinneswahrnehmungen' herzuleiten" [402]. (Vgl. dazu Russell: „Wir glauben an die Prämissen, weil wir sehen, daß die Folgerungen wahr sind, anstatt an die Folgerungen zu glauben, weil wir wissen, daß die Prämissen wahr sind" [403].) Drei Jahre später wiederholte Gödel seinen Standpunkt, diesmal noch dezidierter, in seinem Essay „What Is Cantor's Continuum Problem?".

Insgesamt ist Gödels (1944) Essay ein kompliziertes Gewebe (Hermann Weyl [1946] nennt ihn in seiner Besprechung ein „delikates Gebilde aus teilweise unzusammenhängenden, teilweise in Beziehung stehenden kritischen Bemerkungen und Vorschlägen"), das im selben Ausmaß Gödels eigene philosophische Ansichten verbreiten sollte wie die Russells analysieren. Eine detaillierte Diskussion des Inhalts wäre hier fehl am Platz (siehe z. B. Parson [1990] für weitere Kommentare), aber zwei Punkte sollten erwähnt werden.

Im Geiste seines Yale-Vortrages, in dem er die problematische Rolle der nichtprädikativen Definitionen betont hatte, widmete Gödel (1944) der Kritik des Russellschen „Teufelskreisprinzips" ausführlich Platz, nach dem „keine Gesamtheit Elemente enthalten kann, die durch Begriffe nur aus [dieser] Gesamtheit selbst definierbar sind." Unter der engsten Interpretation, so argumentierte Gödel, würde dieses Prinzip nichtprädikative Definitionen überhaupt ausschließen und damit „die Ableitung der Mathematik aus der Logik" (ein Hauptziel der *Principia Mathematica*) unmöglich machen sowie auch „einen Gutteil der modernen Mathematik selbst" – was für Gödel eher zeigte, „daß das ... Prinzip falsch ist, als daß es die moderne Mathematik" ist.

Viele Jahre später wurden das Teufelskreisprinzip und Gödels Bemerkungen dazu in einem Buch von Charles Chihara [404] aufgegriffen. Ein Kapitel heißt „Gödels ontologischer Platonismus" und enthält einige unbeabsichtigt treffende Bemerkungen. Am Beginn unterscheidet Chihara „ontologischen" Platonismus wie den Gödels („der Glaube, daß es solche Objekte wie Mengen gibt") von dem, was er „mythologischen" Platonismus nennt („ein mathematisches System zu konstruieren, *als ob* tatsächlich existierende Objekte beschrieben würden").[7] Und „selbst wenn wir ... mit Gödel übereinstimmen, daß keine ... nominalistische Reduktion der Mathematik möglich ist, führt uns das noch nicht zum ontologischen Platonismus", genausowenig wie „man zu sagen versucht wäre, daß wir an die Existenz von Gespenstern glauben sollten, nur weil einige Theorien der Gespenster ... ihre Existenz verlangen". Weiters schreibt er: „Gödels Überlegungen scheinen zu einer massiven Bevölke-

---

7 Gödel sprach die Idee des „Als Ob"-Platonismus in seinem Russell-Essay nicht an, hatte aber Hans Vaihingers *Die Philosophie des Als Ob* gelesen und sich detaillierte Notizen dazu gemacht.

rungsexplosion in unserer Ontologie zu führen: Wenn wir mathematische Intuition benützen, um mathematische Objekte zu postulieren, könnten wir anscheinend ‚theologische Intuition' benützen, um ... Objekte wie Engel zu postulieren". Ironischerweise *glaubte* Gödel an die Existenz von Gespenstern – ganz unabhängig von Theorien, die ihre Existenz postulieren –, und es scheint auch unwahrscheinlich, daß er Bedenken gegen die Berechtigung theologischer Intuition gehabt hätte.

Später im selben Kapitel behandel Chihara die verwandte Frage, wie in der systematischen Philosophie der Versuch unternommen werden könnte, den Begriff „eines perfekten Wesens, ... Gott" genannt, zu axiomatisieren. Man könnte es zum Beispiel für unmöglich halten, „daß ein perfektes Wesen ... von einem anderen Ding erschaffen worden sein kann. Diese ‚Erkenntnis' könnte man durch die Aussage *Gott ist ein notwendiges Wesen* ausdrücken", ein Axiom, daß sich ihm „als wahr aufgezwungen" habe (eine Formulierung Gödels [1964] in bezug auf Mengentheorie).

Selbst dann müsse man nicht an Gott glauben, sondern man könnte zur Überzeugung gelangen, daß sich die notwendige Existenz Gottes „für [dieses bestimmte] Konzept eines Gottes als wahr aufzwingt" [405]. Auch dieser Vorschlag entbehrt nicht einer gewissen Ironie, da Gödel zu dieser Zeit tatsächlich gerade diese Axiomatisierung vorzunehmen versuchte – vorgeblich als rein formale Übung in Modallogik.

Auch der letzte Abschnitt von Gödels Essay zur Russellschen Logik verdient besondere Beachtung. Dort macht Gödel das „unvollständige Verständnis der Grundlagen" dafür verantwortlich, daß „die mathematische Logik bis heute so weit hinter den Erwartungen von Peano und anderen zurückgeblieben ist" – besonders hinter Leibniz' Vision, daß die „Logik theoretische Mathematik im selben Ausmaß erleichtern würde wie das Dezimalsystem numerische Berechnungen erleichtert hat". Er sah jedoch „keine Notwendigkeit, die Hoffnung aufzugeben", da seiner Meinung nach Leibniz' Characteristica universalis kein „utopisches Projekt" gewesen sei, sondern ein Kalkül, den dieser bereits „zu einem großen Teil entwickelt" habe, „wenn wir seinen Worten glauben".

Gödel erklärte, daß Leibniz bewußt Publikationen über seinen Calculus ratiocinator zurückgehalten habe, weil er „wartete, ... bis die Saat auf fruchtbaren Boden fallen könne". Privat hegte Gödel jedoch einen anderen Verdacht: Wie bereits erwähnt, hatte er Menger in Notre Dame erzählt, daß seiner Vermutung nach die Publikation mancher Werke Leibniz' durch eine feindliche Verschwörung verhindert worden war.

Daß das Studium der Werke Leibniz' die Hauptbeschäftigung Gödels während der Jahre 1944/45 darstellte, wird sowohl von den *IAS Bulletins* Nr. 11 und 12 als auch durch Tagebucheinträge Morgensterns belegt. Morgenstern gegenüber wiederholte Gödel seine Überzeugung, daß Leibniz „systematisch von seinen Herausgebern ... sabotiert" worden sei, und er stellte auch einige gewagte Behauptungen über Leibniz' Errungenschaften auf. Morgenstern war besonders überrascht – und nicht wenig mißtrauisch –, als Gödel ihm mitteilte, er habe „bei Leibniz verschiedene Aussprüche gefunden, daß es für die Wissenschaft sehr wichtig sei, eine Theorie der Spiele zu konstruieren", und seine Zweifel wandelten sich in Unglauben, als Gödel weiter behauptete, „daß Leibniz nicht nur die Antinomien der Mengentheorie" („in Begriffssprache gekleidet, aber genau dasselbe"), „sondern auch die Helmholtz'sche Resonanztheorie" und den Energieerhaltungssatz vorweggenommen habe [406].

Morgenstern erzählte Menger von Gödels „Phantastereien", der genauso skeptisch war. Aber er erzählte Menger auch von einem seltsamen Zwischenfall:

> Gödel [führte ihn] eines Tages in die Princetoner Universitätsbibliothek und [trug] zwei Stöße von Materialien zusammen: Erstens Bücher und Artikel, die zu Leibnizens Lebzeiten oder bald nach seinem Tode erschienen und genaue Hinweise auf Schriften des Philosophen enthielten. ... Zweitens diese zitierten Sammelwerke oder Serien selbst. In einigen Fällen war weder auf den zitierten Seiten noch sonstwo eine Schrift von Leibniz zu finden, während in anderen Fällen die Serie gerade vor dem zitierten Bande oder der Band gerade vor der zitierten Seite abbrach oder die die zitierten Schriften enthaltenden Bände angeblich nie erschienen waren [407].

Morgenstern stimmte mit Menger überein, daß Gödel zuviel allein sei und regelmäßige Lehrverpflichtungen ihm guttun würden. Aber so absurd ihm auch viele Ideen Gödels schienen, die Bibliotheks-Demonstration schien ihm unerklärlich und „höchst erstaunlich" [408], und als nach dem Krieg die Beziehungen zu europäischen Institutionen wieder hergestellt wurden, arbeitete Morgenstern mit Gödel zusammen, um Kopien der Manuskripte Leibniz' in die Vereinigten Staaten zu bringen (siehe Kapitel IX).

DER BRIEFVERKEHR zwischen Österreich und den USA war seit einigen Jahren wieder möglich. Post ging allerdings immer noch manchmal verloren, und auch die Zensur blieb während der Besatzung durch die Alliierten in Kraft. Für einige Zeit numerierten daher Gödel und seine Mutter die Briefe, die sie einander schickten.

Den ersten Brief schickte Gödels Mutter am 9. Juni 1945. Gödel antwortete am 7. September, nach der Rückkehr von einem Urlaub am Meer. Wie zu erwarten, gab es aus Wien sowohl gute als auch schlechte Neuigkeiten. Marianne selbst hatte alles unbeschadet überstanden, sowohl in Brünn (das sie noch vor der Vertreibung der Sudetendeutschen verlassen hatte) als auch in Wien (wo sie und Rudolf das Bombardement durch die Alliierten überlebt hatten). Aber Teile der Villa waren vom tschechischen Staat konfisziert worden, viele andere Verwandte waren gezwungen worden, nach Deutschland zu ziehen, und Gödels Taufpate Redlich war in der Gaskammer umgekommen.

Die Wiederaufnahme des Kontakts zur Familie Adeles stellte sich als schwieriger heraus. Von Kurts Bruder erfuhr sie, daß ihr Vater in der Zwischenzeit gestorben war, und nicht lange danach kam auch die Nachricht vom Tode dreier anderer Familienmitglieder. Ihre Mutter sei zwar in Sicherheit, wurde berichtet, aber Adele machte sich große Sorgen, ob auch ausreichend für sie gesorgt werde, besonders in Hinblick auf die katastrophale wirtschaftliche Situation, in der sich Wien unmittelbar nach dem Krieg befand. Sie wünschte sehnlichst, Wien wieder einmal zu besuchen und sich selbst ein Bild zu machen, aber es kam erst im Frühjahr 1947 dazu. In der Zwischenzeit taten sie und Kurt alles, was in ihrer Macht stand, um ihre Familien zu unterstützen, indem sie ihnen über Organisationen wie das Rote Kreuz oder CARE Nahrung, Bekleidung und andere Waren schickten.

Wie effektiv ihre Bemühungen wirklich waren – und wie schwer das Leben in Wien für die Familien Gödel und Porkert –, ist schwer zu sagen, zum Teil, weil nur Gödelsche Korrespondenz erhalten geblieben ist, und auch, weil detaillierte Beschreibungen der Notlage in Wien streng zensuriert wurden. Die Briefe geben jedoch Einblick in Kurt und Adeles Leben.

Das Bild das dabei entsteht, zeigt sowohl seine wachsende Zufriedenheit mit dem Leben in Princeton als auch ihre wachsende Unzufriedenheit. Er war zum Beispiel zufrieden mit ihrer Wohnung in der Alexander Street, die das ganze Obergeschoß des Gebäudes einnahm und Fenster nach „allen Seiten" hatte, was es ermöglichte, die „schwüle Hitze" des Sommers zu ertragen. Sie beschwerte sich über den hygienischen Zustand der Wohnung, wollte lieber in einer besseren Umgebung wohnen, besonders störte sie der Lärm von der nahegelegenen Bahnlinie. (Vor allem aber konnte sie sich trotz der Nähe zu New York nicht damit anfreunden, in einer Kleinstadt zu wohnen.) Er hörte gerne die Züge vorbeifahren („aus einem irgendwo in meinem Unterbewußtsein schlummernden Grund") und meinte, gleich „vis à vis [liege] das eleganteste Hotel der Stadt" (Princeton Inn) [409].

Dieser Kontrast setzt sich – zumindest scheinbar – im Hinblick auf Gesundheitsfragen fort. Im zweiten Brief an seine Mutter, geschrieben am 22. Januar 1946, beschreibt Gödel seine eigene Gesundheit als „ganz gut", wenn sich auch sein „Magen im Verhältnis zu Wien etwas verschlechtert" hat. Er fügte aber beruhigend hinzu, daß der Weg zum und vom Institut ihm ausreichend Bewegung verschaffe. Er sorgte sich nur, zuviel zu essen – ein Thema, das eine Quelle ständiger Auseinandersetzungen zwischen ihm und Adele war. Dennoch sei sie es, die Gewicht verloren habe, hauptsächlich wegen der ständigen Sorge um ihre Familie. (Ende 1945 wurde ihr auch der Blinddarm entfernt, und im folgenden Sommer wurden ihr alle noch verbliebenen Zähne des Unterkiefers gezogen und durch ein künstliches Gebiß ersetzt.) Gegenüber seinem Bruder, dem Arzt, war er ehrlicher: „Meine gegenwärtigen Magenbeschwerden sind etwa die folgenden: Schmerzen (niemals sehr starke) rechts rückwärts in der Magenhöhe, wenn ich etwas mehr als gewöhnlich esse (und Du weißt ja, daß das ‚Gewöhnliche' bei mir nicht sehr viel ist)," besonders von stark gewürzten Speisen, halb rohem Fleisch oder zu starkem Tee oder Kaffee. „Außerdem habe ich meine gewöhnliche hartnäckige Verstopfung, so daß ich immerfort Abführmittel nehmen muß", wie Magnesiamilch, ExLax oder Imbricol. 1946 begann er mit täglichen Aufzeichnungen über seinen Abführmittelgebrauch – diese Aufzeichnungen führte er über dreißig Jahre, sie füllen fünf Order in seinem Nachlaß. „Das Ganze führt natürlich zu einem ständigen Untergewicht: ich bin in den letzten Jahren *niemals* über 54 kg hinausgekommen" [410].

Gödel glaubte, daß ein Wienbesuch für einige Monate die Unzufriedenheit Adeles mit ihrem Leben in Princeton mildern helfen würde. Er selbst, so erklärte er, sei jedoch glücklich in Amerika und denke nicht an eine Rückkehr nach Wien, selbst wenn ihm dort eine Position angeboten werden sollte. „Das Land und die Menschen" in Princeton seien „zehn mal sympathischer als bei uns" und die Behörden funktionieren „10×10×… besser" als in Österreich [411].

Er war aber Amerikas Außen- und Innenpolitik gegenüber nicht unkritisch. Der Meinung seiner Mutter, es sei gut, „daß die Amerikaner die Macht in der Hand haben", stimmte er „nur für das Rooseveltsche Amerika" zu. Er zählte den Tod Roosevelts zu „den betrüblichsten Tatsachen unseres Jahrhunderts" und fand die Umstände verdächtig. Und selbst wenn er wirklich eines natürlichen Todes gestorben sei, „bleibt doch der Eindruck bestehen, als hätte eine geheime Macht gegen seine Pläne Einspruch erhoben". In jedem Fall zeigten sich die Auswirkungen des Republikanischen Erdrutschsieges 1946 schon im Alltagsleben. Zum Beispiel seien „die Filme im Laufe des letzten Jahres entscheidend schlechter geworden"!

Begründeter waren wohl Gödels Bedenken über die zunehmende Geheimhaltung in der Wissenschaft („hauptsächlich wegen der Atombombe") [412]. Diese Geheimhaltung zeigte sich, so glaubte er, sogar in den Vorbereitungen der kommenden Princeton Bicentennial Conference on Problems of Mathematics, auf der er eine Rede halten sollte.

Oberflächlich scheint diese Beobachtung absurd, da es eine große Konferenz war (mehr als neunzig Teilnehmerinnen und Teilnehmer), es ist aber wahr, daß keine Sitzungsberichte der Konferenz veröffentlicht wurden. Die einzige Publikation, die je die gesamte Konferenz zum Inhalt hatte, war eine kleine Broschüre (Princeton University 1947) von begrenzter Reichweite, die eine kurze Übersicht über die neun Sitzungen[8] ohne technische Details liefert.

Die Sitzung zur Logik fand am ersten Konferenztag statt (17. Dezember 1946) und konzentrierte sich auf das weite Gebiet des Entscheidungsproblems [413]. Church war Vorsitzender, Tarski Diskussionsleiter und J. C. C. McKinsey Schriftführer. Wie im Protokoll vermerkt, sprach zuerst Tarski, anscheinend ziemlich lange. Seine immer noch unpublizierte Rede „bot einen Überblick über den Stand des Entscheidungsproblems" in verschiedenen Gebieten der Logik und „hob wichtige ungelöste Probleme hervor". Insbesondere wollte er, wie er in einem Brief an Gödel eine Woche zuvor erklärte, den Unterschied zwischen den relativ unentscheidbaren Aussagen der Arithmetik und den anscheinend absolut unentscheidbaren der Men-

---

8 Zu Algebra, algebraischer Geometrie, Differentialgeometrie, mathematischer Logik, Topologie, „neuen Gebieten" (hauptsächlich aus der angewandten Mathematik), Wahrscheinlichkeitstheorie, Analysis und Analysis im weiteren Sinne.

gentheorie herausstreichen und zwei Fragen stellen: Erstens, ob die Unterscheidung zwischen relativ und absolut unentscheidbar präzisiert werden kann, und zweitens, „ob man mit Hilfe einer Definition dieser Begriffe in der Lage sein kann, zu beweisen, daß eine zahlentheoretische Aussage nur relativ unentscheidbar ist."

Gödels eigene, viel kürzere Rede (1946) begann mit einem Hinweis auf Tarski, der gerade „die große Bedeutung des Konzepts der allgemeinen Rekursion" betont habe, das erste Beispiel, wo es sich als möglich erwiesen hat, „eine absolute Definition eines interessanten epistemologischen Begriffs" zu finden (das heißt eine Definition, die „nicht vom gewählten Formalismus abhängt"). Daß die Diagonalisierung nicht aus diesem Konzept herausführte, war für Gödel „eine Art Wunder", das uns „ermutigen sollte, zu erwarten, daß dasselbe [auch] in anderen Fällen möglich ist". Er nannte zwei mögliche Kandidaten, den zweiten – Definierbarkeit durch Ordinalzahlen – habe er ausreichend detailliert studiert, um einige „bestimmtere" Aussagen zu wagen.[9]

Er räumte ein, daß man Einwände dagegen haben könnte, alle Ordinalzahlen als primitive Symbole einer Sprache zuzulassen, da es „eine gewisse Plausibilität hat, daß alle Dinge, die von uns begriffen werden können, abzählbar sind". Dennoch spreche „viel für diese Idee". Denn obwohl der formale Begriff der Ordinalzahldefinierbarkeit nicht den informellen Begriff „mit unserem Verstand begreifbar" umfassen mag, liefere er doch „eine passende absolute Formulierung ... des [eine Menge sei] ‚nach Gesetzmäßigkeiten gebildet' ... [im Gegensatz zur] zufälligen Wahl von Elementen". Außerdem, so sagte er voraus, würde die Klasse der ordinalzahldefinierbaren Mengen alle Axiome der Mengentheorie inklusive des Auswahlaxioms erfüllen und somit „einen anderen, wahrscheinlich einfacheren, Beweis" der relativen Konsistenz von AC liefern. Er bezweifelte allerdings, daß diese Klasse auch die Kontinuumshypothese erfüllen müsse.

Gödels Vorschlag, die Verwendung von überabzählbaren Sprachen zuzulassen, „führte zu einer angeregten Diskussion" zwischen ihm und Church über die Frage, „was vernünftigerweise ‚Beweis' genannt werden könne und wann [man] ‚vernünftigerweise' einen Beweis anzweifeln könne" [414]. Leider gibt es keine detailliertere Aufzeichnung dieser Debatte.

Welchen Eindruck Gödels Bemerkungen damals auch gemacht haben mögen, sie wurden in weiterer Folge vergessen und beinahe zwanzig Jahre ignoriert. Eine Schreibmaschinabschrift seiner Rede wurde vorbereitet und eine Kopie an McKinsey gesandt, um in einem geplanten Band der Sitzungsberichte zu erscheinen, aber dieser Band wurde nie publiziert, und Gödel unternahm offenbar keine Anstrengungen, seine Ideen anderswo zu veröffentlichen. Vielleicht fühlte er sich immer noch durch die „Geheimhaltung" eingeengt, die seiner Meinung nach die Konferenz umgeben

---

9 Der erste Kandidat dafür war die Beweisbarkeit mit Hilfe von immer stärkeren Unendlichkeitsaxiomen, für die er einen „Vollständigkeitssatz" für möglich hielt.

hatte. Das Schreibmaschinmanuskript scheint jedenfalls nur einer kleinen Gruppe zugänglich gewesen zu sein. Es wurde erst 1965 gedruckt, nachdem Kleene es Martin Davis zur Kenntnis gebracht hatte, mit dem Vorschlag, es in dessen Anthologie *The Undecidable* aufzunehmen.

Zwei Jahre zuvor hatte Paul J. Cohen endlich die Unabhängigkeit der Kontinuumshypothese gezeigt und damit ein Wiederaufflammen des Interesses an der Mengentheorie bewirkt. Es folgte eine Phase intensiver Forschungsbemühungen, in deren Zuge das Konzept der Ordinalzahldefinierbarkeit erneut entdeckt wurde. Daran arbeiteten unter anderem John Myhill zusammen mit Dana Scott und eine Gruppe in der Tschechoslowakei unter der Führung von Petr Vopěnka.[10]

Diese Untersuchungen wurden unabhängig voneinander ausgeführt, und keines der erzielten Resultate wurde vor 1965 publiziert. Erst 1971 – ein viertel Jahrhundert nach der Konferenz in Princeton – erschienen detaillierte Beweise von Gödels Behauptungen [415]: Erstens lieferten Myhill und Scott eine formale Definition der Klasse OD der ordinalzahldefinierbaren Mengen (als $\{x :$ Für eine Ordinalzahl $\alpha$ ist $x$ definierbar über $R(\alpha)$ durch eine mengentheoretische Formel mit einer freien Variable und ohne Parameter$\}$) und sie zeigten, daß OD absolut ist (in dem Sinn, daß die Definitionen über OD durch First-order-Formeln nicht aus der Klasse herausführen) und eine definierbare Wohlordnung besitzt. Sie benützten diese zwei Tatsachen, um zu zeigen, daß die Klasse HOD der *hereditär* ordinalzahldefinierbaren Mengen (diejenigen Mengen in OD, deren sämtliche Vorgänger unter der $\in$-Relation ebenfalls in OD liegen) alle Axiome von ZFC erfüllt, und daß daher AC relativ konsistent zu den Axiomen von ZF ist. Zweitens benützte Kenneth McAloon Cohens Methoden, um zu zeigen, daß $2^{\aleph_0} \neq \aleph_1$ relativ konsistent zu ZF + V = OD ist, d. h. zu ZF zusammen mit der Annahme, daß jede Menge ordinalzahldefinierbar ist.

Gödel selbst kehrte nie wieder zum Thema der Ordinalzahldefinierbarkeit zurück. Bis zu Cohens Durchbruch hatte sich sein Interesse zunehmend von der Mengentheorie zurück zur Physik und Philosophie gewandt.

---

10 Später entdeckte man, daß auch Emil Post einige Jahre zuvor daran gearbeitet hatte. Er starb 1954, ohne zu wissen, daß Gödel ihm wieder einmal zuvorgekommen war.

# IX
# Philosophie und Kosmologie
(1946–1951)

> Time present and time past
> Are both perhaps present in time future,
> And time future contained in time past.
> If all time is eternally present
> All time is unredeemable.
>
> T. S. Eliot, „Burnt Norton" [416]

OBWOHL GÖDELS Auftritt bei der Princeton Bicentennial Conference das auffälligste Ereignis in seinem Leben während des Jahres 1946 war, deutet wenig darauf hin, daß er den Untersuchungen, auf die sich diese kurzen Bemerkungen beziehen, viel Zeit oder Aufwand gewidmet hat: Die Ideen sind nicht ganz ausgearbeitet, das Schreibmaschinmanuskript scheint auf Grundlage eines einzigen vorhergehenden Entwurfes angefertigt worden zu sein, und die behandelten Themen nehmen wenig Raum in seinen Arbeitsheften ein. Die Bemerkungen scheinen eher ein Nebenprodukt zweier wichtigerer Aufgaben gewesen zu sein, denen er sich in diesem Jahr zugewandt hatte: Eine Einladung von Lester R. Ford, Herausgeber der *American Mathematical Monthly*, einen erklärenden Artikel zur Kontinuumshypothese zu schreiben, und eine neuerliche Einladung von Schilpp, diesmal für einen Beitrag zu einem Band über Einstein.

Der *AMM*-Essay sollte Teil der Reihe von „What Is ...?"-Artikeln werden, die das Ziel hatten, „in möglichst einfacher, elementarer und populärer Weise bestimmte Aspekte von Teilbereichen der höheren Mathematik" darzustellen. Dementsprechend riet Ford, es solle „kein langes Papier werden, und das Schreiben sollte nicht viel Zeit in Anspruch nehmen" [417].

Gödel nahm den Auftrag viel ernster. Für ihn war die Arbeit nicht nur eine populäre Darstellung eines Themas, zu dem er einen wichtigen Beitrag geleistet hatte – obwohl sie sicherlich auch dafür beispielhaft ist –, sondern auch eine weitere Möglichkeit, seine philosophischen Ansichten zu verbreiten. Er ging daher mit der gleichen akribische Sorgfalt und Detailgenauigkeit ans Werk wie bei seinen Forschungsarbeiten (wie man zum Beispiel an fünfunddreißig Fußnoten auf zehn Seiten sehen kann).

Ford hatte gehofft, den Artikel bis Juli 1946, vier Monate nach Gödels Zusage, zu erhalten. Aber als er seine Tätigkeit als Herausgeber im folgenden Dezember beendete, war die Arbeit immer noch nicht fertig. Gödel lieferte das Manuskript letztendlich erst Ende Mai des folgenden Jahres ab. Einen Schreibmaschinentwurf hatte er Mitte August fertig, aber – wie üblich – fand er im weiteren Verlauf noch „einige Einfügungen wünschenswert". In seinem Format folgt der Artikel „What Is Cantor's Continuum Problem?" der Vorgabe der Serie. In den ersten zwei Abschnitten wiederholt Gödel das Konzept der Kardinalzahl, formuliert die Kontinuumshypothese in der historisch korrekten Form („jede unendliche Teilmenge des Kontinuums hat entweder die Mächtigkeit der Menge der natürlichen Zahlen oder die des ganzen Kontinuums") und faßte knapp das wenige zusammen, das damals über die Mächtigkeit des Kontinuums bekannt war. In den letzten zwei Abschnitten versuchte er, die „Spärlichkeit der Ergebnisse" zu begründen. In einem gewissen Ausmaß könne sie zwar „rein mathematischen Schwierigkeiten" zugeschrieben werden, aber er dachte, daß es auch noch „tiefere Gründe" gäbe, die mit Schwierigkeiten zu tun hatten, die eine „gründlichere Analyse" der Bedeutung solcher Begriffe wie „Menge" und „injektive Abbildung" verlangten.

Nachdem er kurz Brouwers, Weyls und Poincarés „negative Einstellung gegenüber Cantors Mengentheorie" erwähnte, stellt er fest, daß unabhängig vom philosophischen Standpunkt Cantors Kontinuumsproblem auch eine präzise Bedeutung hat – nämlich, ob die Mächtigkeit des Kontinuums aus einer gegebenen Menge von Axiomen formal hergeleitet werden kann. Wie im Brown-Vortrag sagte er voraus, daß sich die Frage als unentscheidbar auf der Basis der bisher in Betracht gezogenen Axiome herausstellen würde. Dennoch bestand er darauf, daß „selbst ein Unbeweisbarkeitsbeweis" (der Cohen später ja gelang) „die Frage keineswegs beantworten würde," da er ja glaubte, daß „die Konzepte und Axiome der klassischen Mengentheorie ... wohlbestimmte Realität beschreiben". Daher würde ein Beweis der Unbeweisbarkeit nur zeigen, daß die momentan akzeptierten Axiome keine „vollständige Beschreibung" dieser Realität darstellen. Durch Hinzunahme neuer Axiome könnte man immer noch eine Lösung erzielen.

Aber wie? Wie konnte man neue Axiome – Aussagen über die „wohlbestimmte Realität" – finden? Gödel meinte, daß ein „tieferes Verständnis der der Logik und Mathematik zugrundeliegenden Konzepte" – Entitäten, die aus seiner Sicht ein eigenes platonisches Universum bildeten – „uns ermöglichen könnte", bestimmte „bisher unbekannte" Axiome zu finden.

Solche Konzepte würden helfen, die *Natur* der Mengen zu klären. So wäre für jemanden, für den Mengen nur „im Sinne von Extensionen definierbarer Eigenschaften" existieren, das Konstruktibilitätsaxiom wahr, und sollte zu den Axiomen von ZFC hinzugenommen werden. In diesem Fall würden die Beweise in seiner Monographie (Gödel 1940) nicht nur die relative *Konsistenz*, sondern die *Wahrheit* der Kontinuumshypothese demonstrieren.

Wenn man jedoch Mengen „im Sinne allgemeiner Mannigfaltigkeiten" wahrnimmt (wie er selbst es anscheinend getan hat), würde die Frage offen bleiben; in diesem Fall, so nahm er an, würde sich die Kontinuumshypothese als falsch herausstellen, weil sie bestimmte „paradoxe" Konsequenzen habe.

Im Geist seiner Bemerkungen im Princeton-Konferenzvortrag (Gödel 1946) schlägt Gödel vor, daß für eine Entscheidung der Kontinuumshypothese in einem größeren Kontext bestimmte „Unendlichkeitsaxiome" nützlich sein könnten (Annahmen der Existenz von Mengen mit sehr großer Kardinalität), da schon die „schwachen" large cardinal axioms, die bis zu dieser Zeit untersucht wurden, Konsequenzen „weit außerhalb des Bereiches von sehr großen transfiniten Zahlen" gehabt haben. Selbst wenn einige neue Axiome überhaupt „keine innere Notwendigkeit" haben, könnte ihre Wahrheit induktiv akzeptiert werden, auf der Basis ihrer „,überprüfbaren' Konsequenzen" (solche, die „ohne das neue Axiom beweisbar, deren Beweise mit Hilfe des neuen Axioms jedoch wesentlich kürzer und leichter zu entdecken sind"). „Es könnte Axiome mit so reichen überprüfbaren Konsequenzen geben, die soviel Licht auf eine ganze Disziplin werfen und so mächtige Werkzeuge zur Lösung bestehender Probleme zur Verfügung stellen, ... daß sie im gleichen Sinn wie eine gut etablierte physikalische Theorie als wahr angesehen werden müßten" [418].

In einem Brief an seine Mutter aus der Zeit, als der Essay gerade erschien, beschrieb Gödel diesen als „ein Exposé von keiner sehr großen Bedeutung" – eine Charakterisierung, die den Aufwand verleugnet, den er getrieben hatte. Tatsächlich war der Essay ein Manifest des mathematischen Platonismus und wurde als solches recht einflußreich.

GEGEN ENDE Mai 1946, während Gödel immer noch an seinem Entwurf des *AMM*-Artikels arbeitete, stattete Schilpp dem IAS einen kurzen Besuch ab und brachte seine Einladung vor. Anders als Ford schlug Schilpp nicht selbst ein Thema für den Beitrag Gödels vor (wie er es beim Russell-Essay getan hatte).[1] Er war sich vermutlich Gödels enger Freundschaft mit Einstein bewußt und mag vielleicht erwartet haben, daß Gödel etwas in Richtung einer persönliche Ehrung oder Erinnerungen schreiben würde.

Nach Gödels eigener Darstellung traf er Einstein zuerst im Jahre 1933, sie wurden einander von Paul Oppenheim vorgestellt, einem Emigranten, der in Princeton lebte und nicht nur mit Einstein gut befreundet war, sondern auch mit vielen anderen prominenten Intellektuellen, darunter Morgenstern, Russell, Hans Reichenbach und Carl Hempel [419]. Aber Gödel wurde erst 1942 näher mit Einstein bekannt. Die Anziehung zwischen den beiden war vielen unbegreiflich, da sie, wie sich Ernst Straus erinnerte, „in beinahe jedem Aspekt ihrer Charaktere sehr verschieden waren": Einstein war „gesellig, heiter, voll Humor und ‚gesundem Menschenverstand'", Gödel dagegen „extrem düster, sehr ernst, ziemlich einsam, und mißtraute dem ‚gesundem Menschenverstand' als Weg zur Wahrheit". Dennoch „verstanden die beiden

---

1 Einige Monate später schlug er vor: „Der realistische Standpunkt in Physik und Mathematik", aber Gödel hatte andere Pläne.

einander aus irgendeinem Grund gut und schätzten einander enorm" [420]. In späteren Jahren konnte man sie oft zusammen sehen, besonders bei ihren Mittags-Spaziergängen zum und vom Institut – bei diesen Anlässen waren sie meist in Diskussionen über Philosophie, Physik und Politik vertieft [421].

Ein Grund für die Anziehung zwischen den beiden war natürlich, daß sie beide über brillianten Intellekt verfügten. Als anderer Grund wird manchmal genannt, Einstein habe erkannt, daß Gödel jemanden brauchte, der sich um ihn kümmerte, und sei bereit gewesen, diese Rolle zu übernehmen (so wie Veblen während der frühen Jahre in Princeton und Morgenstern in der Zeit nach Einsteins Tod). Gödel selbst bietet eine andere Erklärung: In Beantwortung einer Anfrage Carl Seeligs, eines Biographen Einsteins, schrieb er: „Ich habe oft darüber nachgedacht, warum Einstein an den Gesprächen mit mir Gefallen fand, und glaube eine der Ursachen darin gefunden zu haben, daß ich häufig der entgegengesetzten Ansicht war und kein Hehl daraus machte." Insbesondere sei er immer skeptisch gegenüber der Idee einer vereinheitlichten Feldtheorie gewesen [422].

Trotz ihrer Unterschiede teilten die beiden gewisse Einstellungen zur Welt und zu ihrer Arbeit. Beide wiesen die Idee der Unschärfe oder des Chaos in der Physik zurück.[2] Beide „gingen direkt und rückhaltlos an ... Fragen im Zentrum der Dinge" [424]. Beide wurden in ihren späteren Jahren als Außenseiter gesehen, die – wie Freeman Dyson es formulierte – „unmodische Ideen" verfolgten. Und beide hatten sich als junge Männer zwischen Mathematik und Physik entscheiden müssen. Ihre Wahl fiel natürlich unterschiedlich aus: Gödel wandte sich von der Physik ab, weil er sie (wie Morgenstern berichtet) logisch inkohärent fand, während Einstein sich mit „vielen schönen Fragen" in der Mathematik konfrontiert sah, die ihm alle gleich wichtig erschienen, und „nie ... entscheiden konnte, welche zentral und welche peripher waren", so daß er sich der Physik zuwandte, wo er enormes Gespür dafür hatte, welche Probleme wichtig waren [425].

Es mag sein, daß die Grundlage für die Verbindung zwischen diesen beiden großen Männern letztlich ihre komplementären Auffassungen waren. In jedem Fall hatte ihre Freundschaft wenig zu tun mit dem Thema, das Gödel schlußendlich für seinen Beitrag zu Schilpps Band wählte: die Verbindung zwischen Relativitätstheorie und idealistischer Philosophie. Die Wahl dieses Themas wurde durch Gödels Interesse an Philosophie und besonders Kant motiviert, der (wenn auch in anderem Sinn als Einstein) die Objektivität der Zeit leugnete. Insbesondere die Idee, daß das Verstreichen der Zeit ein subjektives Phänomen sein könne, brachte Gödel zu der

---

[2] Einsteins Einwände gegen die Quantenmechanik und sein Glaube an vernünftige Überlegung, ausgedrückt zum Beispiel in seinem berühmten Diktum „Raffiniert ist der Herrgott, aber boshaft ist er nicht", sind wohlbekannt. Und obwohl Gödel mit von Neumann über Quantenmechanik diskutiert hat und sich für die zugrundeliegende Logik interessierte, sprach Straus von seinem „interessanten Axiom", nach dem nichts in unserer Welt „aus Zufall oder Dummheit geschieht" [423].

Frage, „ob [das Konzept der absoluten Zeit] ... eine notwendige Eigenschaft aller möglichen kosmologischen Lösungen" der Feldgleichungen der allgemeinen Relativitätstheorie sei [426]. Er fand heraus, daß dies nicht der Fall ist, in einem sehr starken Sinn; und dieses überraschende Resultat führte ihn zu weiteren Untersuchungen, die zu weit mehr als dem kurzen Essay (1949b) für Schilpp führten.

Der Ausflug in die Relativitätstheorie begann im August 1946, als Gödel Schilpp informierte, daß er er einen drei- bis fünfseitigen Beitrag liefern werde mit dem Titel „Relativitätstheorie und Kant". Anscheinend begann er sofort mit der Arbeit und wurde bald völlig von ihr in Anspruch genommen, da er nur einen Monat später seiner Mutter schrieb, daß er sich derart in seine Arbeit vertieft habe, daß er nur schwer die Konzentration für das Schreiben von Briefen aufbringen könne. Trotzdem, ungeachtet der Intensität seiner Bemühungen, fand er in weiterer Folge Fehler in seiner Arbeit und bat Schilpp im Februar um eine Verschiebung des Einreichtermines.

FÜR DIESEN Fehlstart waren vielleicht auch die Vorbereitungen auf Adeles langerwartete Europareise verantwortlich. Sie hatte Monate gebraucht, um ein Ticket und die notwendigen Dokumente zu bekommen – dabei waren es, so glaubte Kurt, die österreichischen Behörden, die die Sache verzögert hatten. Diese Angelegenheiten hatten mehrere Reisen nach New York und Washington notwendig gemacht, und im Laufe der Zeit wurden ihre Sorgen um ihre Familie beinahe hysterisch (in einem Ausmaß, daß Gödel die Reise als notwendig ansah, um ihr geistiges Wohlbefinden wiederherzustellen, trotz der finanziellen Belastung, die sie darstellen würde [427]).

Außerdem gab es Probleme mit der Wiener Wohnung, die die beiden immer noch besaßen und vermieteten: Aufgrund von Kriegshandlungen oder Nachlässigkeit der Bewohner waren Schäden entstanden, und die Bemühungen, das Problem von den USA aus zu lösen, waren erfolglos geblieben.

Im Mai 1947 reiste Adele endlich nach Wien ab. Sie blieb dort für die nächsten sieben Monate, sorgte für ihre Mutter, besuchte andere Familienmitglieder und Bekannte, und tat, was sie konnte, um die Meinungsverschiedenheiten über die Wohnung ohne Gerichtsverfahren beizulegen. Im deutlichen Gegensatz zu ihrem Leben in Princeton hatte sie hier plötzlich viel zu tun und trug Verantwortung.

KURTS LEBEN dagegen kehrte während Adeles Abwesenheit zu derselben Routine zurück wie während seiner Princeton-Besuche vor dem Krieg: einsam, aber frei von Ablenkung. Während der ersten zwei Monate von Adeles Abwesenheit nahm es Morgenstern auf sich, ihm Gesellschaft zu leisten. Die beiden gingen regelmäßig zusammen essen, und bei diesen Gelegenheiten zeigte Gödel offenbar gesunden Appetit, im Gegensatz zu seiner mageren Diät zuhause. Im Juli reiste Morgenstern jedoch selbst nach Wien – dort traf er unter anderem auch Gödels Mutter und Bruder und berichtete ihnen von Kurts Ruhm, der diesen bis dahin nicht bewußt gewesen war. So war Gödel während mehrerer Wochen, in denen Einstein einen Erholungsurlaub machte, auf sich allein gestellt.

Er vergrub sich – wie man es erwarten würde – in seiner Arbeit. Ende August schrieb er seiner Mutter, seine Arbeit nehme ihn derart in Anspruch, daß er den Plan aufgegeben habe, Princeton für einen Urlaub am Strand zu verlassen. Und einen Monat später vermeldete er, daß er endlich das Manuskript für Schilpp fertiggestellt habe. Wie üblich fand er dann aber Veränderungen notwendig, was die Abgabe weiter verzögerte. Dennoch schrieb er seiner Mutter: „Wann der Einsteinband erscheint, das hängt ... nur vom Herausgeber ab" [428].

Schilpp tat alles, um ihm das Manuskript abzulocken. Er drängte, beschwerte sich, schimpfte und bettelte, alles ohne Erfolg. Gödel lieferte sein kurzes Manuskript erst im März 1949 ab, nachdem er insgesamt fünf viel längere verworfen hatte. Diese Entwürfe blieben bis lange nach seinem Tod unveröffentlicht (zwei davon sind im Band III der *Collected Works* enthalten), aber anhand dieser Dokumente, der Briefe an seine Mutter und Bemerkungen, die er Morgenstern gegenüber machte, kann man in einiger Ausführlichkeit rekonstruieren, wie seine kosmologischen Entdeckungen entstanden sind. Ein Eintrag in Morgensterns Tagebuch gibt Auskunft über den Stand seiner Arbeit, als er seiner Mutter zuerst von der Fertigstellung des Manuskripts berichtete: Er hatte, so berichtet Morgenstern, „eine Welt, in der man keine Gleichzeitigkeit definieren kann", gefunden, eine Entdeckung, die Einstein und von Neumann sehr interessiere [429]. Genauer weisen die ersten zwei der fünf Manuskripte darauf hin, daß Gödel schon früh erkannt hatte, daß in kosmologischen Modellen, die Einsteins Feldgleichungen erfüllen, „die Existenz von ‚natürlicher' kosmischer Zeit ... von der Nicht-Rotation" der Materie relativ zum sogenannten Trägheitskompaß abhängt [430].

Im September 1947 scheint Gödel die Konstruktion eines „rotierenden Universums" gelungen zu sein, in dem es keinen Begriff der universellen Zeit gab, die ohne Willkür als absolut im ganzen Kosmos betrachtet werden konnte. Die darauffolgenden Änderungen, die er im Herbst 1947 vornahm, bestanden vermutlich aus detaillierteren Berechnungen, da er in einem Brief an seine Mutter vom November bemerkte, daß die philosophischen Überlegungen, die er ursprünglich angestellt hatte, „zu rein mathematischen Ergebnissen geführt" hatten, die er getrennt veröffentlichen wollte.[3]

IM DEZEMBER wurden die Untersuchungen Gödels durch zwei Ereignisse unterbrochen: die Rückkehr seiner Frau und die Staatsbürgerschaftsanhörung, seine am fünften, ihre eine Woche danach.[4]

---

[3] Er veröffentlichte tatsächlich zwei technische Darstellungen seiner kosmologischen Arbeiten: die eine (1949a) war eher physikalisch, die andere (1952) mathematisch motiviert.

[4] Die Anhörungen sollten ursprünglich gleichzeitig stattfinden, aber Adeles Rückkehr war durch Unruhen in Frankreich verzögert worden.

Die Anhörungen fanden in Trenton statt, und die Erzählung über Gödels Verhalten bei diesem Anlaß wurde zur berühmtesten Anekdote über ihn. Die Geschichte wurde wieder einmal von Morgenstern überliefert, der an diesem Tag sowohl als Gödels Chauffeur[5] als auch, neben Einstein, als einer der zwei Zeugen fungierte. (Morgenstern übernahm diese Funktionen auch für Adele, Einstein nicht.)

Teil der Staatsbürgerschaftsanhörung war eine Befragung über Themen des amerikanischen Regierungssystems, und wie Gödel nun einmal war, bereitete er sich sorgfältiger darauf vor als üblich oder notwendig. Als der Tag näherrückte, wurde er sichtbar unruhig, bis er endlich Morgenstern anvertraute, daß er eine Inkonsistenz in der Verfassung gefunden habe.

Morgenstern zeigte sich amüsiert, erkannte aber auch, daß es Gödel todernst damit war und daß der Erfolg seines Antrags gefährdet sein könnte, wenn man ihn seine „Entdeckung" erläutern ließe. Morgenstern besprach das Problem daher mit Einstein, und die beiden kamen überein, daß sie diese Entwicklung verhindern mußten.

Am vereinbarten Tag holte Morgenstern seine beiden Fahrgäste ab, und auf der kurzen Fahrt nach Trenton versuchte Einstein, Gödel abzulenken. Als er ins Auto stieg, fragte er: „Nun, bist Du bereit für Deine vorletzte Prüfung?" „Was meinst Du mit ‚vorletzte'?" „Sehr einfach. Die letzte wird sein, ins Grab zu steigen."

Nach dieser makabren Einleitung unterhielt Einstein seine Freunde mit Scherzen und Geschichten. Er erzählte beispielsweise von einem Autogrammjäger, der kürzlich an ihn herangetreten sei, und meinte, „das seien die letzten Überreste der Menschenfresserei: In beiden Fällen wolle man sich den Geist des Gefressenen aneignen." Gödel ließ sich durch solchen Humor vermutlich nicht sehr beruhigen, brachte aber während der Fahrt seine legalistischen Bedenken nicht zur Sprache.

Als das Trio beim Gerichtsgebäude ankam, fanden sie einige Personen vor ihnen angestellt. Also schien es, als müßten Einstein und Morgenstern ihre Ablenkungsbemühungen einige Zeit lang fortsetzen. Der Richter war jedoch derselbe, der einige Jahre zuvor schon Einsteins Staatsbürgerschaftsantrag bearbeitet hatte, Philip Forman, und als er die drei sah, bat er sie sofort in sein Zimmer.

Für einige Zeit wurde auf Gödel fast vergessen, aber dann fragte ihn Forman: „Glauben Sie, daß in den Vereinigten Staaten jemals eine Diktatur wie in Deutschland entstehen könnte?"

Genau darauf hatte Gödel gewartet. Er bejahte und begann zu erklären, wie die Verfassung eine solche Entwicklung zulassen könnte. Forman erkannte sofort, was er ins Rollen gebracht hatte, unterbrach mit: „Sie brauchen das nicht auszuführen", und ging zu anderen Fragen über [431].

---

[5] Gödel hat in Amerika offenbar nie ein Auto gelenkt. Vielleicht war das gut so, nach einer Geschichte zu urteilen, die Adele später einer Nachbarin erzählte: Sie selbst sei nur ein einziges Mal mit ihm gefahren. Während der Fahrt sei er so tief in Gedanken versunken, daß sie beinahe einen Unfall hatten, und danach habe sie darauf bestanden, daß er das Autofahren aufgab.

Überraschenderweise erwähnte Gödel die Anhörung nur flüchtig in seiner Korrespondenz mit seiner Mutter, viel ausführlicher stellte er die Zeremonie am 2. April dar, bei der er und Adele vereidigt wurden. Der Vorsitzende war wieder Forman, laut Gödel

> ... ein äußerst sympathischer Mensch, ein Richter und persönlicher Freund Einsteins. Er hielt nachher eine lange Rede von ca. 1 Stunde, die gerade durch ihre Einfachheit u. Natürlichkeit ihre Wirkung nicht ganz verfehlte. Er erzählte von den gegenwärtigen und vergangenen Verhältnissen hierzulande u. man ging mit dem Eindruck nach Hause, daß die amerikanische Staatsbürgerschaft im Gegensatz zu den meisten anderen wirklich etwas bedeutet [432].

Aus unbekannten Gründen ließ Gödel, als er die Staatsbürgerschaft erhielt, auch offiziell seinen zweiten Vornamen entfernen – was er seiner Mutter gegenüber diskret verschwieg.

ADELES RÜCKKEHR brachte das Leben der Familie Gödel wieder in die alten Bahnen zurück. An Sonntagen standen er und Adele gegen Mittag auf. Sie bereitete ein Mahl, nach dem Essen leistete er die wöchentliche Mietzahlung. Den Rest des Nachmittags verbrachte er mit dem Lesen der *New York Times*. Er abonnierte nur die Sonntagsausgabe, aber sogar diese überschritt oft seine Aufnahmebereitschaft [433]. An Wochentagen arbeitete er in seinem Zimmer am Institut, während Adele einkaufen ging und sich mit dem Haushalt beschäftigte. Am Abend gingen sie manchmal ins Kino[6] – ihre einzige regelmäßige Unterhaltung –, aber abgesehen davon waren ihre Kontakte mit ihrer Umgebung sehr eingeschränkt.

Es war für Gödels Gesundheit und Wohlbefinden wesentlich, daß die Störungen seiner täglichen Routine minimal gehalten wurden und daß Adele seine Diät überwachte. Es überrascht daher nicht, daß Morgenstern, als er am Anfang des nächsten Jahres bei den Gödels zum Abendessen eingeladen war, Kurt in einem viel besseren Zustand fand. Er hatte das Gewicht, das er während Adeles Abwesenheit verloren hatte, wieder zugenommen, obwohl er immer noch ernstlich untergewichtig war für einen Mann seiner Größe (in seiner Staatsbürgerschaftsurkunde wird seine Größe mit 170 cm und sein Gewicht mit 50 kg angegeben), und er erwähnte gegenüber Morgenstern, daß er begierig sei, wieder zu seinen logischen Arbeiten zurückzukehren. Bezüglich seiner kosmologischen Resultate wolle er „nichts weiter [mehr] tun als seinen Beweis zu publizieren und Ausarbeitung mit Nebelstatistiken anderen überlassen" [434].

Morgenstern führte das nicht weiter aus, aber aus einer der späteren Publikationen Gödels zu diesem Thema ist ersichtlich, welche Bedeutung er den „Nebelstatisti-

---

6 Gödel schätzte besonders Disney-Produktionen, vor allem den Film *Snow White*, den er zumindest dreimal sah, und *Bambi*. Er schätzte hier und da auch Thriller wie *M*, haßte aber Komödien, wie er seiner Mutter schrieb (FC 43, 22. August 1948).

ken" beimaß: Gödel (1952) stellte fest, daß „eine direkt beobachtbare, hinreichende und notwendige Bedingung für die Rotation eines expandierenden, homogenen und endlichen Universums" sei, daß „es für hinreichend große Distanzen mehr Galaxien in einer Himmelshälfte geben müsse als in der anderen". Die statistische Auswertung der Beobachtungen könnte daher verwendet werden, zu entscheiden, ob unser Universum eines der Art Gödels ist, das heißt, ob der Begriff der Zeit als absoluter Begriff wirklich eine Chimäre ist.

Eine spätere Tagebucheintragung Morgensterns deutet an, daß die Modelle, die Gödel bis dahin erhalten hatte, nicht expandierten, und daher nicht unserem Universum entsprechen konnten, mit seiner beobachteten Rotverschiebung für entfernte Objekte. Sie demonstrierten aber jedenfalls die abstrakte *Möglichkeit* der Nichtexistenz einer absoluten Weltzeit. Es scheint, daß Gödel Anfang 1948 *nicht* die mathematische Konstruktion eines *expandierenden* Modells versuchen wollte. Vielmehr ließ er das Theoretisieren bleiben und überließ die Frage nach der tatsächlichen Struktur des Universums den Physikerinnen und Physikern. (In der Arbeit, die er letztendlich Schilpp lieferte, merkte er an, daß expandierende und rotierende Lösungen existierten, und daß in „solchen Universen eine absolute Zeit möglicherweise ebenfalls nicht existiert."[7] Aber in jedem Fall werfe „allein schon die Vereinbarkeit der Naturgesetze mit Welten, in denen es keine absolute Zeit gibt ..., einiges Licht auf die Bedeutung der Zeit auch in den Welten, in denen eine absolute Zeit definiert werden *kann*.")

Dennoch konnte sich Gödel nicht damit zufrieden geben, das Erstellen von Statistiken anderen zu überlassen. In seinem Nachlaß finden sich zwei gebundene Notizbücher, in denen er die Orientierung von Galaxien aufzeichnete – was vermuten läßt, daß er hoffte, eine physikalische Bestätigung seiner Theorien zu finden. Er war anscheinend überzeugt, daß man so eine Bestätigung irgendwann finden werde, da er viele Jahre später, nicht lange vor seinem Tod, Freeman Dyson anrief und nach den jüngsten Hinweisen zur Rotation fragte, und als Dyson antwortete, es gäbe keine, wollte er die Folgerung nicht akzeptieren [435].

Ende Februar versprach Gödel Morgenstern, daß er ihm „bald" eine Kopie seines Kant-Einstein-Essays geben werde. Aber dann passierte etwas Unerwartetes. Im selben Brief, in dem er seiner Mutter von der Staatsbürgerschaftszeremonie erzählte, entschuldigte sich Gödel für die zweimonatige Pause in der Korrespondenz. Er wollte schon lange zuvor schreiben, sei aber einige Wochen lang von einem „Problem" verfolgt worden, das jeden anderen Gedanken verdrängte. Er hätte lieber

---

7 Die Verwendung des Wortes „möglicherweise" mag im Hinblick auf die erwähnte Verbindung zwischen Rotation und zeitlicher Absolutheit problematisch erscheinen – besonders da der Artikel (Gödel 1949a), in dem auf diese Verbindung hingewiesen wird, *vor* dem Beitrag zum Schilpp-Band erschienen war. Die Diskrepanz wird in einer Fußnote erklärt, in der Gödel die zusätzliche Bedingung formuliert, daß die absolute Zeit dieselbe Richtung wie alle möglichen Eigenzeiten haben sollte.

nicht ununterbrochen daran gearbeitet, aber das stellte sich als unmöglich heraus. „Selbst im Kino oder beim Radio" höre er „nur mit halbem Ohr zu". Seit einigen Tagen habe er jedoch „die Sache so weit erledigt", daß er nun „wieder ruhig schlafen" könne.

Gödel sagte nicht, welches Problem ihn so beschäftigt hatte, aber die Antwort findet sich in Morgensterns Tagebucheintragung vom 12. Mai (zwei Tage nach Gödels Brief). Morgenstern habe „mit Gödel viel gesprochen. Seine Kosmologie macht gute Fortschritte. Nun kann man in seinem Universum in die Vergangenheit reisen. ... Das wird ein schönes Aufsehen machen."

Es war diese revolutionäre Entdeckung – daß in den Universen, die er bereits konstruiert hatte, geschlossene zeitartige Kurven existierten, die den Menschen zumindest theoretisch die Möglichkeit brächten, ihre eigene Vergangenheit zu wiederholen –, die Gödel (1949a) beschrieb. Die Existenz solcher Kurven (die es *nicht* in dem expandierenden Universum gibt, das er [1952] später beschreibt) demonstrierte, daß es in diesen Universen nicht nur keinen „natürlichen" Begriff der absoluten Zeit gibt, sondern gar keinen. Wie Gödel es im vierten seiner unpublizierten Manuskripte formulierte: „auf welche Art auch immer man ein absolutes ‚Bevor' einzuführen versucht, es gibt immer entweder zeitlich unvergleichliche Ereignisse oder zyklisch angeordnete".

In einer Fußnote – später teilweise gestrichen – räumte Gödel ein, daß „dieser Stand der Dinge ... eine Absurdität zu implizieren" scheint. Was, zum Beispiel, wenn man einen Punkt in seiner Vergangenheit besuchte und versuchen würde, den Lauf der Dinge zu verändern? Er merkte jedoch an, daß solche Inkonsistenzen

> nicht nur die praktische Machbarkeit einer ... [solchen] Reise voraussetzen ([für die] Geschwindigkeiten nahe der Lichtgeschwindigkeit notwendig wären ...), sondern auch bestimmte Entscheidungen seitens der oder des Reisenden, deren Möglichkeit man nur aus einer vagen Überzeugung von der Willensfreiheit schließt.

Aus dieser vagen Überzeugung können „praktisch dieselben Inkonsistenzen [ja auch] von der Annahme der strikten Kausalität abgeleitet werden" – eine Position, von der er selbst fest überzeugt war. Im Hinblick auf die Kausalität müsse man daher, so glaubte er, zwischen logisch möglich und zeitlich zulässig unterscheiden [436]. Schilpp hatte gehofft, seinen Band Einstein anläßlich von dessen siebzigstem Geburtstag präsentieren zu können (14. März 1949). Gödel stellte seinen Essay allerdings erst einen Monat davor fertig, und selbst dann zögerte er, ihn zu versenden – offenbar weil er immer noch über einige Ideen darin grübelte. Schlußendlich rang ihm Schilpp das Versprechen ab, daß Gödel eine Kopie seines Essays Einstein bei dessen Geburtstagsfeier überreichen würde, die am 19. März im Princeton Inn stattfinden sollte. Das tat Gödel auch, und kurz danach erhielt Schilpp das langerwartete Manuskript.

Wieviel Gödel Einstein zuvor über seine Resultate verraten hatte, ist unbekannt. In seiner publizierten Reaktion im Band, der Gödels Essay enthält, schreibt Einstein, daß die Möglichkeit von geschlossenen zeitartigen Kurven ihn bereits „beunruhigt" habe, als er die allgemeine Relativitätstheorie entwickelte. Nachdem es ihm selbst nicht gelungen sei, die Frage zu klären, pries er Gödels Entdeckung als „wichtigen Beitrag". Dennoch meinte er, es wäre interessant zu wissen, ob Gödels Lösungen nicht „aus physikalischen Gründen ausgeschlossen" werden könnten [437].

AM 7. MAI trug Gödel seine Entdeckungen am IAS vor. Der Vortrag war gut besucht,[8] obwohl nach dem Bericht Morgensterns nur wenige von Gödels Kolleginnen und Kollegen wußten, woran Gödel gearbeitet hatte. (Die meisten waren „über seine tiefe Kenntnis der Physik" recht erstaunt.) Er sprach eineinhalb Stunden, nach Morgenstern „in guter Form", aber anscheinend über die Köpfe der meisten Zuhörenden hinweg [438].

Danach waren die Entdeckungen Gödels das Hauptgesprächsthema am Institut. Wie zu erwarten waren die ersten Reaktionen eine Mischung aus Überraschung, Bewunderung und Mangel an vollem Verständnis. Später gerieten Gödels Universen weitgehend in Vergessenheit – obwohl er (1949a, 1952) technische Details seiner Berechnungen veröffentlichte. Erst kürzlich hat man begonnen, ihnen wieder größeres Interesse zuzuwenden und ihre Bedeutung zu würdigen.

In mehrerer Hinsicht wurden Gödels kosmologische Ergebnisse ähnlich rezipiert wie seine Unvollständigkeitssätze. Beide Entdeckungen erschütterten etablierte Meinungen. Beide kamen von unerwarteten Richtungen. Beide waren durch philosophische Fragen motiviert, mit denen sich viele in der wissenschaftlichen Gemeinschaft nicht beschäftigten. Beide hatten einen Anstrich des Paradoxen, was leicht Zweifel auslösen konnte. Und beide schienen theoretische Kuriositäten zu sein, von geringer Relevanz für die alltägliche Arbeit in Physik oder Mathematik.

Wie die Unvollständigkeitssätze wurde auch die Korrektheit der kosmologischen Resultate öffentlich in Frage gestellt, in einem Artikel von S. Chandrasekhar und J. P. Wright, der 1961 in den *Proceedings of the National Academy of Science* erschien [439]. Chandrasekhar, der Gödels Vortrag am IAS besucht hatte, war eine der bedeutendsten und einflußreichsten Gestalten der modernen Physik. Dementsprechend hatte seine Meinung viel Gewicht – soviel, daß Gödels Folgerungen über die Möglichkeiten von Zeitreisen in relativistischen Universen für einige Zeit danach „in der philosophischen Literatur als zweifelhaft beschrieben wurden" [440].

Es ist schwer zu verstehen, warum Gödel nicht konsultiert wurde, als ein Artikel, der sein Werk kritisierte, revidiert wurde, besonders da er damals seit acht Jahren Mitglied der National Academy of Sciences war. Wäre er auf Chandrasekars und Wrights Behauptungen aufmerksam gemacht worden, hätte er sicher darauf hinge-

---

8 Es waren unter anderem Einstein, Morgenstern, Veblen, Robert Oppenheimer, S. Chandrasekhar, S. S. Chern und Martin Schwarzschild anwesend, nicht aber von Neumann, Weyl oder Siegel.

wiesen, daß fälschlicherweise angenommen worden war, er hätte bestimmte Kurven in seinem Universum als Geodäten ausgewiesen.

Der Artikel wurde ihm schließlich 1969 von Professor Howard Stein von der Case Western Reserve University zur Kenntnis gebracht, der den Fehler erkannt und einen Artikel [441] zur Verteidigung Gödels eingereicht hatte. Die Herausgeber zögerten jedoch, Steins Kritik anzunehmen, also entschied er sich, mit einem Brief an Gödel die Sache ein für allemal zu klären.

Als Gödel sofort bestätigte, daß er „nie gesagt oder zu sagen beabsichtigt" hätte, was Chandrasekhar und Wright ihm in den Mund gelegt hatten, wurde Steins Paper sofort akzeptiert und publiziert, und damit wurden alle angeblichen Widerlegungen von Gödels Resultat als das erkannt, was sie waren: ein Mißverständnis.

FÜR EINIGE ZEIT nach seinem Vortrag im Mai 1949 versuchte Gödel, seine kosmologischen Resulate zu erweitern. Aber im Frühsommer diese Jahres fand Adele Gefallen an einem zum Kauf angebotenem Haus. Sie bestand darauf, es zu kaufen, wodurch er gezwungen war, seine Arbeit zu unterbrechen.

In Briefen an seine Mutter, geschrieben als die Kaufverhandlungen schon weit fortgeschritten waren [442], beschrieb Gödel das Haus sowie die „Scherereien", die die Verhandlungen mit sich gebracht hatten. Die Adresse war Linden Lane 129 (später 145), nahe dem Stadtrand. Das Haus war „solide gebaut, ... aus einer Art künstlichem Stein ... (‚cinderblock')" (Abb. 14). Es war erst drei Jahre alt und „hat daher allen modernen Komfort", wie eine automatische Ölheizung und „Kühlanlage, die im Sommer die Luft aus dem Keller in die Zimmer pumpt". Das Wohnzimmer ist „riesig groß", (man könnte „leicht eine Tanzgesellschaft für 50 Personen [darin] geben"), hat eine „Kaminecke (oder eigentlich Kaminwand)" und „zum Teil eine Holzverschalung". Es gab allerdings kein Vorzimmer. Ein kurzer Gang führte zu zwei kleineren Zimmern und dem Bad. Ein anderer kleinerer Raum, komplett getäfelt, schloß an die Küche an. Das Haus war von einem großen Garten umgeben, in dem einige junge Bäume standen, und es gab auch ein Blumenbeet.

Gödel fand, die Größe des Hauses „gerade richtig" für Adele und ihm. Der relativ abgelegene Ort entsprach sicherlich seinem zurückgezogenen Wesen, und er hoffte, daß es „im Sommer bedeutend kühler sein [wird] als unsere jetzige Wohnung", da es („ziemlich frei [liegt], in einem höher gelegenen Teil von Princeton").[9] Leider kostete das Haus mehr, als er sich eigentlich leisten konnte: 12.500 Dollar zuzüglich Gebühren.[10] Adele aber „wollte es um jeden Preis haben".

---

9 Gödel wurde später dafür berühmt, daß er mitten im Sommer Pullover und Ohrwärmer trug, aber während seiner frühen Jahre in Princeton beschwerte er sich oft über die schwüle Hitze.

10 Das entspäche heute in etwa einer Million Schilling – weit weniger als der aktuelle Marktpreis.

**Abb. 14.** Das Haus der Gödels, Linden Lane 145, Princeton, New Jersey, um 1950

Schlußendlich lieh sich Gödel das Geld: „Der Kaufpreis [wurde] zu drei Viertel durch eine Hypothek bestritten, der Rest durch eine Gehaltsvorauszahlung des Instituts". Diese „Art der Finanzierung" wirke zwar „etwas unsolide", aber das Institut übernehme ja „bis zu einem gewissen Grade die Verantwortung", da der Direktor (seit zwei Jahren war das Robert Oppenheimer) „es für gut findet". Außerdem habe „ein Sachverständiger das Instituts das Haus besichtigt und es für sehr preiswert befunden".

Ob Gödel wirklich glaubte, was er seiner Mutter da schrieb, ist fraglich. Morgenstern zumindest sah die Sache ganz anders. In seiner Tagebucheintragung vom 16. Juli berichtet er: „Gödel hat eine schlimme Zeit hinter sich. (Seine Frau ist schwer hysterisch, wie er selbst sagte und beschrieb). Er mußte ein Haus kaufen ($ 12500,- plus fees), das viel weniger wert ist und in keiner guten Gegend liegt",[11] nahe dem Stadtrand, zu weit vom IAS, um dorthin bequem zu Fuß gehen zu können. Die Verhandlungen haben „viel Aufregung [und] Unterbrechung seiner gut gehenden Arbeit" gebracht.

Damals war Morgenstern kein Junggeselle mehr, er hatte im Jahr davor geheiratet. Aber seine Meinung über Adele blieb unverändert. Sie koche zwar sehr gut, wenn

---

11 Für die Verhältnisse Princetons. Es war allerdings nicht weit von der prestigeträchtigen Princeton High School entfernt, deren Gebäude und Gärten Gödel an ein Schloß erinnerten (FC 54, 18. Oktober 1949).

auch etwas zu schwer. In jeder anderer Hinsicht jedoch sei ihre Gegenwart nicht erfreulich. Sie sei grob und laut, reiße ständig das Gespräch an sich, zeige erstaunlich schlechten Geschmack was Möbel anbelangt, und spreche nach zehn Jahren in Amerika immer noch sehr schlecht Englisch. Während eines Essens bei den Gödels zeigte sich Morgensterns Frau Dorothy „entsetzt und empört" über die Art, in der Adele von Kurt sprach und „ihn terrorisiert" [443]. Und Adele rauchte, trotz der wirklichen oder eingebildeten Empfindsamkeit ihres Mannes gegen schlechte Luft.

Als Ökonom war Morgenstern vermutlich gut über die Werte der Liegenschaften in Princeton informiert, und seine Beschreibungen von Adeles Verhalten stimmen mit denen anderer überein. Sie war nach allen Darstellungen eine scharfzüngige, willensstarke Frau, die auch grob und ungehobelt sein konnte. Gödel selbst gab einmal zu, daß sie „Symptome von Hysterie" zeige und oft falsche Eindrücke von anderen Menschen bekam. Insbesondere war sie oft über Bemerkungen „totbeleidigt", die andere wenig beachtet hätten; und sie ging ständig, oft auch unbegründet, davon aus, daß man ihr Feindseligkeit entgegenbrachte [444].

Unbestreitbar machte Adele auf viele, die mit ihr in Kontakt kamen – besonders auf Frauen –, einen schlechten Eindruck. Wenn man Gödels Abneigung gegen Auseinandersetzungen bedenkt, kann man leicht zu dem Glauben kommen, daß sie ihn bevormundet hat, manchmal in peinlichem Ausmaß. Dennoch gibt es wenig Anlaß zu glauben, daß sie die Belastung war, als die Morgenstern sie darstellt. Gödel hatte keine hohen gesellschaftliche Ansprüche und nur wenig Interesse an sozialen Kontakten. Die Grobheit seiner Frau, wie sehr sie auch zu ihrer eigenen Isolation beigetragen haben mag, kann nicht viel Einfluß auf sein Verhältnis zu Kolleginnen und Kollegen gehabt haben, er wäre in jedem Fall ein Außenseiter gewesen. Ihre Forderungen hielten ihn manchmal von der Arbeit ab, aber er erreichte nichtsdestoweniger eine ganze Menge – wahrscheinlich viel mehr, als wenn sie nicht für ihn gesorgt und ihn manchmal zu Entscheidungen gezwungen hätte. Wenn ihr Geschmack zum Kitsch neigte, dann traf er sich mit dem seinen. Die rosa Flamingostatue, die sie im Garten vor seinem Fenster aufgestellt hatte, bezeichnete er als „furchtbar herzig" [445].

Die Gödels kauften das Haus in der Linden Lane am 3. August und zogen ungefähr ein Monat später ein. Adele war begeistert davon, ein eigenes Heim zu besitzen, und warf sich mit all ihrer Energie auf das Herrichten der Räume und das Pflanzen von Blumen im Garten. Die Ecke des Wohnzimmers nahe der Küche wurde zum Eßzimmer, und Gödel wählte das kleine an die Küche grenzende Zimmer als Studierzimmer. Es war nicht nötig, Möbel zu kaufen, so teilte er seiner Mutter mit, da sie bereits überversorgt waren.

Im folgenden Januar, nachdem sie sich in ihrem neuen Heim gut eingerichtet hatten, sprach Gödel die Hoffnung aus, daß das Haus nie ein Last werden möge. Und tatsächlich diente es ihnen für den Rest ihres Ehelebens gut, besonders nachdem Adele eine Reihe von Verbesserungen durchgeführt hatte. Über die Jahre baute sie eine kleine Veranda an der Rückseite des Hauses, täfelte den Keller und stellte einen

Miniaturheurigen[12] im Garten auf. Als sich Kurts Studierzimmer als zu klein herausstellte, tauschte sie mit ihm Zimmer und ließ verglaste Bücherkästen in ihr ehemaliges Zimmer einbauen. Nach einiger Zeit wandelte sie den an die Küche grenzenden Raum in eine „Bauernstube" um.

Nach Berichten von Elisabeth Glinka, einer Nachbarin, die in späteren Jahren Adeles Freundin und Pflegerin werden sollte, war das Haus in einem einfachen zeitgenössischen Stil eingerichtet. Es gab aber zwei Extravaganzen: Adele liebte orientalische Teppiche und Kristalleuchten, von denen sich vier im kombinierten Wohn- und Speisezimmer befanden, zwei Deckenluster und zwei Wandleuchten.

Für Außenstehende schien das Haus wohl bescheiden und die Möblierung exzentrisch. Aber es war nicht dazu da, Besucherinnen und Besuchern zu gefallen, deren es sowieso nur wenige gab. Es diente mehr als ruhiger Hafen, in dem Gödel ungestört seinen Forschungen nachgehen konnte. Nach einigen Jahren waren die Immergrüne, die Adele gepflanzt hatte, hoch genug, um das Haus vor den Blicken der Vorbeigehenden abzuschirmen, und 1957 kauften die Gödels die nach Norden angrenzende Parzelle, um den Bau eines Hauses zu verhindern.

Was Morgenstern als schlechtes Geschäft erschienen war, stellte sich langfristig als gute Investition heraus. Der Preis des Hauses mag überhöht gewesen sein und die Verkaufsverhandlungen mögen Gödel kurzfristig von seinen intellektuellen Bemühungen abgelenkt haben, aber alles in allem machte der Umzug das Leben für ihn und Adele stabiler. Während sie sich dem Haus widmete, blieb er frei für seine Forschung. Sie beschwerte sich immer seltener, und seine Besessenheit von „schlechter Luft" nahm merklich ab.

GÖDEL MUSS seine kosmologischen Untersuchungen beinahe sofort nach Abschluß der Kaufvertrages fortgesetzt haben, da er am 2. September eine letzte Anfügung zu einer Fußnote des Aufsatzes für Schilpp einreichte. Zu dieser Zeit nahm er auch eine Einladung an, seine Ergebnisse zur Relativitätstheorie vor dem Internationalen Mathematikerkongreß (dem ersten nach dem Krieg) vorzutragen, der im August des folgenden Jahres in Cambridge, Massachusetts stattfinden würde.

Einige Monate zuvor hatte Gödel Morgenstern erzählt, daß er seine Arbeit zur Physik einschränken wolle, um seine Studien zu Leibniz fortzusetzen. Leibniz' Manuskripte waren in Hannover irgendwie der Beschädigung während des Krieges entgangen, und Gödel und Morgenstern kamen auf den Gedanken, eine Mikrofilmkopie für die Princeton University Library zu beantragen. Morgenstern begann sich im Mai 1949 um die Angelegenheit zu kümmern, aber er war sofort mit Schwierigkeiten konfrontiert, die Gödel wieder einmal als Argument für seine Verschwörungstheorie dienten.

---

12 Der Heurige ist ein ostösterreichisches Gasthaus, in dem vom Winzer neuer („heuriger") Wein ausgeschenkt wird. Der Wiener Bezirk Grinzing ist besonders berühmt für seine Heurigen.

Die ersten Probleme ergaben sich, als Morgenstern ein Kopie des kritischen Kataloges der Leibniz-Handschriften ausfindig machen wollte, der Anfang des Jahrhunderts von den Herausgebern der interakademischen Leibniz-Ausgabe [446] erstellt worden war. Es wurde berichtet, daß die einzige Kopie dieses Kataloges in den USA 1908 in der National Academy of Science deponiert worden war. Als Morgenstern aber an die Akademie schrieb, konnte man ihm keinen Hinweis über den Verbleib des Kataloges geben. Anfragen an die Smithsonian Institution und die Library of Congress erwiesen sich als ebenso fruchtlos, und das mysteriöse Verschwinden des Kataloges wurde nie aufgeklärt.

Die Verhandlungen über die Mikroverfilmung zogen sich über die nächsten Jahre. Sie wurden hauptsächlich von Morgenstern geführt, aber mit Gödels warmen Interesse und Unterstützung. Anfangs erteilte die Niedersächsische Landesbibliothek in Hannover zwar die Erlaubnis zur Kopie der Manuskripte, aber die Menge des Materials (einer Schätzung zufolge 700.000 bis 800.000 Seiten) stellte ein finanzielles Problem dar. Morgenstern ersuchte die Rockefeller Foundation um Unterstützung, nicht nur für die Anfertigung der Kopien, sondern auch für ein Reisestipendium für Gödel, der – so Morgenstern – begierig sei, die Archive in Hannover und Paris zu besuchen.[13] Aber es gab verschiedene Komplikationen. Zuerst wurde berichtet, daß eine Firma in Deutschland die kommerzielle Anfertigung eines Mikrofilmes plane, später erfuhr man, daß diese Pläne aus Kostengründen aufgegeben worden waren. Dann, im Herbst 1951, hörten Morgenstern und Gödel, daß auch andere ähnliche Pläne verfolgten.

Im September dieses Jahres berichtete Professor Paul Schrecker von der University of Pennsylvania, daß alle Materialien zum Werk Leibniz' nun in der Russischen Besatzungszone seien, und im nächsten Monat berichtete die Library of Congress, daß die Behörden in Hannover nicht länger an der Sache interessiert seien. Im Juni 1952 besuchte Morgenstern jedoch selbst Hannover und erhielt wieder einmal die Erlaubnis für die Verfilmung, und auch eine revidierte Schätzung des involvierten Materials: 300.000–400.000 Seiten.

In der Zwischenzeit hatte die Rockefeller Foundation auch von Schreckers Bemühungen gehört. Um Konflikte zu vermeiden, schlug Morgenstern vor, die beiden konkurrierenden Projekte zu vereinigen, aber die Stiftung hielt Schreckers Pläne für weiter fortgeschritten. Im Mai 1953 zog die American Philosophical Association ihre Unterstützung für Morgensterns und Gödels Pläne zurück, und nicht lange danach gelang es Schrecker endlich, mit Unterstützung durch die Stiftung eine Kopie der Werke Leibniz' an die Bibliothek der University of Pennsylvania zu bringen. Es ist unbekannt, in welchem Ausmaß Gödel von dieser Kopie Gebrauch machte.

---

13 1951 ging Gödel sogar soweit, sich einen Paß zu besorgen. Er benützte ihn allerdings nie.

IM FRÜHJAHR 1950 hatte Gödels Respekt für Amerika durch die Eskalation des kalte Kriegs und das nukleare Wettrüsten zu schwinden begonnen. In einem Brief an seine Mutter vom 30. Juli, ungefähr einen Monat nach Ausbruch des Koreakonflikts, beklagte er die gefährlichen Zeiten. Er erwähnte die Wiederaufnahme des Zucker-Hamsterns als eines von vielen Zeichen für die Rückkehr der USA zur Kriegswirtschaft und beschuldigte Truman, anti-kommunistische Hysterie zu schüren. Es gab, so erklärte er, starke Opposition gegen die Regierungspolitik, aber jegliche Kritik würde unterdrückt.

Das war die Ära des Senators Joseph McCarthy und seiner Verfolgung von Intellektuellen – darunter Oppenheimer, der Institutsvorstand. Die Bedrohung der bürgerlichen Freiheiten war klar und präsent. Gödel erkannte aber nicht, wie allgegenwärtig die Überwachung der politischen Meinung geworden war. Er war sich bewußt, daß der Briefverkehr zwischen Amerika und Österreich immer noch von den Besatzungsbehörden zensuriert wurde, denn er informierte seine Mutter, daß ein Artikel über Einstein, den sie ihm zu senden versucht hatte, als „verbotene Beifügung" entfernt worden war. Aber er hätte sicherlich nicht gedacht, daß Auszüge aus zwei Briefen an seine Mutter dem U.S.-Army Geheimdienst und dem FBI übermittelt würden [447].

Der erste dieser Auszüge, aus seinem Brief vom 1. November 1950, bezieht sich auch auf Einstein:

> Wovon Einstein warnte, ist, daß man den Frieden durch Aufrüstung u[nd] Einschüchterung des „Gegners" zu erreichen suchte. Er sagte, daß dieses Verfahren notwendigerweise zum Krieg (u[nd] nicht zum Frieden) führt, womit er ja recht hatte. Und es ist ja bekannt, daß das andere Verfahren (auf gütlichem Weg eine Einigung zu erzielen) von Amerika gar nicht versucht, sondern von vornherein abgelehnt wurde. Wer angefangen hat, ist nicht die einzige Frage u[nd] meistens auch schwer festzustellen. Aber sicher ist jedenfalls, daß Amerika unter dem Sch[l]agwort der „Demokratie" einen Krieg für ein vollkommen unpopuläres Regime führt u[nd] unter dem Namen einer „Polizeiaktion" für die V.N. Dinge tut, mit denen selbst die V.N. nicht einverstanden sind. [448]

Der zweite, aus seinem nächsten Brief vom 8. Januar, lautet:

> Die politische Lage hat sich hier während der Feiertage wunderbar weiterentwickelt u[nd] man hört überhaupt nichts mehr als Vaterlandsvertei[d]igung, Wehrpflicht, Steuererhöhung, Preissteigerung etc. Ich glaube selbst im schwärzesten (oder braunsten) Hitler-Deutschland war das nicht so arg. Die Leute, die bei Euch wieder so blöd reden wie zu Hitler's [sic] Zeiten, sind doch wahrscheinlich in der Minorität[,] u[nd] ich hoffe[,] die Deutschen werden nicht so dumm sein, sich als Kanonenfutter gegen die Russen verwenden zu lassen. Ich habe den Eindruck, daß Amerika mit seinem Irrsinn bald isoliert dastehen wird. [449]

Die Auszüge wurden dem FBI „zu Informationszwecken" übermittelt, weil aus ihnen eine „pro-russische Einstellung seitens des Subjekts" herausgelesen wurde. Weil aber das FBI in seinen Akten nichts anderes über Gödel finden konnte – außer seiner Registrierung als deutscher Ausländer im wehrfähigen Alter kurz nach Ausbruch des

Krieges –, wurde keine Untersuchung gegen ihn eingeleitet. Als er einige Monate
später um einen Paß ansuchte, wurde er einer Routine-Loyalitätsuntersuchung unterzogen, aber der Paß wurde ohne größere Verzögerung ausgestellt. (Damals hatte er
sich schon etwas distanziert von seinem Vergleich der amerikanischen Politik mit der
Hitlers. In einem Brief an seine Mutter vom März 1951 räumt er ein, „die Zustände
[in den USA seien] natürlich noch[?] nicht mit denen in Deutschland 1933–39 zu
vergleichen, aber was Kriegshetze, Aufrüstung, Unterdrückung jeder pazifistischen
Regung betrifft", werden sie bald erreicht sein.)

AM 31. AUGUST 1950 hielt Gödel seine Rede vor dem Internationalen Mathematikerkongreß (ICM). Mehrere hundert Menschen, berichtete er, seien im Auditorium
gewesen, und er bekam vor und nach seiner Rede großen Applaus. Der Kongreß war
gut besucht (ungefähr zweitausendfünfhundert Teilnehmerinnen und Teilnehmer),
aber er schätzte den internationalen Charakter als gering ein: neun Zehntel des
Auditoriums seien entweder amerikanisch oder aus Europa emigriert und schon seit
zehn oder mehr Jahren in Amerika gewesen. Der Grund dafür seien die Bestrebungen des politischen Regimes der USA, eine „chinesische Mauer um das Land" zu
bauen, um sicherzustellen, daß das amerikanische Volk nicht die Meinung der Welt
und das Ausland nichts von den Vorgängen in den USA erfahre [450]. (Tatsächlich
wurde die damalige restriktive Visumspolitik der USA – eine Folge der antikommunistischen Hysterie, die die Nation ergriffen hatte – sowohl im Land selbst als auch im
Ausland heftig kritisiert.)

Morgenstern nahm auch am Kongreß teil, und dort hörte er wieder einmal
Gerüchte, daß Gödel die Unabhängigkeit der Kontinuumshypothese bewiesen habe.
Gödel bestätigte auch bereitwillig, einige positive Resultate erzielt zu haben – eine
der vielen Entdeckungen, so dachte Morgenstern, die unter den Kurzschriftnotizen in
seinem Schreibtisch verborgen wären –, aber es würde sehr mühselig sein, sagte er,
alles zusammenzuschreiben.

Vier Monate später teilte er jedoch Morgenstern mit, daß er seine Meinung
geändert habe: Sobald er seinen ICM-Vortrag zur Publikation vorbereitet habe, werde
er beginnen, seine Unabhängigkeitsresultate zusammenzuschreiben. Danach werde
er einen Artikel über diophantische Gleichungen veröffentlichen, in dem er seine
Unvollständigkeitsresultate ausweiten würde, und es gebe auch einige weitere Manuskripte, die er gerne publizieren würde. Der Grund: Er habe erkannt, daß man nicht
lange genug lebe, um alles machen zu können.

Morgenstern mutmaßte, daß Gödels Sinneswandel durch den verfrühten Tod
Abraham Walds verursacht worden war, seines früheren Kollegen aus Mengers
Kolloquium, der am 13. Dezember bei einem Flugzeugabsturz in Indien ums Leben
gekommen war. Aber Gödel könnte auch direkter Hinweise auf seine eigene Sterblichkeit wahrgenommen haben. Innerhalb weniger Wochen erlitt er nämlich selbst
einen lebensbedrohlichen Krankheitsanfall.

# X
# Anerkennung und Einsiedelei
(1951–1961)

DIE CHRONISCHEN Verdauungsprobleme, die Gödel 1946 beschrieb, besonders die Beschwerden nach dem Konsum von starkem Kaffee, zu sauren oder stark gewürzten Speisen, waren Symptome eines sich entwickelnden Zwölffingerdarmgeschwürs. Sie wurden aber von den Ärzten damals nicht richtig interpretiert. Die Besessenheit Gödels mit seiner Diät und Verdauung machte es leicht, seine Beschwerden als die eines Hypochonders zu ignorieren, besonders da seine selbstauferlegten Diätvorschriften halfen, die Symptome zu lindern.

Obwohl seine Diät zu bedenklichem Untergewicht geführt hatte, erfreute sich Gödel sonst im allgemeinen guter Gesundheit, und am Beginn des Jahres 1951 gab es nichts, was auf übermäßigen emotionalen Streß oder eine Rückkehr seiner Magenbeschwerden hindeutete. Aber plötzlich, im frühen Februar, traten Blutungen auf. Er wurde sofort ins Spital gebracht, wo das Röntgenbild ein Zwölffingerdarmgeschwür zeigte. Er bekam sofort Bluttransfusionen und wurde intravenös ernährt, dennoch schwebte er einige Tage in Lebensgefahr.

Als Morgenstern Gödel zum ersten Mal besuchte, war sein Zustand immer noch bedenklich. Die Heilungsaussichten waren wegen seiner Überzeugung, im Sterben zu liegen, weiter vermindert. (Er diktierte Morgenstern sogar seinen letzten Willen.) Morgenstern glaubte dennoch, daß sein Freund durchkommen werde, und eine Woche später zeigte Gödel trotz seiner Ängste gewisse Anzeichen einer Besserung.

Nicht lange danach verbesserte sich Gödels Zustand genug, daß er nach Hause zurückkehren konnte, und dort ließ seine Depression rasch nach. Adeles Fürsorge war sicherlich der Hauptgrund für diesen Wandel, aber seine Genesung wurde wohl auch beschleunigt durch eine Entwicklung hinter den Kulissen: Kurz nachdem das Schlimmste überstanden war, hatte Oppenheimer Morgenstern gefragt, was man tun könne, um Gödels Stimmung zu heben, und Morgenstern hatte geradeheraus geantwortet, das beste wäre sicherlich, Gödel endlich zum Professor zu ernennen.

Beide waren sich einig, daß diese Ernennung schon lange überfällig war, wußten aber auch, daß einige Kollegen Gödels am IAS nach wie vor nicht damit einverstanden waren. Insbesondere hatte C. L. Siegel einige Monate zuvor erklärt, „ein Verrückter am Institut" (er selbst) sei genug [451]. Also bezweifelte Oppenheimer, daß er die Ernennung Gödels in nächster Zeit durchsetzen konnte.

Dann fiel ihm eine Alternative ein. Damals war Oppenheimer Mitglied der Jury für den ersten Einstein Award, eine prestigeträchtige Ehrung, die erst im Jahr zuvor

*Anerkennung und Einsiedelei* 167

von Admiral Lewis L. Strauss eingerichtet worden war, einem der Kuratoren des Instituts. Der Preis war ein Goldmedaillon und ein Scheck über 15.000 Dollar, und wurde alle drei Jahre zu Einsteins Geburtstag (14. März) verliehen. Eine Verleihung an Gödel wäre besonders passend, nicht nur wegen seiner engen Freundschaft zu Einstein und seinen Beiträgen zur Relativitätstheorie, sondern weil seine Erkenntnisse bisher wenig Beachtung außerhalb der mathematischen Gemeinschaft gefunden hatten. Und natürlich würde das Geld Gödel bei der Begleichung der Arztrechnungen helfen.

Oppenheimer hatte wenig Zweifel, daß die anderen Mitglieder des Komitees – von Neumann, Weyl und Einstein selbst – diesem Vorschlag zustimmen würden. Er war aber besorgt, daß eine Nominierung einen schlechten Eindruck erwecken könnte. Als Institutsvorstand wollte er kein Institutsmitglied vorschlagen, Weyl würde wohl nicht die Initiative ergreifen und Einstein oder von Neumann könnten in den Verdacht des Nepotismus kommen, wenn sie selbst den Vorschlag machten.

Andrerseits konnte Gödels Eignung wohl kaum angezweifelt werden. Das wirkliche Problem war, daß das Komitee bereits vorgeschlagen hatte, den Preis an Julian Schwinger von Harvard [452] zu verleihen, einen brillianten jungen mathematischen Physiker, der grundlegende Beiträge auf verschiedenen Forschungsgebieten geleistet hatte und der später zusammen mit R. P. Feynamman und S. Tomonaga einen Nobelpreis für seine Arbeit auf dem Gebiet der Quantenelektrodynamik erhalten sollte. Die Wahl Schwingers war nicht öffentlich angekündigt worden, da die Identität der Preisträger bis zum Tag der Verleihungszeremonie geheimgehalten wurde, aber Admiral Strauss war informiert worden, und man konnte diese Empfehlung wohl schlecht zurücknehmen.

Mitte Februar war man zu einer Lösung gekommen: Der Preis würde Schwinger und Gödel gemeinsam verliehen werden, beide würden eine Medaille und einen Scheck bekommen. Es gibt keine Aufzeichnungen über die vorhergegangenen Verhandlungen [453], aber die Entscheidung war offenbar zügig getroffen worden, da Einstein, noch bevor Gödel aus dem Krankenhaus entlassen wurde, diesem Andeutungen über die bevorstehende Ehrung machte.

Die offizielle Benachrichtigung erreichte Gödel kurz nach der Rückkehr in häusliche Pflege, und er war, wie Oppenheimer gehofft hatte, sowohl überrascht als auch aufgeregt. Er freute sich zwar nicht auf die Zeremonie selbst – er haßte solche formellen Anlässe, wie er seiner Mutter anvertraute –, aber er war glücklich, daß seine Arbeit endlich öffentliche Würdigung erfuhr.

Die Preisvergabe fand während eines Essens in Princeton statt. Wie schon anläßlich der Staatsbürgerschaftsanhörungen diente Morgenstern als Chauffeur der Gödels zum und vom Ereignis, und wie damals fürchtete er Komplikationen. Diesmal war es nicht Kurt, der ihm Sorgen bereitete, sondern Adele, da sie in den Wochen vor der Preisverleihung keine geringen Probleme bei den Vorbereitungen verursacht hatte. Unter anderem hatte sie darauf bestanden, während der gesamten Zeremonie neben ihrem Mann zu sitzen – wohl keine unmäßige Forderung, aber aus der Sicht der Organisatoren eine Unverschämtheit, die das offizielle Protokoll durcheinandergebracht hätte. Zu Morgensterns Erleichterung „verhielt sie sich sehr gut".

Das Essen fand im eher intimen Kreis statt, Admiral Strauss war der Gastgeber von etwa fünfundsiebzig geladenen Gästen. Die Atmosphäre war feierlich, aber unprätentiös. Oppenheimer hielt eine kurze Rede zu Ehren Schwingers und seines Werkes, von Neumann tat dasselbe für Gödel, dessen Erkenntnisse auf dem Gebiet der modernen Logik er als Wahrzeichen bezeichnete, „die weit in Raum und Zeit sichtbar bleiben werden".

Einstein überreichte dann persönlich die Medaillen, und sagte bei dieser Gelegenheit zu Gödel: „Und hier mein lieber Freund, für Dich. Und Du hast es nicht nötig!" [454]. In Wirklichkeit wußte Einstein natürlich ganz genau, wie sehr Gödel ein solches Zeichen der Anerkennung brauchte. Abgesehen von Einladungen zu Vorträgen war es die erste akademische Ehrung, die ihm jemals zuteil geworden war.[1]

Morgenstern hoffte, daß die ausgiebige Presseberichterstattung über den Einsteinpreis die Princeton University dazu bringen würde, Gödel ein Ehrendoktorat zu verleihen. Gödel erhielt auch einen Doctor of Letters (in etwa Dr. habil.) innerhalb der nächsten drei Monaten – von Yale, anläßlich des 250jährigen Jubiläums der Universität. Das nächste Jahr brachte ein Ehrendoktorat von Harvard. Princeton ignorierte jedoch weiterhin das Genie in seiner Mitte – vielleicht wegen der Rivalitäten mit dem IAS.

Daß diese Ehrungen viel für Gödel bedeuteten und eine Rolle bei der Wiederherstellung seiner physischen und psychischen Gesundheit spielten, kann man nicht zuletzt daran sehen, daß die strenge Diät, der er damals folgen mußte, ihn nicht davon abhielt, nach New Haven zu reisen, um sein Yale-Doktorat anzunehmen. Im Gegenteil, statt sich über negative Auswirkungen des Reisens auf seine Genesung zu sorgen, überlegte er eine Europareise, um die Leibnizarchive zu besuchen, und um seine Mutter nach elf Jahren Trennung wiederzusehen.

In seiner Korrespondenz mit ihr und seinem Bruder überlegte Gödel zuerst den Besuch eines Kurortes. Der ansprechendste Ort sei Velden am Wörthersee, wo es ein Sanatorium gab. Als Alternative überlegte er sich, ein Hotelzimmer in Wien zu beziehen. In jedem Fall, so betonte er, sei es essentiell, daß er seine Diät aufrechterhalten könne. Er lebte, so sagte er, „prinzipiell von Butter" (ungefähr ein achtel Kilo pro Tag), ergänzt durch Eier (drei pro Tag plus dem Eiweiß von zwei weiteren, oft in Form von Eischnee), Milch, Kartoffelpüree und Babynahrung. Kein anderes Fett war zugelassen, keine Suppen, scharfe oder saure Speisen und kein frisches Obst. Jedes Brot mußte getoastet werden. Fleisch aß er nur sehr wenig. Ein Huhn würde ihm eine Woche reichen und wäre alles, was er benötigte [455].

---

1 Im Gegensatz dazu war der zwölf Jahre jüngere Schwinger bereits Mitglied der National Academy of Science.

Während die drei die verschiedenen Möglichkeiten überlegten, ging der Sommer schnell vorüber. Im Spätsommer machten Kurt und Adele einmal mehr Urlaub am Strand von New Jersey, diesmal in Asbury. Zuerst wohnten sie im Hotel „Carlton", fanden aber bald ein preisgünstigeres kleines Appartement, das sie mieteten. Die Wohnungseigentümerin war sehr nett, berichtete Gödel. Eines der Zimmer war „mit Holz getäfelt", ähnlich wie das in ihrem Haus. „Aber leider stellte sich heraus, daß ... die Luft in den Zimmern nachts so schlecht wurde, daß sich die ‚tonische' Wirkung der Meeresluft ins Gegenteil verwandelte". Deswegen zogen sie schließlich in das Hotel „Monterey", ein „sehr sympathisches Hotel" mit einem enormen Swimming Pool. Es erschien Gödel „fabelhaft elegant" und erinnerte ihn an die Wiener Hofburg. Wegen seines Alters sei es aber, so versicherte er seiner Mutter, „auch für Nicht-Millionäre erschwinglich" [456].

Zu Gödels Bedauern war der Sommer kühl und die heilsamen Auswirkungen seiner Strandausflüge geringer als erhofft. Erst nach der Rückkehr nach Princeton fühlte er sich erholt. Bis Mitte September hoffte er noch, nach Wien reisen zu können, aber dann entschied er sich sehr zur Bestürzung und Enttäuschung seiner Mutter, dieses Jahr überhaupt nicht zu reisen. Der Hauptgrund war, daß er in Verzug geraten war mit den Vorbereitungen für einen Vortrag, den er am 26. Dezember vor der American Mathematical Society halten sollte.

DIE BESAGTE REDE war seine Gibbs Lecture, benannt nach dem großen amerikanischen mathematischen Physiker des neunzehnten Jahrhunderts, Josiah Willard Gibbs. Die Gibbs Lecture war 1924 eingerichtet worden und ein zentraler Bestandteil der jährlichen Treffen der AMS. Die Einladung, diese Rede zu halten, war eine Ehre, die den bedeutendsten Gestalten der reinen und angewandten Mathematik vorbehalten war, dazu hatten G. H. Hardy, Vannevar Bush und Theodore von Kármán gezählt, sowie drei andere IAS-Mitglieder (Einstein, von Neumann und Weyl). Gödel jedoch war der erste (und bis jetzt einzige) Logiker.[2]

Er hatte die Einladung kurz vor dem Ausbruch seiner Krankheit angenommen und hatte nach eigener Darstellung seit seiner Genesung viel Zeit der Vorbereitung der Rede gewidmet. Der Titel „Einige grundlegende Sätze zu den Grundlagen der Mathematik und ihre philosophischen Implikationen" deutete die kontroversielle Natur des Themas an: die Bedeutung der Unvollständigkeitssätze für Überlegungen zur Natur der Mathematik und den Schranken der menschlichen Intelligenz.

Gödel begann die Rede mit dem Hinweis, daß die Sätze selbst mittlerweile recht weit bekannt geworden seien, besonders durch das Werk Turings, sie hätten auch

---

2 Seine Erkenntnisse sind auf ihrem Gebiet sicherlich gleichrangig mit denen von Gibbs, und auch in anderer Hinsicht gibt es Parallelen zwischen den beiden. Wie Gödel war Gibbs ein Einzelgänger, der sich kaum weit von seinem intellektuellen Hafen entfernte, und auch er machte seine bedeutendsten Entdeckungen in der Zeit, bevor er eine bezahlte Stellung bekam, als er von der Erbschaft lebte, die ihm sein Vater hinterlassen hatte.

„seit ihrer ersten Formulierung eine viel zufriedenstellendere Form angenommen". Die philosophischen Folgerungen seien jedoch nie angemessen diskutiert worden.

Als erste Folgerung stellte Gödel fest, daß, welche philosophische Position gegenüber der Mathematik man auch einnimmt, in irgendeiner Form notwendigerweise „das Phänomen [ihrer] ... Unerschöpflichkeit" auftauchen wird. Der Grund dafür sei, daß der erste Unvollständigkeitssatz zeige, daß „welches wohldefinierte Axiomensystem und welche Ableitungsregeln man auch wählt, es immer diophantische Probleme gibt ..., die durch diese Regeln unentscheidbar sind, vorausgesetzt, daß keine falschen Propositionen ableitbar sind". Genauer zeige der zweite Unvollständigkeitssatz, daß man nicht konsistenterweise davon ausgehen kann, daß die Axiome und Regeln eines gegebenen formalen Systems *sowohl* korrekt seien *als auch* die gesamte Mathematik umfassen, denn die Vorstellung ihrer Korrektheit bringe die Vorstellung ihrer Konsistenz mit sich, „eine mathematische Erkenntnis, die nicht [formal aus den Axiomen] ableitbar" ist.

Gödel unterschied die Gesamtheit aller *objektiv* wahren mathematischen Sätze von der Gesamtheit derer, die formal aus der Reihe *evidenter* Axiome ableitbar sind. Die Unvollständigkeitssätze würden nicht „eine endliche Regel, die alle ... evidenten Axiome produziert", ausschließen. Aber wenn es so eine Regel gäbe, könnten wir sie nicht als solche erkennen, da „wir nie mit mathematischer Sicherheit wissen könnten, daß alle Propositionen, die sie erzeugte, korrekt sind; ... der menschliche Geist (im Bereich der reinen Mathematik) [wäre damit] äquivalent einer endlichen Maschine, die ... nicht in der Lage ist, ihre eigene Funktionsweise ganz zu verstehen". Weil die erzeugten Theoreme den Einschränkungen des ersten Unvollständigkeitssatzes unterworfen wären, „gäbe es diophantische Probleme, ... unentscheidbar ... durch *jeden* dem menschlichen Geist zugänglichen Beweis."

Gödel fand diese Vorstellung sicherlich nicht sehr attraktiv. Dennoch erklärte er nicht, wie es andere später tun würden, daß die Unvollständigkeitssätze die mechanistische Auffassung des Geistes *widerlegten*. Er meinte nur, daß die „disjunktive Folgerung" gelten müsse, daß „entweder ... der menschliche Geist ... die Möglichkeiten jeder endlichen Maschine unendlich übersteigt oder daß es absolut unentscheidbare diophantische Gleichungen gibt".

Es folgte, so glaubte er, eine entsprechende Disjunktion philosophischer Alternativen: Entweder „kann das Funktionieren des menschlichen Geistes nicht auf die Tätigkeit des Gehirns reduziert werden, das allem Anschein nach eine endliche Maschine ist", oder „die mathematischen Objekte und Tatsachen ... existieren objektiv und unabhängig von geistigen Vorgängen und Entscheidungen". Diese Alternativen schlossen einander natürlich nicht aus. Tatsächlich war er fest davon überzeugt, daß beide zutrafen.

Bezüglich der ersten Möglichkeit merkte Gödel nur an, daß „einige der führenden Männer auf dem Gebiet der Physiologie des Gehirns und der Nerven sehr entschieden" bestritten hätten, daß psychische Prozesse auf rein mechanistische

Weise erklärbar seien. Er widmete den Rest der Vorlesung Überlegungen zur zweiten Alternative, die, so behauptete er, „durch jüngste Entwicklungen in der Grundlagenforschung der Mathematik" unterstützt werde. Im speziellen argumentierte er gegen die Ansicht, daß Mathematik nur unsere Erfindung ist, und insbesondere gegen die Überzeugung, daß mathematische Sätze „nur bestimmte Aspekte syntaktischer (oder linguistischer) Konventionen ausdrücken" und somit „inhaltsleer" seien.

Zuerst stellte Gödel in den Raum, daß die Erschaffenden notwendigerweise alle Eigenschaften des Geschaffenen wissen müssen – eine Ansicht, mit theologischen Anklängen an Ideen, die Anselm in seinem Gottesbeweis verwendete (den Gödel später zu formalisieren versuchte). Aber Gödel zog sich bald auf eine schwächere Position zurück. Wir bauen Maschinen, deren Verhalten wir nicht in jedem Detail vorhersagen können. Dementsprechend „könnte es auch dann Ignoranz geben, wenn Mathematik unsere eigene Erfindung wäre", als Ergebnis „der praktischen Schwierigkeiten zu komplizierter Berechnungen". Wenn dem so wäre, dann müßte „zumindest im Prinzip, wenn vielleicht auch nicht in der Praxis" diese Ignoranz verschwinden, sobald größere konzeptuelle Klarheit erzielt wird. Doch trotz des „unübertrefflichen Grades an Exaktheit" habe die Grundlagenforschung der Mathematik „praktisch nichts" zur Lösung bedeutender mathematischer Probleme beitragen können.

Die Argumentation scheint seltsam umständlich und doppeldeutig, besonders in Hinblick auf Gödels Überzeugung, daß offene Fragen über Mengen durch Klärung und Erweiterung der betreffenden Axiome geklärt werden können. Man hat das Gefühl, daß er ahnte, aber nicht realisieren wollte, daß es Widersprüche zwischen manchen seiner tiefsten Überzeugungen gab.

Er bot auch andere Argumente an. Er brachte zum Beispiel vor, daß man in der Mathematik nicht „willentlich die Gültigkeit von ... Theoremen" herbeiführen kann und daher wenig von der Freiheit einer Schöpfung zu sehen sei. Im Gegenteil, „was jedes Theorem bewirkt, ist ... diese Freiheit zu beschränken", und was immer die Freiheit des Erzeugens einschränkt, „muß offensichtlich unabhängig [davon] existieren". Er versuchte nicht, die zugrundeliegende Hypostase zu rechtfertigen, die wahrscheinlich seiner theologischen Überzeugung entsprach, daß Gottes Schöpferkraft uneingeschränkt sei, die des Menschen aber nicht.

Er stimmte zu, daß „eine mathematische Proposition nichts über die physische und psychische Realität in Raum und Zeit aussagt, weil sie bereits wegen der Bedeutung der in ihr auftretenden Terme wahr ist". Aber er wies die Ansicht zurück, daß „die Bedeutung dieser Terme ... von Menschen gemacht ist und nur aus semantischen Konventionen besteht". Statt dessen wiederholte er seine platonistische Ansicht, daß „Konzepte eine eigene objektive Realität bilden, die wir nicht erzeugen oder ändern, sondern nur wahrnehmen und beschreiben können". Die Bedeutung von mathematischen Aussagen besteht also aus dem, was sie über Beziehungen von Konzepten aussagen.

Gödel hatte beabsichtigt, seinen Vortrag im *Bulletin of the American Mathematical Society* zu veröffentlichen, und daher verbrachte er in den nächsten zwei

Jahren viel Zeit mit der Überarbeitung [457]. Das Manuskript fand sich in seinem Nachlaß, aber die Änderungen im Text sind so zahlreich, daß man nicht mit Sicherheit sagen kann, was genau ursprünglich er vorgetragen hat. Zusätzlich zu normalen Einfügungen, Auslassungen und Änderungen einzelner Wörter, sind mehrere Seiten ganz gestrichen und zwei Serien von Einschüben angefügt, die erste mit Einfügungen in den Text, die zweite mit Fußnoten. Die erste ist chaotisch, und die Zusammenhänge zwischen den beiden sind undurchschaubar: Es gibt Einfügungen in Einfügungen, Einfügungen in Fußnoten, Fußnoten zu Einfügungen und sogar Fußnoten zu Fußnoten. Die Situation wurde schließlich derart verwirrend, daß Gödel selbst es notwendig fand, eine Konkordanz zwischen den Nummern der Einfügungen und ihrem Ort zu erstellen.

Letztendlich reichte er das Manuskript nie zur Veröffentlichung ein, es erschien zum ersten Mal 1995 im dritten Band der *Collected Works*. Wahrscheinlich erkannte er, daß es seinen Argumenten an Überzeugungskraft mangelte, so stark auch seine eigene Überzeugung in bezug auf dieses Thema war. Im Rahmen seiner Bemühungen, diese Argumente zu verbessern, rückten zunehmend seine Versuche in den Mittelpunkt, den mathematischen Konventionalismus zu widerlegen, bis er schließlich die Arbeit an dem Gibbs-Vortrag aufgab und einen eigenen Essay schrieb mit dem Titel „Ist Mathematik Syntax der Sprache?".

DIE ANSICHT, daß Mathematik Syntax der Sprache sei, wurde besonders von Rudolf Carnap vertreten und war einer der Punkte, in denen Gödel dem Wiener Kreis vorsichtig widersprach. In dem Vierteljahrhundert, das seit seiner Verbindung mit dem Wiener Kreis vergangen war, hatten sich seine Ansichten verfestigt und herauskristallisiert, aber bis zu dem Gibbs-Vortrag hatte er sich immer mit direkter Kritik am Konventionalismus zurückgehalten.

In dieser Hinsicht ist es bemerkenswert, daß Carnap im Herbst 1952 ans IAS kam und bis Frühling 1954 blieb. Das Ausmaß seines Kontaktes zu Gödel in dieser Zeit ist größtenteils nicht dokumentiert, aber die beiden alten Freunde haben einander sicherlich regelmäßig gesehen und ihre Ansichten zu Themen von gemeinsamem Interesse ausgetauscht. Carnaps Buch *Logical Foundations of Probability* war nicht lange davor erschienen, und Gödel hatte es offenbar recht eingehend gelesen, da er Morgenstern gegenüber erwähnte, daß er Carnaps Zugang zur Wahrscheinlichkeit für den „annehmbarsten" aller bisherigen halte [458]. Allerdings scheint er weder seine Kritik am Konventionalismus mit Carnap ausführlich, wenn überhaupt, diskutiert zu haben, noch scheint Carnaps Anwesenheit in Princeton der unmittelbare Anlaß für seine Arbeit gewesen zu sein.

Vielmehr war es wieder einmal Schilpp, der am 15. Mai 1953 Gödel um einen Beitrag zu dem Band *The Philosophy of Rudolf Carnap* bat. Schilpp schlug einen Essay von fünfundzwanzig bis vierzig Seiten vor, mit dem Titel „Carnap und die Ontologie der Mathematik". Gödel antwortete, er habe nicht die Zeit, einen so langen

Artikel vorzubereiten. Er bot an, statt dessen eine kurze Notiz mit dem Titel „Einige Beobachtungen zur nominalistischen Betrachtungsweise der Natur der Mathematik" zu verfassen. Teile des Textes, so sagte er, könne er wörtlich seinem Gibbs-Vortrag entnehmen.

Schilpp stimmte Gödels Gegenangebot gerne zu. Es sei schließlich nicht die Quantität, sondern die Qualität ausschlaggebend, antwortete er. Er zweifelte nicht daran, daß Gödels Beitrag, was immer er auch schreiben würde, von großem Interesse sein werde, und trotz seiner früheren Erfahrungen dachte er, daß die Erstellung eines solchen kurzen Textes nicht viel Zeit in Anspruch nehmen sollte.

Er hätte es besser wissen sollen. Obwohl Gödel sofort mit der Arbeit begann, war er wie immer perfektionistisch und fand es auch viel schwieriger als erwartet, seine Gedanken auszudrücken. Im Zuge seiner Bemühungen, zufriedenstellende Formulierungen dieser Gedanken zu finden, wuchsen die „wenigen Seiten" in ein umfangreiches Manuskript, das er ständig änderte und umschrieb. Schließlich produzierte er sechs Versionen, zwei davon sind im Band III der *Collected Works* veröffentlicht. Er setzte seine Bemühungen bis 1959 fort, nahezu fünf Jahre nach Ablauf von Schilpps ursprünglichem Abgabetermin. Schlußendlich, am 3. Februar dieses Jahres, informierte Gödel Schilpp, es sei für Carnap inzwischen zu spät auf seine Kritik zu antworten, daher wäre ihre Veröffentlichung weder fair noch „für eine Aufhellung der Situation förderlich" [459].

In der Zwischenzeit hatte er einige Male versprochen, innerhalb weniger Wochen oder Monate ein Manuskript abzuliefern, aber es war verschiedenes dazwischengekommen. Gegen Ende 1954 erlitt er einen kurzen Rückfall in die Depression, er war überzeugt, daß er schwerwiegende Herzprobleme habe und im Begriff sei zu sterben [460]. Nicht lange danach wurde seine Aufmerksamkeit von einer anderen Anfrage Schilpps in Anspruch genommen, der sich erkundigte, ob Gödel ein deutsche Version seines Artikels für den Einstein-Band habe. Er hatte keine, dachte aber einige Zeit daran, eine anzufertigen. Letztendlich überließ er aber die Übersetzung dem Herausgeber der deutschen Ausgabe (Hans Hartmann), er konnte aber die Gelegenheit nicht vorbeigehen lassen, einiges zu den Fußnoten anzufügen. Im nächsten Jahr kam Adele wegen Ischiasbeschwerden für kurze Zeit ins Krankenhaus, und dann stellten sich einige „ungewöhnliche und wichtige Personalfragen" – vermutlich zur Verlängerung der Anstellung von Alexander Koyré und George Kennan –, denen Gödel Aufmerksamkeit widmen zu müssen glaubte [461].

SEINE EINBEZIEHUNG in solche politisch-internen Angelegenheiten zeigte, daß sich sein Status geändert hatte. Am 1. Juli 1953 – im selben Jahr, in dem er in die National Academy of Science aufgenommen wurde – hatte ihn das IAS endlich zum Professor ernannt.

Viele wunderten sich, daß die Berufung so spät kam, manche hielten es sogar für einen Skandal. (von Neumann soll zum Beispiel gesagt haben: „Wie kann irgendeiner von uns Professor genannt werden und Gödel nicht?" [462].) Einige seiner Kollegen nannten zwei Hauptgründe für diese späte Ernennung: Erstens gab es Sorgen um Gödels geistige Stabilität. Zweitens bezweifelten viele, daß er die administrativen Pflichten übernehmen wollte, die den Institutsmitgliedern auferlegt waren. Außerdem wurde befürchtet, daß Gödels Unentschlossenheit und Detailbesessenheit in rechtlichen Fragen die Führung der Institutsgeschäfte erschweren könnten.

Der erste Einwand wurde vor allem von Weyl und Siegel vorgebracht, die 1951 beide das IAS verließen. Ihre Opposition war sicher das Haupthindernis für Gödels Berufung. Die anderen Bedenken wurden weniger öffentlich geäußert, waren aber wahrscheinlich weiter verbreitet, und ihre Substanz wird von Gödel selbst bestätigt: Er gab zum Beispiel einmal zu, daß er deswegen erst zehn Jahre nach der Gründung der Association for Symbolic Logic Mitglied dieser Organisation wurde, weil er fürchtete, man würde von ihm die Übernahme administrativer Aufgaben erwarten [463].

Es stellte sich heraus, daß Gödels geistige Probleme seine Leistung als Professor nicht mehr beeinflußten als seine Forschung. Sie bildeten eine unterirdische Strömung in seiner Existenz, eine allgegenwärtige Kraft, die nur hin und wieder an die Oberfläche drang, meistens aber unterirdisch und kanalisiert war. Zwar beklagte er sich mehr als einmal über die Mühen, die seine Pflichten als Institutsmitglied mit sich brachten (er berichtete seiner Mutter, er „denke oft mit Bedauern an die schöne Zeit zurück, als ich noch nicht die Ehre hatte, Professor am Institut zu sein" [464]). Dennoch zeigte er reges Interesse an den Institutsangelegenheiten. Unmittelbar nach seiner Ernennung begann er zum Beispiel „zu fragen, ob das Institut genug Geld habe und ob es sicher genug angelegt sei" [465], und nach kurzer Zeit überließen ihm seine Kollegen beinahe die alleinige Autorität zu bestimmen, welche Logikerinnen und Logiker ans IAS eingeladen werden sollten, teilweise, weil er zu einer Entscheidung so viel überlegte.

Deane Montgomery, der 1948 IAS-Mitglied wurde und es bis nach Gödels Ausscheiden blieb, beschreibt Gödel als sehr gutes Institutsmitglied, *vorausgesetzt* man war geduldig und nahm lang Telephongespräche in Kauf, teilweise zu ungelegenen Zeiten,[3] aber er fügte auch hinzu, daß Gödels hartnäckige Sorgen um unbedeutendere Angelegenheiten kontraproduktiv sein konnten. Atle Selberg, ein anderer Langzeitkollege Gödels, stimmte dem zu. Er erwähnte im besonderen, wie schwierig es für Gödel war, Entscheidungen in bezug auf Ernennungen zu treffen.[4] Und Armand Borel, der vier Jahre nach Gödel Institutsmitglied wurde, schrieb, daß Gödel trotz

---

3 Gödels Vorlieben für Telephongespräche, seine Schwierigkeiten, diese zu beenden, und seine geringe Sensibilität für die Schlafgewohnheiten anderer wurden von mehreren Personen bestätigt.

4 Gödel selbst sprach das Problem in einem Brief an seine Mutter an. Es sei das einfachste, „einfach ja zu allem" zu sagen, und das sei „ohnehin fast immer das Resultat der Überlegungen" (FC 97 und 101, 31. Oktober 1953 und 19. März 1954).

seiner scheinbaren Geistesabwesenheit „einige der Institutsangelegenheiten gut erledigte. ... In schwierigeren Angelegenheiten" fand Borel jedoch „die Logik des Nachfolgers des Aristoteles" manchmal „ziemlich verblüffend" [466].

Ironischerweise fiel Gödels Ernennung zum Professor mit seinem Rückzug von der öffentlichen Teilnahme an mathematischen Aktivitäten zusammen: Nach dem Gibbs-Vortrag sprach er nie wieder vor einem mathematischen Auditorium, und er nahm auch an keinem Treffen einer mathematischen Gesellschaft mehr teil, er ging selten zu Vorträgen am Institut und hielt nie Seminare.[5] Und obwohl er weiterhin mathematische Forschungen betrieb, waren alle seine Veröffentlichungen nach 1952 Revisionen früherer Arbeiten.[6]

Der Grund für seine zunehmende Isolation in akademischen Kreisen war teils ein Wechsel seiner Interessen weg von der Mathematik und hin zur Philosophie, teils persönliche und familiäre Sorgen, und nicht zuletzt der Tod Einsteins, von Neumanns und Veblens im Laufe von nur fünf Jahren – die drei Kollegen, die ihm nahegestanden waren und sich seit seiner Ankunft in Princeton um ihn gekümmert hatten.

Von diesen drei Todesfällen hatte der Tod Einsteins (am 18. April 1955) die größte Auswirkung auf Gödel. In einem Brief an seine Mutter erzählte er drei Monate zuvor, er besuche Einstein oft, den er als „die Freundlichkeit selbst" bezeichnete. Er berichtete auch, daß Einstein an Anämie leide und nicht außer Haus gehen könne, aber er sagte nichts über das Aneurysma der Aorta, das Einsteins Ärzte sechs Jahre zuvor diagnostiziert hatten.

Die Mitglieder von Einsteins Haushalt wußten seit einiger Zeit, daß das Aneurysma größer wurde und jederzeit aufbrechen konnte. Gegenüber anderen, darunter Gödel, war Einstein in bezug auf persönliche Probleme sehr zurückhaltend. Der Bombe, die in ihm tickte, wohl bewußt, blieb er bis zum Ende ruhig und gelassen. Er verfolgte weiterhin seine wissenschaftlichen und pazifistischen Bemühungen bis zum Tag, als das Aneurysma aufbrach, und war bis in seine letzten Stunden aufnahmefähig und mitteilsam [467].

Wäre er sich der wahren Natur des Leidens seines Freundes bewußt gewesen, hätte Gödel sicherlich versucht, Einstein in den vier Tage zwischen Zusammenbruch und Tod zu besuchen. So kam der Tod jedoch völlig unerwartet. Gödel erfuhr erst von Einsteins Aneurysma, als einer der Ärzte ihm die Todesursache nannte.

---

[5] Als man 1967 diesbezüglich an ihn herantrat, lehnte er strikt ab: „Ich habe mein Lebtag kein Seminar geleitet", erklärte er, und „es ist ein wenig spät, mit 59 damit anzufangen. Ich bin in solchen Dingen sowieso nicht gut. Ich gehe nie zu Vorträgen, da es mir schwer fällt, ihnen zu folgen, selbst wenn ich mit der Materie gut vertraut bin" (IAS Memo, GN 020934.6).

[6] Sein *Dialectica*-Artikel (Gödel 1958) präsentiert ein Resultat, das zwar noch nicht publiziert, aber schon beinahe zwei Jahrzehnte zuvor erzielt worden war. Später reichte er auch eine Arbeit ein, in der er Axiome vorschlug, die „zu der wahrscheinlichen Folgerung" führten, daß die Mächtigkeit des Kontinuums $\aleph_2$ sei. Als aber Fehler gefunden wurden, zog er die Arbeit zurück (siehe Kapitel XII).

Die Plötzlichkeit dieses Verlustes schockte und verstörte Gödel. Er versuchte vergeblich, eine versteckte Bedeutung des Zeitpunktes auszumachen („Ist es nicht merkwürdig", schrieb er an seine Mutter, „daß Einsteins Tod kaum 14 Tage nach dem 25-jährigen Gründungsjubiläum des Instituts erfolgte?" [468]), und für einige Tage waren sein Schlaf und Appetit beeinträchtigt. Wenig später half er Bruria Kaufman, Einsteins letzter Mitarbeiterin, die wissenschaftlichen Schriften zu ordnen, die Einstein in seinem Zimmer in Fuld Hall hinterlassen hatte [469], und einige Monate darauf besuchte er ein Konzert, das am Institut zu Ehren Einsteins veranstaltet wurde – das erste Mal, erklärte er, daß er „2 Stunden lang Bach, Haydn etc. über [sich] ergehen ließ".[7]

Mittlerweile war es klar, daß auch von Neumann todkrank war. Im August 1955 hatte man unerwartet Knochenkrebs in seiner Schulter entdeckt, und obwohl er seinen Zustand zu verbergen und seinen üblichen, erstaunlich hektischen Arbeitstag einzuhalten versuchte, war er ab November an den Rollstuhl gefesselt. Im folgenden Januar kam er wieder ins Walter Reed Krankenhaus, wo er – abgesehen von kurzen Auftritten bei ein paar Veranstaltungen – bis zu seinem Tod im Februar 1957 blieb.

Während des Krieges und danach war von Neumann häufig nicht am Institut, weil er am Entwurf des EDVAC-Computers an der University of Pennsylvania mitarbeitete und als Berater für verschiedene Militär- und Regierungsbehörden, unter anderem für das Manhattan Project. Sein Kontakt zu Gödel war demnach viel unregelmäßiger als in früheren Jahren. Dennoch blieben die beiden gute Freunde und trafen einander so häufig, daß sie keine Notwendigkeit sahen, einander Briefe zu schreiben.

Was sie bei diesen Treffen besprochen haben mögen, bleibt der Spekulation überlassen. Nach 1946 konzentrierten sich von Neumanns Aktivitäten am IAS auf das Electronic Computer Project, ein Projekt, das er in die Wege geleitet hatte und zu dem er viele Ideen beisteuerte, besonders zur logischen Organisation von Computern, die heute als fundamental anerkannt werden [470]. Ungefähr zur gleichen Zeit begann er auch an einer Theorie selbstreproduzierender Automaten zu arbeiten. Beide Gebiete beinhalteten Aspekte der formalen Logik, die offensichtliche Verbindungen zu Gödels früheren Arbeiten hatten. Dementsprechend könnte man erwarten, daß Gödel ihnen mehr als nur flüchtiges Interesse entgegenbrachte.

Es gibt jedoch keine direkten Hinweise, daß dem so war. Gödel hatte sicher Kenntnis von dem Computer-Projekt, da es einen Anlaß für Unstimmigkeiten unter den IAS-Mitgliedern darstellte.[8] Aber die ersten Jahre des Projekts waren die, in

---

[7] (FC 119, 18. Dezember 1955) Obwohl er mit einiger Regelmäßigkeit in New York Opern besuchte, kümmerte er sich ansonsten wenig um klassische Musik. Er erklärte, daß Bach und Wagner ihn „nervös" machten, und fragte einmal seine Mutter, warum gute Musik „tragisch" sein müsse. Er bevorzugte Schlager wie „O mein Papa", „Harbour Lights" und „The Wheel of Fortune".

[8] Als „erste ... Unternehmung des Instituts außerhalb der reinen Theorie" wurde es als „fehl am Platz" angesehen, selbst von solchen „Kollegiumsmitgliedern, die sehr viel von dem Unternehmen selbst hielten" [471]. Nach von Neumanns Tod lief das Projekt aus und der Computer wurde der Princeton University gegeben.

denen er sich von der Logik abwendete und sich mit Philosophie und Kosmologie beschäftigte. Abgesehen davon hatte er den praktischen Anwendungen der Rekursionstheorie nie viel Interesse entgegengebracht. von Neumann hielt ihn wahrscheinlich über die Entwicklungen seines Forschungsprojekts auf dem laufenden, aber es ist nicht anzunehmen, daß Gödel darüber hinausgehend viel Interesse an den Entwicklungen der Computerwissenschaften zeigte.

In diesem Fall ist sein letzter Kontakt mit von Neumann um so bemerkenswerter. Im März 1956 schickte ihm Gödel nämlich einen Brief, in dem er zuerst seiner Hoffnung Ausdruck verleiht, daß die jüngsten Errungenschaften der Medizin zu von Neumanns vollständiger Heilung führen werden, und dann ein mathematisches Problem stellt: „Offensichtlich kann man leicht eine Turingmaschine konstruieren, die für jede Formel $F$ der Prädikatenlogik und jede natürliche Zahl $n$ entscheiden kann, ob $F$ einen Beweis der Länge $n$ hat (wobei die Länge durch die Anzahl der vorkommenden Symbole gemessen wird)." Ausgehend von so einer Maschine kann man eine Funktion $\psi(F,n)$ definieren als die Anzahl der Schritte, die die Maschine benötigt, um das Problem für $F, n$ zu entscheiden, und eine zweite Funktion $\phi(n)$ als Maximalwert der $\psi(F,n)$ für alle $F$. Gödel fragte: „Wie schnell wächst $\phi(n)$ für eine optimale Maschine?" Wenn es eine Maschine gäbe, für die $\phi(n)$ nicht schneller als $n$ oder $n^2$ wächst, „wären die Konsequenzen von größter Bedeutung", insbesondere würde daraus folgen, daß „trotz der Unlösbarkeit des Entscheidungsproblems, mathematische Überlegungen über Entscheidungsfragen vollständig mechanisiert werden könnten" [472].

Daß Gödel die Bedeutung des Problems erkannte, zeigt einmal mehr seinen sicheren Instinkt für fundamentale Probleme, da seine Frage an von Neumann die erste bekannte Aussage zu dem heute unter dem Namen „$P = NP$" bekannten Problem ist[9] – das zentrale ungelöste Problem der theoretischen Informatik [473]. Man kann nur spekulieren, was von Neumann dazu gesagt hätte, da er damals schon zu krank war, um zu antworten.

DIE LÜCKE in Gödels Leben, die der Tod der beiden ihm am meisten nahestehenden Kollegen verursacht hatte, konnte natürlich nie wieder ganz gefüllt werden. Aber bald danach knüpfte er enge Kontakte zu zwei anderen Kollegen, mit denen er bis wenige Jahre vor seinem Tod korrespondierte.

Einer davon war Georg Kreisel, ein junger Logiker, der von 1955 bis 1957 resident scholar am IAS war. Kreisel hatte Bedeutendes auf den Gebieten der Beweistheorie und der intuitionistischen Logik geleistet, und war daran interessiert, die Bekanntschaft mit Gödel zu vertiefen. Er kam oft nach Princeton, ausdrücklich um Gödel zu sehen, und für einige Jahre führten die beiden eine produktive Korrespondenz. Sie

---

9 Die Gleichung dient als Akronym für die moderne Formulierung der Frage: Sind die Probleme, die durch deterministische Algorithmen in polynomieller Zeit lösbar sind, dieselben, die durch nichtdeterministische Algorithmen in polynomieller Zeit lösbar sind?

tauschten Meinungen zu einem weiten Spektrum logischer Fragen aus, darunter Erweiterungen einiger von Gödels eigenen Resultaten.[10]

Der andere war Paul Bernays. Gödel hatte nach 1942 den Kontakt mit ihm verloren. Als Schweizer Staatsbürger zog Bernays 1934 nach Zürich, nachdem er in Göttingen als „Nicht-Arier" entlassen worden war. Danach stand er eher auf den unteren Sprossen der akademischen Leiter an der Eidgenössischen Technischen Hochschule, zuerst als Tutor, dann als außerordentlicher Professor mit einer halben Anstellung. Im Frühlingsemesters 1956 war er Gastprofessor an der University of Pennsylvania, und während dieses Aufenthaltes nützte er die Nähe zu Princeton, um Gödel zu besuchen und ihre Freundschaft zu erneuern.

Damals siebenundsechzig Jahre alt, hatte Bernays umfassendes Interesse an Logik und Philosophie. Seit 1930 hatte seine Arbeit viele Berührungspunkte mit der Gödels. Er war es, der als erster einen Beweis des zweiten Unvollständigkeitssatzes mit allen Details und später eine syntaktische Form des Unvollständigkeitssatzes lieferte. Es war seine stark verbesserte Form der von Neumannschen Axiomatisierung der Mengentheorie, die Gödel für seine Monographie (1940) adaptiert hatte. Und es war sein Interesse an Gödels „Funktionalinterpretation" der intuitionistischen Logik (von der er bis zu diesem Frühjahr 1956 noch nichts gehört hatte), die Gödel schließlich dazu brachte, die Ideen zu publizieren, die er 1941 in den Vorträgen in Yale und am IAS präsentiert hatte.

Der besagte Artikel (Gödel 1958) erschien in der Zeitschrift *Dialectica*, die 1947 von Bernays, Ferdinand Gonseth und Karl Popper gegründet worden war, in einer Festschrift anläßlich des siebzigsten Geburtstags von Bernays. Der relativ kurze Artikel, Gödels einzige Publikation in deutscher Sprache seit seiner Emigration, ist ein bedeutendes Werk, sowohl in technischer als auch philosophischer Hinsicht. Als solcher war er ein passender Beitrag für einen Kollegen, der ihm von da an als eines der wichtigsten Sprachrohre für mathematische und philosophische Themen dienen sollte. (Andere waren Georg Kreisel, Hao Wang, William Boone und Gaisi Takeuti.)

Der Inhalt der Arbeit – im wesentlichen eine Zusammenfassung dessen, was Gödel in seinen Vorträgen siebzehn Jahre zuvor ausführlicher dargestellt hatte – bedarf wenig weiterer Erläuterung. Gödel skizziert den Begriff der berechenbaren Funktion endlichen Typs und zeigte, wie dieser Begriff verwendet werden kann, um einen konstruktiven, wenn auch nicht finitären, Konsistenzbeweis der klassischen Zahlentheorie zu konstruieren. Er merkte auch an, daß man von derselben Grundidee ausgehend viel stärkere Systeme konstruieren kann, die man möglicherweise in ähnlicher Weise zum Beweis der Konsistenz der Analysis verwenden könnte.

---

10 Es wurde kürzlich bekannt, daß eines der bekanntesten Resultate Kreisels, die sogenannte No-counterexample-Interpretation, von Gödel Jahre zuvor zum Teil vorweggenommen worden war, in seinem Vortrag vor dem Zilsel-Kreis.

Privat hatte er bereits mit Bernays über diese Möglichkeit gesprochen [474], und auch mit Kreisel, der sich sehr für diese Themen interessierte. Kreisel gelang es bald, Gödels Interpretation auf die Analysis auszuweiten, und kurz darauf trug er seine Resultate am Summer Institute for Symbolic Logic vor, das im Juni 1957 in Cornell stattfand. Dort wurde Gödels Funktionalinterpretation zum erstenmal einem größeren logischen Publikum zugänglich, und sie stieß sofort auf breites Interesse.

Während der nächsten Jahre hielt Kreisel sowohl mit Gödel als auch mit Bernays intensiven Briefkontakt, und auch mit Clifford Spector, einem jungen vielversprechenden Logiker, der in seinen Forschungen eine ähnliche Richtung einschlug. Spector machte weitere Fortschritte auf dem Weg zu dem gewünschten Konsistenzbeweis, und als Bernays auf Gödels Einladung im Studienjahr 1959/60 ans IAS kam, nahm Spector die Gelegenheit wahr, seine Ergebnisse mit den beiden zu diskutieren.

Im Jahr darauf kam Spector selbst ans IAS und stellte eine Übersicht seiner Resultate zusammen. Seine Errungenschaften beeindruckten Gödel zutiefst. Gödel fertigte auch ein Empfehlungsschreiben für ihn an, in dem er Spector als den „wahrscheinlich besten Logiker seiner Altersgruppe in diesem Land" bezeichnet [475]. Leider hatte Spector nie die Möglichkeit, eine neue akademische Position einzunehmen. Im folgenden Sommer, gegen Ende seines vorgesehenen Aufenthaltes am IAS, starb er plötzlich an einer akuten Form von Leukämie. Es blieb Kreisel überlassen, das Manuskript jener Übersicht zu redigieren, das posthum mit einem Nachwort von Gödel veröffentlicht wurde [476].

DIE VORANGEGANGENE Darstellung hat sich auf die äußeren Ereignisse in Gödels Leben in den fünfziger Jahren konzentriert. Aber sein Beruf war nicht mehr das einzige, das seine Aufmerksamkeit in Anspruch nahm. Andere Quellen, besonders die Korrespondenz mit seiner Mutter, zeigen, daß seit dem zweiten Weltkrieg oft persönliche und politische Sorgen seine Arbeit und seinen inneren Frieden störten – im deutlichen Kontrast zu seinem Verhalten in der Periode davor.

Er war besonders über die Situation in seinem früheren Heimatland besorgt, in dem die Phase der Besatzung durch die Alliierten allmählich zu Ende ging. Er machte sich Sorgen um das Wohlergehen seiner und Adeles Verwandten in Österreich und Deutschland. Und er bemühte sich weiterhin, von den tschechischen Behörden eine Entschädigung für die konfiszierte Familienvilla in Brünn zu bekommen.[11]

Von Zeit zu Zeit wurde er sehr pessimistisch. 1953 erklärte er zum Beispiel: „Wir leben ... in einer Welt, in der 99 % von allem Schönen schon im Entstehen (oder noch vorher) zerstört wird". Er nahm an, „daß irgendwelche Kräfte" am Werk seien, „die das Gute direkt unterdrücken" [477]. Aber er stellte auch der Situation in Europa die in Amerika gegenüber: In Amerika habe er „das Gefühl, von lauter guten u[nd]

---

11 Letztendlich erhielt seine Mutter ungefähr 60.000 österreichische Schilling als Entschädigung, eine Summe weit unter dem Wert der Villa.

hilfsbereiten Menschen umgeben zu sein". Der öffentliche Dienst in Amerika sei tatsächlich da, um zu helfen anstatt das Leben „sauer zu machen" [478].

Sechs Monate zuvor war seine Meinung über Repräsentanten des Staats weniger mild ausgefallen. In einem Bericht über die Zeremonie in Harvard, in deren Rahmen ihm sein Ehrendoktorat verliehen wurde, schreibt er, daß er „ganz unverschuldet in eine höchst kriegerische Gesellschaft geraten" sei, weil Robert A. Lovett (der damalige Verteidigungsminister) und John Foster Dulles („der Urheber des Friedensvertrags mit Japan", welchen Gödel als Schritt in Richtung Krieg mit der Sowjetunion sah) unter den anderen solcherart Geehrten waren [479]. Der Meinungsumschwung kam daher, daß Trumans zweite Amtsperiode dem Ende zuging.

Im Oktober 1952 schrieb Gödel an seine Mutter, seine Beschäftigung mit Politik habe ihm wenig Zeit für anderes gelassen. Er beschuldigte Truman, Kriegshysterie zu schüren, den Boden für McCarthy zu bereiten, die Steuern zu erhöhen und den Koreakrieg zu verlängern. Wie die meisten anderen Intellektuellen erwartete er sehnlichst einen Regierungswechsel. Aber im Unterschied zu den meisten seiner Freunde unterstützte er nicht Stevenson. Zum Beispiel sagte nach der Wahl Einstein zu Ernst Straus: „Gödel ist wirklich vollkommen verrückt geworden – er hat Eisenhower gewählt!" [480]

Gödel setzte hohe Erwartungen in den neuen Präsidenten und scheint mit seiner Amtsführung dann auch einverstanden gewesen zu sein. Schon im ersten Jahr nach seiner Amtsübernahme habe Eisenhower, so schrieb Gödel, einen Waffenstillstand in Korea ausgehandelt, die Militärausgaben um 3 Milliarden Dollar gesenkt und die Inflation zum Stillstand gebracht [481]. Gödel war enttäuscht, daß Eisenhower die Rosenbergs nicht begnadigte, aber er gab die Schuld an ihrer Hinrichtung in erster Linie ihren Anwälten, die, so glaubte er, „absichtlich" „unglaubliche Fehler" begangen haben, um den Kommunisten „einen neuen Beweis für die amerikanische ‚Barbarei'" zu liefern [482].

In außenpolitischer Hinsicht hielt Gödel Konrad Adenauer für einen „Brüning II" und fürchtete, daß darauf „Hitler II" folgen könnte. Er war auch pessimistisch bezüglich der Situation im mittleren Osten, er sah richtig voraus, daß die beiderseitige Unnachgiebigkeit zu einem lokalen Krieg mit weltweiten Auswirkungen führen werde. Aber im Gegensatz zu seinen Ängsten während Trumans Präsidentschaft fürchtete er nicht mehr, daß der dritte Weltkrieg drohe, teilweise wegen seines Vertrauens in Eisenhowers Führungsfähigkeiten (jemand wie er, so erklärte er, käme nur „einmal in ein paar hundert Jahren" an die Macht), teilweise, weil er glaubte, daß der Horror der Atombombe abschreckend wirken würde. Außerdem glaubte er, es sei noch zu früh für einen neuen Weltkrieg, da zwischen den ersten beiden fünfundzwanzig Jahre lagen und erst siebzehn seit dem Beginn des zweiten vergangen waren [483].

Abgesehen von Politik verfolgte Gödel eine Reihe anderer Interessen. Er hatte keine Hobbies, las aber alles, was ihm unterkam, ging gelegentlich in die Oper oder besuchte Museen in New York (er hatte zumindest ein flüchtiges Interesse an moderner Kunst), und sah zum Zeitvertreib Theaterstücke und Varietéprogramme im Fernsehen. Er betrieb Gymnastik zur Ertüchtigung, und, wenn er die Möglichkeit hatte, schwamm er gerne im Meer. Bei seinen Besuchen am Strand von New Jersey zeigte er auch gerne seine Fertigkeit im Strandspiel Skee-Ball, er prahlte in Briefen an seine Mutter von den Preisen, die er damit für Adele gewonnen hatte.

In seinen Briefen an Mutter und Bruder erscheint Gödel wie nirgendwo sonst als Mensch, der ganz vom Alltagsleben in Anspruch genommen wird.[12] Andere Themen, die in der Korrespondenz mit ihnen regelmäßig auftreten, sind – abgesehen von Diskussionen über Ernährung und Gesundheit – deutschsprachige Literatur und österreichische und deutsche Geschichte. Gödel schätzte besonders einige romantische Schriftsteller des neunzehnten Jahrhunderts: Er erwähnte insbesondere Rudolf Baumbach und Theodor Fontanes Roman *Effi Briest*. Er mochte auch Märchen (zum Beispiel die von Eduard Mörike) und erklärte, „nur sie stell[t]en ja die Welt dar, wie sie sein sollte u[nd] wie sie einen Sinn hätte". Er schätzte viele Werke Goethes gering und fand, daß „man mit Shakespeare schwer Kontakt findet". Ihm gefielen auch einige modernere Werke, wie zum Beispiel die „bittersüßen Liebesgeschichten" von Raoul Auernheimer, sowie die Erzählungen Gogols und Zweigs und manche Kafkas [484].

In bezug auf Geschichte hatten sowohl Gödel als auch seine Mutter anhaltendes Interesse am Suizid/Mord des Kronprinzen Rudolf und seiner Geliebten Mary Vetsera in einem Jagdschloß bei Wien im Jahr 1889. Gödel las begierig jede neue Darstellung des Ereignisses, allerdings mit gehöriger Skepsis. Er vermutete nämlich, wohl nicht ganz unbegründet, daß die Details der Angelegenheit nie völlig enthüllt worden waren. Dem Leben des Bayernkönigs Ludwig II. brachte er ähnliches Interesse und den Meinungen über ihn die gleiche Skepsis entgegen. Er bezweifelte zum Beispiel, daß Ludwig tatsächlich verrückt gewesen war, trotz seiner extravaganten Schlösser, und dachte, daß sein Kunstgeschmack vermutlich nicht so schlecht wie berichtet gewesen sei. Er glaubte, daß Ludwig politischen Intrigen zum Opfer gefallen sei und daß er sich nicht ertränkt habe, sondern wegen seiner Opposition gegen Preußen ermordet worden sei [485].

Ein anderes Thema, das Gödel mit seiner Mutter besprach, war Religion.[13] Sein eigener Glaube ist am ausführlichsten in einer Serie von vier Briefen dargestellt, die

---

12 Vor den fünfziger Jahren waren die Hauptthemen der Korrespondenz die Zustände in Österreich und Kurts und Adeles Bemühungen, den Verwandten dort zu helfen. Nach der wirtschaftlichen Stabilisierung Österreichs beschäftigen sich die Briefe aber hauptsächlich mit Alltagsangelegenheiten.

13 Obwohl beide jemanden geheiratet hatten, der zumindest nominell katholisch war, teilten sie ihre Antipathie gegen die ehemalige österreichische Staatsreligion – eine Einstellung, die auf der Ablehnung religiöser Dogmatik gegründet und durch das Erleben des Austrofaschismus verstärkt worden war. (In Europa, so erklärte Gödel, mache „sich die Religion ... nicht als Überzeugung, sondern in Form katholischer politischer Parteien" bemerkbar, „was offensichtlich schädlich ist" – FC 169, 18. März 1961)

er ihr im Sommer und Herbst des Jahres 1961 schrieb. In diesen Briefen wiederholt er seinen Glauben an die Kraft des rationalen Denkens und seine Geringschätzung der üblichen zeitgenössischen philosophischen Einstellung gegenüber der Religion: „90% der heutigen Philosophen [sehen] ihre Hauptaufgabe darin ..., den Menschen die Religion aus dem Kopf zu schlagen". Er gab zu, daß „man heute weit davon entfernt [ist], das theologische Weltbild wissenschaftlich begründen zu können", aber „es wäre auch ganz unberechtigt zu sagen, daß man gerade in diesem Gebiet mit dem Verstande nichts ausrichten kann". Ganz im Gegenteil „dürfte es möglich sein, rein verstandesmäßig ... einzusehen, daß die theologische Weltanschauung mit allen bekannten Tatsachen ... durchaus übereinstimmt". [486].

Was Gödel dazu brachte, seine religiösen Anschauungen darzulegen, war die Frage seiner Mutter, ob er an ein Leben nach dem Tod glaube – eine Frage, die er unzweideutig bejahte. Die Wissenschaft habe gezeigt, daß „in allem die größte Regelmäßigkeit u[nd] Ordnung" herrscht, und so bestätigt, daß die Welt rational organisiert sei. Es müsse also eine Welt über die gegenwärtige hinaus geben, „denn was sollte es für einen Sinn haben, ... den Menschen hervorzubringen, der ein so weites Feld von Möglichkeiten ... hat, u[nd] ihn dann nicht einmal 1/1000 davon erreichen zu lassen". Sicherlich, so meinte er, können wir über die Natur dieser anderen Welt nur spekulieren. Aber „da wir uns in dieser Welt befunden haben ohne zu wissen wie und warum, so kann dasselbe auf dieselbe Weise auch in einer anderen sich wiederholen". Diese Erwartung stehe nicht im Widerspruch zu modernen kosmologischen Theorien. Da diese davon ausgehen, daß das Universum „einen Anfang gehabt hat u[nd] aller Wahrscheinlichkeit nach auch ein Ende haben wird", lassen sie die Möglichkeit für „einen neuen Himmel und eine neue Erde" offen, wie im „ersten Buch der Bibel vorausgesagt" [487].

Man kann sich fragen: Wenn wir in die nächste Welt genauso kommen wie in diese, ohne tiefere Erkenntnisse bezüglich der Fragen „Warum sind wir hier?" und „Woher kommen wir?", wo liegt dann der Sinn des Ganzen?

Gödels Antwort war, daß er nicht wirklich daran glaubte, daß wir unser zweites Leben in einem Zustand der gleichen Ignoranz beginnen würden. Im Gegenteil, wir würden nicht nur mit „latenten Erinnerungen" an diese Welt in die nächste geboren werden, sondern diese wäre auch ein ewiges intellektuelles Paradies, in dem „wir alles Wichtige mit derselben untrüglichen Sicherheit erkennen werden wie 2×2 = 4" [488].

Aber warum sind zwei Welten notwendig? Wenn dieser Zustand der vollkommenen Erkenntnis erreicht werden kann, warum dann nicht hier und jetzt?

Gödel spricht diese Frage im zweiten seiner theologischen Briefe an, indem er ein Argument ähnlich dem sogenannten anthropischen Prinzip verwendet. Wenn man „aber einmal ... genug tief in sich hineinblicken könnte", könnte man folgendes feststellen: „Unter allen möglichen Wesen bin ‚ich' gerade diese so u[nd] so beschaffene Verbindung von Eigenschaften" – einschließlich der Eigenschaft, Fehler zu machen und daraus zu lernen. „Wenn Gott [also] an unserer Stelle Wesen erschaffen hätte, die nichts [mehr] zu lernen brauchen, [dann wären] diese Wesen eben nicht *wir*" [489].

Im wesentlichen weicht das Argument also der Frage aus, indem angenommen wird, daß Gott uns genau so geschaffen hat, weil wir sonst nicht wären, was wir sind, und daher gar nicht wären. Natürlich stellte Gödel keine akademische These auf, sondern schrieb privat an seine Mutter; dennoch scheint die Darstellung recht naiv für den philosophisch so Spitzfindigen.

Alles in allem kombinieren die in diesen Briefen augedrückten theologischen Ansichten Elemente des Christentums (der Mensch ist fehlbar, aber potentiell perfekt) mit dem dauerhaften rationalen Optimismus, charakteristisch für das 19. Jahrhundert. Insbesondere der Glaube Gödels, die Wissenschaft habe „in allem die größte Regelmäßigkeit u[nd] Ordnung" gezeigt – besonders seine Behauptung im letzten der vier Briefe, alle Wissenschaft basiere auf der Grundlage, daß „alles eine Ursache" habe –, entspricht wohl nicht dem quantenphysikalischen Weltbild.

GÖDELS VERHÄLTNIS zu seiner Mutter, wie man es in seinen Briefen an sie sieht, war das eines bescheidenen, achtungsvollen und liebenden Sohnes, der trotz der Jahre, die sie getrennt verbracht hatten, seine Sorge um ihre Gesundheit, sein Interesse an ihren Tätigkeiten und die Erinnerungen an die gemeinsam verbrachten Zeiten bewahrte. Er schrieb ihr ungefähr einmal im Monat, üblicherweise in einiger Ausführlichkeit, und fügte jedesmal etwas Geld für sie bei.

Die Sprache der Briefe ist entspannt und höflich, aber es gab gelegentliche Streitpunkte. Insbesondere mußte Gödel seine Mutter regelmäßig bezüglich seiner Diät beruhigen. Von Zeit zu Zeit fand er es nötig, Adele gegen die Kritik Mariannes zu verteidigen. Vor allem mußte er sich ständig bemühen zu erklären, warum er nicht auf Besuch nach Wien kam.

Adeles eigene Europareisen verstärkten die Spannungen. Marianne erhob Einspruch dagegen, daß Gödel allein in Princeton zurückgelassen wurde, und sie verdächtigte ihre Schwiegertochter, alles vorhandene Geld für den Besuch der eigenen Verwandten zu verbrauchen. Gödel tadelte seine Mutter für diese Vorwürfe, aber seine Begründungen, warum er nicht mit seiner Frau reisen werde (zum Beispiel, daß er Alpträume gehabt habe, ihm werde die Rückkehr in die USA nicht mehr erlaubt), waren nicht sehr überzeugend. Wie aufrichtig sie waren, ist schwer zu beurteilen.

Marianne war besonders aufgebracht durch eine plötzliche Wienreise Adeles im Frühjahr 1953. Der Anlaß für den Besuch war, daß Adele den Eindruck gewonnen hatte, ihre Schwester Liesl sei schwer krank. Bei ihrer Ankunft stellte sie jedoch fest, daß die Situation nicht so wie ihr geschildert war, und bald brachen Konflikte zwischen ihr und ihrer Familie aus. Sie schrieb zurück, daß sie nicht gefahren wäre, wenn sie den wahren Stand der Dinge gekannt hätte, und erklärte, sie habe nun erkannt, daß ihre Familie sie immer nur als „Melkkuh" betrachtet habe.

In dem Brief, in dem Gödel seiner Mutter diese Neuigkeiten mitteilt, drückte er die Hoffnung aus, die Familienzwistigkeiten könnten positive Auswirkungen haben, da er glaubte, Adele habe in den Jahren vor ihrer Ehe eine pathologisch übersteigerte Abhängigkeit von ihren Verwandten entwickelt, die ihre nervöse Veranlagung verschlimmert habe und verantwortlich sei für die „abnormale Einstellung", die sie üblicherweise ihrer Umgebung entgegenbrachte. Er wolle nicht bestreiten, daß seine Frau „große Fehler" habe (die, so meinte er, größtenteils ihrem „Nervenzustand" zuzuschreiben seien), aber, „was das Leben hier [in Princeton] betrifft", sei sie „im allgemeinen ganz normal" [490].

Drei Jahre danach, 1956, zwangen Familienangelegenheiten Adele wieder, kurzfristig nach Wien zu reisen. Sie kam, um ihrer achtundachtzigjährigen Mutter beizustehen, die allein lebte und nicht richtig gepflegt wurde. Sie verkaufte kurzerhand die Wohnung der Mutter, um sie mit in ihr Haus nach Princeton zu nehmen. Bevor sie die Stadt verließ, nahm sie sich die Zeit, ihre Schwiegermutter zu besuchen, und es kam endlich zu einer Aussprache zwischen den beiden. Anscheinend erkannte Marianne an, daß Adeles Besorgnis um ihre Mutter berechtigt war und daß Frau Porkert nicht mehr selbst für sich sorgen konnte.

Adeles Mutter konnte kein Englisch, und zu der Zeit, als sie zu den Gödels zog, hatte sie begonnen, einige Zeichen geistiger Verwirrung zu zeigen. Sie hatte Probleme, sich im Haus zurechtzufinden, ging oft in das falsche Zimmer und verhielt sich gelegentlich so, als wäre sie immer noch in ihrer Wohnung in der Lange Gasse. Dennoch fügte sie sich gut in den Haushalt ein. Adele sorgte hingebungsvoll für sie, und Kurt scheint sie recht gern gehabt zu haben. Sie blieb bei ihnen bis zu ihrem Tod durch eine Herzerkrankung am 22. März 1959.

IM JAHR ZUVOR lud Gödel endlich seine Mutter ein, Princeton zu besuchen. Zuerst schlug er vor, sie könne mit Morgensterns Schwester reisen, die damals gerade selbst einen Besuch plante. Letztendlich entschloß sich jedoch Rudolf, sie zu begleiten. Die beiden kamen Mitte April an und blieben bis in die erste Maiwoche. Wegen Frau Porkert (die damals schon an den Rollstuhl gefesselt war) gab es nicht genug Raum, um Marianne im Haus in der Linden Lane unterzubringen, daher bot Gödel an, in einem nahegelegenen Hotel oder Appartement eine Unterkunft für sie zu besorgen. Er meinte seiner Mutter gegenüber, sie solle sich wegen der Kosten keine Sorgen machen, er werde selbstverständlich für die Unterbringung aufkommen, aber er weitete dieses Angebot nicht auf seinen Bruder aus.

Wie es sich ergab, war das Wetter während des Großteils des Besuchs schlecht. Dennoch war die Wiedervereinigung für alle ein freudiges Ereignis. Marianne war von Princeton beeindruckt und genoß Besuche bei den Morgensterns und Ausflüge nach New Hope und Washington Crossing. Am meisten freute sie sich natürlich, ihren Sohn zu sehen, sein Haus und den Ort seiner Arbeit, und sich zu versichern, daß er gesund war und einigermaßen ausreichend aß.

Der Besuch war für Marianne so erfreulich, daß sie plante, im folgenden Jahr wieder zu kommen. Aber die Ausgaben, die die letzte Krankheit von Adeles Mutter verursachten, machten das unmöglich. Sie kam statt dessen im Frühjahr 1960, und danach jedes zweite Jahr – insgesamt viermal – bis zu ihrem Tod im Sommer 1966.

# XI
# Das Kontinuumsproblem in neuem Licht
(1961–1968)

IN AMERIKA wurde die mathematische Logik in den fünfziger Jahren großjährig. Damals erschienen zum ersten Mal umfassende Lehrbücher der modernen Logik auf englisch – am bedeutendsten war Kleenes *Introduction to Metamathematics*. Damals wuchs durch die Entwicklung der elektronischen Rechner das Interesse an den Anwendungen der Rekursionstheorie. Und damals wandten A. I. Maltsev, Leon Henkin, Abraham Robinson und Alfred Tarski Gödels Vollständigkeits- und Kompaktheitssatz erfolgreich auf Probleme der Algebra an und begründeten so die neue Disziplin der Modelltheorie.

Gödel selbst spielte bei keiner dieser Entwicklungen direkt eine Rolle, aber er hielt mit wichtigen Entdeckungen Schritt,[1] und, weil seine Arbeit von so wesentlicher Bedeutung für einen Großteil der Logik war, lenkte das wachsende Interesse an diesen Gebieten die Aufmerksamkeit eines breiteren Publikums endlich auch auf seine Sätze: Zwischen 1962 und 1967 erschienen drei verschiedene englische Übersetzungen der Unvollständigkeitsarbeit sowie eine populäre Darstellung der Unvollständigkeitssätze von Ernest Nagel und James Newman.[2]

Die erste dieser Übersetzungen, von Professor Bernard Meltzer von der University of Edinburgh, wurde ohne Gödels Autorisierung veröffentlicht. Der britische Verlag Oliver und Boyd hatte zwar um Erlaubnis angefragt, aber Gödel hatte es verabsäumt, zeitgerecht zu antworten. Nachdem man also sechs Monate gewartet hatte, gab man die Hoffnung auf und erwirkte die Erlaubnis vom Verlag des Journals, in dem der Artikel ursprünglich erschienen war.

Die Meltzer-Übersetzung war in vieler Hinsicht mangelhaft und wurde im *Journal of Symbolic Logic* vernichtend rezensiert [491]. Gödel beschwerte sich beim Herausgeber der amerikanischen Auflage (Basic Books): „Die Einleitung [vom Phi-

---

1 Unter den Resultaten, die ihm am spannendsten und erfreulichsten erschienen, waren Richard Friedbergs Lösung des Post-Problems, William Boones Beweis der Unlösbarkeit des Word-Problems für Gruppen und Dana Scotts Entdeckung, daß die Existenz einer meßbaren Kardinalzahl mit dem Konstruktibilitätsaxiom unvereinbar ist.
2 Ihr Artikel „Gödel's Proof" wurde zuerst 1956 in *Scientific American* veröffentlicht. Kurz darauf wurde er als Kapitel in Newmans Anthologie *The World of Mathematics* abgedruckt, und zwei Jahre danach wurde eine erweiterte Version als Monographie publiziert.

losophen R. B. Braithwaite] behandelt einige Fragen sehr unbefriedigend und enthält mehrere falsche oder irreführende Aussagen." Er war besorgt, daß die Leserinnen und Leser die Widmung für seine halten oder glauben würden, er habe an der Erstellung des Buches mitgewirkt. Er stellte „die ganze Idee, einen für Spezialisten geschriebenen Artikel einer breiten Öffentlichkeit zugänglich zu machen," in Frage und erklärte, daß – wenn man so eine Unternehmung überhaupt in Angriff nimmt – es „wenigstens richtig gemacht werden sollte". Er konnte wenig tun, um den bereits angerichteten Schaden wiedergutzumachen, aber er verlangte, daß in Nachdrucken des Buchs der volle Titel seiner Arbeit am Umschlag angeführt, die Widmung gestrichen und eine Anmerkung von ihm nach der Einleitung eingefügt werde [492].

Glücklicherweise wurde die Meltzer-Übersetzung bald durch eine bessere abgelöst, die von Elliott Mendelson für Martin Davis' Anthologie *The Undecidable* angefertigt worden war. Aber auch diese Übersetzung bekam Gödel erst in letzter Minute zu Gesicht, und auch sie war nicht ganz nach seinem Geschmack.

Davis hatte zuvor die Erlaubnis Gödels erwirkt, die Übersetzungen einiger anderer Werke in seine Anthologie aufzunehmen, aber er hatte versehentlich vergessen, die Unvollständigkeitsarbeit (Gödel 1931a) zu erwähnen. Gödel erfuhr von der Absicht, auch diese Arbeit aufzunehmen, erst 1964, nur ein Jahr bevor das Buch erscheinen sollte, und während er nichts dagegen einzuwenden hatte, daß seine Unvollständigkeitsarbeit in der Sammlung erschien, fand er die Übersetzung „nicht ganz so gut" wie erwartet. Er dachte, daß „einige Verbesserungen sicher wünschenswert" seien, und fragte Davis, ob die Übersetzung vielleicht durch eine andere, damals in Vorbereitung befindliche, ersetzt werden könne [493]. Aber als man ihn informierte, daß dazu nicht genug Zeit sei, erklärte er, daß Mendelsons Übersetzung „im ganzen sehr gut" sei, und stimmte der Publikation zu.[3]

Die von Gödel bevorzugte Übersetzung war die von Jean van Heijenoort – ein ehemaliger trotzkistischer Revolutionär, der im späteren Leben der bedeutendste Historiograph der mathematischen Logik wurde [494]. Van Heijenoort war nicht nur ein akribischer Gelehrter, sondern auch sprachgewandt. Er war mathematisch und philosophisch geschult – er war Mitglied des Mathematikinstitutes der New York University und lehrte in Teilzeitbeschäftigung am Philosophieinstitut der Columbia University –, sprach fließend Englisch, Deutsch, Französisch, Spanisch und Russisch und konnte einige andere Sprachen lesen, darunter Latein und Altgriechisch. Er hatte sich für Logik zu interessieren begonnen, als er in der New York Public Library auf die *Principia Mathematica* gestoßen war, und 1957, „angespornt durch inspirierende Begegnungen" während einer bahnbrechenden Konferenz in Cornell (Summer Institute of the Association for Symbolic Logic), begann er mit einer systematischen Übersicht der Literatur zur modernen Logik [495].

---

3 Nachher bedauerte er seine Einwilligung, denn der veröffentlichte Band war durch nachlässigen Satz und zahlreiche Druckfehler verschandelt.

Zwei Jahre danach erfuhr Professor Willard van Orman Quine in Harvard von seiner Arbeit und lud ihn ein, eine Quellensammlung der mathematischen Logik zusammenzustellen, als Teil einer Serie solcher Quellentexte zur Wissenschaftsgeschichte, verlegt von der Harvard University Press. Diese Arbeit, *From Frege to Gödel: A Source Book in Mathematical Logic, 1879–1931*, war beispielhaft in ihrem Genre. Beginnend mit Freges *Begriffsschrift* und endend mit Gödels Unvollständigkeitsarbeit, beinhaltete der Band sechsundvierzig englische Texte, übersetzt aus dem Französischen, Deutschen, Italienischen, Russischen, Lateinischen und Holländischen. (Ein zweiter Band über die Periode von 1932 bis 1960 war geplant, wurde aber nie realisiert, vielleicht weil die Erstellung des ersten Bandes so viel mehr Zeit und Aufwand in Anspruch genommen hatte als erwartet.) Jede Arbeit war mit einer prägnanten einführenden Bemerkung versehen, und die Verweise zu der ausführlichen Bibliographie am Ende des Buches waren vereinheitlicht. Es wurde große Sorgfalt aufgewendet, um die Genauigkeit der Übersetzung und Zitate zu gewährleisten und um einen redaktionelle Apparat zur Verfügung zu stellen, der die Leserinnen und Leser unterstützt und nicht behindert.

Letztendlich widmete van Heijenoort diesem Projekt sieben Jahre. Es brachte ihn mit einigen der größten Gestalten auf diesem Gebiet in Kontakt, darunter Russell und Gödel, und sicherte ihm bleibende internationale Reputation.

In seinem Vorwort merkt van Heijenoort an, daß Gödel einer der vier Autoren sei, der die Übersetzung seiner Arbeit persönlich gelesen und gutgeheißen habe. Gödel habe das „nach einer Reihe von Veränderungen" im Text der Unvollständigkeitsarbeit (1931a) getan – eine Bemerkung, die kaum die langwierigen Verhandlungen beschreibt, die über Details der Übersetzung geführt worden waren.

Privat erklärte van Heijenoort, Gödel sei das hartnäckigste und heikelste Individuum, das ihm je begegnet sei. Zwischen dem 10. Mai 1961 und dem 5. Juni 1966 schrieben die beiden insgesamt siebzig Briefe und trafen einander zweimal in Gödels Büro, um Fragen in bezug auf Feinheiten der Bedeutung und Verwendung englischer Wörter zu klären. Das Konfliktpotential zwischen den beiden war groß, da Gödel besorgt war, weil Englisch nicht van Heijenoorts Muttersprache war,[4] während van Heijenoort seine eigene und oft eigenwillige Meinung zu linguistischen Fragen hatte. Van Heijenoort war gegenüber Gödel jedoch immer geduldig, rücksichtsvoll und anpassungsfähig, und obwohl beide Perfektionisten waren, respektierten beide diesen Zug am anderen. Dementsprechend blieb ihre Kommunikation recht herzlich.

GÖDELS BEMÜHUNGEN, die Übersetzungen und Nachdrucke seiner früheren Arbeiten zu überwachen, nahmen in den sechziger Jahren einen Großteil seiner Zeit in

---

4 Ironischerweise wurde die englische Grammatik, die Gödel besaß und als verbindlich zitierte, Poutsmas *A Grammar of Late Modern English*, von einem Holländer verfaßt.

Anspruch – Zeit, die er lieber dem Studium der Philosophie gewidmet hätte. Die Übersetzungsarbeiten behinderten im besonderen das Studium der Schriften Husserls, das er 1959 zu betreiben begonnen hatte, nachdem er die Arbeit am Essay für Schilpps Carnap-Band aufgegeben hatte.

Details dieser Studien kann man Gödels Kurzschriftnotizen entnehmen, Hao Wangs veröffentlichten Erinnerungen an seine Gespräche mit Gödel (Wang 1987) und einem Kurzschriftmanuskript mit dem Titel „The Modern Development of the Foundations of Mathematics in the Light of Philosophy", das sich nach Gödels Tod unter seinen Papieren fand und in Band III der *Collected Works* posthum veröffentlicht wurde.

Auslösend für die Erstellung des Manuskripts scheint die Wahl in die American Philosophical Society gewesen zu sein, da sich das Manuskript im selben Umschlag der American Philosophical Society fand wie der Brief vom Sekretär der Gesellschaft, der ihn, als neues Mitglied, zu einer Rede vor der kommenden Versammlung einlud [496]. Soweit bekannt, hat Gödel nie auf diese Einladung geantwortet, aber er erstellte das Manuskript vermutlich in Reaktion darauf.

Das erklärte Ziel des Essays war, „die Entwicklung der mathematischen Grundlagenforschung seit etwa der Jahrhundertwende ... zu beschreiben und sie in ein allgemeines Schema von möglichen philosophischen Weltanschauungen einzuordnen ... [eingeteilt] nach dem Grad ... ihrer Affinität zu bzw. Abkehr von der Metaphysik". In seinem Schema plazierte Gödel auf der linken Seite Skeptizismus, Materialismus und Positivismus, auf der rechten Spiritualismus, Idealismus, Theologie und erklärte, es sei „eine bekannte Tatsache, daß die Entwicklung der Philosophie seit der Renaissance im großen und ganzen von links nach rechts gegangen" sei.

Gödel behauptet, daß „die Mathematik ihrer Natur nach als apriorische Wissenschaft" dem Linkstrend „lang widerstanden" habe, „aber um die Jahrhundertwende" wurde die Bedeutung der „Antinomien der Mengenlehre ... von Skeptikern und Empiristen übertrieben und zum Vorwand für den Umsturz nach links verwendet". Tatsächlich seien die Antinomien jedoch „nicht in der Mathematik, sondern an ihrer äußersten Grenze zur Philosophie" aufgetreten und in weiterer Folge „in einer vollständig befriedigenden sowie für jeden, der diese Theorie versteht, beinahe selbstverständlichen Weise aufgelöst" worden. Dennoch entstand jenes „merkwürdige Zwitterding, welches sowohl dem Zeitgeist als auch der Natur der Mathematik gerecht zu werden versuchte ... [der] Hilbertsche Formalismus".

Hilberts Programm scheiterte an den Unvollständigkeitssätzen, in deren Folge Gödel nur zwei Möglichkeiten sah: „Man muß entweder die alten, rechtsseitigen Aspekte der Mathematik aufgeben oder man muß versuchen, diese im Widerspruch mit dem Zeitgeist aufrecht zu erhalten." Der zweite Weg, bei dem man „die Sicherheit der Mathematik nicht ... [durch] das Umgehen mit physischen Symbolen" establiert, sondern indem „man die Erkenntnis der abstrakten Begriffe ... kultiviert", war nach Gödels Ansicht „zweifellos der Mühe wert". Benötigt werde eine „Sinnklärung, die nicht in Definitionen besteht", und eine solche Sinnklärung, glaubte Gödel, könnte vielleicht die Husserlsche Phänomenologie bereitstellen.

Gödel meinte, es bestehe „kein objektiver Grund der Ablehnung" der Phänomenologie, und er lieferte zwei Argumente, warum diese Philosophie zu Fortschritten in Grundlagenfragen führen könne. Erstens entspreche sie der Art, in der Kinder ein Verständnis von Begriffen durch Durchlaufen von „Bewußtseinszuständen verschiedener Höhen" entwickeln. Zweitens würden „bei einem systematischen Aufstellen der Axiome der Mathematik immer wieder neue und neue Axiome evident ..., die nicht formallogisch aus den bisher aufgestellten folgen."

Die Behauptungen klingen bekannt. Gödel hatte ähnliche Ideen, allerdings ohne Hinweis auf Husserl, in seinem Princeton-Bicentennial-Vortrag, in seinem Essay über Cantors Kontinuumsproblem (den er für einen Neudruck im Jahre 1964 revidieren und ausbauen wird) und im Gibbs-Vortrag propagiert. Aber der Ton des „Modern Development"-Essays ist weitaus polemischer.

Vielleicht ist das der Grund, warum er ihn nie veröffentlicht oder auch nur jemandem davon erzählt hat. Seine Scheu, öffentlich Ansichten zu äußern, die als ikonoklastisch angesehen werden könnten, verließ ihn nie, und so war sein Rundumschlag gegen die verderblichen Auswirkungen des Zeitgeistes wohl ein Akt persönlicher Katharsis. Der Essay fand sich nicht in seiner späteren Liste von Anwärtern für Publikationen, und der Text existiert nur in einem Kurzschriftentwurf, der wenig Anzeichen von Umarbeitung trägt.

EINIGE MONATE zuvor hatte Gödel eine Einladung aus Harvard abgelehnt, den prestigeträchtigen William-James-Vortrag zu halten, und somit eine wichtige Gelegenheit vorbeigehen lassen, seine philosophischen Ansichten zu verbreiten. Der Grund war vermutlich seine Gesundheit, da er ungefähr zur gleichen Zeit an Bernays schrieb, er habe sich das ganze letzte Jahr sehr schlecht gefühlt.

Wie schlimm sein Zustand wirklich war, ist schwer zu sagen. Im Mai zuvor, während Rudolfs und Mariannes zweitem Besuch, hatte Morgenstern berichtet, daß Gödel unterernährt und nicht gut aussehe. Er trug immer eine Schachtel Natron in einem Beutel mit sich herum, und eine Armbanduhr mit Alarmfunktion, die ihn erinnern sollte, verschiedene Medikamente einzunehmen. Für einige Zeit hatte er auch wöchentlich einen Psychiater besucht. Aber die Sitzungen hatten wenig dazu beigetragen, seine Anorexie oder die Fixierung auf seine Verdauungsgewohnheiten zu mildern. So schrieb er zum Beispiel seiner Mutter kurz nach ihrer Rückkehr, um ihr für die Klistiere zu danken. Er würde sie demnächst ausprobieren, aber in der Zwischenzeit habe er herausgefunden, daß das Einnehmen von Magnesiamilch auf leeren Magen beinahe ebenso wirkungsvoll sei [497].

Trotz seiner chronischen Unterernährung gibt es wenig Anzeichen, daß Gödels physische Gesundheit schlechter als üblich oder daß Adele besonders besorgt war. Im Gegenteil, sie unternahm regelmäßig ausgedehnte Reisen – 1963 nach Kanada und in jedem der Jahre 1959–61 nach Europa –, und trotz der Phobie ihres Mannes vor schlechter Luft rauchte sie weiterhin in ihrem Haus.[5]

Es ist unmöglich, Gödels eigentliche Gesundheitsprobleme von seiner Hypochondrie zu trennen und von seinem Bemühen, angesichts wachsender öffentlicher Anerkennung seine Privatsphäre zu wahren. Er vermied alles, was ihn von seiner Arbeit ablenken könnte, und Gesundheitsprobleme – ob wirklich oder eingebildet – waren eine gute Entschuldigung, um lästigen Verpflichtungen zu entgehen,

Er konnte jedoch nicht alle Störungen verhindern. Insbesondere konnte er sich nicht der internen Kontroverse verschließen, zu der es 1962 am IAS kam – eine Angelegenheit, die er als „großen Rummel" beschrieb [498].

Der Konflikt brach aus, als die Mathematikabteilung des IAS John Milnor, einem Differentialtopologen an der Princeton University, eine Anstellung anbot. Milnor war eine bedeutende Gestalt auf seinem Gebiet, also wurden keine Widerstände erwartet. Aber der Vorschlag löste eine hitzige Debatte aus, ob es richtig sei, daß die Hochschulen Princetons um Mitglieder wetteiferten.

Nach der Darstellung Armand Borels [499] war man sowohl am Mathematikinstitut der Princeton University als auch an dem des IAS der Meinung, daß Anstellungen ausschließlich aufgrund der Qualifikation angeboten werden sollten und daß die Person, die solche Angebote bekommt, frei wählen können sollte. Der Vorsitzende des Kuratoriums des Institutes vertrat jedoch die Meinung, daß Jahre zuvor, während Flexners Amtszeit als Direktor, ein Übereinkommen getroffen worden sei, daß dem Institut verwehrte, Angebote an Kollegen der Princeton University zu machen.

Der Standpunkt des Vorsitzenden wurde dem Mathematik-Lehrkörper durch Direktor Oppenheimer vor der Abstimmung über Milnors Anstellung mitgeteilt – eine Vorgangsweise, die Atle Selberg, damals Vorstand der School of Mathematics, höchst unpassend fand. Um weitere Einmischung der Administration in Angelegenheiten des Lehrkörpers zu verhindern, schloß Selberg von da an Oppenheimer von den Treffen des Mathematik-Lehrkörpers aus; aber Gödel fand dies wiederum unkorrekt und nahm seinerseits nicht mehr an den Treffen teil. Von da an gab Gödel seine Stimme durch Bevollmächtigte ab [500].

Nach vielen Diskussionen verfaßte der IAS-Lehrkörper endlich eine Resolution, in der das Recht gefordert wurde, „Professuren an Mitglieder ... der Princeton University zu vergeben, mit Rücksicht auf die Interessen der Wissenschaft und das Wohl beider Institute", die Resolution wurde mit vierzehn zu vier Stimmen bei zwei Enthaltungen angenommen. Das Kuratorium jedoch ignorierte diesen Beschluß: Bei der Sitzung am April 1962 wurde erklärt, daß sich das IAS weiterhin an die angebliche frühere Übereinkunft halten werde. Dementsprechend wurde Milnors Nominierung ignoriert [501].

---

5 Gödel beschwerte sich weder über die Reisen noch über das Rauchen. Er glaubte, daß die Reisen ihr gut täten, und er versicherte seiner Mutter, daß man sich während ihrer Abwesenheit gut um ihn kümmerte.

Diese Abfuhr des Kuratoriums verursachte Ressentiments, die noch Jahre danach vor sich hin schwelten. Es stellte sich jedoch heraus, daß sich die Angelegenheit, die den Streit verursacht hatte, auf eine Art entwickelte, die ganz den Wünschen des Lehrkörpers entsprach. Bevor das Kuratorium im nächsten April wieder tagte, sicherte sich Oppenheimer die Zusage des Präsidenten von Princeton, R. F. Goheen, zu einer neuen Vorgehensweise, nach der beide Institutionen – nach gegenseitiger Konsultation – Stellenangebote an Mitglieder des Lehrkörpers der anderen Institution machen durften. Milnors Nominierung konnte jedoch nicht wiederholt werden, da in der Zwischenzeit alle freien Posten der Mathematik besetzt worden waren.

Die neue Politik wurde schließlich 1969 in die Praxis umgesetzt, als wieder eine Stelle frei wurde. Wieder einmal wurde ein Topologe von Princeton nominiert (Michael Atiyah), und diemal wurde der Bestellung zugestimmt [502]. (Milnor hatte im Jahr zuvor eine Stelle am MIT angenommen, aber 1970 kam auch er schließlich ans IAS.)

DIE KONTROVERSE um die Anstellungen verstörte Gödel und lenkte ihn ab, und als sie im Abklingen begriffen war, kam es zu einem anderen, höchst unerwarteten Ereignis, das seine ganze Aufmerksamkeit in Anspruch nahm. Im Frühjahr 1963 bewies Paul J. Cohen, ein junger Mathematiker von Stanford, endlich die Unabhängigkeit des Auswahlaxioms von ZF und der Kontinuumshypothese von ZFC.

Gödel hatte natürlich beide Resultate schon lange zuvor postuliert und zu beweisen versucht. Aber in den zwei Jahrzehnten, die seitdem vergangen waren, war wenig Fortschritt erzielt worden. Die wichtigste Entdeckung in dieser Periode war ein negatives Resultat des englischen Logikers John Sheperdson: 1953 zeigte er, daß die Methode der inneren Modelle, die Gödel zum Beweis der relativen Konsistenz von AC und GCH verwendet hatte, *nicht* zum Beweis der Unabhängigkeit verwendet werden konnte. Genauer hatte er gezeigt, daß für keine Formel $\Phi(x)$ von ZF in ZF beweisbar ist, daß die Klasse der Mengen, die $\Phi$ erfüllen, ein Modell von $ZF + V \neq L$ bilden [503]. Wenn man also die Unabhängigkeit irgendeines Axioms beweisen will, das aus dem Axiom der Konstruktibilität folgt, benötigt man eine neue Methode.

Es hatte nicht den Anschein, daß die Entwicklung einer solchen Methode unmittelbar bevorstand, und Cohens Durchbruch war umso überraschender, da er kein Logiker war (andrerseits kann man natürlich sagen, daß er gerade deswegen nicht auf die Methoden fixiert war, die ja nicht zur Lösung des Problems geführt hatten). Er hatte 1958 an der University of Chicago in harmonischer Analyse dissertiert, hatte danach ein wichtiges Problem der Banach-Algebren gelöst und war drei Jahre, 1959–61, am IAS, wo er mit Solomon Feferman und anderen über Logik und die herausragenden Probleme ihres Spezialgebietes sprach. Aber damals hatte er keinen Kontakt mit Gödel [504].

Nach dem IAS ging Cohen nach Stanford, wo er weiterhin über Logik diskutierte, mit Feferman und Kreisel. Feferman verwies ihn auf einige wichtige Arbeiten auf diesem Gebiet, und Cohen benützte Feferman als Sprachrohr für verschiedene seiner Ideen über mögliche Unabhängigkeitsbeweise des Auswahlaxioms. Im Rahmen dieser Überlegungen entdeckte Cohen unabhängig einige Resultate Shepherdsons neu – insbesondere die Tatsache, daß es ein minimales Standardmodell von ZF geben müsse (ein abzählbares Modell, das Untermodell jedes anderen Standardmodells ist) [505].

Feferman hatte versucht, Nonstandardmodelle von ZF zum Beweis der Unabhängigkeit von AC zu verwenden (das sind solche Modelle, in denen die $\in$-Relation nicht wohlfundiert ist), aber Cohen faßte den „festen Entschluß, ... nur Standardmodelle in Betracht zu ziehen" [506]. Cohen sah, daß das Skolem-Paradoxon – die Tatsache, daß ZF, obwohl es die Existenz überabzählbarer Mengen impliziert, ein abzählbares Modell besitzt (wenn ZF konsistent ist) – dazu verwendet werden konnte, abzählbare *Erweiterungen* eines gegebenen Modells (zum Beispiel des minimalen) zu konstruieren, in dem alle Ordinalzahlen (und damit alle konstruktiblen Mengen) unverändert gelassen, aber neue Teilmengen der natürlichen Zahlen hinzukommen würden.

Cohens Methode, die er „forcing" nannte, ist, wie er anmerkte, in gewisser Weise analog zu transzendenten Körpererweiterungen. Die Grundidee ist, daß, was *innerhalb* eines abzählbaren Standardmodells $M$ von ZF als $\mathfrak{P}(\omega)$ (die Menge aller Teilmengen der natürlichen Zahlen) gilt, von *außerhalb* betrachtet eine abzählbare Menge ist. Die Menge erscheint innerhalb des Modells als überabzählbar, weil die Bijektion zwischen ihr und $\omega$ nicht selbst Menge des Modells ist. Es muß also überabzählbar viele Teilmengen von $\omega$ geben, die außerhalb des Modells liegen, eine davon kann (hoffentlich) zu $M$ adjungiert werden, so daß sich ein neues Modell $N \supset M$ ergibt.

Der Trick ist, die richtige Teilmenge von $\omega$ zu finden. Einerseits garantieren die Axiome von ZF, daß jede in $M$ definierbare Teilmenge schon in $M$ sein muß. Wenn man andrerseits erwartet, daß die Struktur $N$ ein Modell von ZF mit denselben Ordinalzahlen wie $M$ sein soll, kann man nicht ein beliebiges $n \notin M$ wählen; von $M$ aus betrachtet muß (wie Cohen es formuliert) das zu adjungierende Element in gewissem Sinne „generisch" sein, das heißt, es darf keine externe Information über $M$ liefern.

Cohen gelang es, dem Begriff „generisch über $M$" eine präzise technische Bedeutung zu geben. Um die Unabhängigkeit von $V = L$ von ZFC zu zeigen, konstruierte er zum Beispiel eine neue Teilmenge $a$, indem er die Formeln $n \in a$ und $n \notin a$ betrachtete (in der „forcing language" von $M$, die Namen für jedes Element von $M$ und ein neues Konstantensymbol $a$ beinhaltet), und nannte eine endliche, konsistente Menge von solchen Formeln eine *Bedingung*. Er zeigte dann, wie man eine kompatible unendliche Folge von Bedingungen, $P_n$, konstruieren kann, geordnet durch Inklusion, so daß für jeden Satz $A$ der forcing language entweder $A$ oder die Negation im Modell $N$ durch eines der $P_n$ erzwungen wird („forced to be true") (genauso wie durch alle Nachfolger von $P_n$ – ein Nachfolger einer Bedingung ist gewissermaßen eine stärkere Bedingung).[6] Die Menge $a$ wird dann mit Hilfe des Limes $P$ definiert (die Vereinigung aller $P_n$).

---

6 Die Forcing-Relation selbst wurde durch eine komplizierte Induktion definiert.

Wie alle bahnbrechenden mathematischen Resultate war auch Cohens Beweis sofort kritischen Betrachtungen ausgesetzt – in deren Folge, wie so oft, einige Fehler entdeckt wurden. Sie wurden schnell korrigiert, aber Cohen empfand den Vorgang der Überprüfung dennoch als quälend. Er fürchtete, daß ein verstecker, irreparabler Fehler plötzlich ans Licht kommen könnte und daß seine Beweise, selbst wenn sie korrekt sein sollten, auf Widerstand in der logischen Gemeinschaft stoßen könnten. Um die Kritik zum Verstummen zu bringen, schrieb er daher an Gödel und bat um seine „Gutheißung" [507].

Gödel riet Cohen, seine Bedenken beiseite zu lassen. „Sie haben", schrieb er, „den bedeutendsten Fortschritt in der Mengentheorie seit ihrer Axiomatisierung erzielt". Die Beweise waren seiner Meinung nach „in jeder wesentlichen Hinsicht ... *die* bestmöglichen", und ihre Lektüre habe ihm ein „Vergnügen" bereitet wie „der Besuch eines wirklich guten Theaterstücks".

Völlig ungeachtet seiner eigenen früheren Praxis drängte Gödel Cohen, seinen Beweis ohne Verzögerung zu veröffentlichen. „An Ihrer Stelle", betonte er, „[würde] ich jetzt nicht versuchen, die Ergebnisse noch zu verbessern ..., da das eine unendliche Geschichte ist". Gleichzeitig bot er jedoch einige Vorschläge an, wie Cohen das Manuskript ändern könnte, um die Darstellung zu verbessern [508].

Während des Sommers tauschten die beiden viele Briefe aus, beinahe ausschließlich zu editorischen Fragen. Gödel hatte seine Konsistenzergebnisse in den *Proceedings of the National Academy of Sciences* veröffentlicht, und er bot an, auch Cohens Arbeit dort einzureichen (Cohen konnte das nicht selbst, da er kein Mitglied der Akademie war). Cohen nahm das gerne an, aber nicht lange danach frustrierten ihn Gödels andauernde Diskussionen über Einzelheiten. Wegen der Beschränkungen des Umfangs von Journalbeiträgen stimmte er Gödels Vorschlag zu, die Arbeit in zwei Teile zu gliedern, und schließlich gab er Gödel – um weitere Verzögerungen zu vermeiden – freie Hand, Änderungen des Textes vorzunehmen. Gödel reichte Teil I am 27. September ein, Teil II erreichte die Redaktion genau zwei Monate später.

Forcing wurde sofort das Zentrum einer intensiven Belebung der Forschungsaktivitäten in der Mengentheorie, die sich bis in die siebziger Jahre zog. Im Lauf weniger Jahre wurde Cohens Methode auf viele Arten verfeinert, verallgemeinert und vereinfacht, und sie wurde verwendet, um die Unabhängigkeit einer Unzahl von Aussagen von ZFC zu zeigen. Einige besonders wichtige Ergebnisse wurden von Robert M. Solovay erzielt, einem anderen logischen Autodidakten, der zusammen mit Dana Scott Cohens forcing für Boolesche Modelle neu formulierte (jeder Aussage wird ein Element einer vollständigen Booleschen Algebra als Wahrheitswert zugeordnet).

Für seine Pionierarbeit wurde Cohen Professor in Stanford, und beim Internationalen Mathematikerkongreß in Moskau 1966 wurde ihm die Fields-Medaille verliehen, die höchste von der mathematischen Gemeinschaft verliehene Ehrung, die keiner Logikerin und keinem Logiker zuvor oder danach zuteil wurde.

Alonzo Church hielt bei dieser Gelegenheit die offizielle Rede zu Ehren Cohens, und bei der Vorbereitung konsultierte er Gödel bezüglich der Verbindungen von Gödels Werk mit dem Cohens. Insbesondere wollte er ein für allemal klären, ob etwas Wahres sei an den immer noch kursierenden Gerüchten, daß Gödel in den vierziger Jahren die Unabhängigkeit von AC und CH gezeigt, aber die Beweise für sich behalten habe.

Gödel erwiderte auf die Anfrage Churchs am 29. September 1966: „Was Ihre Erwähnung meines Resultates von 1942 betrifft, kann ich ... den Unabhängigkeitsbeweis ... nur für $V = L$ rekonstruieren (in der Typentheorie mit Auswahlaxiom)." Damals habe er geglaubt, daß der Beweis „auch auf einen Unabhängigkeitsbeweis der Kontinuumshypothese ausgedehnt werden könne", aber er hatte ihn „nie detailliert ausgearbeitet".

Im Entwurf dieses Briefes, und auch in einem Brief an Wolfgang Rautenberg, von dem später Teile veröffentlicht wurden, ging er noch weiter: Er hatte, so sagte er, bezweifelt, daß seine Methode einen Unabhängigkeitsbeweis für die Kontinuumshypothese liefern würde. Er sagte nicht, was seine Methode gewesen war, aber er merkte an, daß sie mehr mit Scotts und Solovays Ansatz gemein hatte als mit Cohens [509].

Cohen erzielte seinen Durchbruch gerade als Gödel die Vorbereitung einer revidierten Version seines Artikels „What Is Cantor's Continuum Problem?" beendet hatte, der – zusammen mit seinem Essay „Russell's Mathematical Logic" – in einer Anthologie mit Texten zur Philosophie der Mathematik (Benacerraf und Putnam 1964) abgedruckt werden sollte. Untypischerweise ließ Gödel eine unveränderte Wiedergabe seines Russell-Essays zu, abgesehen von einer zusätzlichen einleitenden Fußnote; aber weil er die nachfolgenden Entwicklungen der Mengenlehre darstellen wollte, nahm er an seiner Arbeit von 1947 zahlreiche Änderungen im Text und in den Fußnoten vor und fügte eine Ergänzung hinzu, in der er einige der wichtigsten Fortschritte vor 1963 zusammenfaßte.

Er erfuhr von Cohens Arbeit gerade rechtzeitig, um auch darüber ein kurzes Postskriptum anzufügen. Er zog jedoch keine der Ansichten zurück, die er zuvor über die Kontinuumshypothese geäußert hatte. Insbesondere behauptete er nach wie vor, es gäbe „gute Gründe", anzunehmen, daß nicht nur die Kontinuumshypothese falsch sei, sondern daß die Untersuchung ihrer Unabhängigkeit zur Entdeckung neuer Axiome führen würde, die sie widerlegten.[7]

In seiner Ergänzung wiederholte Gödel seine Überzeugung, daß, selbst wenn sich die Kontinuumshypothese als in ZFC formal unentscheidbar herausstellen sollte, die Frage ihrer Wahrheit dennoch sinnvoll bleiben würde. „Durch einen Unabhängigkeitsbeweis verliert eine Frage ihre Bedeutung nur, wenn das untersuchte Axiomen-

---

7 Gödel (1964, S. 266ff). Diese Entdeckung hat noch nicht stattgefunden und erscheint heute vielen, die die Frage studiert haben, unwahrscheinlich [510].

system als ein hypothetico-dedukives interpretiert wird, d. h. wenn die Bedeutung der primitiven Terme unbestimmt bleibt." In der Geometrie bewahre die Frage nach der Wahrheit oder Falschheit des fünften Postulates von Euklid „ihre Bedeutung, wenn die primitiven Terme ... auf das Verhalten starrer Körper, Lichtstrahlen etc. bezogen werden". Genauso seien die Objekte der Mengentheorie wohldefinierte konzeptionelle Entitäten, die „trotz ihrer Entfernung von der Sinneswahrnehmung" durch mathematische Intuition wahrnehmbar seien. Demnach sei es „absolut möglich", daß „neue mathematische Intuitionen zu einer Entscheidung solcher Probleme wie der Kontinuumshypothese" führen [511].

In dieser Hinsicht dachte Gödel, daß Intuitionen bezüglich der „Wachstumsordnungen" von Zahlenfolgen besonders vielversprechende Kandidaten waren. In einem seiner Briefe an Cohen [512] meinte er, daß „sobald die Kontinuumshypothese fallengelassen wird, das Schlüsselproblem der Struktur des Kontinuums die Frage" sei, „ob es eine Menge von Folgen natürlicher Zahlen der Kardinalität $\aleph_1$ gibt, die für jede gegebene Zahlenfolge eine enthält, die sie von einem bestimmten Punkt an majorisiert". Der Versuch, Axiome über solche Folgen zu formulieren und benützen, um die Kontinuumshypothese zu entscheiden, würde Gödels Aufmerksamkeit für einen Großteil seines restlichen Lebens in Anspruch nehmen.

WÄHREND DES RESTS der sechziger Jahre entstanden weitere Übersetzungen von Werken Gödels: Die Anthologien von Davis und van Heijenoort erschienen 1965 und 1967, bald darauf folgten Übersetzungen verschiedener Werke ins Italienische, Französische und Russische. Gödel machte keinen Versuch, letztere zu kontrollieren, aber als Bernays ihn Ende 1965 informierte, daß *Dialectica* plane, eine englische Übersetzung seines Artikels von 1958 zu veröffentlichen, nahm er regen Anteil. Er war mit dem eingereichten Übersetzungsentwurf unzufrieden und dachte vielleicht an seine Erfahrungen mit der Übersetzung des Unvollständigkeits-Artikels, daher entschloß er sich, die Revision selbst vorzunehmen – und verwickelte sich dabei immer mehr in Probleme – ganz von der Art, vor der er Cohen gewarnt hatte [513].

In dieser Zeit erhielt Gödel zahlreiche Einladungen, an akademischen Versammlungen teilzunehmen, die er alle höflich, aber bestimmt ablehnte. 1966 zum Beispiel lehnte er es ab, zwei Veranstaltungen anläßlich seines sechzigsten Geburtstages (eine Feier an der Universität Wien und eine Konferenz an der Ohio State University) beizuwohnen, und im darauffolgenden Jahr wies er Cohens Einladung zurück, nach Kalifornien zu kommen und an einem großen Symposion zur axiomatischen Mengentheorie teilzunehmen. Jedesmal erklärte er, daß er wegen seines schlechten Gesundheitszustandes nicht mehr willens sei, lange Reisen zu unternehmen. (Er fuhr jedoch im Juni 1967 nach Massachusetts, um ein Ehrendoktorat von Amherst entgegenzunehmen.)

1966 lehnte er auch eine Ehrenprofessur ab, die ihm von der Universität Wien angeboten wurde, und eine Mitgliedschaft in der österreichischen Akademie der

Wissenschaften. Er blockte auch den Versuch ab, ihm das österreichische Ehrenzeichen für Wissenschaft und Kunst zu verleihen.[8]

Er führte an zu fürchten, daß die Annahme einer ausländischen Ehrung seine US-Staatsbürgerschaft gefährden könnte [514]. Wahrscheinlicher ist jedoch, daß sein Zögern von einer bleibenden Geringschätzung seiner früheren Heimat herrührte, da er keine ähnlichen Einwände vorbrachte, als ihn die britische Royal Society 1968 zum Auslandsmitglied ernannte, genausowenig wie 1972, als er korrespondierendes Mitglied sowohl der British Academy als auch des Institut de France (Académie des Sciences Morales et Politiques) wurde.

HÄTTE GÖDEL sich entschieden, den österreichischen Zeremonien zu seinen Ehren beizuwohnen, hätte er seinen sechzigsten Geburtstag mit seiner Mutter feiern können, die er seit dem Frühjahr 1964 nicht mehr gesehen hatte. So führten sie aber nur ein Telephongespräch, da sie damals selbst schon zu gebrechlich für eine Reise war.

Mariannes Gesundheit hatte sich kurz nach ihrem letzten Besuch in Princeton verschlechtert. Im Juli 1964 brach sie sich bei einem Sturz einen Arm, und, während sie sich davon erholte, erlitt sie einen Herzanfall. Danach war mehrere Monate lang durchgehende Bettruhe nötig, und am Beginn des folgenden Jahres wurde Angina pectoris diagnostiziert [515]. Gödel war über den Zustand seiner Mutter sehr beunruhigt, und er tat, was er konnte – auf seine eigene, hypochondrische Art –, um ihre Depression zu lindern. Er versuchte, sie zu überzeugen, daß Angina pectoris eine nervöse Erkrankung sei und sie in absehbarer Zeit genesen werde, er berichtete ihr, daß er selbst schon vor langem begonnen habe, Nitroglycerin einzunehmen, und zeigte Mitgefühl für ihre ständigen Gedanken an den Tod, die – so versicherte er – immer bei ernsthaften Herzerkrankungen aufträten. Er arrangierte auch eine Aufteilung der Behandlungskosten mit seinem Bruder Rudolf. Aber er zog nie in Erwägung, sie zu besuchen, obwohl Adele sowohl 1965 als auch 1966 Europa bereiste.

In einem seiner letzten Briefe an seine Mutter, geschrieben am 18. Juni 1966, erwähnte Gödel, daß Adele, die damals gerade in Italien war, plante, sich vor ihrer Heimreise ein paar Wochen in Wien aufzuhalten. Sie wollte um den 26. ankommen, nicht lange nach der Rückkehr Mariannes von einem Besuch im Salzkammergut.

Es ergab sich, daß Adele immer noch in Wien war, als ihre Schwiegermutter am 23. Juli plötzlich starb. Adele nahm in Vertretung Kurts am Begräbnis teil, und dabei zog sie sich infolge des rauhen Wetters während der Beisetzung eine hartnäckige Bronchitis zu, die Gödel nachher zur Entschuldigung seiner eigenen Abwesenheit von der Beerdigung benützte. („Wieso", fragte er seinen Bruder, hätte „ich eine Stunde im Regen bei einem offenen Grab stehen" sollen? [516].)

---

8 Es gelang der Universität Wien schließlich doch noch, Gödel ein Ehrendoktorat zu verleihen – posthum.

Gödel überließ die Verwaltung des Nachlasses seinem Bruder. Er bezweifle, so sagte er, daß er irgendwelche Rechte habe, einen Teil der Erbschaft zu beanspruchen, da er meinte, daß Rudolf soviel mehr für die Mutter getan habe als er selbst. Er teilte Rudolf mit, daß er die Angelegenheit mit Adele besprochen habe, vor der nichts geheimgehalten werden solle, und auch sie wolle nichts mit den Details zu tun haben. Er schlug aber vor, Rudolf möge, wenn er es mit den Wünschen der Mutter für vereinbar hielte, zur Erinnerung an sie Adele eines ihrer Schmuckstücke schicken.

Daß Mariannes Tod Rudolf tiefer treffen würde als seinen Bruder, überrascht nicht, da Rudolf viele Jahre lang mit seiner Mutter gelebt hatte und niemanden hatte, dem er sich nach ihrem Tod zuwenden konnte. Zweifellos hatte Kurt seine Mutter geliebt, aber seine Trauer wurde durch ihre lange Trennung gemildert.

Marianne wurde sechsundachtzig Jahre alt, sie hatte ein langes und erfülltes Leben. Sie blieb bis in ihre letzten Tage geistig wach. Und ihr blieb erspart, den Beginn von Gödels eigenem Verfall mitzuerleben.

# XII
# Der Rückzug
(1969–1978)

> The paranoic is logical. Indeed, he is strikingly meticulously logical.
>
> Yehuda Fried und Joseph Agassi, *Paranoia: A Study in Diagnosis*

WÄHREND DES LETZTEN Jahrzehnts seines Lebens zog sich Gödel mehr und mehr von seiner Umgebung zurück. Er fuhr fort zu arbeiten, nicht nur an Revisionen früherer Werke, sondern auch an neuen Resultaten, darunter zwei, die er als besonders wichtig erachtete: der Feststellung der „wahren" Mächtigkeit des Kontinuums und der Formalisierung von Anselms ontologischem Gottesbeweis. (Schon 1940, in privaten Gesprächen mit Carnap, hatte Gödel gemeint, daß ein präzises System von Postulaten für angeblich metaphysische Konzepte wie „Gott" und „Seele" angegeben werden könne.) Aber seine Gedanken richteten sich zunehmend nach innen. Nach dem Tod seiner Mutter hielt er nur eine sehr sporadische Korrespondenz mit seinem Bruder aufrecht, und der Kreis seiner engen Freunde, der nie sehr groß gewesen war, lichtete sich. Schließlich war nur mehr Oscar Morgenstern übrig.

Obwohl er sich offiziell erst 1976 vom IAS zurückzog, verlor Gödel schon lange davor das Interesse an Institutsangelegenheiten. 1964 waren beinahe alle Professoren, die am Institut waren, als er es zuerst besuchte, gestorben, und die Interessen der Nachfolgenden hatten mit Logik wenig zu tun. Gödels Kontakt zu den Kollegen, der nie sehr weitreichend gewesen war, wurde im folgenden Jahr sogar noch unregelmäßiger, als er ein neues Zimmer im neu errichteten Bibliotheksgebäude zugewiesen bekam. Dieses Zimmer an der Rückseite des Bauwerks hatte einen herrlichen Ausblick auf den Wald und Teich des Institutes, war ruhig, etwas abgelegen, aber nahe den Bücherregalen, vor denen Gödel so viel seiner Zeit verbrachte. Aber es war von den Zimmern der anderen Mathematiker isoliert.

Dennoch konnte Gödel manchen Ablenkungen nicht entgehen, sowohl durch interne als auch externe Ereignisse. Einige, wie der eskalierende Konflikt in Vietnam oder die sich wiederholenden und manchmal bitteren Auseinandersetzungen um die Bestellung neuer IAS-Mitglieder, trugen zu seiner Depression bei, andere, wie das Raumfahrtprogramm, erregten sein lebhaftes Interesse. Er führte seine Forschungen fort, aber er verlor immer mehr den Kontakt zu anderen Logikerinnen und Logikern. Es gab einige Ausnahmen, insbesondere Abraham Robinson und Hao Wang, mit dem sein Kontakt 1968–74 sogar zunahm, und seine Korrespondenz mit Paul Bernays dauerte bis 1975. Aber mit den meisten anderen kommunizierte er immer weniger. Dazu gehörte auch Georg Kreisel, der mit Gödel Mitte der fünfziger Jahre näher bekannt geworden war und danach für einige Jahre intensiven Kontakt aufrechterhalten hatte. Im Nachruf auf Gödel für die Royal Society schrieb er, daß bis zu der Zeit, als ihr Kontakt nachließ, „oberflächlich betrachtet ... der Wandel [in Gödels Verhalten] gering erschien": „Sein Geist blieb rege" bis in die frühen siebziger Jahre, und in mancher Hinsicht war er „weniger düster" als zuvor, „nur sein ausgezeichneter Richtungssinn war offenbar geschwunden". Dennoch waren einige der ihm am nächsten stehenden Personen „bereits Ende der sechziger Jahre alarmiert" [517].

Kreisel selbst zog sich mit der Erklärung zurück, er fände es zu schmerzhaft, Gödels „Anstrengungen, seine Depression nicht zu zeigen", zu beobachten. Wäre er nicht von der Bildfläche verschwunden, wäre er Zeuge einer Serie von psychotischen Krisen geworden, die zuerst in Abständen auftraten und im Herbst 1975 schließlich chronisch wurden. Wie 1936 und 1954 hatte er Anfälle von Hypochondrie und Paranoia. Aber anders als früher war Adele nicht mehr in der Lage, als Bollwerk gegen den Ansturm der Irrationalität zu dienen, da sie damals selbst bereits ernsthaft krank war, und die Belastung, für sie zu sorgen und sich um Haushaltsangelegenheiten zu kümmern, fiel zunehmend Gödel selbst zu.

Es ist schwierig, das genaue Ausmaß der Leiden Adeles festzustellen, oder wann genau sie begonnen haben, aber – aus Gödels Briefen an seine Mutter zu schließen – erlitt sie entweder einen Hitzeschlag oder einen leichten Gehirnschlag während ihrer Italienreise im Jahre 1965. Was es auch war, es zwang sie, ihren Urlaub zu unterbrechen und direkt aus Neapel heimzufliegen. (Bereits das Jahr zuvor hatte Gödel angemerkt, daß sie übergewichtig geworden war, und nach ihrer Rückkehr aus Italien wurde sie wegen hohen Blutdrucks behandelt.)

Im September hatte sie sich erholt, und Gödel meinte, daß im großen und ganzen die Reise nach Ischia ihr sehr gut getan habe, obwohl er anmerkte, daß sie „ihre ganze Unternehmungslust verloren" habe. Als Morgenstern sie im nächsten Frühjahr zu Gesicht bekam, anläßlich Gödels sechzigsten Geburtstags, dachte er, daß sie schlecht aussehe [518].

1968 kam Adele kurzzeitig für Tests ins Krankenhaus, und zwei Jahre danach berichtete Morgenstern, daß Gödel über ihren Zustand deprimiert war. Morgenstern erwähnte die Art ihrer Erkrankung nicht, aber in Kurzschriftentwürfen von Briefen, die Gödel seinem Bruder zwischen 1970 und 1972 schickte [519] (die letzte bekannte Korrespondenz zwischen den beiden), wird Adeles Erkrankung verschiedentlich als Bluthochdruck, Purpurar, Verdauungsbeschwerden, Gallenblasenerkrankung, Arthritis und Bursitis beschrieben. Besonders das Gehen begann ihr schwerzufallen – die Folge, so Gödel, einer Neuritis, wahrscheinlicher ist aber ein weiterer Hirnschlag, dessen Effekt durch ihre Korpulenz verstärkt wurde und außerdem noch durch ihr Versäumnis, die physikalische Therapie durchzuhalten.

GÖDELS EIGENER Verfall ist in Morgensterns Tagebuch festgehalten. Im Frühjahr 1968 war Morgenstern bereits über Gödels abgezehrte Erscheinung alarmiert. Nie zuvor sei er derart mager gewesen. Gödel war wieder einmal davon überzeugt, an einer Herzerkrankung zu leiden, und Morgenstern wunderte sich, daß er überhaupt noch am Leben war [520]. Wie zuvor war das Grundproblem anscheinend psychosomatisch.

Als Gödel während der folgenden Weihnachten an Bernays schrieb, bestätigte er, daß sein Gesundheitszustand „in den letzten Monaten ... ziemlich schlecht" gewesen war. Aber seine hypochondrische Besessenheit konnte ihn nicht daran hindern, seine minutiöse logische Arbeit weiterzuverfolgen, da der Großteil des Briefes seinem ständigen Bemühen gewidmet war, Präzision in der englischen Ausgabe des *Dialectica*-Artikels zu erzielen [521]. Trotz seiner eigenen Ängste sorgte er sich auch um das Wohlergehen anderer. Am Beginn des neuen Jahres unterzog sich Morgenstern einer Prostatakrebsoperation, und während seiner Rekonvaleszenz besuchte ihn Gödel mehrere Male. Bei diesen Gelegenheiten fand Morgenstern Gödel besonders charmant [522], und in den folgenden Monaten zeigte Gödel wärmstes Interesse für alle Mitglieder von Morgensterns Familie und besonders an Carl, dem Sohn, der damals vorzeitig Student in Princeton wurde und den Gödel zu mathematischen Studien ermutigte.

Während des Jahres 1969 gab es wenig offensichtliche Änderungen in Gödels Zustand oder Arbeitseinteilung. Zusätzlich zu seiner Arbeit an der *Dialectica*-Übersetzung verfolgte er auch Themen weiter, die er fünf Jahre zuvor im Nachwort zu seinen Vorlesungen von 1934 aufgegriffen hatte. Damals hatte er seine Überzeugung formuliert, daß Turings Resultat keine Schranken für den menschlichen Geist setzt, sondern nur für die Möglichkeiten eines formalen Systems [523], „desses Wesen es ist, ... daß Überlegung [in ihm] vollständig durch mechanische Operationen auf Formeln ersetzt wird." Er hatte unterlassen, zu erwähnen, daß Turing selbst ein Argument vorgestellt hatte mit dem Tenor, daß geistige Vorgänge mechanische *nicht* transzendieren können. Turing (1936) hatte betont, daß „*die Rechtfertigung* [für die Definitionen seiner Maschine] *in der Tatsache zu finden ist, daß das menschliche Gedächtnis notwendigerweise beschränkt ist*".

Turings Behauptung störte Gödel, aber zur Zeit, als er das Nachwort schrieb, glaubte er wahrscheinlich, keine definitive Widerlegung anbieten zu können. Er verfolgte das Thema aber weiter, bis er Anfang Dezember 1969 Morgenstern ankündigte, daß er einen Fehler in Turings Beweis gefunden habe, eine Entdeckung, die, so glaubte er, folgenschwere philosophische Konsequenzen haben könne [524]. Was Turing außer acht gelassen habe, so Gödel, sei „daß der *Geist*, in seinem Gebrauch, nicht statisch, sondern in stetiger Entwicklung ist. ... Daher gibt es, obwohl in jeder Phase der Entwicklung des Geistes die Anzahl seiner möglichen [unterscheidbaren] Zustände endlich ist, keinen Grund zur Annahme, daß diese Anzahl im Laufe der Entwicklung nicht gegen unendlich gehen sollte" [525]. Unsere Kapazität für größeres Verständnis sei potentiell unbeschränkt – und erstreckt sich nach Gödels Meinung sogar auf ein Leben nach dem Tod, wie er bereits im dritten seiner „theologischen" Briefe an seine Mutter dargestellt hatte.

Drei Tage vor Weihnachten sah Morgenstern Gödel wieder, und bei dieser Gelegenheit hatten sie lange Diskussionen über „die am[erikanische] Wirtschaft", ein Thema, zu dem Gödels Ideen, so Morgenstern, „ebenso gut wie präzise" waren. Morgenstern blieb besorgt über Gödels Zustand, fand aber seine geistige Energie unvermindert. Er schrieb auch, „niemand von meinen Freunden" rege ihn „dermaßen an wie" Gödel, und daß dieser sich zwar nur durch die Sonntagsausgabe der *New York Times* auf dem laufenden hielte, diese jedoch so gründlich lese, daß er immer wohlinformiert sei [526].

Einen Monat später verschlechterte sich Gödels Gesundheitszustand jedoch plötzlich. Er war überzeugt, an Herzproblemen und Diabetes zu leiden; am 23. Januar 1970 brachte Morgenstern ihn ins Krankenhaus. Er hoffte, daß der Charakter von Gödels Gesundheitsproblemen zumindest sorgfältig untersucht würde, aber zu seiner Überraschung war Gödel nur vier Tage danach wieder zu Hause, untypischerweise voll des Lobes für den behandelnden Arzt [527].

Was die Diagnose war ist unklar, aber für eine kurze Zeit schien sich Gödels Zustand zu verbessern. Die Hauptschwierigkeit lag wie üblich darin, ihn zum Essen zu bringen. Morgenstern blieb in telephonischem Kontakt, und am 2. Februar berichtete er, daß Gödels Zustand, wenn auch „etwas deprimiert" so doch „sicherlich besser" sei. Aber Morgenstern schrieb auch, daß Gödel überzeugt war, Digitalis zu benötigen, obwohl das vom Doktor verschriebene Medikament[1] Wirkung zeigte.

Vier Tage später begann Gödel Zeichen einer ausgewachsenen Paranoia zu zeigen. Seine Ärzte, so erklärte er, würden lügen; seine Medikamente seien nicht richtig etikettiert, selbst deren Beschreibungen in Arzneimittelverzeichnissen seien falsch. Morgenstern war über das Verhalten seines Freundes besorgt, hielt es aber bis zu einem gewissen Ausmaß für „Theater", und er glaubte, daß er aus diesem Zustand „schon wieder herauskommen" werde [528]. Und als es Gödel wenige Tage danach wieder einmal besser zu gehen schien, meinte Morgenstern, daß bald alles wieder „in Ordnung" sein werde.

Gödel selbst jedoch fürchtete, bald zu sterben – so sehr, daß er während eines Telephonats Morgenstern bat, sieben „fast druckreifen Arbeiten" für die posthume Veröffentlichung vorzubereiten. Neben der *Dialectica*-Revision und der Notiz mit der Kritik am Argument Turings beinhaltet die Liste „eine Arbeit, die Folgerungen aus seinem Resultat von 1931 zeigt" [529], seine formale Durchführung des ontologischen Gottesbeweises, den revidierten Text des Gibbs-Vortrags, einen Aufsatz über Carnap (vermutlich einer der sechs Entwürfe für den Schilpp-Band, obwohl unklar ist, welcher) und – am wichtigsten – den „Beweis, daß die ‚wahre' Mächtigkeit des Kontinuums $\aleph_2$ ist" [530]. Es gäbe auch „viele, viele Notizen – in Gabelsberger Stenographie – meist über Philosophie" [531].

---

1 Isordil, das in der Behandlung von Angina pectoris verwendet wird.

Über einige der Arbeiten sprach Gödel in größerer Ausführlichkeit. Bezüglich des Kontinuumproblems sagte er, daß sein Beweis auf einigen „ganz vernünftig[en] ... zusätzlichen Axiomen" basiert. Er war sich „sicher, daß der Beweis stimmt". Morgenstern „drängte auf Publikation", aber zweifelte, daß sein Drängen Erfolg haben werde, da er sehr genau wußte, wie lange Gödel üblicherweise an seinen Werken feilte.

Zwischen 13. Februar und 9. März erwähnt Morgenstern Gödel nur zweimal in seinem Tagebuch: Am 15. schreibt er: „Gödel geht es besser, aber er will es nicht recht zugeben. Paul Oppenheim (84!) sprach lange mit mir über ihn – wir stimmen ganz überein", und Anfang des nächsten Monats traf er Dana Scott, der ihm berichtete, daß Gödel ihm einige seiner Manuskripte anvertraut habe.

Morgenstern hielt auch fest, daß abgesehen von Gödels Glauben, bald zu sterben, seiner fast völligen Verweigerung der Nahrungsaufnahme und der Abhängigkeit von Digitalis sein Geist „von größter Klarheit und Schärfe wie immer" sei. Jedoch nur zwei Tage danach rief ihn Gödel tief verstört abends an. Er sehe genau, was richtig wäre, und tue dann unter Zwang ständig das falsche. Er sei „so schwach", schrieb das jedoch nicht seiner Unterernährung zu, sondern der *Freiheit*, die er am IAS genossen hatte, wo er „keine Pflichten, Vorlesungen usw." hatte, „die Energie binden und erneuern". Nicht unbegründet fürchtete er auch, daß sein Arzt ihn entweder „ins Irrenhaus schicken oder ... nicht mehr behandeln" werde.

Als Morgenstern ihn am nächsten Nachmittag besuchen kam, war er tief schokkiert über Gödels Erscheinung und Verhalten. Gödel sah „wie ein lebender Leichnam" aus. Er traute seinem Doktor nicht mehr und schien Halluzinationen zu haben. Er hatte plötzlich zu rauchen begonnen. Und anders als bei ihren früheren Treffen sprach er fast nur über seine Krankheit. Plötzlich sagte er jedoch „daß er in Princeton nicht geschätzt werde" (ein Gefühl, das wohl nicht ganz abwegig war – Morgenstern selbst hatte drei erfolglose Versuche unternommen, die Princeton University zu bewegen, Gödel ein Ehrendoktorat zu verleihen); und als Morgenstern erwiderte, daß zumindest Weyl, von Neumann und er selbst immer die größte Hochachtung vor ihm gehabt hätten, sagte Gödel, „wenn [Morgenstern] ein wahrer Freund sei, würde [er] ihm jetzt Zyankali bringen" [532].

Es schien Morgenstern, daß Gödel nicht überleben könne, wenn er nicht in ein Heim käme und intravenös ernährt würde. Er erinnerte sich an Adeles Erzählung, wie Gödel lange vor dem Krieg von der Angst befallen wurde, vergiftet zu werden, und sie ihn löffelweise füttern mußte, bis sie sein Gewicht von achtundvierzig auf vierundsechzig Kilos gebracht hatte. Aber angesichts ihres eigenen momentanen Gesundheitszustandes bezweifelte Morgenstern, daß sie ihm noch einmal das Leben retten können würde [533].

Irgendwie hielt Gödel durch. Einen Monat danach hielten seine Halluzinationen immer noch an, und in völliger Verzweiflung rief er einen Doktor nach dem anderen an, suchte nach Hilfe, um sie sofort zurückzuweisen. Er war bedrohlich abgezehrt und sein Verhalten war eindeutig psychotisch. Aber er wurde nicht in ein Krankenhaus eingeliefert. Einige Tage ging er sogar in sein Zimmer am Institut.

Am Höhepunkt der Krise, am 11. April, kam Rudolf Gödel aus Wien an. Er hatte vermutlich von der Bedrohlichkeit von Gödels Zustand durch Morgenstern erfahren, Adele hatte jedenfalls nicht nach ihm geschickt und begrüßte seine Gegenwart auch nicht (vielleicht zu Recht, da er trotz seiner medizinischen Ausbildung unsicher schien, was zu tun sei). Er meinte zwar auch, daß sein Bruder intravenös ernährt werden solle, aber seine Interventionen waren ineffektiv.

Am 14. rief Gödel wieder einmal Morgenstern an. Er fühle sich entmündigt, berichtete, daß während jeder der vier vorhergegangenen Nächte jemand in sein Zimmer geschlichen sei und ihm Injektionen verabreicht habe, und appellierte erneut an Morgenstern, ihm zum Suizid zu verhelfen.

AN DIESEM KRITISCHEN Punkt, quälend abrupt, verschwindet der Name Gödel aus Morgensterns Tagebuch. Sicherlich blieb Morgenstern weiterhin tief besorgt über seinen Freund, aber seine eigenen beruflichen Aktivitäten ließen ihn Princeton für längere Perioden verlassen. Er erwähnt Gödel erst im August wieder, und in dieser Tagebucheintragung staunt er über die wundervolle Genesung, die sich zugetragen hatte: Während der vier dazwischenliegenden Monate hatte Gödel acht Kilo zugenommen, und sein Geist war wieder „kristallklar" [534]. Was den Wandel mit sich gebracht hat, ist unklar, aber eine Bemerkung in einem Briefentwurf Gödels an Tarski deutet an, es könnten Psychopharmaka verwendet worden sein [535].

In der Zwischenzeit hatte Gödel offenbar auch sein Resultat über die Mächtigkeit des Kontinuums zusammengeschrieben, da am 19. Mai Tarski eine Kopie des Manuskripts zu diesem Thema retournierte, die Gödel ihm geschickt hatte. Der kuriose Titel („Some Considerations Leading to the Probable Conclusion That the True Power of the Continuum Is $\aleph_2$") läßt vermuten, daß Gödel Zweifel entweder an der Korrektheit seines Arguments oder der Vernünftigkeit der zugrundeliegenden Axiome hatte, und er wünschte Tarskis Imprimatur, bevor er das Manuskript bei den *Proceedings of the National Academy of Sciences* einreichte.

Jedenfalls wurden bald schwerwiegende Fehler in Gödels Beweis entdeckt, obwohl es unklar ist, ob sie schon zu der Zeit ans Licht gekommen sind, in der Tarski das Manuskript retournierte. Im beiliegenden Brief sagte Tarski, daß er bald mehr über die Arbeit schreiben werde, es ist aber kein nachfolgender Brief erhalten. Auch weist nichts in Morgensterns Tagebuch darauf hin, daß Schwierigkeiten aufgetreten waren. Im Eintrag zum 4. August gibt es jedoch eine interessante Diskrepanz: Morgenstern berichtet, daß Gödel sein hochbedeutendes Resultat abgeschickt habe, die Mächtigkeit des Kontinuums sei $\leq \aleph_1$.

Es mag sein, daß Morgenstern einfach einen Schreibfehler beging. Vielleicht wollte er $\aleph_2$ schreiben statt $\aleph_1$ oder $\neq$ statt $\leq$. In beiden Fällen wäre das Resultat schwächer als die Gleichheit, die Gödel nach Morgensterns Tagebuchaufzeichnung vom 10. Februar bewiesen zu haben behauptete. Wenn Morgenstern andrerseits meinte, was er da schrieb, so hätte Gödel, nach Cantors Theorem, die *Wahrheit* der Kontinuumshypothese bewiesen.[2]

Die zweite Möglichkeit ist in Hinblick auf Gödels weiteres Tun besonders interessant: Irgendwann fügte er dem Manuskript, das er Tarski geschickt hatte, die Bezeichnung „I. Fassung" hinzu und erstellte einen zweiten Text, bezeichnet als „II. Fassung" und mit dem doppelt unterstrichenen Vermerk „nur für mich geschrieben" versehen, den er „A Proof of Cantors Continuum Hypothesis from a Highly Plausible Axiom About Orders of Growth" betitelte.

Später, anscheinend noch im selben Jahr, erstellte er einen Entwurf eines Briefes an Tarski [536] mit der Bezeichnung „III. Fassung", in dem er zugab, daß das Originalmanuskript einen schweren Fehler enthielt. Er erwähnte die zweite Version mit keinem Wort, aber seine Kommentare zu den Fehlern im Beweis machen klar, daß er auch in diesem Manuskript auf Fehler gestoßen war.

In der dritten Fassung kam Gödel zu keinem endgültigen Schluß über die Mächtigkeit des Kontinuums. Dennoch erklärte er, daß er nach wie vor glaube, die Kontinuumshypothese sei falsch. Es war ihm offensichtlich peinlich, einen falschen Beweis in Umlauf gebracht zu haben, aber er setzte seine Arbeit an dem Problem fort.

Im September 1972 berichtete Morgenstern, daß Gödel wieder einmal ein neues Axiom gefunden habe, nämlich, daß $2^{\aleph_0} = \aleph_2$ impliziere. Aber diesmal war es ihm mit der Publikation nicht so eilig. Zwei Jahre später arbeitete er immer noch an Details des Beweises. Im August 1975 berichtete Morgenstern endlich, daß er wieder einmal mit Gödel über diese Angelegenheit gesprochen und ihn überredet habe, das Resultat in den *Proceedings* zu veröffentlichen. Gödel kommentierte jedoch, daß er eigentlich keinen Sinn mehr darin sehe, „da er ja nächstes Jahr in Pension gehe, [weitere] Publikation[en] würde[n] daher [von ihm] ... nicht erwartet"!

Einen Monat später schrieb Morgenstern, Gödel sei überzeugt, daß sein Beweis über die Mächtigkeit des Kontinuums korrekt ist. Es gab jedoch eine letzte Überraschung: Diese Mächtigkeit war „*nicht* $\aleph_2$, sondern: ‚verschieden von $\aleph_1$'" [537].

TATSÄCHLICH publizierte Gödel nichts mehr zu diesem Thema, seine drei Entwürfe erschienen posthum im dritten Band der *Collected Works*. In weiterer Folge begannen jedoch eine Reihe anderer, besonders Erik Ellentuck, Robert M. Solovay und Gaisi Takeuti, mit Untersuchungen, die zu der Klärung der Beziehungen zwischen den Ideen beitrugen, die in Gödels Manuskripten enthalten sind [538]. Diese Resultate kann man wie folgt zusammenfassen.

Von den vier Axiomen, die Gödel an Tarski geschickt hatte, sind die ersten beiden zusammengenommen äquivalent zu einem Schema von Aussagen $A(\omega_n, \omega_n)$

---

2 Morgenstern, dem es vielleicht an tieferem Verständnis der Materie mangelte, scheint die Diskrepanz nicht bemerkt zu haben.

(für alle $n < \omega$), die als „square axioms" bekannt geworden sind. Allgemeiner besagt das „rectangular axiom" $A(\omega_n, \omega_m)$, daß es von der Menge $F$ aller Funktionen von $\omega_n$ nach $\omega_m$ eine Teilmenge $S$ der Mächtigkeit $\aleph_{n+1}$ gibt, die für jedes $f \in F$ ein $g$ enthält, das $f$ majorisiert (d.h., für eine Ordinalzahl $\alpha < \omega_n$ gilt $g(\beta) > f(\beta)$ für alle $\beta > \alpha$).[3] In den ersten zwei Versionen seines Manuskripts glaubte Gödel irrtümlicherweise, daß die „square axioms" die „rectangular" implizierten – ein Fehler, den er in der dritten Version explizit erkannte; und wie Takeuti später bewies, folgt aus den „rectangular axioms" *tatsächlich* $2^{\aleph_0} = \aleph_1$ (die Folgerung von Gödels zweitem Entwurf). In der dritten Version jedoch meinte Gödel, daß er die „rectangular axioms" nicht länger für plausibel hielte, und Solovay und Ellentuck zeigten später unabhängig voneinander, daß die „square axioms" keine Schranke für $2^{\aleph_0}$ vorgeben.

Andrerseits implizieren die beiden letzten der vier ursprünglichen Axiome zusammengenommen, daß $2^{\aleph_0} = 2^{\aleph_1}$, daher mit Cantors Theorem $2^{\aleph_0} \geq \aleph_2$ – ein Resultat, das mit Gödels letzter Aussage gegenüber Morgenstern übereinstimmt. Aber die Konsistenz der Axiome drei und vier relativ zu ZFC ist ein ungelöstes Problem, und es ist fraglich, ob außer Gödel überhaupt jemand an die immanente Wahrheit dieser Axiome geglaubt hat.

GÖDELS MENTALE Krise 1970 war die schlimmste seit 1936. In vieler Hinsicht war sie mit diesem früheren Zusammenbruch vergleichbar, aber die Rekonvaleszenz erfolgte viel schneller und dramatischer, und stellte keine so große Unterbrechung seiner Arbeit dar, vielleicht wegen der kürzeren Dauer.

Spät im August besuchte Morgenstern Gödel am Institut, Anfang Oktober sprach er mit ihm am Telephon. Beide Male fand er ihn „in bester Verfassung", und er betrieb „übersprudelnd Conversation" über seine jüngsten Unternehmungen. Zusätzlich zum Kontinuumsproblem arbeitete Gödel weiterhin an der Revision des *Dialectica*-Artikels (besonders an zwei längeren Fußnoten), und er verkündete, daß er mit seinem ontologischen Beweis nun vollkommen zufrieden sei. Er zögerte jedoch, ihn zu publizieren, da er fürchtete, daß „ihm zugeschrieben werde, daß er wirklich an Gott glaube, wo er doch nur eine logische Untersuchung mache", um zu zeigen, daß ein solcher Beweis mit anerkannten Prinzipien der formalen Logik durchgeführt werden könne [539]. Tatsächlich besteht das Manuskript, das in seinem Nachlaß gefunden und als *1970 im Band III der Collected Works veröffentlicht wurde, aus zwei Seiten formaler Symbole, mit nur wenigen erklärenden Worten.

GÖDELS GESUNDHEIT blieb für die nächsten dreieinhalb Jahre außergewöhnlich gut. Morgenstern, der nach wie vor den Wandel bestaunte, berichtete, daß Gödel „viel besser ausschaut als je", „in guter Stimmung" sei und „heiter, lebendig". Er

---

3 $S$ wird manchmal „scale" genannt. Dementsprechend werden besagte – zu Lebzeiten unveröffentlichte – Manuskripte Gödels auch als seine „scales of functions papers" bezeichnet.

beschäftigte sich mit seiner Forschung und sprach gerne über Politik und das Weltgeschehen.

In dieser Zeit führten die beiden lange Telephonate. Sie sprachen über Themen wie Mathematik, Philosophie, Religion und Neurologie, und natürlich über persönliche und Institutsangelegenheiten. Im allgemeinen fand Morgenstern den Gedankenaustausch sehr anregend. Einmal jedoch merkte er – etwas zweideutig – an, daß man, wenn man mit Gödel spreche, sofort in eine andere Welt gestoßen werde. Bei einer anderen Gelegenheit notierte er, Gödel vermute zu viele Verschwörungen. Die Behauptungen waren immer logisch begründet, aber die zugrundeliegenden Annahmen waren entweder weit hergeholt oder falsch.

Bemerkenswerterweise fehlt in Morgensterns Aufzeichnungen dieser Diskussionen jegliche Erwähnung eines bedeutenden mathematischen Durchbruchs des Jahres 1970: Der Beweis der Unlösbarkeit des 10. Hilbertschen Problems durch den jungen russischen Mathematikers Yuri Matijasevich.[4] Man würde erwarten, daß dieses Resultat von großem Interesse für Gödel gewesen sei, da es ein Entscheidungsproblem für diophantische Gleichungen betraf, das mit unpublizierten Resultaten zusammenhing, die Gödel Jahre zuvor als Korrolare seines Unvollständigkeitssatzes gefunden hatte [540]. (Wie auch andere vor Matijasevich hatte Gödel die Schwierigkeit des Problems überschätzt. In einem Brief an William Boone riet er diesem neun Jahre vor Matijasevichs Beweis, das Problem nicht anzugehen, wenn er nicht eine „besondere Vorliebe für Zahlentheorie" habe, da es sein Eindruck sei, daß „eine Menge Zahlentheorie" für die Lösung nötig sein würde. Matijasevichs Beweis verwendete jedoch Eigenschaften der wohlbekannten Fibonaccizahlen, und wurde bald umgeschrieben, so daß man nur bekannte Tatsachen über Lösungen von Pell-Gleichungen benötigte – beides Standardthemen von Vorlesungen zur elementaren Zahlentheorie.)

In Hinblick auf Gödels Gesundheitsprobleme läßt sich kaum erwarten, daß er schon bei der ersten Veröffentlichung auf Matijasevichs Arbeit aufmerksam wurde. Überraschend ist jedoch, daß er sie überhaupt nie in einer Korrespondenz erwähnt zu haben scheint [541]. Man würde vor allem erwarten, daß er das Thema in seinem Briefwechsel mit Bernays erwähnte, da sich mehrere der Briefe, die die beiden zwischen Juli 1970 und Januar 1975 austauschten, mit der technischen Diskussion von logischen Fragen befaßten.

Ein Großteil der Korrespondenz beschäftigte sich jedoch mit Details von Gödels englischer Übersetzung des *Dialectica*-Artikels, die Scott an Bernays zur Publikation weitergeleitet hatte. Im Juli 1970 hatte Gödel an Bernays geschrieben, um zu fragen, wann diese Übersetzung erscheinen sollte, und Bernays hatte geant-

---

4 Das Problem war: Gibt es einen allgemeinen Algorithmus, der entscheidet, ob ein beliebiges Polynom (in mehreren Variablen) mit ganzzahligen Koeffizienten ganzzahlige Lösungen besitzt?

wortet, daß sie in den gerade in Vorbereitung befindlichen Band aufgenommen werden solle. Kurze Zeit darauf erhielt Gödel zwei Korrekturbögen des Artikels. Aber in der Zwischenzeit hatte er sich wieder entschlossen, eine der Fußnoten doch noch einmal zu ändern.

Zweimal danach versprach Gödel, die Revision sofort zu schicken. Aber in seiner Tagebucheintragung vom 11. April 1971 berichtete Morgenstern, daß seine „enorm[e]" Fußnote weiter gewachsen sei. Als Gödel ihm erzählte, daß er sich entschlossen habe, ein neues formales System einzuführen, schlug Moregenstern vor, die Fußnote zu kürzen und die Arbeit umzuschreiben.

Was danach geschah, ist unklar. Morgenstern erwähnte das Thema nie wieder, Bernays zwar schon, aber erst im März 1972, als er sich auf Gödels „neue" englische Übersetzung bezog. Offenbar hatte er sie nicht zu Gesicht bekommen, aber von Kreisel gehört, daß Gödel immer noch Bedenken bezüglich einiger Details hatte. Bernays mutmaßte, Gödels Bedenken könnten mit dem Ausmaß zu tun haben, in dem der Beweis vom imprädikativen Prinzip abhängt, und erwähnte einige Beobachtungen, um die Frage zu lösen. Seine Bemerkungen führten zu weiterem Gedankenaustausch über dieses Thema, der mit Bernays Brief an Gödel vom 21. Februar 1973 endete. Aber es kam kein neues Manuskript zum Vorschein, und Gödel schickte nie einen der Korrekturbögen zurück, die er bekommen hatte. Mit ausfernden Bemerkungen versehen, wurden sie in seinem Nachlaß gefunden, zusammen mit einer Flut fragmentarischer Entwürfe und Revisionen, von denen eine rekonstruierte Version schließlich im Band II der *Collected Works* veröffentlicht wurde [542].

WÄHRENDDESSEN war ein neues Fenster zu Gödels Gedanken geöffnet worden, durch seine Diskussionen mit Professor Hao Wang von der Rockefeller University. Wang hatte Gödel zum ersten Mal 1949 getroffen und mit ihm danach regelmäßig korrespondiert. Im Laufe der Jahre hatte er sich sehr für Gödels philosophische Ansichten zu interessieren begonnen, und in den späten sechziger Jahren begann er ein Buch zu schreiben (*From Mathematics to Philosophy*, veröffentlicht 1974), in dem er einige dieser Ansichten zu diskutieren gedachte.

Das Buch gab Gödel die Möglichkeit, seine Gedanken indirekt zu verbreiten – eine Vorstellung, die zweifellos seiner tief verwurzelten Vorsicht entgegenkam –, und das ist vermutlich der Grund, weshalb er sich im Juli 1971 bereit erklärte, mit Wang zu sprechen. Die beiden kamen überein, jeden zweiten Mittwoch in Gödels Büro zusammenzukommen [543]. Die Sitzungen dauerten im allgemeinen etwa zwei Stunden, sie begannen im Oktober 1971 und fanden mit gelegentlichen Unterbrechungen bis Dezember 1972 statt.

Eine Übersicht dieser Diskussionen findet man in Wangs Buch aus dem Jahre 1987, *Reflections on Kurt Gödel*, detaillierte Rekonstruktionen vieler Gespräche in seinem 1996 posthum herausgegebenen *A Logical Journey: From Gödel to Philosophy*. Die folgenden Bemerkungen, die aus einem Entwurf für dieses Buch stammen

[544], bieten Eindrücke von Gödels späteren Ansichten zu einem breiten Spektrum von mathematischen und philosophischen Themen.

> Ich glaube nicht, daß das Gehirn auf die darwinsche Art gekommen ist. ... Simple Mechanismen können nicht zum Gehirn führen. ... Lebenskraft ist ein primitives Element des Universums und gehorcht gewissen Gesetzmäßigkeiten. Diese Gesetze sind weder einfach noch mechanisch. [13. Oktober 1971]

> Die intensionalen Paradoxa (so wie das Konzept, das nicht auf sich selbst zutrifft) bleiben ein ernstes Problem für die Logik, in der die Theorie der Konzepte die Hauptkomponente darstellt. [27. Oktober 1971]

> Positivisten ... widerlegen sich selbst, wenn es zur Introspektion kommt, die sie nicht als Erfahrung anerkennen. ... Das Konzept der Menge zum Beispiel kommt nicht von der Abstraktion von Experimenten. [27. Oktober 1971]

> Ein gewisser Reduktionismus ist korrekt, [aber man sollte] auf andere Konzepte und Wahrheiten reduzieren, nicht auf Sinneswahrnehmung. ... Es sind platonische Ideen, worauf Dinge zu reduzieren sind. [24. November 1971]

> Wir haben keine primitiven Intuitionen über Sprache, [die] nichts anderes ist als eine Bijektion zwischen abstrakten Objekten und konkreten Objekten. ... Sprache ist nützlich und sogar notwendig, um unsere Ideen zu fixieren, aber das ist eine rein praktische Frage. Unser Geist ist mehr den sensorischen Objekten zugeneigt, die unsere Aufmerksamkeit auf abstrakte Objekte richten. Das ist die einzige Bedeutung der Sprache. [24. November 1971]

> Introspektion verlangt zu lernen, wie man seine Aufmerksamkeit auf unnatürliche Art lenkt. [24. November 1971]

> Was Husserl getan hat, [ist] ... eine Geisteshaltung zu lehren, die einem ermöglicht, seine Aufmerksamkeit richtig zu lenken ... [6. Dezember 1971]

> Um die Fähigkeit zur Introspektion zu entwickeln muß man wissen, was zu *ignorieren* ist. [5. April 1972]

> Husserl macht, was Kant gemacht hat, nur systematischer. ... Kant erkannte, daß alle Kategorien auf etwas fundamentaleres reduziert werden sollten. Husserl versuchte, diese fundamentalere Idee hinter all den Kategorien zu finden. ... [Aber] Husserl zeigte nur den Weg; er veröffentlichte nie, wo er angelangt ist, ... nur die Methode, die er benützt hat.[5] [15. März 1972]

> Wer Mathematik betreibt, macht Fehler. [10. November 1971]

---

[5] An diesem Punkt zeigte sich wieder Gödels Paranoia: Er vermutete, Husserl sei gezwungen gewesen, seine große Entdeckung zu verheimlichen, da ihn sonst „die Struktur der Welt getötet" haben könnte [15. Dezember 1972].

[Aber] jeder Fehler hat externe Gründe (wie Emotionen oder Ausbildung), die Vernunft selbst irrt nicht.
[29. November 1972]

Eine der Aufgaben der Philosophie ist es, die wissenschaftliche Forschung zu leiten.[6]
[18. Oktober 1972]

Wang zitierte zwei weitere Bemerkungen, die sich auf Themen einer Korrespondenz beziehen, die er vielleicht gar nicht gekannt hat. In der ersten Bemerkung (18. Oktober 1972) erklärt Gödel, daß „die ‚neue Mathematik‘ eine gute Idee für Studierende in späteren Studienabschnitten sein mag, aber eine schlechte für die in früheren". Diese Bemerkung ist vielleicht eine Reaktion auf eine Anfrage eines Pädagogik-Studenten am Elmhurst College in Illinois, die Gödel im März 1971 erhalten hatte. Der Student hatte Gödels Kommentar zu seiner eigenen Meinung erbeten, daß „der Wert und die Schönheit der Mathematik ... allen, die Mathematik zu studieren beginnen, vermittelt werden sollte, in der Hoffnung, daß sie dadurch stimuliert und motiviert werden" [546].

Gödel fand das Thema interessant genug, um eine Antwort zu entwerfen, die er jedoch nie abschickte. „Es scheint mir", beginnt er in einer später durchgestrichenen Passage, „daß man den Wert und die Schönheit der Mathematik nicht schon von *Beginn* an herausstreichen sollte ..., da man erst mit einiger Mathematik vertraut sein muß", bevor man Wert und Schönheit richtig würdigen kann.

> Was herausgestrichen werden sollte ..., ist die wahrlich erstaunliche Zahl einfacher und nichttrivialer Sätze und Relationen, die in der Mathematik vorherrschen ... Meiner Meinung nach spiegelt diese Eigenschaft der Mathematik irgendwie die Ordnung und Regelmäßigkeit der ganzen Welt wider, die sich als unvergleichlich größer erweist, als es bei oberflächlicher Betrachtung erscheinen würde.

„In heutigen Schulen", so glaubte er, „wird zu früh mit abstrakten Überlegungen begonnen (während das früher zu spät geschah, wenn überhaupt)" [547].

Die zweite Bemerkung, die Wang zitierte (datiert mit 19. Januar 1972), betrifft die „psychologischen Schwierigkeiten", mit denen nach Gödels Meinung jede Person konfrontiert ist, die Philosophie als Beruf auszuüben versucht. Gödel meinte, daß viele dieser Schwierigkeiten von „soziologischen Faktoren" kämen, die „in einer anderen historischen Periode" auch verschwinden könnten. Oberflächlich wiederholt das nur Gödels alten Glauben, daß bestimmte intellektuelle Vorurteile den Fortschritt der Philosophie behindert hätten. Aber die Bemerkung hat auch einen gewissen Spenglerschen Zug, eine Einstellung, die Gödel explizit in einem Brief ausdrückte, den er etwa zur selben Zeit an Hans Thirring schrieb, seinen ehemaligen Physikprofessor an der Universität Wien.

Thirring war damals vierundachtzig und litt an den Folgen eines Gehirnschlags. Er schrieb Gödel am 31. Mai 1972 mit einer Frage, die ihm sehr am Herzen lag [548]. Er konnte sich deutlich erinnern, sagte er, daß Gödel ihn 1940 besucht habe, „kurz vor

---

[6] Zur gleichen Zeit bemerkte Gödel jedoch gegenüber Morgenstern, daß „Philosophie heute dort ist – bestens! –, wo die babylonische Mathematik war" [545].

## Der Rückzug 211

Ihrer abenteuerlichen Flucht vor Hitler über Rußland und China". Damals hatte er Gödel auf einen Artikel in der Zeitschrift *Die Naturwissenschaften* aufmerksam gemacht, der ihm anzudeuten schien, daß Deutschland vor der Entwicklung der Atombombe stehe. Er hatte diese Bedenken auch Karl Przibram und Henry Hausner mitgeteilt, zwei anderen Emigranten, die über andere Routen fliehen konnten, und er bat alle drei, in Amerika Einstein zu kontaktieren und zu drängen, Präsident Roosevelt vor der großen Gefahr zu warnen, daß Hitler die Atombombe vor den USA produzieren könnte. Er wisse jedoch nicht, ob Przibram oder Hausner je mit Einstein gesprochen hatten, obwohl er natürlich Einsteins historischen Brief kannte. Seine Frage: Hatte Gödel seine Nachricht überbracht?

Gödel antwortete am 27. Juni: Er habe Einstein während der Jahre 1940 und 1941 sehr selten gesehen und erinnere sich nur, ihm „Grüße" von Thirring überbracht zu haben. Er habe „damals seit etwa 10 Jahren jeden Kontakt mit der Physik u[nd] mit Physikern verloren" gehabt und sei sich nicht bewußt gewesen, daß „an der Herstellung einer Kettenreaktion gearbeitet" wurde.

> Als ich später von diesen Dingen hörte, war ich sehr skeptisch, nicht aus physikalischen, sondern aus soziologischen Gründen, weil ich glaubte, daß diese Entwicklung erst gegen Ende unserer Kulturperiode erfolgen wird, die vermutlich noch in ferner Zukunft liegt [549].

Was Thirring von Gödels Antwort hielt, ist unklar. Die Frage, die er gestellt hatte, war jedenfalls rein akademisch, da von den beiden Briefen Einsteins an Roosevelt, in denen er vor der atomaren Gefahr warnte (der erste wurde von Leo Szilard entworfen), der erste am 11. Oktober 1939 an Roosevelt übermittelt wurde, drei Monate vor Gödels Emigration, während der zweite, der zur größten Eile mit dem Waffenentwicklungsprogramm riet, mit 7. März 1940 datiert war, gerade drei Tage nach der Ankunft Gödels in San Francisco.

WÄHREND DES JAHRES 1972 erwähnte Morgenstern wiederholt Gödels gute Stimmung („sehr aufgeräumt"), ein Gemütszustand, der zweifellos durch drei akademische Ehrungen verstärkt wurde, die ihm in diesem Jahr zuteil wurden: Er wurde zum korrespondierenden Mitglied sowohl des Institut de France (Académie des Sciences Morales et Politiques) als auch der British Academy gewählt, außerdem wurde ihm, hauptsächlich auf Betreiben Wangs, ein Ehrendoktorat der Rockefeller University verliehen (sein viertes, nach Yale, Harvard und Amherst).

Die Verleihung an der Rockefeller University, am 1. Juni 1972, war offenbar das letzte Mal, daß Gödel außerhalb Princetons an einer öffentlichen Veranstaltung teilnahm; aber er nahm fünf Tage später auch an einer IAS-Konferenz teil, anläßlich des fünfundzwanzigjährigen Jubiläums des Beginns der Arbeit von Neumanns an der Entwicklung des elektronischen Computers.

Auch zwei bedeutende Logiker, Dana Scott und Michael Rabin, hielten Reden. Morgenstern glaubte jedoch, daß die wesentlichsten Beiträge dieser Konferenz die

Fragen waren, die Gödel aus dem Auditorium stellte. Wang hat sie folgendermaßen paraphrasiert [550]:

1. Gibt es genug Spezifität in genetisch enzymatischen Prozessen, um eine mechanische Interpretation aller Funktionen des Lebens und Geistes zuzulassen?
2. Ist irgendetwas paradox an der Idee einer Maschine, die ihr eigenes Programm vollständig kennt?

Gödels Freimütigkeit bei diesem Anlaß – ein wesentlicher Unterschied zu seiner üblichen Zurückhaltung in der Öffentlichkeit – stimmt mit Kreisels Bemerkung überein, daß Gödel in seinen späteren Jahren „geselliger" wurde [551]. Dennoch galt er für die meisten Personen am IAS sowie für viele Logikerinnen und Logiker nach wie vor als unnahbar.[7]

Morgenstern fand es schade, daß sich so viele aus Scheu die Gelegenheit entgehen ließen, mit einem so großen Geist in Kontakt zu treten. Außerdem dachte er, daß sie dadurch Gödels intellektuelle Isolation gefördert hätten. Aber andere, die versucht haben, mit Gödel Bekanntschaft zu schließen, waren anderer Meinung.

Deane Montgomery zum Beispiel, der Gödel gut kannte und ihn als guten (wenn auch mit schweren psychischen Problemen belasteten) Freund betrachtete, bezeugte, daß Gödel zwar gerne ausführlich mit einem ausgewählten Personenkreis sprach, daß es aber schwierig war, an ihn heranzukommen. Und Atle Selberg, ein anderer von Gödels Langzeitkollegen am IAS, erinnerte sich, daß Gödel zwar gerne mit Selberg, Montgomery und Arne Beurling in der Nassau Tavern zu Mittag aß, daß er sich aber wegen seine introvertierten Art bei größeren gesellschaftlichen Ereignissen unbehaglich fühlte.

Zweifellos haben alle diese Stellungnahmen etwas für sich. Gödel überwand jedenfalls seine gewohnte Reserviertheit im folgenden Jahr bei zwei Anlässen: Im März 1973 sprach Abraham Robinson über seine Arbeit auf dem Gebiet der Nonstandard-Analysis (eine moderne Rechtfertigung für den Begriff „infinitesimal"), und am Ende des Vortrags nahm Gödel die Gelegenheit wahr, seine Meinung über die Bedeutung der Resultate Robinsons mitzuteilen: Nonstandard-Analysis sei „keine Marotte der mathematischen Logik", sondern die „Analysis der Zukunft ... In kommenden Jahrhunderten [werde] es seltsam scheinen, ... daß die erste exakte Theorie

---

[7] Gödel selbst behaupte, daß er von seiner Umgebung manchmal diskriminiert wurde. Angesichts seiner paranoiden Tendenzen – seines „allgegenwärtigen Mißtrauens", wie es Kreisel formulierte [552] – ist aber schwer festzustellen, was man von diesen Behauptungen halten soll. Er beschwerte sich zum Beispiel, daß andere Mitglieder des Lehrkörpers oft hinter seinem Rücken Beratungen über ihn hielten. So absurd die Anschuldigung auch scheint, so ist es doch wahr, daß er nie gebeten wurde, in irgendeinem der Institutskomitees mitzuwirken, vermutlich weil befürchtet wurde, daß seine Entscheidungsschwäche und seine Detailbesessenheit die Arbeit des Komitees behindern könnten.

des Infinitesimalen 300 Jahre nach der Einführung des Differentialkalküls entwickelt wurde."[8]

Sieben Monate später nahm Gödel an einer „garden party" des Institutsdirektors Carl Kaysen teil. Sein Erscheinen bei einem solchen sozialen Ereignis war selbst nicht ungewöhnlich, seine aktive Teilnahme schon. Nach der Darstellung Morgensterns war Gödel außergewöhnlich drollig und hielt schließlich inmitten einer Gruppe junger Logiker Hof.

Kaysens Party fand zu einem Zeitpunkt statt, als seine Beziehungen zum IAS in eine Krise gerieten. Der Grund dafür war Kaysens Versuch, eine School of Social Sciences zu gründen, und insbesondere sein Plan, Robert Bellah zum Professor dieser Abteilung zu machen. Die Anstellung wurde von den meisten Mathematikern (darunter auch Gödel) abgelehnt, die Bellahs Werk und einen Großteil der Soziologie im allgemeinen geringschätzten, und als Kaysen versuchte, ihre Einwände zu ignorieren und den Anstellungsplan dem Kuratorium zur Genehmigung vorlegte, kam es zu einem erbitterten Streit.

Für Gödel war die Affäre in vielerlei Hinsicht irritierend: Sie störte die Ruhe und den Frieden seines intellektuellen Hafens, verursachte unvorteilhafte öffentliche Diskussionen und Kritik [553], und zwang ihn, Stellung zu nehmen. Er hatte nichts gegen Kaysen und wollte nicht Teil eines „Putsches" gegen ihn werden;[9] aber auch er fand wenig Substanz in Bellahs Werk. Letztendlich folgte er seiner Gewohnheit, nach versteckten Gründen zu suchen und geheime Motive bei anderen zu vermuten, und schloß, daß Bellah verborgene Qualitäten besitzen müsse, die Kaysen sah, aber den Institutsmitgliedern nicht enthüllen konnte.

Abgesehen vom internen Streit am Institut beanspruchte auch der Watergate-Skandal und sein Nachspiel Gödels Aufmerksamkeit. Er diskutierte regelmäßig politische und ethische Fragen mit Morgenstern, der Gödels Ansichten zum Weltgeschehen seltsam, aber manchmal treffend fand. Morgenstern berichtete, daß Gödel dachte, der Dollar sei in Europa wertlos und seine Bewertung überhaupt nur das Ergebnis einer Verschwörung. Gödel fand es auch seltsam, daß man unter bestimmten Umständen – zum Beispiel in bezug auf die nationale Sicherheit – vom Gesetz gezwungen werden kann zu lügen [555].

Diese Stellungnahmen zeigen die widersprüchliche Mischung aus Naivität, Paranoia und Sorge um die Wahrheit, die für Gödels Weltbild zentral war. Während er die

---

8 Leider wurde bei Robinson nur wenige Monate nach seinem IAS-Vortrag Pankreaskrebs diagnostiziert, an dem er im nächsten April starb. Sein plötzlicher Tod erinnert an den von Clifford Spector, dessen Werk Gödel ebenfalls uneingeschränkt gepriesen hatte. Gödels Bekanntschaft mit beiden war allzu kurz, und ihr Tod traf ihn schwer.

9 In einem Brief an seine Mutter zur Zeit von Kaysens Bestellung zum Direktor 1966, sagte Gödel, Kaysen mache „einen sehr sympathischen Eindruck" auf ihn, und er erwarte, daß sich „der Wechsel ... ganz schmerzlos vollziehen" werde, wenn nicht die „lieben Kollegen ein Haar in der Suppe finden" [554].

uneingeschränkte Macht des menschlichen Geistes verkündete, blieb er menschlichen Motiven gegenüber zutiefst mißtrauisch. Wie Euklid suchte er nach reiner Schönheit. Aber letztendlich fand er Schönheit nur *hinter* den Erscheinungen und suchte immer *in sich selbst* nach Erklärungen.

GÖDELS MISSTRAUEN anderen gegenüber, gepaart mit seinem unerschütterlichen Glauben an die Richtigkeit seines eigenen Urteils, stellte eine ernste Bedrohung seiner körperlichen Gesundheit dar. Als Hypochonder befaßte er sich seit Jahren besessen mit der Beobachtung seiner Körpertemperatur und Verdauungsgewohnheiten, und er nahm nach eigenem Ermessen Medikamente, besonders Abführmittel. Er vertiefte sich in medizinische Literatur und besuchte zahlreiche Ärzte, obwohl er ihrem Rat mißtraute. Und trotz seines Intellekts hielt er an bizarren Ideen über Ernährung und die Ätiologie von Krankheiten fest. Er zögerte oft, medizinischen Rat zu befolgen, und das machte die Behandlung schwierig. Manchmal wurde seine Widerspenstigkeit sogar lebensbedrohlich.

Abgesehen von dem Zusammenbruch 1951 (wegen eines Zwölffingerdarmgeschwüres) wurden Gödels Gesundheitsprobleme in erster Linie von seiner geistigen Verwirrtheit hervorgerufen. 1974 wurde er jedoch mit einem akuten körperlichen Notfall konfrontiert: Seine Prostata vergrößerte sich und blockierte die Harnröhre. Zweifellos war das ein Problem, das sich über Jahre verschlechtert hatte, das er aber nie behandeln ließ. Statt dessen war er davon überzeugt, daß es sich durch Magnesiamilch lösen ließe – trotz wachsender Schmerzen und des Drängens seiner Frau, einen Doktor aufzusuchen. Erst als der Schmerz unerträglich geworden war, ließ er sich ins Princeton-Krankenhaus bringen. Er wurde am 4. April eingeliefert und bekam zwei Tage danach einen Katheter.

Die Prozedur brachte sofortige Erleichterung, aber Gödel weigerte sich stur, die Diagnose zu akzeptieren. Er lehnte es ab, über seine Krankheit zu sprechen, selbst mit Morgenstern (den er zweimal wegschickte), und er ignorierte die Empfehlung seines Arztes, sich operieren zu lassen. In den nächsten Tagen wurde er zunehmend paranoid und unkooperativ, bis ihm schließlich sein Urologe drohte, ihn nicht weiter zu behandeln. Der Konflikt erreichte wenige Tage später seinen Höhepunkt, als Gödel den Katheter entfernte. Ohne diesen war es ihm nicht möglich zu urinieren, und der Katheter mußte gegen seinen Willen wieder eingeführt werden [556].

Hätte er die Kraft dazu gehabt, hätte Gödel vermutlich das Krankenhaus verlassen (obwohl ihn sein Arzt gewarnt hatte, daß er dann unter großen Schmerzen sterben würde). So aber wurde er durch die Bemühungen des IAS-Direktors Kaysen an die Klinik der University of Pennsylvania in Philadelphia überstellt, wo spezialisiertere Pflege zur Verfügung stand und seine Paranoia langsam abklang. Schließlich konnte er die Art seiner Erkrankung akzeptieren, aber er weigerte sich nach wie vor, sich operieren zu lassen. Statt dessen entschloß er sich, trotz der Unannehmlichkeiten und der Gefahr einer Infektion, für einen permanenten Katheter.

# Der Rückzug

GÖDEL KEHRTE gegen Ende April nach Hause zurück. Morgenstern besuchte ihn dort einige Tage später und fand, er sähe dünn und miserabel aus. Gödel wollte immer noch nicht über seine Krankheit sprechen, und Morgenstern verließ ihn traurig und besorgt [557].

Die Situation erschien besonders trostlos in Hinblick auf Adeles Zustand. Bereits im September 1970, kurz nach seiner eigenen Genesung, hatte Gödel erwähnt, daß sie ständig liegen müsse, und bald danach mußte sie einen Rollstuhl benützen. Derart eingeschränkt, gab es wenig, was sie tun konnte, um der Unterernährung ihres Mannes entgegenzuwirken.

Trotzdem, entgegen jeder Wahrscheinlichkeit, erholte sich Gödel noch einmal – ein letztes Mal. Mitte Mai 1974 berichtete Morgenstern, daß es Gödel „passabel" gehe, geistig sogar „so gut wie immer". Als aus dem Frühling Sommer wurde, nahmen die beiden ihre langen Telephongespräche wieder auf, und gegen Ende August besuchte Gödel Morgenstern in dessen Haus, wo die beiden für eineinhalb Stunden sprachen.

Gödel war „sehr lebhaft & heiter" und Morgenstern meinte, daß sie selten „so gut gesprochen" hätten [558]. Es gab jedoch immer noch beunruhigende Zeichen. Im nächsten Monat zum Beispiel wunderte sich Morgenstern, daß Gödel „unglaubliche Mengen seltsamer Medizin"[10] überlebte. Und als Gödel einige Tage später zum Tee kam, trug er „2 Sweater, Weste, Sacco", obwohl es um die 20 Grad hatte. Es war ihm aber immer noch zu kalt, und so borgte er sich „noch 1 Sw[eater] ..., Mantel & 2 Decken" von Morgensterns Frau, aber auch das genügte nicht, und so machte Morgenstern Feuer im Kamin [559].

Sieben Monate später war die Situation ähnlich: Im April kam Gödel wieder einmal zum Tee, in „Weste, Pullover & Wintermantel", er war in „glänzender Stimmung", aber er behielt „im warmen Wohnzimmer" seine Winterkleidung an.

Sein physischer Zustand hatte sich offenbar in den dazwischenliegenden Monaten nicht wesentlich geändert. Beunruhigenderweise hatten jedoch seine Kontakte zu Außenstehenden aufgehört. Besonders bedauerlich ist das Abklingen seiner Korrespondenz mit Bernays, der nun über fünfundachtzig Jahre alt war. Seit 1972 hatten die beiden nur mehr Urlaubsgrüße ausgetauscht, und mit Januar 1975 hörten sie selbst damit auf.

Im Mai dieses Jahres wurde Gödel wieder etwas aufgerichtet durch die Nachricht, daß ihm die Princeton University endlich ein Ehrendoktorat verleihen würde – großteils aufgrund der Bemühungen Professor Paul Benacerrafs. Als der Tag der Verleihungszeremonie näherrückte, begann er wegen seiner Gesundheit Ausflüchte zu machen. Er weigerte sich, sein Kommen definitiv zuzusagen, und zu Morgenstern

---

10 Zusätzlich zur allgegenwärtigen Magnesiamilch gehörten dazu verschiedene Medikamente zur Kontrolle von Nieren- und Harnblaseninfektionen (Keflex, Mandelamine, Macrodantin und Gantanol), die Antibiotika Achromycin und Terramycin, Lanoxin und Quinidine, zwei Medikamente zur Behandlung von Herzerkrankungen, und die Abführmittel Imbricol und Pericolase.

sagte er: „Vor 10 Jahren wäre das noch recht gewesen. Ich habe Ehrendoktorate von Harvard, Yale, Amherst, wozu noch mehr sammeln?" [560]. Benacerraf verhandelte mit ihm bis zum letzten Moment, bot an, ihn zu und von der Zeremonie zu chauffieren und sich um verschiedene andere Angelegenheiten zu kümmern, aber am Morgen der Verleihung entschloß sich Gödel, doch nicht zu gehen. Daher wurde der Titel nie wirklich verliehen, obwohl Gödel im Programm als Empfänger eines Doctor of Science aufscheint.[11]

Drei Monate danach wurde Gödel eine viel größere Ehrung zuteil: Ihm sollte die National Medal of Science verliehen werden. Seine Antwort war aber ziemlich dieselbe. Er war von der Verleihung lange zuvor verständigt worden, und man drängte ihn, nach Washington zu kommen, um die Ehrung persönlich entgegenzunehmen. Wieder wurde ihm angeboten, ihn und seine Frau zu und von der Veranstaltung zu chauffieren, und wieder zögerte er. Am Tag der Verleihung (18. September) nahm Professor Saunders Mac Lane, damals Präsident der American Mathematical Society, in Vertretung Gödels die Medaille und das Zertifikat von Präsident Ford entgegen.

Nach der Zeremonie reiste Mac Lane nach Princeton, um die Ehrenstücke persönlich an Gödel zu übergeben, der vor Freude übersprudelte [561]. Wenige andere scheinen jedoch von Gödels Ehrung Notiz genommen zu haben. Sogar die *New York Times* widmete ihr keinen Raum. Unausweichlich wurde sein Name durch die mancher der anderen, die ebenfalls ausgezeichnet wurden, wie der Nobelpreisträger Linus Pauling, überschattet. Denn, ganz abgesehen von seiner Abwesenheit von der Feierlichkeit, Gödel war tatsächlich außerhalb der mathematischen Gemeinschaft nach wie vor unbekannt.

WENIGER ALS ZWEI Monate danach wurde Adele ernsthaft krank, was im Rückblick als der Beginn von Gödels eigenem Verfall gesehen werden kann. Am 2. November besuchte Morgenstern die beiden und sah sich einer „wahre[n] Tragödie" gegenüber. Adele war bettlägrig, Kurt litt immer noch merklich an seinen Prostatabeschwerden, Hauspflege war schwierig zu bekommen, und so fiel ihm die Verantwortung für Einkäufe und wesentliche Haushaltstätigkeiten zu, und obwohl sein Geist „brilliant wie immer" war, sagte Gödel zu Morgenstern, daß er nicht mehr die Kraft aufbringen könne, seine wichtigen neuen Resultate über die Mächtigkeit des Kontinuums zusammenzufassen.

Es wurde bald klar, daß Gödel nicht ohne Unterstützung für Adele sorgen konnte, und so wurde eine in der Nähe wohnende Krankenschwester für wochentags 9 bis 14 Uhr engagiert. Diese Krankenschwester, Elizabeth Glinka, hatte mit Kurt und

---

[11] Es ist schwer zu sagen, ob Gödels Gesundheitszustand wirklich so schlimm war, wie er behauptete (Morgenstern fand, daß er schlecht aussähe, als er ihn wenige Tage vor der Zeremonie besuchte), oder, ob seine ursprüngliche Freude über den Titel nicht doch getrübt wurde durch bleibende Bitterkeit über die Verzögerung, mit der Princeton ihn würdigte.

Adele etwa sechs Jahre zuvor über deren Gärtner Bekanntschaft geschlossen. Sie war eine teilnahmsvolle Person und wurde mit den beiden auf persönlicher Ebene so gut bekannt wie niemand sonst, und anders als die meisten in Princeton konnte sie unter die Oberfläche blicken und Adeles Vorzüge, nicht nur ihre Fehler erkennen, ihr Bedürfnis nach Gesellschaft verstehen und ihre Rolle als Beschützerin und stabilisierender Einfluß auf Gödels Leben würdigen.

Weil sie nicht die Zeit aufbringen konnte, die Adeles Zustand erforderte, war Glinka nur wenige Monate formal angestellt. Aber ihre Freundschaft mit den Gödels dauerte an, und während der Monate, die sie mit Adele verbrachte, war ihre Position mehr die einer Freundin oder Vertrauten als die einer Pflegerin. Die physische Unterstützung, die sie bot, war vermutlich weniger wichtig als ihre Gesellschaft, und sie tat auch, was sie konnte, gegen Gödels zunehmendes Widerstreben zu essen.

Laut ihrer Aussage [562] aß Gödel üblicherweise nur ein Ei zum Frühstück, dazu ein oder zwei Teelöffel Tee und manchmal ein wenig Milch oder Orangensaft. Zu Mittag aß er im allgemeinen Fisolen (niemals Fleisch), und als die beiden Frauen ihn einmal dazu brachten, Karotten zu essen, hielt Glinka das für einen „echten Durchbruch". Unzählige Male, erinnerte sie sich, bat er sie, Orangen zu kaufen, wies die gekauften aber regelmäßig als „nicht gut" zurück. Schließlich weigerte sie sich, Orangen zu kaufen. Aber es machte keinen Unterschied: Auch wenn er selbst ins Geschäft ging, um die Früchte auszuwählen, warf er sie üblicherweise weg, sobald er sie nach Hause gebracht hatte.

Gegen Ende 1976, nicht lange nach der Ankunft Glinkas, kam Gödels Paranoia wieder einmal an die Oberfläche. Er rief Morgenstern zwei- oder dreimal pro Tag an, zu jeder Tageszeit, und sprach von seiner Angst, entmündigt oder eingeliefert zu werden, von seinen Sorgen mit dem Katheter und seinem Mißtrauen gegen seine Ärzte, bei denen zu vermitteln er Morgenstern bat. Am 31. März wurde er – nur 35 Kilo schwer – ins Krankenhaus eingeliefert, überzeugt, innerhalb der nächsten Tage zu sterben. Aber kaum eine Woche darauf verließ er ohne die Erlaubnis seines Arztes das Krankenhaus und ging nach Hause [563].

Seine Rückkehr brachte Adele zur Verzweiflung, nicht zuletzt weil er Morgenstern und anderen erzählte, daß sie während seines Krankenhausaufenthaltes all sein Geld ausgegeben habe. Weder sie noch sonst jemand konnte ihn von seinen Wahnideen abbringen, die auch den ganzen Mai bis in den Juni anhielten. Gelegentlich fragte Gödel Morgenstern, ob er seine Vormundschaft übernehmen würde, die Polizei sei schon auf dem Weg, die Ärzte hätten sich alle gegen ihn verschworen. An einem Tag sagt er, sein Bruder möge kommen; am nächsten, er hasse ihn [564].

Während dieser Zeit stand Gödel auch in regelmäßigem Telephonkontakt mit Hao Wang, mit dem er über verschiedene technische Fragen der Mengentheorie sprach. Er erwähnte auch die Krankheiten, an denen er damals offensichtlich litt (darunter eine Niereninfektion, Verdauungsschwierigkeiten und Mangel an „Blutkörperchen"), meinte, daß Antibiotika schlecht für das Herz seien, und gab zu, daß

Adele im vorhergehenden Herbst tatsächlich einen leichten Schlaganfall gehabt hatte [565].

Wang hörte mitfühlend zu, nahm aber auch die Gelegenheit wahr, Gödel eine Reihe historisch interessanter Fragen zu früheren Werken zu stellen. In Hinblick auf Gödels geistigen Zustand konnte es wohl keinen ungünstigeren Zeitpunkt für solche Fragen geben, aber Wang bestand darauf und erstellte eine Liste von Fragen, die er Gödel Anfang Juni schicken wollte. Später im selben Monat schrieb er seine Interpretation von Gödels Antworten zusammen (danach publiziert als „Some Facts About Kurt Gödel") und schickte das Manuskript für Korrekturen und Zustimmung an Gödel [566].

Es ist zweifelhaft, ob Gödel Wangs Artikel jemals detailliert studierte, da er sonst sicher eine Reihe von faktischen Fehlern darin korrigiert hätte. Aber er war zu beschäftigt mit der Sorge um seine eigene Gesundheit und die Adeles. Mitte Juli wurde sie ins Krankenhaus eingeliefert, für „Tests", wie Gödel Wang mitteilte. Morgenstern jedoch berichtete, daß sie intravenös ernährt wurde und deliriere. Sie blieb für einige Zeit im Krankenhaus und wurde danach in ein Pflegeheim überstellt. Erst im August kehrte sie nach Hause zurück [567].

Es ist schwer vorstellbar, wie sich Gödel während ihrer Abwesenheit zurechtfinden konnte. Wang, der mit ihm in dieser Zeit sprach, hatte den Eindruck, daß er nur alle paar Tage für sich kochte. Es ist wahrscheinlich, daß er viel Zeit bei Adele verbracht hat, da die Morgensterns ihn wiederholt vergeblich telephonisch zu erreichen versuchten. Sie waren sehr erleichtert, als sie er sie anrief und „ganz normal" klang.

Die Besserung war jedoch nur von kurzer Dauer. Am 28. September rief Gödel aus New York an: Er werde „aus dem Institut hinausgeworfen" werden. (Er war am 1. Juli als Emeritus in den Ruhestand getreten, nachdem er im April das notwendige Pensionsalter von siebzig Jahren erreicht hatte.) Einige Tage später ging er in ein Krankenhaus in Philadelphia, und am 3. Oktober rief er Morgenstern an, wie dieser berichtet: „man will ihn umbringen, ... Streptomycin ist zu stark, die Ärzte verstehen nichts" [568].

Morgenstern tat, was er konnte, um zu helfen. Er beriet sich mit Adele und kontaktierte auf Kurts Drängen dessen Urologen. Aber er konnte nicht viel mehr tun, da es damals für alle außer Gödel klar war, daß Morgenstern selbst knapp davor stand, dem metastasierenden Krebs zu unterliegen, mit dem er seit Jahren gekämpft hatte.

Nach kurzer Zeit kehrte Gödel heim, aber sein Zustand wurde nicht besser. Sein physischer und geistiger Verfall alarmierte einige seiner Freunde – darunter Wang, Deane Montgomery und Carl Kaysen – dermaßen, daß sie im Mai 1977 versuchten, ihn zu überreden, wieder die Universitätsklinik in Pennsylvania aufzusuchen. Wang brachte das Thema einige Male auf, aber Gödel weigerte sich.

Die Lage spitzte sich dramatisch zu, als Adele für eine Notoperation ins Krankenhaus gebracht wurde (eine Kolostomie). Für mehrere Wochen danach war sie in der

Intensivstation, und mehr als einmal dem Tode nahe [569]. Gödel blieb seiner Frau während dieser Zeit treu ergeben, und die Auswirkungen ihres Zustands auf ihn waren vernichtend. Ihre Rekonvaleszenz dauerte insgesamt fünf Monate, die sie zuerst im Spital und dann in einem Pflegeheim zubrachte. Sie kehrte erst kurz vor Weihnachten nach Hause zurück, und während ihrer Abwesenheit wuchs Gödels Paranoia und Anorexie ungehindert.

Wie beklagenswert sein Zustand sogar schon am Beginn dieser Periode war, läßt sich an der quälend hoffnungslosen Notiz ersehen, die Morgenstern am 10. Juli, nur sechzehn Tage vor seinem eigenen Tod, erstellte:

> Heute ... rief mich Kurt Gödel neuerlich an ... und sprach mit mir etwa 15 Minuten. Er fragte kurz nach meinem Befinden und versicherte, es sei ganz klar, daß ... meine Krebserkrankung nicht nur gestoppt, sondern zurückgehen werde, außerdem werde die Lähmung [meiner] Beine völlig verschwinden ... Dann ging er zu seine[n] eigene[n] Problem[en] über ...
>
> Er ging davon aus, daß die Ärzte ihm nicht die Wahrheit sagen, daß sie sich nicht mit ihm befassen wollen, daß er ein Notfall ist (dasselbe hatte er mir mit genau denselben Worten vor einigen Wochen, vor einigen Monaten, vor einigen Jahren gesagt), und daß ich ihm helfen solle, ins Princeton-Krankenhaus zu kommen. ...
>
> [Er] versicherte mir auch, daß bereits vor etwa zwei Jahren zwei ... Männer erschienen seien, die vorgaben, Ärzte zu sein ... Sie waren Schwindler und versuchten, ihn ins Krankenhaus zu bringen ... und er habe große Schwierigkeiten gehabt, sie zu demaskieren. ... Es ist schwer zu beschreiben, was eine solche Konversation ... für mich bedeutet: hier ist einer der brilliantesten Männer unseres Jahrhunderts, er ist mir sehr zugetan ... [und] leidet ganz klar unter einer Form von Paranoia, erwartet Hilfe von mir, ... die ich ihm nicht geben kann. Selbst als ich noch mobil war und ihm zu helfen versuchte ... habe ich nichts erreicht. ... Indem er an mir hängt – und er hat offensichtlich sonst niemanden – macht er die Last schwerer, die ich trage. [570]

Wie es kam, machte Morgensterns Tod *Gödels* Last schwerer. Gödel erfuhr davon nur wenige Stunden, nachdem es geschehen war, als er bei Morgenstern anrief, um mit ihm zu sprechen. Als ihm statt dessen gesagt wurde, daß sein Freund gestorben war, legte er ohne ein weiteres Wort auf [571] – eine sehr uncharakteristische Verhaltensweise, die seinen tiefen Schock zeigte angesichts eines Endes, das er – so offensichtlich es für andere auch gewesen sein mag – nie vorhergesehen hat.

Ein Grund dafür, weshalb er nie erkannte, daß Morgenstern todkrank war, ist vielleicht sein Mißtrauen den Ärzten gegenüber: Er konnte nicht akzeptieren, daß ihre Prognose zugetroffen hat. Außerdem gab es wahrscheinlich auch ein Element persönlicher Realitätsverweigerung, da Morgensterns Erkrankung als Prostataleiden begonnen hatte.

Er war natürlich mit seinen eigenen Problemen beschäftigt. Dennoch war er immer noch fähig, seine Sorge für andere auszudrücken. Nur zwei Monate vor seinem eigenen Tod rief er zum Beispiel Deane Montgomery an und fragte nach Montgomerys Sohn, der sich damals einer Krebs-Chemotherapie unterzog [572].

Morgensterns Tod und Adeles Abwesenheit, ihre schwere Krankheit und Behinderung sind Hauptfaktoren für den Verfall Gödels im Laufe der nächsten Monate.[12]

Wenige haben diese letzte Tragödie beobachtet: Elizabeth Glinka besuchte Adele regelmäßig während und nach Adeles Krankenhausaufenthalt, und Adeline Federici, Gödels Nachbarin, kümmerte sich um ihn und kaufte für ihn ein. Sie erinnerte sich, daß er nur Navel-Orangen, Weißbrot und Suppe wollte, und auch letztere nicht mehr, als ihr Preis um zwei Cents anstieg [573]. Diejenigen von Gödels Kollegen am IAS, die sich der Lage bewußt waren, wurden immer besorgter, aber sie konnten ohne seine Mitwirkung wenig tun.

Außerhalb Princetons war Hao Wang beinahe der einzige, der versuchte, mit Gödel in Kontakt zu bleiben. Im Jahr 1977 war allerdings auch er mit anderen Tätigkeiten und verschiedenen eigenen Problemen beschäftigt, und so waren seine Kontakte zu Gödel nach dem Hirnschlag Adeles beschränkt.

Die zwei scheinen im Juli und August überhaupt nicht miteinander gesprochen zu haben, und von Mitte September bis Mitte November war Wang außer Landes [574]; aber er rief Gödel kurz vor seiner Abreise und nach seiner Rückkehr an, und bei einer seiner Reisen nach Princeton brachte er Gödel ein Huhn, das seine Frau zubereitet hatte. Er hatte seinen Besuch zuvor angekündigt, aber, als er ankam, beäugte ihn Gödel mißtrauisch und weigerte sich, die Türe zu öffnen. Schließlich ließ Wang das Mitgebrachte an der Türschwelle zurück.

Es gelang Wang, Gödel am 17. Dezember zu Hause zu besuchen, einige Tage vor Adeles Rückkehr. Zu Wangs Überraschung erschien Gödel nicht sonderlich krank, obwohl er sicherlich extrem ausgemergelt gewesen sein mußte, da er nur 29 Kilo wog, als er weniger als einen Monat danach starb. Auch sein Geist schien Wang unbeeinträchtigt. Gödel berichtete jedoch, er habe „die Kraft verloren, positive Entscheidungen zu fällen", er könne nur mehr negative treffen [575].

Zu letzteren zählte wohl seine Weigerung, sich ins Krankenhaus einliefern zu lassen. Er konnte schließlich doch von Adele dazu überredet werden, aber die Ärzte konnten nicht mehr viel gegen die Folgen seiner langandauernden Auszehrung unternehmen.

Gödel wurde am 29. Dezember ins Princeton Hospital eingeliefert, und Wang telephonierte mit ihm am 11. Januar: „Er war höflich, aber entfernt" [576]. Drei Tage danach starb Gödel an „Unterernährung und Auszehrung" als Resultat von „Persönlichkeitsstörungen" [577].

---

12 Am 18. September, weniger als zwei Monate nach dem Tod Morgensterns, starb auch Bernays, aber es ist unwahrscheinlich, daß Gödel jemals davon erfuhr.

# XIII
# Nachspiel
(1978–1981)

GÖDELS TOD war voll tragischer Ironie: Er konnte der inneren Logik seiner Paranoia nicht entkommen – er konnte sich nicht auf einen „metatheoretischen" Standpunkt stellen –, und so verhungerte er, besessen von der Angst, vergiftet zu werden. Wie ein Geschöpf in einer Zeitschleife eines Gödelschen Universums, das seine eigene Vergangenheit wiederholen muß, konnte er seinem Schicksal nicht entkommen.

Er wurde am 19. Januar 1978 auf dem Friedhof in Princeton beigesetzt, nach einer privaten Trauerfeier in der nahegelegenen Kimble-Aufbahrungshalle. Eine öffentliche Gedenkfeier, geleitet von IAS-Direktor Harry Woolf, wurde am 3. März am Institut abgehalten, und Hao Wang, Simon Kochen, André Weil und Hassler Whitney ehrten Gödel und sein Werk. Die Veranstaltung war kaum bekannt gemacht worden, und es gab nur wenige Trauergäste. Im Tod, wie im Leben, blieb Gödel für die meisten eine rätselhafte, unpersönliche Gestalt. Außer durch lokale Todesanzeigen und Artikel in einigen der größeren internationalen Zeitungen [578] nahmen nur wenige außerhalb der mathematischen Gemeinschaft seinen Tod wahr. Für die große Mehrheit blieben seine Errungenschaften – sofern sie überhaupt bekannt waren – geheimnisvolle intellektuelle Mysterien [579].

Unter den beim Begräbnis Anwesenden war Louise Morse, deren Mann, Marston, ein berühmter Kollege Gödels war. Sie erinnerte sich, wie hilflos Adele damals erschien: Der Tod ihres geliebten „Kurtele" war für sie nicht nur ein großes Unglück, sondern auch eine Niederlage: Sie hatte nahezu fünfzig Jahre als seine Beschützerin fungiert, seit den Anfängen ihrer Beziehung. Sie hatte sein Essen vorgekostet, die Attacken nationalsozialistischer Rowdies abgewehrt und ihm geholfen, mit seinen vielfältigen Ängsten fertigzuwerden. Sie hatte ihn gepflegt, ihn dazu gebracht zu essen und hatte ihm – vor ihrem Schlaganfall – den Haushalt geführt, die ganze Zeit in seinem Schatten lebend.

Als Gegenleistung für ihre Aufopferung hatte sie seine Liebe und Zuneigung bekommen, seine finanzielle und emotionale Unterstützung und nicht zuletzt die Möglichkeit, sich im Widerschein des Ruhms seiner Leistungen zu sonnen – auf die sie, so wenig sie von ihnen auch verstand, besonders stolz war. Und das mit Recht: Ohne sie, die für seine psychischen und physischen Bedürfnisse sorgte, hätte er vielleicht nie das alles erreicht. Ohne ihn blieb sie nun als Invalide zurück, mit wenigen Bekannten und wenig Möglichkeiten, seinen Nachlaß zu verwalten.

Von Anfang an hatte er die Verantwortung für all ihre finanziellen Angelegenheiten übernommen. Später hatten sie zwar gemeinsame Scheck- und Sparkonten, aber von Adele wird berichtet daß sie erst nach seinem Tod Schecks auszustellen lernte. Es ist daher ziemlich überraschend, daß Gödel in seinem Testament vom 20. November 1963 seine Frau nicht nur als Alleinerbin, sondern auch als einzige Nachlaßverwalterin nennt. Später kamen ihm allerdings Zweifel, ein Kodizill vom 2. November 1976 übertrug die Abwicklung einem qualifizierten Anwalt.

Das Testament nennt zwei Besitztümer, von denen er je ein Viertel beanspruchte: die Villa in Brünn, schon lange vom tschechoslowakischen Staat konfisziert – er hegte aber offenbar immer noch etwas Hoffnung auf Entschädigung –, und eine Briefmarkensammlung seines Vaters, im Besitz seines Bruders Rudolf. (Im Kodizill bemerkt Gödel, daß ein großer Teil der Sammlung schon verkauft worden war. Er verfügte, daß der Rest von Rudolf bewertet werde, dessen Einschätzung von allen Beteiligten zu akzeptieren sei.) Aber er traf keine besonderen Verfügungen über seine Papiere.[1] Wie alles andere waren sie Adele überlassen, um damit zu tun, was immer sie für richtig hielt.

Glücklicherweise war ihre Sorge um die Nachwelt größer als seine. Einige Monate nach dem Tod ihres Mannes versicherte sich Adele der Hilfe von Elizabeth Glinka, um den Berg an Dokumenten zu sortieren, den Gödel im Keller des Hauses aufgeschichtet hatte. Es war unvermeidbar, daß damals einige Dokumente von biographischem Interesse verloren gingen (zum Beispiel alle finanziellen Aufzeichnungen aus der Zeit nach 1940). Außerdem vernichtete Adele absichtlich alle Briefe von Gödels Mutter, obwohl Rudolf Gödel dringend um sie bat. Zweifellos wollte sie nicht, daß irgend jemand die Meinung ihrer Schwiegermutter über sie lese, und sie verdächtigte Rudolf, eher finanzielles als persönliches Interesse zu haben, wie sie Glinka mitteilte.[2] Aber sie ließ Gödels wissenschaftlichen Nachlaß intakt, der aus etwa sechzig Schachteln voll mit Büchern und Zetteln bestand. Nach dem Ordnen des Nachlasses lud sie das IAS ein, das Material in Besitz zu nehmen, und im Testament, das sie im Juni 1979 machte, übertrug sie die Rechte an Gödels Schriften ans Institut zu seinem Gedenken.

Als Gödels Alleinerbin sollte Adele eigentlich ein beträchtliches Vermögen zufallen. IAS-Mitglieder im Ruhestand erhielten beachtliche Pensionen, 1970 ungefähr 24.000 Dollar im Jahr [580], und Gödel hatte auch eine TIAA-Rentenversicherung abgeschlossen. Aber andrerseits hatte sie nach ihrer Ankunft in Amerika nie ein eigenes Einkommen gehabt, und vor der Ernennung Gödels zum Professor scheinen

---

[1] Die Library of Congress hatte sich einige Jahre zuvor um eine Schenkung dieser Papiere bemüht, Gödel hatte aber nicht geantwortet.

[2] Einige Jahre danach verkaufte Rudolf tatsächlich die Briefe, die Gödel seiner Mutter geschrieben hatte. Sie wurden von Dr. Werner DePauli-Schimanovich erworben, der sie der Wiener Stadt- und Landesbibliothek stiftete, um ihren Erhalt zu garantieren.

**Abb. 15.** Adele Gödel in späteren Jahren

die finanziellen Ressourcen des Paares sehr beschränkt gewesen zu sein. Außerdem hatte Adele – zumindest in den Augen von Gödels Mutter – zeitweise verschwenderisch gelebt. Nach dem Krieg war sie regelmäßig nach Europa gereist, sie hatte darauf bestanden, das Haus in der Linden Lane trotz eines wesentlich überhöhten Preises zu kaufen, und bei der Möblierung hatte sie sich ihrer Schwäche für Kristalleuchter und Orientteppichen hingegeben. Aber sie hatte auch wesentliche Verbesserungen am Haus vorgenommen, und abgesehen von gelegentlichen Reisen in Limousinen mit Chauffeur zur Oper in New York hatten die Gödels ziemlich anspruchslos gelebt, und ohne die Aufwendungen für die Ausbildung von Kindern. 1976 betrugen ihre Ersparnisse daher ungefähr 90.000 Dollar [581].

Die Hauptbedrohung der finanziellen Sicherheit Adeles waren die Kosten ihrer medizinischen Betreuung. Seit einigen Jahren war sie an den Rollstuhl gefesselt, und nach der Entlassung nach ihrer Kolostomie mußte sie rund um die Uhr betreut werden. Eine Nachbarin erinnerte sich, daß Adele nach Kurts Tod einen Großteil ihrer wachenden Zeit auf dem Sofa im Wohnzimmer liegend verbrachte, abhängig vom Personal, dem gegenüber sie oft jähzornig und anstrengend war.

Einige Jahre zuvor hatte sie aus einer Laune heraus zwei verläßliche Angestellte gekündigt, und danach war es schwer, vertrauenswürdigen Ersatz zu finden. Daher wurde sie leicht zum Opfer von Diebstählen. Einmal ertappte sie zum Beispiel ein Hausmädchen, wie es Schmuck durch ein Fenster hinausreichte – ein Ereignis, das zweifellos zu ihrem Entschluß beitrug, in ein Pflegeheim zu ziehen.

Im Dezember 1978 verkaufte Adele den angrenzenden Baugrund und kurz darauf bot sie auch das Haus zum Verkauf an. Es wurde im April 1797 verkauft, einige Monate nachdem sie ins Pine-Run-Heim im nahen Doylestown, Pennsylvania, gezogen war – eine Einrichtung, die lebenslange medizinische Pflege im Austausch gegen die Lebensersparnisse bot.

Im „Pine Run" wurde ausgezeichnet für sie gesorgt. Zu ihrer Freude entdeckte sie, daß einer der Ärzte dort früher Mathematik studiert hatte und mit dem Werk ihres Mannes vertraut war. Aber sie wurde bald unzufrieden. Gegen allgemeinen Rat entschied sie sich auszuziehen, obwohl das den Verlust eines Großteils des Ertrags des Hausverkaufs bedeutete. Vielleicht in Hinblick darauf hatte sie sich noch im „Pine Run" von Rudolf ihren Teil des Erlöses der erwähnten Briefmarkensammlung schicken lassen.

Unvernünftigerweise zog sie nicht in ein anderes Pflegeheim, sondern nach „Rossmoor", eine Wohnanlage für Senioren in Hightstown, New Jersey, wo es ihr – wie ihr Doktor vorausgesagt hatte – nicht gut ging. Sie starb dort am 4. Februar 1981.

ADELE WURDE neben ihrem Mann und ihrer Mutter beerdigt (Abb. 16). Was von ihrem Vermögen blieb, ging an Elizabeth Glinka, die einige weitere von Gödels Büchern und persönlichen Besitztümern der Princeton University und dem IAS schenkte.

Zu dieser Zeit war die engültige Aufbewahrung von Gödels Nachlaß noch immer nicht geregelt. Seit der Schenkung lagen die Papiere ungestört und unkatalogisiert in einem Kellerabteil der Historical Studies Library des Instituts. Das Institut besaß keine geeignete Einrichtung für ihre Aufbewahrung und wenig Lust, ein Archiv anzulegen, das unvermeidlich administrative Probleme verursachen und Gelehrte von außerhalb anziehen würde, in einer Zahl, die die Ruhe der Mitglieder stören könnte. Aber die Schachteln, in die Gödels Papiere gestopft worden waren, barsten unter dem Druck ihres Inhalts und dem Gewicht der darüber gestapelten Schachteln, und je länger die Papiere ungeordnet blieben, desto ungeduldiger verlangten Gelehrte Zugang zu ihnen. Es war also notwendig, sich der Frage der Erhaltung zu stellen.

Letztendlich, gerade als ich mit meinen eigenen Anfragen in bezug auf den Nachlaß begann, wurde ein Komitee aus drei IAS-Mitgliedern gebildet – den Profes-

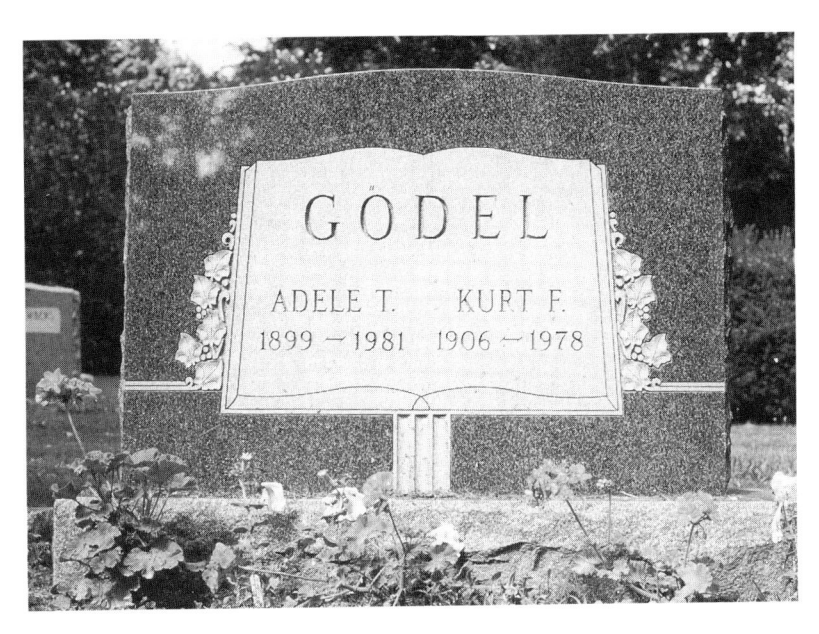

**Abb. 16.** Der Grabstein von Kurt und Adele Gödel, Princeton Cemetery, Princeton, New Jersey

soren Armand Borel, Enrico Bombieri und John Milnor –, um das Problem anzugehen. In weiterer Folge wurde ich aufgrund der kommentierten Bibliographie der Publikationen Gödels, die ich angefertigt hatte, gefragt, ob ich die Katalogisierung übernehmen wolle. Ich begann die Arbeit im Juni 1982 und beendete sie im Juli 1984. Einige Monate später wurden die Papiere, meinem Vorschlag entsprechend, der Manuskripte-Abteilung der Firestone Library der Princeton University auf unbegrenzte Zeit geliehen. Dort wurden sie am 1. April 1985 den Gelehrten zugänglich gemacht.

# XIV
# Reflexionen über Gödels Werk und Vermächtnis

IN EINEM ESSAY zu Gödels Leben und Werk hat Solomon Feferman zu Recht gewarnt: „Bei jedem herausragenden Geist sind die Fragen, die wir am liebsten beantwortet hätten ..., gerade die, die sich als besonders schwer faßbar herausstellen. Was wir statt dessen erreichen, ist ein Mosaik von Besonderheiten, aus dem manche Muster klar herausscheinen" [582]. Durch die Identifikation solcher Muster können wir hoffen, am Ende zu einem besseren Verständnis der wesentlichen Punkte zu gelangen: in Gödels Fall die Spannung zwischen seiner wissenschaftlichen Rationalität und seiner persönlichen Instabilität, die Zusammenhänge seines Lebens mit seinen Errungenschaften und die Schwierigkeiten, die seine Entdeckungen für sein eigenes Weltbild und für die nachfolgenden Entwicklungen der Philosophie der Mathematik darstellten. Das Ziel dieses letzten Kapitel ist, Leben und Werk Kurt Gödels als ein Ganzes zu betrachten, in der Hoffnung, gewisse gemeinsame Fäden zu erkennen, die sie durchziehen.

ZENTRAL FÜR GÖDELS Leben und Denken waren vier tiefe Überzeugungen: Daß das Universum rational organisiert und dem menschlichen Geist begreiflich ist, daß es kausal deterministisch ist, daß es eine Welt der Konzepte und Ideen neben der physikalischen Welt gibt und daß versucht werden muß, das Verstehen von Konzepten durch Introspektion zu erreichen.

Diese Überzeugungen inspirierten seine Errungenschaften, aber sie schränkten diese auch ein, und ich glaube, daß sie auch eine wichtige Quelle für die Angst waren, unter der er Zeit seines Lebens litt.

Am Beginn von Kapitel I habe ich die Rolle betont, die der Rationalismus in der Entwicklung von Gödels Persönlichkeit gespielt hat. Es ist aber wichtig, anzumerken, daß Rationalismus allein weder dazu führen muß, daß man Antworten auf alle Fragen sucht, noch nach verborgenen Gründen und Ursachen. Man kann zum Beispiel annehmen, daß die Welt eine geordnete Schöpfung und damit rationaler Untersuchung zugänglich, aber nur dem Geist Gottes ganz verstehbar sei. Oder man kann, wie in der Quantenmechanik, Ordnung und Kausalität als statistische Gesetzmäßigkeiten ansehen, ohne von einem strikten Determinismus auszugehen.[1] Aber als Rationalist,

---

[1] Gödel hat diesen Standpunkt explizit zurückgewiesen. In einer Fußnote zur deutschen Übersetzung seines Beitrags zu Schilpps Einstein-Band meint er, das Unschärfeprinzip stelle eine Verwechslung praktischer Schwierigkeiten mit prinzipieller Unmöglichkeit dar. Und in

der glaubt, daß die Macht des menschlichen Geistes potentiell unbeschränkt ist, und der den Begriff Zufall[2] – außer aufgefaßt als Zugeständnis an unsere momentane Unkenntnis – ablehnt, mußte sich Gödel der beängstigenden und letztlich frustrierenden Aufgabe stellen, in sich selbst nach aller Wahrheit zu suchen. Es ist dieses Streben, das – zu weit verfolgt – zur Paranoia führen kann, die der Psychiater Emil Kraepelin als „ein permanentes, unerschütterliches System von Wahnvorstellungen" beschreibt, das zwar logisch kohärent ist, aber auf Annahmen basiert, die von *außerhalb* betrachtet als falsch erkannt werden.

Viele von Gödels Interpretationen – von historischen Ereignissen, Filmen, Literatur, politischen und ökonomischen Angelegenheiten und scheinbar banalen Vorfällen – erschienen seiner Umgebung weit hergeholt oder sogar bizarr. In der Mathematik jedoch kam ihm seine Bereitschaft, Möglichkeiten in Betracht zu ziehen, die andere üblicherweise verwarfen oder übersahen, sehr zustatten. Anders zum Beispiel als Russell nahm er die Idee Hilberts ernst, mathematische Methoden zur Untersuchung metamathematischer Probleme zu verwenden; aber er kritisierte auch Hilberts Gleichsetzung der Existenz mathematischer Objekte mit der Konsistenz der sie beschreibenden formalen Theorien. Und er erkannte, anders als Hilbert, daß Peano-Arithmetik (und allgemeiner jede rekursive Axiomatisierung der Zahlentheorie) nicht alle formulierbaren Aussagen *entscheidet* und somit einander ausschließende Interpretationen zuläßt. Gödels kosmologische Modelle stellten ebenfalls einige der tiefstsitzenden physikalischen Annahmen in Frage. Aber seine Ziele waren sicher nicht ikonoklastisch. Er teilte Einsteins Glauben, daß wir in einem geordneten Universum leben, geschaffen von einem Gott, der „nicht würfelt", er nahm Leibniz' Vision von Characteristica universalis und eines Calculus ratiocinator auf, und er hielt sich ungeachtet seines Unvollständigkeitssatzes zeit seines Lebens an die Überlegung, die Hilbert in seiner berühmten Rede von 1900 ausgedrückt hatte:

---

seinem Manuskript „The Modern Developement of Mathematics in the Light of Philosophy" erklärt er, daß „in der Physik ... in einem großen Ausmaß ... die Möglichkeit des Erkennens der objektivierbaren Gegebenheiten selbst geleugnet wird. Es wird angenommen, daß wir uns mit der Vorhersage von Ergebnissen von Beobachtungen begnügen müssen. Das ist wirklich das Ende jeder theoretischen Wissenschaft im üblichen Sinne." Man fragt sich, was er von der Chaostheorie gehalten hätte, die gezeigt hat, wie praktische Unvorhersagbarkeit bei der Iteration wohlbekannter Formeln durch die „chaotische" Abhängigkeit von Anfangsbedingungen entstehen kann. Zweifellos hätte ihm zugesagt, daß die Selbstähnlichkeit in dieser Theorie eine große Rolle spielt.

2 Gödel machte manchmal Ad-hoc-Abschätzungen der Wahrscheinlichkeit von Ereignissen. Zum Beispiel merkt er in einem Brief an seine Mutter vom 21. September 1953 an, daß „in Laufe eines halben Jahres die *beiden* Hauptgegner Eisenhowers", Stalin und Taft, sowie „der Präsident des obersten Gerichtshofes (ein Geschöpf Trumans) gestorben" seien – ein Umstand, dessen Wahrscheinlichkeit er mit 1:2.000 angibt. Vermutlich betrachtete er die Angabe solcher Wahrscheinlichkeiten nur als empirische Aussage über die Häufigkeit des Auftretens von *determinierten* Ereignissen.

> Ist dieses Axiom von der Lösbarkeit eines jeden Problems eine dem mathematischen Denken allein charakteristische Eigentümlichkeit oder ist es vielleicht ein allgemeines, dem inneren Wesen unseres Verstandes anhaftendes Gesetz, daß alle Fragen, die er stellt, auch durch ihn einer Beantwortung fähig sind? [583]

Ganz im Geist dieser Überlegung war Gödel nicht damit zufrieden, nur die *Möglichkeit* anderer Modelle aufzuzeigen – das heißt, die Konsistenz der zugrundeliegenden Theorien zu zeigen; er wollte vielmehr auch entscheiden, welches Modell das *richtige* war. Sein uneingeschränkter (und so oft bestätigter) Glaube an die Kraft seiner eigenen mathematischen Intuition ließ ihn nach Axiomen suchen, mit denen er die Kontinuumshypothese entscheiden könnte, nach einem Konsistenzbeweis für die Arithmetik, der auf konstruktiv evidenten, aber abstrakten Prinzipien beruht, und dieser Glaube ließ ihn glauben, astronomische Beobachtungen würden schließlich bestätigen, daß wir in einem seiner rotierenden Universen leben. Am meisten beeindruckt an Gödels philosophischer Haltung sein resoluter Optimismus bei der Konfrontation mit den Folgerungen seiner eigenen Resultate. Nachdem er demonstriert hatte, daß die Methode der Axiomatisierung insofern fundamental ungeeignet für die Zahlentheorie ist, als die Wahrheiten der Arithmetik nicht alle aus einem fixen rekursiven System abgeleitet werden können, sah er keinen Grund zur Verzweiflung. Anders als Post und Turing [584] sah er durch den Unvollständigkeitssatz *keine* Beschränkung der Möglichkeiten des menschlichen Geistes gegeben, vielmehr sah er durch ihn bestätigt, daß „die Art der Überlegung, die in der Mathematik benötigt wird, nicht vollständig mechanisiert werden kann" [585], und daher die Rolle des menschlichen Verstandes in der mathematischen Forschung *gefestigt*. Aufgrund seines Glaubens, daß unser Geist „nicht statisch, sondern in ständiger Entwicklung" sei, war er überzeugt, daß weiterhin neue mathematische Einsichten – Prinzipien, die sich uns „als wahr aufzwingen" [586] – auftauchen werden.

Gödels Glaube an die Macht der Introspektion wurde jedoch durch seine Erkenntnis ausgeglichen, daß es notwendig ist, ein System zu verlassen, um es ganz zu verstehen. Wie ich in früheren Kapiteln betont habe, ist der Unterschied zwischen internem und externem Standpunkt sowohl für die Unvollständigkeitssätze wesentlich – in denen die Wahrheit des unentscheidbaren Satzes nur metamathematisch gesehen werden kann – als auch für Gödels Konsistenzbeweise in der Mengentheorie, die auf der Invarianz bestimmter Begriffe unter interner Relativierung beruhen. Lange vor allen anderen konnte Gödel die Notwendigkeit solcher Unterscheidungen sehen und klar verstehen. Aber seine Art, auf die Schwierigkeiten zu reagieren, die die Unentscheidbarkeit für die weitere Entwicklung der Mathematik zu stellen schien, war nach innen zu schauen – im Einklang mit seiner grundlegend introspektiven Veranlagung.

Solomon Feferman (1984) nannte Überzeugung und Vorsicht als zwei Merkmale, die einen Schlüssel liefern zu Gödels Person und zu der Form, in der er seine wissenschaftlichen Entdeckungen präsentierte. Beide entsprangen meines Erachtens seiner zugrundeliegenden Selbstversunkenheit, die ein elementarer Bestandteil seines Wesens war.

Gödels Hypochondrie war eine offensichtliche Manifestation seiner Selbstbezogenheit, und ich habe bereits angedeutet, daß seine Paranoia aus zu intensiver Introspektion entstanden sein könnte. Als er sich mehr und mehr in seine eigene geistige Welt zurückzog, intensivierten sich sein Ängste – genauso wie seine platonistische Überzeugung und sein Glaube an die menschliche (und besonders seine eigene) Fähigkeit, konzeptionelle Wahrheit wahrzunehmen. Der Skeptizismus, den er (1933a) in seiner Rede vor der Mathematical Association of America ausgedrückt hatte, steht zum Beispiel in scharfem Kontrast zu seinem späteren mathematischen Platonismus (Gödel 1947 und – noch deutlicher – in der Ergänzung dazu im Jahr 1964).

Gödel selbst hat diese Wandlung nie eingestanden, und bis jetzt ist nichts ans Licht gekommen, das sie erklären könnte. Ich vermute jedoch, daß sie eine Reaktion auf die Ergebnisse seiner eigenen Forschung war, besonders seine unerwartete Entdeckung des zweiten Unvollständigkeitssatzes und kosmologische Modelle mit geschlossenen zeitartigen Kurven. Zumindest oberflächlich scheinen diese Resultate, genau wie die Konsistenz- und Unabhängigkeitsergebnisse in der Mengentheorie, die ersten zwei der vier grundlegenden Glaubenssätze Gödels zu widerlegen. Platonismus war jedoch ein Weg, diese Resultate mit seinem Glauben an die rationale Verstehbarkeit und deterministische Kausalität in Einklang zu bringen.

In seinem Gibbs-Vortrag und seinen Bemerkungen zu Turings „Fehler" sprach Gödel die philosophischen Aspekte seines Unvollständigkeitssatzes an [587]. In seinem Essay über Cantors Kontinuumsproblem versuchte er (nicht ganz überzeugend), seinen Glauben an die Falschheit der Kontinuumshypothese zu begründen, trotz ihrer formalen Unentscheidbarkeit. Und in seinem Beitrag zu Schilpps Einstein-Band erkannte er das Problem, das zirkuläre Zeit für den Begriff der Kausalität darstellen könnte – ein Problem, dem er mit dem Hinweis auf die Schwierigkeit der praktische Durchführung ausweicht.[3]

Man ist beim Lesen dieser Arbeiten überrascht von der Gewandtheit, mit der Gödel Argumente heranzieht, um seine philosophischen Ansichten mit scheinbar inkompatiblen Tatsachen in Einklang zu bringen. Seine Schriften zeichnen sich durch Klarheit und Präzision aus, gepaart mit unerwarteten und komplizierten Argumentationswendungen, die ihnen eine schwer faßbare Tiefe verleihen. Wegen seiner Fähigkeit, Gegenargumente vorwegzunehmen, hat seine Argumentation beträchtliche Überzeugungskraft, und auch wenn sie manchmal vorgeingenommen oder verwickelt erscheint, regt sie doch immer zum Denken an.

---

3 Offenbar eine bewußte Entscheidung, was man daran sieht, daß er den auf Seite 157 zitierten treffenderen Hinweis aus unbekannten Gründen vor der Publikation aus dem Manuskript gestrichen hat. Interessanterweise hat er jedoch *nicht* den „einfachen" Ausweg gewählt, der wäre, die Realität seiner Modelle zu leugnen.

Die Tatsache, daß er immer wieder zu denselben Themen zurückkehrte, zeigt jedoch, daß Gödel ungeachtet der Stärke seiner Überzeugungen von nagender Unzufriedenheit mit der Schlüssigkeit seiner Demonstrationen geplagt wurde.

In welchem Ausmaß gelang es ihm letztendlich, sein System von Glaubenssätzen gegen die Entwicklungen zu verteidigen, die er selbst in Bewegung zu bringen geholfen hatte? Die Antwort ist, glaube ich, daß es ihm im Bereich der mathematischen Logik sehr gut gelang, außerhalb davon jedoch nur auf krankhafte Weise, indem er ein paranoides Glaubenssystem entwickelte, das zwar logisch konsistent (und daher gegen logische Angriffe immun), nach außen hin aber absurd war.

Paranoia ist ein Defekt der Urteilskraft, für den Gödel anfällig war, gerade *weil* er so minutiös logisch war. Seine Erkrankung war ein Lehrbuch-Beispiel für die sogenannte Paradoxie der Paranoia, in der wir „einerseits die formalen Defekte der allgemeinen Struktur der intellektuellen Apparatur der paranoiden Person erkennen, [andrerseits aber diese] geistige Apparatur für überlegen halten" [588]. Wie der Psychiater Robert J. Lifton beobachtete, werden „bei der Paranoia Ideen ... logisch systematisiert und dadurch für das betroffene Individuum überzeugend" [589]. Mehr noch, da die „grundlegende Annahmen [der paranoiden Person manchmal] nicht schlechter als ... die gesellschaftlich akzeptierten sind", können sie als „integrative Prinzipien [dienen], die sein Weltbild besser als durchschnittliche integrieren" [590]. Ich glaube, daß das bei Gödel der Fall war, dessen Paranoia als Kulmination einer lebenslangen Suche nach einem konsistenten Weltbild gesehen werden kann.[4]

Auch Hypochondrie „kann eine Person vor psychotischer Auflösung bewahren" [591] und mag auf Gödel eine stabilisierende Wirkung gehabt haben, eine Wirkung der Art, wie sie Darwin seiner Krankheit – wirklich oder eingebildet – zugestand. („Ich weiß wohl", meinte Darwin einmal, „daß mein Kopf mich schon vor Jahren im Stich gelassen hätte, wenn mich nicht mein Magen vor Überarbeitung bewahrt hätte" [592].) Es gibt tatsächlich ausgeprägte Parallelen zwischen den beiden: Durch die Kraft ihres Intellekts machten beide grundlegende Entdeckungen, die ihren eigenen vorhergehenden Erwartungen widersprachen und die sie, wie sie beide wußten, in Konflikt mit dem philosophischen Zeitgeist brachten. Beide verfolgten ihre Ziele trotz chronischer (psycho)somatischer Probleme weiter, beide lebten zurückgezogen, wurden hingebungsvoll von ihren Frauen umsorgt und von den Unbilden der Außenwelt durch die Bemühungen eines kleinen Kreises von Arbeitskollegen abgeschirmt, beide publizierten mit großer Vorsicht und Bedachtsamkeit, entschlossen, ihre Argumente so detailliert und überzeugend wie möglich zu präsentieren.

---

4 Indem er seine Annahmen – besonders die der Unbegrenztheit des Geistes – für konsistent hielt, diente Gödel als Beispiel der Situation, die er in seinem Gibbs-Vortrag beschrieben hatte: Entweder transzendierte er die Möglichkeiten eines endlichen Automaten, oder er machte sich etwas vor.

Es gab jedoch einen wichtigen Unterschied: Wegen des offensichtlichen Konflikts mit theologischen Doktrinen verursachte Darwins Evolutionstheorie sofort breite Kontroversen; es war klar, daß die natürliche Selektion die Schöpfungslehre hinfällig machte, und die Idee, daß der Mensch vom Affen abstamme, verwischte den Unterschied zwischen menschlicher und tierischer Natur und schien eine Erniedrigung für die menschliche Vernunft. Die weiterreichenden Implikationen des Gödelschen Unvollständigkeitssatzes wurden jedoch weder so schnell noch so weithin bekannt. Erst unlängst rückten diese Theoreme in den Vordergrund, in der Debatte um menschliche gegen künstliche Intelligenz.

Die unterschiedliche Reaktionen Gödels und Darwins auf ihre eigenen Entdeckungen sind bemerkenswert. Darwins Beobachtungen und Folgerungen brachten ihn zum Verlust seines religiösen Glaubens und ließen ihn zum Agnostiker werden. Gödel jedoch hielt an seinen Überzeugungen fest. Er war nicht nur Theist, sondern hatte auch ein starr deterministisches Weltbild, und während Darwin die Schöpfungstheorie anzweifelte, versuchte Gödel eine formale Rechtfertigung des ontologischen Gottesbeweis.

IN SEINEN BEMERKUNGEN bei der IAS-Gedenkfeier für Gödel erinnerte sich Simon Kochen an eine Frage, die ihm Professor Kleene während seiner mündlichen Doktoratsprüfung gestellt hatte: „Nennen Sie fünf Theoreme Gödels". Die Pointe der Frage war, daß „jedes dieser Theoreme der Beginn eines ganzen Zweiges der modernen mathematischen Logik" war [593]. Der Vollständigkeits- und Kompaktheitssatz sind Eckpfeiler der Modelltheorie; die Unvollständigkeitssätze zeigten die Schwierigkeiten, die die Beweistheorie zu erwarten hatte, und die in ihren Beweisen verwendeten Methoden wurden ein zentraler Bestandteil der Rekursionstheorie; das konstruktible Universum ist nach wie vor ein wichtiges Forschungsgebiet der Mengentheorie;[5] und Gödels Resultate zur intuitionistischen Logik, von den ersten 1933 bis hin zu seinem *Dialectica*-Artikel, regten wichtige Untersuchungen auf dem Gebiet der konstruktiven Mathematik an.

Daß Logik heute als Spezialgebiet innerhalb der Mathematik fest etabliert ist, ist in nicht geringem Maße den präzisen mathematischen Methoden zu verdanken, die Gödel und ein paar andere (darunter Church, Tarski, Post, Kleene und Turing) in diesem Gebiet angewandt haben. Gödel hielt wenige Vorlesungen, hatte keine Schülerinnen oder Schüler und publizierte relativ wenig; aber sein Werk ist ein Beispiel für Gauß' Motto („Pauca sed matura", d.h. „Wenig, aber Reifes") und hatte enormen Einfluß.

---

5 Zwei Beispiele von besonderer Bedeutung sind Ronald B. Jensens Untersuchungen der Feinstruktur der konstruktiblen Hierarchie und Studien von verschiedenen Personen zum relativen Begriff der Konstruierbarkeit, besonders der Klasse der aus den reellen Zahlen konstruierbaren Mengen.

Unter Mathematikerinnen und Mathematikern aus anderen Gebieten als der Logik gibt es immer noch viele, auch von allerhöchstem Rang, die wenig Bewußtsein oder Verständnis der Errungenschaften Gödels haben. Ein Grund dafür ist, daß die meisten Mathematikinstitute während des gesamten Studiums keine Logikvorlesung verpflichtend vorschreiben – was die hartnäckige Meinung widerspiegelt, daß das Gebiet weitgehend irrelevant für die tägliche mathematische „Arbeit" ist.

Diese Einstellung ist derart tief verwurzelt, daß Logik als *Teil* der Mathematik angesehen wird – nicht als Grundlage für den Rest, sondern als eines von vielen technischen Spezialgebieten. Seit kurzem bringen jedoch eine Reihe von Faktoren diese Einstellung zur formalen Logik ins Wanken. Einer dieser Faktoren ist die zunehmend wichtige Rolle, die Computer in der mathematischen Forschung spielen – eine Entwicklung, die Gödel bereits in den vierziger Jahren vorhergesehen und begrüßt hatte [594]. Ein anderer war der vielgestaltige Charakter des Unvollständigkeitssatzes selbst, der im Laufe der Jahre die mannigfaltigsten Interpretationen zuließ.[6]

Insbesondere gibt es nun einige Beispiele für „streng mathematische" Aussagen (solche, die keine numerische Kodierungen von logischen Konzepten beinhalten), die in der Peano-Arithmetik unentscheidbar sind. Das erste Beispiel wurde 1977 entdeckt und publiziert [595], als Gödel körperlich und geistig schon zu mitgenommen war, um es würdigen zu können – wenn es ihm überhaupt zur Kenntnis gebracht wurde. Das Beispiel, genannt Paris–Harrington-Theorem, ist eine stärkere Version des endlichen Ramsey-Theorems, das ist folgendes in der Peano-Arithmetik beweisbares Prinzip: Für beliebige natürliche Zahlen $n$, $m$ und $s$ gibt es eine natürliche Zahl $k$ mit folgender Eigenschaft. Sei eine Partition der ungeordneten $n$-Tupel natürlicher Zahlen kleiner $k$ in $m$ disjunkten Klassen gegeben. Dann gibt es eine Menge $H$ von $s$ oder mehr natürlichen Zahlen kleiner $k$, so daß alle ungeordneten $n$-Tupel von $H$ derselben Klasse der Partition angehören. (So eine Menge $H$ heißt *homogen* für die gegebene Partition.) Das Paris–Harrington-Theorem fordert zusätzlich, daß es auch ein solches $H$ geben muß, dessen Größe zumindest gleich dem kleinsten Element der Menge selbst ist. Diese offensichtlich selbstbezügliche (und irgendwie ad hoc) Eigenschaft macht die Aussage in der Peano-Arithmetik unentscheidbar.

Es ist äußerst bemerkenswert, daß der Beweis des Paris–Harrington-Theorems, das sich nur auf natürliche Zahlen bezieht, die Verwendung von unendlichen *Mengen* von natürlichen Zahlen erfordert. In dieser Hinsicht erinnert er an die Rüge Gödels im Gibbs-Vortrag, daß die Mathematik bis zu dieser Zeit „nicht gelernt [habe], mengentheoretische Axiome zur Lösung zahlentheoretischer Probleme zu verwen-

---

6 Ein jüngeres Beispiel ist der (Diagonalisierungs)beweis, daß kein sicheres Programm (d. h. eines, das den Code des Betriebssystems der Maschine beibehält, auf der es läuft) mit hundertprozentiger Sicherheit Computerviren entdecken kann (d. h. Programme, die das Betriebssystem verändern). Für Details siehe Dawling (1989).

den", obwohl aus seinen Arbeiten folge, „daß Axiome für Mengen hoher Stufe ... Konsequenzen für ... die Theorie der natürlichen Zahlen" haben.

Ebenso drückte Gödel wiederholt seine Hoffnung aus, daß geeignete Axiome, große Kardinalzahlen betreffend, das Kontinuumsproblem entgültig entscheiden könnten. Seit seinem Tod sind eine große Zahl solcher „large-cardinal axioms" untersucht worden, einige davon – besonders die Annahme der Existenz einer „superkompakten" oder „Woodin" Kardinalzahl – entsprechen den Kriterien, die Gödel (1947) angibt: Wenn sie auch „keine innere Notwendigkeit" haben, so werfen sie doch „viel Licht" auf das Gebiet der deskriptiven Mengentheorie und stellen „mächtige Werkzeuge zur Lösung bestehender Probleme" zur Verfügung

Das Kontinuumsproblem selbst hat sich jedoch bislang als unbeugsam erwiesen. Von den meisten der bislang studierten „large-cardinal axioms" hat sich herausgestellt, daß sie sowohl mit GCH als auch mit ¬CGH verträglich sind, und unter den restlichen hat man noch von keinem zeigen können, daß es GCH oder ¬CGH impliziert.

Würde er heute leben, würde Gödel wahrscheinlich den Entwicklungen der Logik und Philosophie der letzten Jahre ambivalent gegenüberstehen. Einerseits wäre er sicher begeistert von den großen Fortschritten auf dem Gebiet der Logik. Andrerseits würde er zweifellos den Verlust der Grundlagenperspektive bedauern, den der zunehmend mathematische (und immer weniger philosophische) Charakter der Logik mit sich bringt.

Ob der letztgenannte Trend anhalten wird, wird sich zeigen. Der Platonismus hat als die unkritische Arbeitsphilosophie vieler Mathematikerinnen und Mathematiker überlebt, aber in der Philosophie hat er bis vor kurzem wenig Anhängerschaft gefunden. Kürzlich haben es jedoch einige berühmte Persönlichkeiten der Philosophie der Mathematik unternommen, bestimmte „Kompromißvarianten" des Platonismus zu definieren, die weniger radikal als Gödels Version sind [596].

Das Erscheinen des dritten Bandes der *Collected Works*, der bisher unveröffentlichten Manuskripten und Texten gewidmet ist, mag vielleicht die philosophische Debatte über Gödels realistische Philosophie der Mathematik erneuern, über seinen modallogischen Gottesbeweis und die Bedeutung seiner kosmologischen Arbeiten für die Philosophie der Zeit. Bis heute hat nur ein einziges Buch (Yourgrau 1991) den letzten Aspekt detaillierter untersucht.

Außerhalb der wissenschaftlichen Gemeinschaft teilt Gödel das Schicksal der meisten Mathematikerinnen und Mathematiker: Sein Name blieb bis vor kurzem weitgehend unbekannt. Aber das hat sich langsam zu ändern begonnen, in nicht geringem Ausmaß wegen des Buches *Gödel, Escher, Bach: An Eternal Golden Braid*, für das Douglas Hofstadter den Pulitzer-Preis gewonnen hat.

Obwohl von Fachkreisen manchmal kritisiert erregte dieses Buch in den Jahren nach seiner Veröffentlichung große Aufmerksamkeit. Es verkaufte sich gut und wird bis heute immer wieder gedruckt. Man kann mutmaßen, daß nur wenige das Buch ganz gelesen haben. Dennoch verdient es das Lob, daß es Gödels Werk einem viel breiteren Publikum zugänglich gemacht hat.

Seit damals hat Raymond Smullyan eine Reihe populärer Darstellungen der Gödelschen Unvollständigkeitssätze publiziert (*The Lady or the Tiger?* und *Forever Undecided: A Puzzle Guide to Gödel*, um zwei zu nennen), und auch Roger Penrose in seinen kontroversiellen Büchern *The Emperor's New Mind* und *Shadows of the Mind*. Die Unvollständigkeitssätze sind auch in Hugh Whitemores Theaterstück *Breaking the Code* dargestellt, das auf Andrew Hodges' Turing-Biographie basiert [597]. Bemerkenswerterweise liefert Whitemore nicht nur eine korrekte Formulierung des Unvollständigkeitssatzes, sondern skizziert auch die Beweisidee und bringt den Satz in Verbindung mit Hilberts Programm, und das alles innerhalb eines zweiseitigen Monologes.[7]

Vielleicht wird eines Tages auch ein Stück über Gödels Leben geschrieben werden, mit all den Elementen des Triumphs, der Tragik und Exzentrik. Es wird außergewöhnliche Sensibilität nötig sein, um die intellektuellen Aufregungen, den inneren Aufruhr und nicht zuletzt die *Menschlichkeit* darstellen zu können, hinter dem unbewegten Gesicht und den tiefgründigen Gedanken des Genies Kurt Gödel.

---

[7] Whitemore wurde für seine Bemühungen, die Mathematik stärker ins öffentliche Bewußtsein zu rücken, von der American Mathematical Society gewürdigt.

# Anmerkungen

Um die Quellenangabe zu vereinfachen, wurden folgende Abkürzungen verwendet: FC für die Korrespondenz zwischen Gödel und seiner Mutter (family correspondence), aufbewahrt in der Wiener Stadt- und Landesbibliothek; GN für Gödels Nachlaß, verwaltet vom Institute for Advanced Studies, Princeton, er steht zu Forschungszwecke in der Firestone Library der Princeton University zur Verfügung; GQ für den Grandjean-Fragebogen (questionnaire) samt Antwort (siehe Anm. 11); JD für den Autor; KG für Kurt Gödel; OMD für die Tagebücher (diaries) von Oscar Morgenstern, ein Teil der Morgenstern Papers an der Perkins Memorial Library der Duke University; RG für Rudolf Gödel; SW-Interview für das von Schimanovich und Weibel mit Rudolf Gödel geführte Interview (siehe Anm. 19).

## Kapitel I

1. „Every Chaos is merely a wrong appearance" aus dem Briefentwurf an Hwastecki (siehe Anm. 2). „Die Welt ist vernünftig" aus „Meine philosophische Ansicht", GN 060168, folder 06/15.
2. KG, unversandte Antwort auf einen Brief von Ralph Hwastecki vom 17. März 1971 (GN 010897 und 010898, folder 01/69).
3. Otto Neugebauer, Gespräch mit JD, 1983: Deane Montgomery, Interview mit JD, 17. August 1981.
4. Die Informationen dieses Paragraphen stammen von Dr. Rudolf Gödel (undatierter Brief an JD aus dem Jahr 1982).
5. Das entspricht dem Taufschein von Kurt Gödel – im GN erhalten – und dem Videoband von Schimanovich und Weibel (1986), basierend auf Dr. Rudolf Gödels Erinnerungen. In seiner „Biographie meiner Mutter Marianne Gödel, 31. VIII. 1879 – 23. VII. 1966, geschrieben im April 1967" (R. Gödel 1967) schreibt Dr. Gödel jedoch, daß sein Vater in Wien geboren worden sei. Diese Biographie enthält viele wertvolle Informationen über die Familie Gödel, muß aber mit Vorsicht genossen werden, da sie bezüglich mancher Details (besonders Daten) etwas ungenau scheint. Am Ende des Werkes werden noch einmal die biographischen Daten zusammengefaßt, und dort findet man – entgegen der vorigen Aussage: „Unsere Eltern waren beide in Brünn geboren."
6. R. Gödel (1967). Erstes Zitat: Nachtrag (Die Familie unseres Vaters); zweites: Ergänzung 4.
7. Im selben Haus ist auch Leo Slezak aufgewachsen, der später einer der großen Liedsänger werden sollte (R. Gödel 1967, S. 6).
8. R. Gödel (1967, S. 3). Innenansichten des Gebäudes finden sich im Video von Schimanovich und Weibel (1986).
9. Ebd., S. 4
10. Ebd., S. 4. Dort steht weiter: „(leider!?) Eine wie starke Stütze dem Menschen dadurch entzogen wird habe ich erst später […] empfunden."
11. GN 010729. Der Fragebogen und die Antwort Gödels wird in weiterer Folge „Grandjean-Fragebogen" genannt. Ein Brief, der der Antwort beiliegen sollte, ist mit

19. August 1975 datiert. Beide Dokumente, zusammen mit einigen anderen (alle aus folder 01/55) wurden von Wang (1987, S. 16–21) veröffentlicht.
12 GN 060168, folder 06/15. Eine andere Bemerkung Gödels: „Die Religionen sind zum größten Teil schlecht, aber nicht die Religion".
13 Dieser Brief wurden von Wang (1987 S. 12) veröffentlicht.
14 RG an JD, 10. Januar 1984
15 R. Gödel 1967, Nachtrag (Die Familie unseres Vaters)
16 RG an JD, 10. Januar 1984
17 „Ja, an den Namen Achensee erinnere ich mich sehr gut aus meiner Kindheit, noch besser allerdings an den Sandhaufen, an dem ich in Mayrhofen immer gespielt habe." (FC 172, 28. Mai 1961).
18 R. Gödel (1967, Ergänzung 2) und FC 179 (18. Dezember 1961).
19 Die Informationen und Zitate dieses Paragraphen stammen aus einer Niederschrift eines Interviews mit Dr. Rudolf Gödel, das im Sommer 1986 von Werner Schimanovich und Peter Weibel geführt wurde.
20 SW-Interview. Siehe auch Teil II des Videos von Schimanovich und Weibel (1986).
21 Die Darstellung der Geschichte des österreichischen Schulsystems basiert auf Gulick (1948, S. 545 ff). Das Zitat stammt von S. 548 f.
22 Ebd., S. 551
23 Ebd., S. 551 f
24 Ebd., S. 552
25 R. Gödel 1967, S. 5
26 Grandjean-Fragebogen
27 Harry Klepetař an JD, 30. Dezember 1983
28 Johnston 1972, S. 335
29 Janik und Toulmin 1973, S. 13
30 Die Daten dieses Paragraphen stammen aus den 51. und 52. Jahresberichten des deutschen Staats-Realgymnasiums (GN 070019,5/,6, folder 07/00).
31 R. Gödel 1967, Nachtrag
32 Klepetař an JD, 30. Dezember 1983
33 R. Gödel 1967, Nachtrag
34 Givant 1991, S. 26
35 Klepetař an JD, 30. Dezember 1983
36 Daten und Zitate stammen aus Komjathy und Stockwell (1980, S. 17). Nach der dort zitierten Volkszählung waren die Deutschen in der Tschechoslowakei mit 23,4 Prozent die größte Minorität.
37 FC 105 und 106
38 Dieser Aufsatz, in dem Gödel das „genügsame Leben der teutonischen Krieger" den „dekadenten Gewohnheiten der Römer" gegenüberstellte, wurde später von Kreisel (1980, S. 152) als weiterer Beweis des Nationalismus in der Familie Gödel herangezogen. Das scheint aber etwas übertrieben, da ja das Gedicht selbst diese Tendenz hat und das Thema vermutlich nicht von Gödel, sondern von seinem Lehrer gewählt worden war, zu dessen Pflichten zweifellos auch die Förderung des Patriotismus seiner Zöglinge zählte.
39 Zweig 1982, S. 48 f
40 Klepetař an JD, 30. Dezember 1983; RG an JD, 10. Januar 1984
41 FC 166

42  FC 16 (2?. August 1946 – die zweite Ziffer ist unleserlich). Im Grandjean-Fragebogen schreibt Gödel, daß sein Interesse an Mathematik mit vierzehn begann, und daß er im darauffolgenden Jahr (1922) Kant zu lesen begann. Nach Aussagen seines Bruders (SW-Interview, S. 13) liebten die Eltern Gödels Marienbad und Umgebung. Sie waren „sechs- oder siebenmal" dort, und ein- oder zweimal nahmen sie ihre Kinder mit.

## Kapitel II

43  R. Gödel 1967, S. 8
44  Grandjean-Fragebogen
45  Weyl (1953, S. 543 und 561). Siehe auch Fermi (1971, S. 38).
46  Weyl 1953, S. 546
47  Einhorn (1985, S. 107). Die Beliebtheit von Furtwänglers Vorlesungen wird noch bemerkenswerter, wenn man bedenkt, daß er vom Genick abwärts gelähmt war und ein Assistent für ihn die Beweise auf die Tafel schreiben mußte.
48  Feigl 1969, S. 634, Anm. I
49  Weyl 1953, S. 546
50  Richard Nollan, Interview mit Carl G. Hempel, 17. März 1982. Siehe auch Fermi (1971, S. 37).
51  Weyl 1953, S. 546
52  R. Gödel 1967, S. 7
53  Einhorn (1985, S. 107). Ich nehme an, daß das dieselbe Vorlesung war, von der Taussky-Todd berichtet, sie habe Klassenkörpertheorie zum Thema gehabt. Wenn dem so ist, muß es sich um eine „Einführung" auf sehr hohem Niveau gehandelt haben.
54  Wang (1987, S. XX) und Moore (1990, S. 349) haben berichtet, daß Gödel Thirrings Vorlesung über Relativitätstheorie besucht habe, wann das war, bleibt jedoch unklar. Alle Physik-Skripten im GN – bis auf das zur Kottler-Vorlesung – stammen aus der Zeit nach 1935.
55  Im Grandjean-Fragebogen schreibt Gödel, daß er schon 1922 mit dem Studium Kants begonnen habe. Er widersprach später vielen Standpunkten Kants, hielt diesen aber für wichtig für die Entwicklung seiner eigenen Interessen und allgemein seiner philosophischen Einstellung.
56  Taussky-Todd 1987, S. 31 und 35
57  Im Grandjean-Fragebogen schreibt Gödel, daß er die *Principia Mathematica* nicht vor 1929 gelesen habe. Aber die Rechnung eines Buchhändlers im GN zeigt, daß er ein Exemplar des Buches im Juli 1928 bestellt und erhalten hatte, und in einem Brief an Herbert Feigl vom September desselben Jahres (publiziert von Wiedemann 1989, S. 432–439) schreibt Gödel, daß er den Sommer in Brünn verbracht habe, wo er unter anderem „einen Teil der *Principia Mathematica*" gelesen habe. Das Werk habe ihn jedoch, ungeachtet seiner Reputation, „weniger bezaubert" als erwartet.
58  Details zu Hahns Werk, unter anderem eine Bibliographie aller seiner Publikationen, findet man im Nachruf von Mayrhofer (1934). Weniger detailierte, aber persönliche Würdigungen verfaßte Menger (1934 und Vorwort zu Hahn 1988).
59  Zusammengestellt in Hahn (1988)
60  Menger (Hahn 1988, S. 10)
61  Feigl (1969, S. 637). Die Zeit des ersten Besuchs stammt aus dem Grandjean-Fragebogen.

62 „Ich habe oft darüber nachgedacht, warum wohl Einstein an den Gesprächen mit mir Gefallen fand, und glaube eine der Ursachen darin gefunden zu haben, daß ich häufig der entgegengesetzten Ansicht war und kein Hehl daraus machte." (KG an Carl Seelig, 7. September 1955). Die Aussage bezieht sich zwar auf die Reaktion Einsteins, drückt aber wahrscheinlich auch Gödels Einstellung aus.
63 Feigl 1969, S. 635
64 Wang (1987, S. 22). Gödel könnte auch Carnaps Vorlesung zur „Axiomatik" im vorhergehenden Sommer besucht haben.
65 Einhorn 1985, S. 179–183
66 Die Informationen dieses Paragraphen stammen hauptsächlich aus Menger (1981). Diese Monographie enthält viele Informationen über Gödel, die sonst nicht zu finden sind.
67 Feigl (1969, S. 640). Auch Taussky-Todd erinnerte sich, daß Gödel ein Nachtmensch war („Er schlief lange am Morgen"; Taussky-Todd 1987, S. 32).
68 Feigl 1969, S. 633
69 Hempel 1979, S. 22; 1981, S. 208
70 Menger, Hahn 1988, S. 12
71 Feigl 1969, S. 637
72 Hempel 1979, S. 22 und 21, siehe auch 1981
73 Menger, Hahn 1988, S. 13
74 Ebd., S. 15, Fußnote 10
75 Carnap 1963, S. 23
76 Menger, Vorwort zu Hahn 1988, S. 16 f
77 Ebd, S. 17 f
78 FC 60, 3. April 1950
79 GN 060774, folder 06/52
80 FC 85, 20. September 1952
81 Oscar Morgenstern papers, Special Collections, Duke University Libraries, folder „Gödel, Kurt, 1974–1977", Vermerk vom 17. September 1974. In seinem Nachruf auf Gödel behauptete Kreisel (1980, S. 218), daß Gödel auch der Dämonologie „große Aufmerksamkeit" gewidmet habe. Es gibt dafür allerdings keine Belege. Gödel hatte wohl starkes Interesse an vergleichender Religionswissenschaft, wie viele Bücher seiner Bibliothek über verschiedene und manchmal sehr seltsame Religionsgemeinschaften zeigen. Aber dieses Interesse paßte gut zum Rest seiner vielseitigen intellektuellen Beschäftigungen.
82 Ergänzung zur zweiten Ausgabe von Gödel (1964, S. 271 f). Siehe Gödel (1986–, Bd. II, S. 268).
83 Zweig 1982, S. 56
84 Nach Franz Alt, einem Kollegen Gödels aus Mengers Kolloquium (Interview mit JD, 14. Juni 1983).
85 Nach Rudolf Gödels Erinnerungen im SW-Interview.
86 Kreisel (1980, S. 153). Rudolf Gödel gibt im SW-Interview ähnliches an. Er setzt das Ereignis in Gödels Gymnasialzeit an und erinnert sich an einen noch größeren Altersunterschied.
87 FC 135, 9. August 1957
88 Taussky-Todd (1987, S. 32). Taussky-Todd erinnert sich sogar an ein Beispiel dafür, daß Gödel mit einem besonders attraktiven „Fang" „geprahlt" habe.

89  SW-Interview
90  Gulick 1948, S. 735–746
91  Schimanovich und Weibel (1986, Teil III). Zusätzlich zu den Informationen über das Kaffeehaus ist das Gebäude selbst in dem Video zu sehen.
92  Im Wiener Melderegister scheint der 4. Juli als Datum des Umzugs auf, aber wir wissen aus Gödels Brief an Feigl, daß er den Sommer in Brünn verbrachte und erst zum Beginn des Wintersemesters nach Wien, zurückkehrte. Sein Bruder blieb vermutlich in Wien, um seine medizinischen Studien zu betreiben.
93  R. Gödel 1967, S. 9
94  Alle stammen jedoch letzten Endes offenbar von einer Aussage des Wiener Professors Edmund Hlawka (siehe Einhorn 1985). Dieser Bericht wird von Kreisel (1980), Schimanovich und Weibel (1986) und Wang (1987) wiederholt.
95  Zweig 1982, S. 105
96  Johnston 1981, S. 102

## Kapitel III

97  Kneale und Kneale (1962, S. 44). Ihr Text ist das vollständigste allgemeine Nachschlagwerk zur Geschichte der Logik.
98  Ebd., S. 40. Die Verwendung von Kreisen für Teil- und Obermengenbeziehungen wurde im achtzehnten Jahrhundert von Leonhard Euler populär gemacht.
99  Vergleiche Van Heijenoort (1985, S. 22). Van Heijenoort merkt weiters an, daß zwar „Aristoteles' Syllogismen nicht auf der Unterscheidung von Subjekt und Prädikat aufbauen", in den *Peri ton kategorion*, einem anderen Teil des *Organon*, unterscheide Aristoteles aber zwischen „dem Individuum selbst und dem, was über das Individuum gesagt wird."
100  Putnam 1982, S. 298
101  Goldfarb 1979, S. 351
102  van Heijenoort 1967, S. 1
103  Für eine detailliertere Darstellung des Ursprungs der Ideen Cantors siehe Moore (1989) oder Dauben (1979, Kapitel 5).
104  Dauben 1979, S. 50
105  Siehe Ferreirós 1993
106  Diese Zusammenfassung folgt der Darstellung von Moore (1989, S. 83ff).
107  Gösta Mittag-Leffler an Georg Cantor, zitiert nach Moore (1989, S. 96).
108  In Peano (1888).
109  Siehe Quine (1987) für weitere Einzelheiten.
110  van Heijenoort 1967, S. 84
111  Zu Peanos Beiträgen siehe Kennedy (1980, S. 25 ff) oder Torretti (1978, S. 218–223); eine Übersicht des Werks Hilbert zu den Grundlagen der Geometrie gibt Bernays (1967).
112  Siehe Heck (1993), worauf die Darstellung in diesem Paragraphen aufbaut.
113  Eine erweiterte Version der Rede (Hilbert 1900) wurde mit dreizehn zusätzlichen Problemen veröffentlicht.
114  Der Historiker Gregory H. Moore (1982, S. 158 f) hat argumentiert, daß es *nicht* die Entdeckung der Paradoxa und auch nicht Russells (1906) Vorschlag dreier Wege zu ihrer Vermeidung war, die Zermelo zu seiner Axiomatisierung der Mengentheorie führten, sondern vielmehr seine Bemühungen, das Wohlordnungsprinzip zu etablieren.

Als Hinweis dafür führt Moore an, daß Zermelo „Russells" Paradoxon selbst unabhängig entdeckt hatte, es aber nicht für publikationswürdig befunden hatte, und Zermelo (1908a) verwende die Paradoxa nur „als Keule, um die Kritik niederzuknüppeln".

115 Hilbert 1926, S. 170
116 Simpson 1988, S. 351
117 Putnam 1982, S. 296
118 Goldfarb 1979, S. 357
119 Löwenheim 1915
120 Die Resultate seiner Dissertation wurden von Post (1921) publiziert. Die Darstellung hier basiert auf Bemerkungen von Burton Dreben und Jean van Heijenoort in Gödel (1986–, Bd. I, S. 46 f). Siehe aber auch frühere Bemerkungen von van Heijenoort (1967, S. 264).
121 Bernays stellte seine Resultate 1918 in seiner Habilitationsschrift vor, aber sie erschienen erst acht Jahre später in Druck (Bernays 1926).
122 Die Darstellung in diesem Paragraphen folgt Moore (1988a, S. 116).
123 Die Rede wurde im darauffolgenden Jahr sowohl in dem Beitragsband des Kongresses (Hilbert 1929a) als auch in etwas veränderter Form in den *Mathematischen Annalen* (Hilbert 1929b) veröffentlicht.
124 Nach Aussage Feigls (1969, S. 639) motivierten Brouwers Vorlesungen auch Wittgenstein, seine philosophische Arbeit weiterzuführen. Für die Texte der beiden Vorlesungen siehe Brouwer (1975, S. 417–428 beziehungsweise 429–440).

**Kapitel IV**

125 Skolem (1923b). Gödels Werk hat auch mit einer anderen Publikation Skolems (1923a) enge Verbindungen, die aber bis 1930 nicht in Gödels Entlehnscheinen aufscheint. In seiner Dissertation selbst (Gödel 1929) zitierte Gödel – im Gegensatz zu der publizierten Version (Gödel 1930a) – kein einziges Werk Skolems.
126 Letzterer, aber nicht ersterer, wird von Gödel (1930a) zitiert (S. 348, Fußnote 2). Nach seinen Entlehnzetteln zu schließen scheint Gödel den Band des *American Journal of Mathematics*, in dem Posts Artikel erschienen war, erst 1931 ausgeliehen zu habe.
127 Wang 1981, S. 654, Fußnote 2
128 Siehe Gödel 1986–, Bd. I
129 Die Zitate in diesem und dem nächsten Paragraphen stammen von Gödel (1986–, Bd. I, S. 60, 62, 72, 74).
130 Feferman 1984
131 Carnap Papers, University of Pittsburgh, doc. 102-43-22 (zitiert mit der Erlaubnis der University of Pittsburgh, alle Rechte vorbehalten).
132 KG an George W. Corner, 19. Januar 1967 (GN 021257, folder 01/35): „I have seen Brouwer only on one occasion, in 1953, when he came to Princeton for a brief visit."
133 Für eine Analyse der Voraussetzungen, die nötig waren, damit metamathematische Probleme behandelt werden konnten, siehe „Logic as calculus and logic as language" in van Heijenoort (1985, S. 11–16).
134 Gödel (1986–, Bd. I, S. 51 und 55). Herbrands Arbeiten waren beinahe zeitgleich mit Gödels, während Skolems Arbeiten dem Erscheinen des Buchs von Hilbert und Ackermann (1928) vorausgingen.

135 Wang 1974, S. 8f
136 Die Umstände dieses Versäumnisses werden von Dawson (1993) erläutert. Wie verschiedentlich angemerkt wurde, ist es von besonderem Interesse, daß Gödel (1934b) in der Kritik eines von Skolems Werken (in dem Skolem die Existenz von Nichtstandardmodellen der Arithmetik zeigt) selbst nicht bemerkte, daß Skolems Hauptresultat durch ein Kompaktheitsargument erzielt werden kann.
137 KG an Yossef Balas, undatiert (GN 010015.37, folder 01/20); Balas Brief ist mit 27. Mai 1970 datiert.
138 Tarski (1933), in einer Zusammenfassung publiziert (Tarski 1932) und besser bekannt in der deutschen Übersetzung (Tarski 1935). Tarski beweist die Unmöglichkeit einer formalen Wahrheitsdefinition in der Arithmetik und stellt zugleich eine nicht formale vor (durch Induktion über die Komplexität der Formeln).
139 Carnap 1963, S. 61f
140 Gulick 1948, Bd. I, S. 724f
141 Carnap Papers, doc. 025-73-04 (zitiert mit der Erlaubnis der University of Pittsburgh, alle Rechte vorbehalten). Das Gespräch, das dort niedergeschrieben ist, fand während eines Spazierganges am 10. September 1931 statt.
142 „Das [Vermögen] haben wir damals verbraucht, um gut leben zu können" (SW-Interview, S. 7).
143 Erwähnt in *Ergebnisse eines mathematischen Kolloquiums*, Bd. 2, S. 17. Das scheint das einzige Mal in diesem Studienjahr gewesen zu sein, daß Gödel vor dem Kolloquium vortrug, obwohl er seit dem 24. Oktober an den Sitzungen teilgenommen hatte. Er stellte aber einen anderen kurzen Artikel (Gödel 1932b) für die „Gesammelten Mitteilungen" dieses Jahres zur Verfügung. Dieser beschäftigt sich mit einem Spezialfall des Entscheidungsproblems und basiert auch auf Techniken und Ideen, die er in seiner Dissertation entwickelt hatte.
144 Siehe Anm. 137
145 Menger 1981, S. 2
146 Carnap 1963, S. 30
147 Menger (1981, S. 2). Beinahe ein Jahr später, am 20. Januar 1931, schrieb Gödel Tarski über seinen Unvollständigkeitssatz (der, so sagte er, „in einigen Wochen" erscheinen würde). Er fügte zwei Sonderdrucke seiner Zusammenfassung (Gödel 1930b) sowie fünf Sonderdrucke der überarbeiteten Dissertation bei, und auch ein übriges Exemplar der Dissertation selbst.
148 Die Methode, Gödels Argument mit Hilfe solcher Tabellen zu erläutern, stammt von van Heijenoort (1967, S. 439).
149 Carnap Papers, doc. 023-73-04 (zitiert mit der Erlaubnis der University of Pittsburgh, alle Rechte vorbehalten).
150 Insbesondere Wang 1981
151 Informationen von Eckehart Köhler (Brief an JD, 24. Oktober 1983).
152 Die Texte der Reden wurden im Bd. 2 (1931) der *Erkenntnis* veröffentlicht, auf den Seiten 122–134 und 156–171.
153 Ein editiertes Protokoll der Podiumsdiskussion, inklusive der Bemerkung Gödels, wurde auf Seite 147–151 des zweiten Bandes der *Erkenntnis* (1931) veröffentlicht.
154 Bd. 18 (1930), S. 1093f. Eine Zusammenfassung der zwanzigminütigen Rede Gödels zu seinem Dissertationsthema erschien im gleichen Band auf Seite 1068. Darin wird der Unvollständigkeitssatz nicht erwähnt. Im letzten Abschnitt des mutmaßlichen Textes

der Rede (als *1930c in Gödel 1986–, Bd. III) erwähnt Gödel allerdings die Existenz von unentscheidbaren Sätzen in der Zahlentheorie. Es ist nicht bekannt, ob er diese Ankündigung auch in seinem Vortrag gebracht hat.

155  Wang 1981, S. 654f
156  Interview von Richard Nollan, 24. März 1982
157  Berichtet von Crossley (1975, S. 2) und Kleene (1987a, S. 52). Nach letzterer Darstellung war auch Church damals mit Gödels Arbeiten nicht vertraut, und selbst nach dem Kolloquium „ging Churchs Kurs [anders als der von Neumanns] unverändert weiter ..., aber nebenbei lasen wir alle Gödels Paper".
158  Goldstine 1972, S. 174
159  Der Text des Vortrages ist in *Die Naturwissenschaften*, 28. November 1930, S. 959–963 veröffentlicht.
160  KG an Constance Reid, 22. März 1966
161  Paul Bernays an KG, 24. Dezember 1930
162  Mit seiner üblichen Vorsicht äußerte er diese Meinung allerdings nicht in seiner veröffentlichten Rezension (Gödel 1931b) von Hilbert (1931a). Er äußerte sie allerdings Carnap gegenüber, der sie in seinem Tagebuch wiedergibt. Carnap Papers, doc. 025-73-04, Eintrag zum 21. Mai 1931 (zitiert mit Erlaubnis der University of Pittsburgh, alle Rechte vorbehalten).
163  Bernays an KG, 18. Januar 1931
164  „Über seine Arbeit, ich sage, daß sie doch sehr verständlich ist", Carnap Papers, doc. 025-73-04 (zitiert mit Erlaubnis der University of Pittsburgh, alle Rechte vorbehalten).
165  Ebd., doc. 081-07-07
166  Ebd., doc. 028-06-19
167  Eine Zusammenfassung seiner Bemerkungen wurde später veröffentlicht (Gödel 1932c).
168  Menger 1981, S. 3
169  Sein undatierter Brief, aber nicht die beiliegende Anfrage, ist erhalten (GN 011491, folder 01/105).
170  In den einführenden Bemerkungen zu Gödel 1932d, in Gödel 1986–, Bd. 1, S. 239.
171  Taussky-Todd 1987, S. 38
172  Zusammengefaßt in Zermelo 1932
173  Taussky-Todd 1987, S. 38
174  Für den deutschen Text des ersten Briefes von Zermelo und meine englische Übersetzung siehe Dawson (1985b).
175  Für den Text der Antwort Gödels und Zermelos Erwiderung siehe Grattan-Guiness (1979).
176  Zermelo 1932
177  Carnap Papers, doc. 102-43-13 (zitiert mit Erlaubnis der University of Pittsburgh, alle Rechte vorbehalten).
178  Für eine ausführliche Diskussion zeitgenössischer Standpunkte zu den Unvollständigkeitssätzen siehe Dawson (1985a).
179  Siehe aber auch Floyd (1995).
180  Russell an Leon Henkin, 1. April 1963 (unter dem Copyright des Russell Archivs, McMaster University, Hamilton, Ontario).
181  Im Video von Schimanovich und Weibel (1986) und im SW-Interview, S. 9
182  Wang (1987, S. XXI und 91) und Moore (1990, S. 350)

183 Wie in Carnaps Tagebucheinträgen vom 7. Februar, 14. und 17. März, 21. April und 21. Mai 1931 berichtet (zitiert mit Erlaubnis der University of Pittsburgh, alle Rechte vorbehalten).

184 „Sagen wir wegen seiner schwachen Nerven war er also zweimal in Sanatorien ... Also Purkersdorf und Rekawinkel" (SW-Interview, S. 8).

**Kapitel V**

185 Veröffentlicht von Christian (1980, S. 261).
186 Für weitere Informationen siehe die einführende Bemerkung von A.S. Troelstra in (Gödel 1986–, Bd. I, S. 282–287), die einführende Bemerkung von Hao Wang zur englischen Übersetzung von Kolmogorovs Arbeit in van Heijenoort (1967, S. 414 ff) und Bernays (1935, S. 212, Fußnote 2).
187 Menger 1981, S. 10
188 Für weitere Detail siehe Boolos (1979).
189 Die Korrespondenz, auf der diese Darstellung beruht, ist in den Nachlässen von Gödel und Heyting erhalten. Letzterer befindet sich im Heyting Archiv in Amsterdam.
190 GN folder 04/10
191 Gödels Brief ist in den Carnap Papers erhalten (zitiert mit Erlaubnis der University of Pittsburgh, alle Rechte vorbehalten). Carnaps Briefe sind Objekt 010280.87/.88 im GN folder 01/22.
192 Im oversize folder 7/04
193 Weyl 1953, S. 550f
194 Ebd., S. 549
195 Einhorn 1985, S. 248
196 Auszugsweise wiedergegeben von Christian (1980, S. 263).
197 Werner DePauli-Schimanovich an JD, 17. Mai 1984
198 Taussky-Todd 1987, S. 35
199 Paul Finsler an KG, 11. März 1933, GN 010632, folder 01/53
200 KG an Finsler, 25. März 1933, GN 010632.5, folder 01/53
201 KG, unversendete Antwort an Yossef Balas, 27. Mai 1970 (GN 010015.37, folder 01/20).
202 Siehe insbesondere Finsler (1944).
203 Finsler an KG, 19. Juni 1933, GN 010633, folder 01/53
204 Gulick 1948, S. 6
205 Die Zusammenfassung dieser Ereignisse basiert auf der Darstellung von Pauley (1981, S. 104 ff). Für mehr Details siehe Gulick (1948, Kap. 23).
206 Menger 1981, S. 12
207 Ebd., S. 23
208 Gustav Bergmann an JD, 4. März 1983
209 Oswald Veblen an Menger, 11. November 1932 (Veblen Papers, Library of Congress).
210 Oswald Veblen an Menger (Telegramm), 7. Januar 1933, Menger an KG, undatiert, Veblen an KG, 21. Januar, KG an Veblen, 25. Januar, Veblen an KG, 7. Februar, (GN 013024.5, 011495.5, 013024.6, 013025 und 013025.5, folders 01/105 und 01/197).
211 John von Neumann an KG, 14. Februar 1933, KG an von Neumann, 14. März 1933 (GN 013031 und 013034, folder 01/198).
212 Pauley 1981, S. 105

213 Gesetz zur Wiederherstellung des Berufsbeamtentums vom 7. April 1933, *Reichsgesetzblatt* 1933 Nr. 34, § 3 Abs. 1, § 4
214 Statistiken aus Arno J. Mayer, *Why did the heavens not darken?* (Pantheon Books, New York, 1988), S. 136
215 Ebd., S. 135
216 Menger 1981, S. 8
217 Vgl. Gulick (1948, Bd. II, S. 1068). Gödel war alles andere als ein enthusiastischer Unterstützer von Dollfuß: Sein gesamter finanzieller Beitrag an die Vaterländische Front scheint 230 Groschen betragen zu haben, das entspräche heute in etwa 56 Schilling.
218 Er erinnert sich daran in seinem Brief an sie vom 30. April 1957 (FC 132).
219 Zitiert aus den einführenden Bemerkungen Warren Goldfarbs zu Gödels Beitrag zum Entscheidungsproblem (Gödel 1986–, Bd. I, S. 226). Die dortige Darstellung bietet eine bewundernswürdig kompakte, detaillierte Übersicht über die verwandten Themen und Entwicklungen.
220 Ein detaillierter Beweis findet sich in Goldfarb (1984).
221 Diese Spekulation basiert auf Beatrice Sterns unveröffentlichtem Manuskript „A History of the Institute for Advanced Study, 1930–1950" (Stern 1964, S. 157). Obwohl vom Institut in Auftrag gegeben und auf den institutsinternen Dokumenten basierend, bekam das 764 Schreibmaschinseiten umfassende Dokument Sterns nicht das Imprimatur des Instituts, vermutlich weil es zu skandalträchtig erschien. Jedenfalls ist es die detaillierteste Darstellung der Geschichte des IAS und als solche eine wertvolle Informationsquelle. Eine Mikrofilm-Kopie steht zu Forschungszwecken als Teil der Oppenheimer Papers an der Library of Congress zur Verfügung.
222 Harry Woolf, Vorwort zu Mitchell (1980, S. ix).
223 Ebd., S. x
224 Borel 1989, S. 122
225 Stern (1964, S. 155 f), siehe auch Borel (1989, S. 124 ff). Das Abwerben von Princeton-Personal wurde 1962 wieder zum Thema, als die School of Mathematics John Milnor eine IAS-Professur anbot, siehe Kapitel IX.
226 Die Mitgliederliste, die anläßlich des Fünfzig-Jahre-Jubiläums des Instituts herausgegeben wurde (Mitchell 1980), nennt nur neunzehn andere neben Gödel: A. Adrian Albert, Mabel Schmeiser Barnes, Willard E. Bleick, Leonhard M. Blumenthal, Robert L. Echols, Gustav A. Hedlund, Anna Stafford Henriques, Ralph Hull, Nathan Jacobson, Börge C. Jessen, Egbertos R. van Kampen, Derrik H. Lehmer, Arnold N. Lowan, Thurman S. Peterson, Harold S. Ruse, Isaak J. Schoenberg, Tracy Y. Thomas, John Arthur Todd und Raymond L. Wilder. Aber die Liste, die fünfundzwanzig Jahre zuvor veröffentlicht wurde (Sachs 1955), enthält vier weitere: Robert H. Cameron, Meyer Salkover, Charles C. Torrance und Leo Zippin.
227 Stern 1964, S. 195, Fußnote 111
228 IAS Archive, file „Gödel, pre-1935 memberships"
229 Taussky-Todd 1987, S. 32
230 IAS Archive, file „Gödel, pre-1935 memberships"
231 RG an JD, 5. Januar 1983
232 Virginia Curry, Interview mit JD, Frühling 1981
233 Abraham Flexner an KG, 18. November 1935 (GN 010648.658, folder 01/48)
234 Siehe besonders Kleene (1981, 1987a) und Kleenes Bemerkungen in Crossley (1975, S. 3–6).

235 KG an Alonzo Church, 17. Juni 1932 (GN 010329.09, folder 01/26)
236 Church an KG, 27. Juli 1932 (GN 010329.1, folder 01/26)
237 Church an JD, 25. Juli 1983
238 Kleene 1981, S. 57
239 Ebd., S. 59.
240 In seinem Brief an S. C. Kleene vom 29. November 1935.
241 Ebd.
242 Siehe besonders Wang (1974, S. 8–11) und Gödels Antwort in GQ (siehe Wang 1987, S. 18).
243 Für eine Diskussion dieser und anderer wichtiger Punkte in dem Vortrag von 1933 siehe die einführende Bemerkung von Solomon Feferman in Gödel (1986–, Bd. III, S. 36–44).
244 Kleene 1987a, S. 53
245 Vgl. Ackermann (1928; nachgedruckt in van Heijenoort 1967, S. 493–507) und Sudan (1927). Zu dem Verhältnis der beiden und Prioritätsfragen siehe Calude u. a. (1979).
246 KG an Martin Davis, 15. Februar 1965 (zitiert in Gödel 1986–, Bd. I, S. 341).
247 Davis 1965, S. 71 ff (nachgedruckt in Gödel 1986–, Bd. I, S. 369 ff)
248 Siehe besonders Davis (1982), Gandy (1980, 1988), Sieg (1994).
249 Für die technischen Details der Änderungen Gödels siehe Gödel (1986–, Bd. I, S. 368f) sowie S. C. Kleenes einführende Bemerkungen zu den Vorträgen von 1934 (ebd., S. 338–345).
250 Sieg 1994, S. 82
251 Abraham Flexner an KG, 7. März 1934 (IAS Archive, file „Gödel, pre-1935 memberships"). Das Angebot wurde in Flexners Brief an KG von 11. Mai wiederholt (GN 010648.654, folder 01/48).
252 Gulick 1948, Bd. II, S. 1556
253 Menger 1981, S. 13
254 Gulick 1948, Bd. II, S. 1555
255 Ebd., S. 1556
256 KG an Veblen, 1. Januar 1935 (Veblen Papers, Library of Congress). Ein undatierter Entwurf, der sich in kleineren Details unterscheidet, ist im GN erhalten (010648.655, oversize portfolio 1).
257 FC 195, 20. Oktober 1963
258 KG an Veblen, 1. Januar 1935 (Veblen Papers, Library of Congress)
259 Die historische und architektonische Beschreibung sowie Abbildungen 11 und 12 stammen aus Hoffmann (o. J.).
260 RG an JD, 25. August 1982
261 Veblen an KG, 25. Januar 1935 (GN 013027.12, folder 01/197)
262 Menger 1981, S. 11 f
263 Ebd., S. 13
264 Die Notizhefte und Notizen befinden sich in den GN folders 03/74–03/79.
265 Siehe Wang 1987, S. 97.
266 Verschiedene Quellen, darunter die Erinnerungen Mengers (1981), nennen fälschlicherweise 1934 als Datum für Gödels Beweislängenvortrag. Sie folgen dabei einem Druckfehler in der publizierten Version des Vortrages (1936b). Der Fehler kann aber durch Vergleiche mit den Daten anderer Sitzungen des Kolloquiums erkannt werden.
267 Für weitere Details, und offene Probleme, siehe die einführende Bemerkung zu Gödel (1936b) von Rohit Parikh in Gödel (1986–, Bd. I, S. 394–397).

268 KG an Flexner, 1. August 1935 (IAS Archive, file „Gödel, pre-1935 memberships")
269 Flexner an KG, 22. August 1935 (GN 010648.660, folder 01/48)
270 Wolfgang Pauli an KG, „an Bord der Georgic", 22. September 1935 (GN 011709.3, folder 01/126)
271 Georg Kreisel, Interview mit JD, 16. März 1983
272 Erhalten in GN folders 03/52 und 03/53.
273 Flexner an KG, 21. November 1935 (GN 010648.659, folder 01/48); Veblen an KG, 27. November 1935 (GN 013027.13, folder 01/197)
274 Veblen an KG, 3. Dezember 1935 (GN 013027.14, folder 01/197)
275 Veblen an Paul Heegard, 10. Dezember 1935 (Veblen Papers, Library of Congress)
276 Diese Darstellung beruht auf Erinnerungen Rudolf Gödels, interviewt von JD in Baden bei Wien am 21. Juli 1983. Sie stimmt mit den Darstellungen von Kreisel (1980) und Wang (1987) überein. In einem Interview mit Eckehart Köhler 1986 hat Dr. Gödel jedoch behauptet, er sei nach Paris gefahren und habe seinen Bruder zurückgebracht.
277 Menger an Veblen, undatiert, vor Dezember 1935 (Veblen Papers, Library of Congress).
278 Menger an Veblen, 17. Dezember 1935 (Veblen Papers, Library of Congress)
279 KG an Veblen, Entwurf vom 27. November 1939 (GN 013027.29, folder 01/197)
280 Nach der Rechnung vom Hotel Aflenzer Hof (GN folder 09/25).
281 Gegenüber ihrer Nachbarin Dorothy Brown (nun Mrs. Dorothy Paris), deren Ehemann George das Skriptum zu Gödels Vorträgen von 1938 am IAS anfertigte (Paris an JD, 4. August 1983).
282 Wang 1987, S. 98

**Kapitel VI**

283 Moore 1982, siehe besonders Abschn. 1.5, 3.2 und 4.9
284 Ebd., S. 151
285 Die Zitate dieses und des nächsten Paragraphen stammen aus Zermelo (1908b, S. 261–267); ausgenommen das deklarierte Moore-Zitat.
286 Moore 1982, S. 167
287 Ebd., S. 261. Seit kurzem wurden allgemeinere Logiken als die first-order wieder stärker in Betracht gezogen. Nach Lindströms (1969) Charakterisierung ist die First-order-Logik die stärkste, die sowohl das Kompaktheit als auch das Skolem–Löwenheim-Theorem erfüllt. In Hinblick darauf wiederholte Hao Wang die Bedenken Zermelos: „Wenn wir uns für Mengentheorie oder klassische Analysis interessieren, erscheint das Löwenheimtheorem üblicherweise als Defekt ... [der] First order-Logik. [Aus dieser Sichtweise besagt das Ergebnis Lindströms] nicht, daß First-order-Logik die einzig mögliche ist, sie ist es nur dann ... wenn wir gewissermaßen dem Begriff der Überabzählbarkeit die Realität absprechen ... und zugleich fordern, daß logische Beweise formal überprüfbar sind" (Wang 1974, S. 154).
288 van Heijenoort (1967, S. 368). Gödel erklärte die Analogie in seiner Göttinger Vorlesung vom Dezember 1939 genauer (veröffentlicht als *1939b in Gödel 1986–, Bd. III), und später in einem Vortrag an der Brown University im November 1940 (als *1940a im selben Band). Er formuliert seine Definition der konstruktiblen Mengen um, so daß sie eher Hilberts Konzeption entspricht. Der wesentliche Unterschied zwischen Hilberts und Gödels Zugang ist in Robert M. Solovays einführenden Bemerkungen zu diesen Werken erklärt.

289 Insbesondere seine Entlehnzettel und seine Korrespondenz mit Bernays.
290 In seinem posthum veröffentlichten *1940a, zitiert in Anm. 288.
291 Mostowskis Erinnerungen finden sich bei Crossley (1975, S. 41f). Ein anderer Teilnehmer war Shiann-Jiun Wang aus Nanking, China, ein Lehrer Hao Wangs (der mit ihm nicht verwandt war).
292 Menger 1981, S. 29
293 „Kont. Hyp. im wesentlichen gefunden in der Nacht zum 14. und 15. Juni 1937" (in Kurzschrift). Es ist ein Hinweis von vielen auf Gödels Nachtaktivität.
294 Nach KGs Brief an Menger vom 15. Dezember 1937, zitiert in Menger (1981, S. 16).
295 von Neumanns Briefe sind GN 013038 und 013039 in folder 01/198.
296 GN 011497, folder 01/105
297 John F. O'Hara an KG, 3. August 1937 (Notre-Dame-Präsident 1933–1940; O'Hara (UPOH) General Correspondence 1937/38, „Gh-Gy" folder, University of Notre Dame Archive).
298 GN 011498, folder 01/105
299 GN 013027.17, folder 01/197
300 Zitiert in Menger (1981, S. 15).
301 „Zusammenkunft bei Zilsel", Teil des „Prot[okoll]" Notizheftes (GN 030114, folder 03/81).
302 R. Gödel 1967, S. 11
303 In den GN folders 04/125-04/127.
304 Zitiert in Menger (1981, S. 16).
305 von Neumann an KG, Brief vom 13. Januar 1938, Telegramm vom 22. Januar (GN 013041/2, folder 01/198)
306 KG an von Neumann, 12. September 1938 (von Neumann Papers, Library of Congress, container 8). Gödel stellte die Resultate in der Zusammenfassung (1938) vor, aber nicht in dem Artikel (1939b), wo er die Beweise seiner anderen Konsistenzresultate andeutet. Er stellte die Details in seinen IAS-Vorträgen vor, aber „der kryptische Beweis von einigen Zeilen [den er in der Monographie (1940) brachte] war nur Kennern verständlich" (R.M. Solovay, Einführende Bemerkung zu Gödel 1940, in Gödel 1986–, Bd. II, S. 13f).
307 Menger an KG, 20. Mai 1938 (GN 011503, folder 01/105)
308 KG an Menger, 25. Juni 1938 (zitiert in Menger 1981, S. 16)
309 Der Brief ist unter den Veblen Papers in der Library of Congress erhalten.
310 KG an Esther Bailey, 3. September 1938 (IAS Archive)
311 KG an Flexner, 3. September 1938 (IAS Archive)
312 Gödel file, IAS Archive
313 GN 010648.662, folder 01/48
314 Die Vollmachten sind im GN erhalten, folder 08/13. Am selben Tag wurde Gödel auch das Wiener Heimatrecht gewährt (im Unterschied zur österreichischen Bundesbürgerschaft, die er neun Jahre davor erlangt hatte).
315 Kreisel 1980, S. 154
316 SW-Interview, S. 6, 8
317 Menger an Veblen, undatiert (Veblen Papers, Library of Congress). In einem Gratulationsschreiben an Gödel vom 12. Oktober erwähnt Flexner, daß er die Neuigkeit „vor wenigen Tagen in Form einer Karte" erhalten habe, und fügte hinzu: „Ich nehme an, daß Frau Gödel mit Ihnen nach Amerika kommt" (GN 010648.663, folder 01/48).

318 Sie wurde von Veblen übermittelt, der die Bedeutung der Notiz betonte und sofortige Publikation empfahl (Veblen an E. B. Wilson, 8. November 1938, Veblen Papers, Library of Congress, box 16).
319 Emil L. Post an KG, Postkarte, 29. Oktober 1938 (GN 011717.3, folder 01/120).
320 Post an KG, 30. Oktober 1938 (GN 011717.4, folder 01/120)
321 Post an KG, 12. März 1939 (GN 011717.5, folder 01/120). Erst nach Erhalt dieses dritten Schreibens reagierte Gödel. Als Erklärung für diese Verzögerung gab er seinen Wunsch an, „Ihre Briefe erst Church, den Sie mir gegenüber erwähnt haben, im Detail vorzutragen. ... Ihre Methode, formale Systeme zu behandeln ... ist sicherlich hochinteressant und wert, in ihren Konsequenzen weiter verfolgt zu werden", außerdem versicherte er Post, daß es ein Vergnügen gewesen sei, ihn getroffen zu haben, und daß er „nichts von dem bemerkt habe, was Sie egoistische Ausfälle nennen" (KG an Post, 20. März 1939, Emil Post Papers, American Philosophical Society, Philadelphia).
322 Im GN nimmt es fünf Notizhefte in Anspruch (folders 04/39–04/43) und zwei Stapel loser Zetteln (folders 04/44–04/45). Im Gegensatz dazu belegt der fragmentarische Entwurf zu seiner Vorlesung von 1934 nur eine einzige Mappe (04/28). Aus der Beschriftung der Notizbücher läßt sich erkennen, daß Gödel sein Konsistenzresultat in sieben Vorträgen herleitete.
323 George W. Brown an JD, 31. Mai 1983
324 Ebd.
325 Zum Beispiel merkt er in der zu seinen Lebzeiten unveröffentlichten, als *1940a in Gödel (1986–, Bd. III) enthaltenen Arbeit an, daß seine „früheren Beweise ... die heuristischen Gesichtspunkte beinhalteten".
326 Menger 1981, S. 14
327 Ebd., S. 22
328 Strich 1981, S. 26
329 Menger an Veblen, undatiert (Veblen Papers, Library of Congress)
330 Menger 1981, S. 22
331 Stritch 1981, S. 26
332 Menger 1981, S. 18. Bei einigen seiner Besuche in Notre Dame schaute Emil Artin auch in Gödels Vorlesung vorbei.
333 Ebd., S. 20. Für weitere Informationen dazu siehe Kapitel VIII und X.
334 Die Einladung des International Congress of Mathematicians wurde am 14. Januar von William C. Graustein ausgesprochen, mit nachfolgender Korrespondenz mit Haskell Curry (GN folder 02/15). Die Einladung vom IAS wurde nicht gefunden, aber aus Gödels Antwort vom 18. Februar (Notre Dame Archive) wissen wir, daß sie von Flexner kam.
335 KG an Flexner, 18. Februar 1939 (Notre Dame Archive)
336 KG an Flexner, 24. April 1939 (Notre Dame Archive)
337 von Neumann an KG, 2. April 1939, GN 013044, folder 01/198
338 Flexner an KG, 7. Juni 1939 (GN 010648.666, folder 01/48)

**Kapitel VII**

339 von Neumann an Flexner, 16. Oktober 1939 (IAS Archive, file „Gödel – visa, immigration")
340 „Kommen Sie nicht bald wieder nach Princeton?" (KG an Bernays, 19. Juni 1939, Bernays Papers 975:1692, ETH). Bernays antwortete nur zwei Tage später, begrüßte die

*Anmerkungen*

Wiederaufnahme der Korrespondenz, bedauerte aber, daß er keinen Weg sah, die Einladung, nach Princeton zurückzukehren, in näherer Zukunft annehmen zu können. (Er war 1933 in Göttingen entlassen worden und war nach Zürich zurückgekehrt, wo er sich bis zu dieser Zeit durch eine Reihe befristeter Anstellungen an der ETH über Wasser gehalten hatte.)

341  GN 013047; von Neumanns Brief, datiert mit 19. Juli, ist Posten 013046; beide in folder 01/198
342  KG an Menger, 30. August 1939, GN 011510, folder 01/105
343  KG an die Devisenstelle Wien, 29. Juli 1939 (GN 090303, folder 09/15)
344  Zitiert aus einem Brief von F. Demuth, Vorsitzender der Notgemeinschaft deutscher Wissenschaftler im Ausland, an Betty Drury, Vorsitzende des Emergency Committee in Aid of Displaced Foreign Scholars, datiert mit 6. Februar 1939 (box 153, folder „Situation in Austria"), Rare Books and Manuscript Division, The New York Public Library, Astor, Lenox, and Tilden Foundations.
345  Unterschrieben mit „Dorowin" ist dieser Brief im Gödel-Administrationsordner der Universität Wien.
346  Der Brief ist in Gödels persönlichem Ordner des Dekanats-Bestandes der philosophischen Fakultät der Universität Wien erhalten. Er trägt nur die Initiale „F", unter dem schreibmaschinegeschriebenen Wort „Der Dekan".
347  KG an Veblen, Entwurf vom 27. November 1939 (GN 013027.29, folder 01/197). Es ist unklar, ob eine Version dieses Briefes jemals verschickt wurde, da sich keine unter Veblens Papieren in der Library of Congress findet.
348  A. Marchet an den Dekan der philosophischen Fakultät, 30. September 1939 (in Gödels persönlichem Ordner des Dekanats-Bestandes der philosophischen Fakultät der Universität Wien)
349  von Neumann an Flexner, 27. September 1939 (von Neumann Papers, Library of Congress, container 4)
350  Fermi 1971, S. 25 f
351  Daten aus Roger Daniels, „American Refugee Policy in Historical Perspective", S. 66, in Jackman und Borden (1983).
352  43 Stat. 153
353  Jackman und Borden 1983, S. 61–77
354  Flexner an Avra M. Warren, 4. Oktober 1939; Warren an Flexner, 10. Oktober 1939 (IAS administrative archives, file „Gödel – visa, immigration")
355  von Neumann an Flexner, 16. Oktober 1939 (IAS Archive, file „Gödel – visa, immigration")
356  Borel (1989, S. 129). Siehe auch Stern (1964, Kap. 7 und 8).
357  Frank Aydelotte an Warren, 10. November 1939 (IAS Archive, file „Gödel – visa, immigration").
358  Warren an Aydelotte, 24. November 1939 (IAS Archive, file „Gödel – visa, immigration").
359  Dekan der philosophischen Fakultät der Universität Wien an den Rektor, 27. November 1939 (in Gödels persönlichem Ordner des Dekanats-Bestandes der philosophischen Fakultät der Universität Wien)
360  GN 09006, folder 09/02, datiert mit 11. Dezember 1939
361  Die Schätzungen basieren auf den Wechselkursen, die zuletzt in der *New York Times* veröffentlicht worden waren. Für die Tschechische Krone war das am 15. März 1939,

kurz nach Hitlers Machtergreifung in der Tschechoslowakei, für die Reichsmark am 31. August 1939, vor dem Einmarsch der Deutschen in Polen. Die Kurse waren 0,0343 beziehungsweise 0,395 Dollar. Der Schweizer Franken blieb bei 0,226 Dollar stabil. Inflationsberechungen auf Basis des U.S.-Bruttonationalproduktes wie vom U.S.-amerikanischen Department of Commerce verlautbart ergeben einen heutigen Wert von etwa Dollar 66.000,–.

362 Clare 1980, S. 159
363 KG an Helmut Hasse, 5. Dezember 1939, (GN 010807,4, folder 01/68)
364 Gödels Vortrag wurde posthum in Band III seiner *Collected Works* veröffentlicht (S. 126–155). Für eine detaillierte Analyse des Inhalts siehe die einführenden Bemerkungen dazu von Robert M. Solovay (S. 114ff und 120–127)
365 Aydelotte an die Deutsche Botschaft, Washington, 1. Dezember 1939 (IAS Archive, file „Gödel – visa, immigration")
366 KG an Aydelotte, 5. Januar 1940 (IAS Archive, file „Gödel – visa, immigration").
367 FC 212f, 29. November und 16. Dezember 1964
368 Das Dokument ist auf Mikrofilm (roll 360, collection M1410 in den National Archives) einsehbar.
369 Fermi 1971, S. 26
370 FC 63, 30. Juli 1950

## Kapitel VIII

371 OMD, box 13, 11. März 1940
372 OMD, 4. Juli 1940: „Sie ist ein W[iene]r Wäschermädeltyp. Wortreich, ungebildet, resolut und hat ihm wahrscheinlich das Leben gerettet. Daß er sich für Gespenster interessiert, war neu! Er war so gut aufgelegt, wie ich ihn noch nie gesehen habe."
373 KG an Veblen, 24. Juli 1940 (Veblen Papers, Library of Congress). Adele konnte bei ihrer Ankunft offenbar überhaupt kein Englisch, und ihr deutscher Akzent weckte Mißtrauen. Wegen dieses Akzents wurde sie so wie viele andere (darunter Einsteins Sekretärin Helen Dukas) mehr als einmal auf der Straße angepöbelt.
374 Das Zitat stammt aus dem Sitzungsprotokoll vom 6. Dezember 1939, der Betrag für 1941/42 aus dem der Sitzung vom 19. Oktober 1940, beide befinden sich in den von Neumann Papers, Library of Congress (container 11). Der Betrag für 1940/41 wurde Gödel in einem Brief von Direktor Aydelotte mitgeteilt, datiert mit 14. März 1940 (IAS Archive, file „Gödel-visa, immigration").
375 Die Informationen dieses Paragraphen basieren auf Aufzeichnungen des Emergency Committee in Aid of Displaced Foreign Scholars, box 11 („Scholars receiving aid") und 13 („Grant work sheets"), Rare Books and Manuscript Division, The New York Public Library, Astor, Lenox, and Tilden Foundation.
376 IAS Archive, file „Gödel – visa, immigration"
377 KG an Veblen, 24. Juli 1940
378 So prestigeträchtig, daß die Autoren keine Einkünfte dafür bekamen. In diesem Zusammenhang ist es interessant zu bemerken, daß die Princeton University Press im Gegensatz zu dem in Gödels (1940) Monographie gedruckten Vermerk nicht sogleich die Urheberrechte des Bandes innehatte. Gödel behielt sie bis 1968, als der Verlag ihm ein Honorar von 100 Dollar anbot, wenn er (um sich Arbeit zu sparen [!]) die Rechte für die

nächste Lieferung überschriebe. Verständlicherweise war Gödel diesem „großzügigen" Angebot gegenüber mißtrauisch und wartete mit seiner Antwort bis zur letzten Minute. Letztendlich tat er jedoch wie gewünscht, das Honorar war alles, was er je für den Band erhielt, den der Verlag als einen seiner Bestseller bezeichnet. (In weiterer Folge bestand Princeton University Press auf einer Gewinnbeteiligung am Band II der *Collected Works*, bevor sie ihre Einwilligung gab, die Monographie dort nachzudrucken.)

379 KG an Frederick W. Sawyer III, nicht abgeschickter Entwurf einer Antwort auf Sawyers Brief vom 1. Februar 1974 (GN 012108.98, folder 01/166)
380 KG an Veblen, 4. Juli 1941, FC 16, 2[?]. August 1946
381 Ein Schnappschuß, der die beiden mit der Gastfamilie zeigt (Gödels steife Haltung erinnert an einen Spielzeugsoldaten), wurde in Kleene (1981, S. 59) reproduziert.
382 FC 2, 7. September 1945. Ein anderer Grund für den Umzug war Gödels Angst vor „ausländischen Agenten" (die von Klepetař in seinem Brief an JD vom 30. Dezember 1983 erwähnt wird).
383 OMD, 7. Oktober 1941. Der Bett-Zwischenfall ist in FC 30, 8. Juni 1947, bestätigt.
384 Aydelotte an Dr. Max Gruenthal, 2. Dezember 1941 (IAS Archive, file „Gödel – visa, immigration")
385 Gruenthal an Aydelotte, 4. Dezember 1941 (IAS Archive, file „Gödel – visa, immigration")
386 Die Korrespondenz ist in den Schachteln 11 und 115 der Emergency Committee in Aid of Displaced Foreign Scholars erhalten. Rare Books and Manuscript Division, The New York Public Library, Astor, Lenox, and Tilden Foundation.
387 Veblens Brief ist im Behälter 11 der von Neumann Papers. Eine Kopie der IAS Protokolle ist in Schachtel 51 der Aydelotte Papers im Swarthmore College erhalten.
388 OMD, 7. Oktober 1941
389 Die Überschrift „Blue Hill House" mit dem Datum 10. Juli 1942 scheint am Kopf der Seite 26 des Arbeitshefts 15 auf.
390 In einem Interview vom Juli 1989 mit Professor Peter Suber vom Earlham College, veröffentlicht in der Ausgabe von Ellsworth (Maine) des *American*, 27. August 1992, sec. 1, S. 2
391 KG an Wolfgang Rautenberg, 30. Juni 1967, GN 011834, folder 01/141, veröffentlicht in *Mathematik in der Schule*, Bd. 6, S. 20
392 Brown an JD, 31. Mai 1983
393 Interviewt von JD in Stanford, 31. Juli 1986
394 Paris an JD, 4. August 1983
395 Brown an JD, 22. Juni 1983. Der Katzen-Zwischenfall mag die Worte „bobtail cat" am Kopf der Seite 31 von Gödels Arbeitsheft 15 erklären.
396 RG an JD, 15. Februar 1982
397 Elizabeth Glinka, Interview mit JD, 16. Mai 1984. Gödel selbst bezog sich auf die Unterstützung des Kindes in einem Brief an seine Mutter vom 22. August 1948 (FC 43).
398 Das Glinka-Interview, teilweise bestätigt durch einen Brief Gödels an seine Mutter vom 2[?]. August 1946 (FC 16).
399 KG an Paul A. Schilpp, GN 012132, folder 01/145 (von Gödel nicht datiert, aber Schilpp bezog sich in seiner Antwort auf das Schreiben als vom 13. September 1943). Gödel erwähnte auch Adeles Operation in einem Brief an Tarski aus ungefähr der gleichen Zeit. In keinem der beiden ging er allerdings näher auf die Art der Operation ein.
400 GN 010120.3, folder 01/21

401 *The Autobiography of Bertrand Russell: The Middle Years, 1914–1944*, S. 326–327
402 Gödel 1944, S. 127 und 137
403 Aus einer Arbeit, die von Russell am 9. März 1907 vorgetragen und in seinen *Essays in Analysis* veröffentlicht wurde.
404 Chihara (1973). Für eine aktuellere Analyse von Gödels Platonismus siehe Parsons (1995).
405 Die Zitate stammen aus Chihara (1973, S. 62, 63, 76 und 78).
406 OMD, Einträge für 17. September und 18. November 1944 und 23. Juli und 30. Oktober 1945
407 Menger 1981, S. 20 f
408 OMD, 27. Juni 1945, Menger 1981, S. 21. Gödels voluminöse bibliographische Notizen zu Leibniz (GN folders 05/27 bis 05/38) stammen vermutlich aus dieser Zeit.
409 FC 21 (22. November 1946) und 23 (5. Januar 1947)
410 FC 14, 8. August 1946
411 FC 7 (28. April 1946), 12 (21. Juli 1946) und 15 (15. August 1946)
412 FC 21 (22. November 1946) und 23 (5. Januar 1947)
413 Für eine jüngere historische Bewertung der Sitzung siehe Moschovakis (1989).
414 Princeton University 1947, S. 11
415 In Myhill und Scott 1971 und McAloon 1971

## Kapitel IX

416 T. S. Eliot, *The Complete Poems and Plays, 1909–1950* (New York: Harcourt, Brace & World, 1971)
417 Lester R. Ford an KG, 30. November 1945 und 21. Februar 1946
418 Gödel 1947, S. 521
419 Hempel diskutierte Oppenheims Rolle als intellektueller Vermittler in einem Interview mit Richard Nollan, 17. März 1982
420 Zitate aus Straus, „Reminiscences" (in Holton und Elkana 1982, S. 422), und aus seinen Bemerkungen zu einer Diskussion „Working with Einstein" (veröffentlicht in Woolf 1980, S. 485)
421 KG an Carl Seelig, 7. September 1955
422 Ebd.
423 Woolf 1980, S. 485
424 Straus, „Reminiscences", in Holton und Elkana 1982, S. 422
425 Ebd.
426 Zitat aus Gödels Vortrag am IAS vom 7. Mai 1949
427 FC 17 und 19, 19. September und 28. Oktober 1946
428 FC 35, 7. November 1947
429 OMD, 23. September 1947
430 Howard Stein, Einführende Bemerkung zu *1946/9, in Gödel (1986–, Bd. III, S. 203–206). Gödel (1949a) erwähnt im ersten Absatz dieses technischen Artikels ausdrücklich die Äquivalenz der beiden Eigenschaften.
431 Die Darstellung basiert auf dem Tagebucheintrag Morgensterns vom 7. Dezember 1947 und einem Interview mit seiner Witwe Dorothy am 17. Oktober 1983. Morgenstern behauptete, eine eigene für die Veröffentlichung geeignete Darstellung des

Zwischenfalls zusammengeschrieben zu haben, aber ich habe eine solche nicht unter seinen Papieren gefunden.

432 FC 40, 10. Mai 1948
433 FC 24, 19. Januar 1947
434 OMD, 13. Januar 1948
435 Freeman Dyson, Interview mit JD, 2. Mai 1983
436 Ich bin Howard Stein zu Dank verpflichtet für seine einführende Bemerkung zu Gödel *1946/9 (Gödel 1986–, Bd. III, S. 202-229), die meinem eigenen Verständnis mancher hier diskutierter Punkte geholfen hat. Für detailliertere Erklärungen der philosophischen Aspekte der Entdeckungen Gödels siehe Yourgrau (1991).
437 Schilpp 1949, S. 687f
438 OMD, 7. und 12. Mai 1949
439 Chandrasekhar und Wright 1961
440 Stein 1970, S. 589
441 Ebd.
442 FC 51–58, 12. Juli 1949–18. Januar 1950
443 OMD, 8. Dezember 1948
444 FC 29, 26. Mai 1947
445 FC 155, 7. Juni 1959
446 *Kritischer Katalog der Leibniz-Handschriften zur Vorbereitung der interakademischen Leibniz-Ausgabe*
447 Die Informationen wurden (aufgrund des Freedom of Information Act) von diesen Einrichtungen zur Verfügung gestellt.
448 Der Auszug wurde von den Zensoren übersetzt und die übersetzte Version den oben genannten Einrichtungen übermittelt.
449 Siehe Anm. 448
450 FC 65, 29. September 1950

## Kapitel X

451 OMD, 10. Februar 1951. Siehe auch Borel (1989, S. 130).
452 Robert Oppenheimer an Lewis L. Strauss, 25. Januar 1951 (von Neumann Papers, Library of Congress, container 22)
453 Die Umstände, die zu der Änderung der Empfehlung des Komitees führten, kennt man nur aus Morgensterns Tagebucheintragung vom 24. Februar 1951.
454 OMD, 14. März 1951 (Einsteins Ausspruch war englisch: „And here my dear friend, for you. And you don't need it!"). Ein Schreibmaschinmanuskript von von Neumanns Beitrag ist unter seinen Papieren in der Library of Congress erhalten (container 22).
455 FC 71–72, 18. Mai und 28.–30. Juni 1951
456 FC 75, 27. September 1951
457 Er bestätigte seine Absicht in einem Brief vom 21. Mai 1953 an Rita Dickstein und in einem vom 7. Januar an Yehoshua Bar-Hillel. Nach einer Tagebucheintragung Morgensterns arbeitete er im Oktober 1953 immer noch an Revisionen des Vortrages.
458 OMD, 7. Februar 1954
459 Zwei der sechs Versionen, beide mit dem Titel „Is Mathematics Syntax of Language?", wurden posthum im Bd. III der *Collected Works* veröffentlicht.

460 OMD, Thanksgiving [25. November] 1954, und FC 109, 10. Dezember 1954
461 KG an Paul Arthur Schilpp, 14. November 1955 (Open Court Archives, collection 20/21/4, Special Collections, Morris Library, Southern Illinois University bei Carbondale)
462 Ulam (1976, S. 80). Man sollte anmerken, daß Gödel selbst sich nie über seinen Status beschwert zu haben scheint, weder öffentlich noch in privaten Bemerkungen, noch in seiner Korrespondenz.
463 KG an C. A. Baylis, 14. Dezember 1946 (GN 010015.46, folder 01/20)
464 FC 126, 30. September 1956
465 OMD, 5. Oktober 1953, auf Grundlage des von Neumannschen Berichts.
466 Borel 1989, S. 130
467 Die Informationen in diesem Paragraphen basieren auf der Darstellung in Paris (1982, S. 476f).
468 FC 114, 25. April 1955
469 Paris 1982, S. 497
470 Herman H. Goldstine (1972) hat das IAS-Computer-Projekt detailliert dargestellt. Zur Bedeutung der Beiträge von Neumanns zur Informatik schreibt Goldstine (S. 191 f): „Von Neumann war, soweit ich weiß, die erste Person, die explizit verstand, daß ein Computer im wesentlichen logische Funktionen ausführt. ... Heute klingt das beinahe zu banal, um erwähnt zu werden. Aber 1944 war es ein großer Fortschritt im Denken." Es ist heute klar, daß Turing unabhängig und beinahe gleichzeitig zur selben Erkenntnis gekommen war. Wie revolutionär diese Einsicht war, kann man an der Aussage aus dem Jahr 1956 eines anderen Computer-Pioniers, Howard Aiken, ersehen: „Sollte sich herausstellen, daß die zugrundeliegende Logik einer Maschine, die für das numerische Lösen von Differentialgleichungen konzipiert wurde, mit der Logik einer Maschine übereinstimmt, deren Aufgabe das Erstellen von Rechnungen für ein Kaufhaus ist, so würde ich das als den erstaunlichsten Zufall bezeichnen, der mir je begegnet ist." (Ceruzzi 1983, S. 43, zitiert in Davis 1987, S. 140)
471 Borel 1989, S. 131
472 KG an von Neumann, 20. März 1956 (von Neumann Papers, Library of Congress, container 5). Der deutsche Originaltext wird in dem in Vorbereitung befindlichen vierten Band der *Collected Works* erscheinen.
473 Für weitere Details siehe Hartmanis (1989).
474 KG an Bernays, 6. Februar 1957 (Bernays Papers, ETH, Hs. 975:1698)
475 KG an George E. Hay, 23. Februar 1961 (GN 012425, folder 01/164)
476 „Provably Recursive Functionals of Analysis: A Consistency Proof of Analysis by an Extension of Principles Formulated in Current Intuitionistic Mathematics" in J. C. E. Dekker, cd., *Rekursive Function Theory*; Proceedings of Symposia in Pure Mathematics, vol. 5, S. 1–27; American Mathematical Society, Providence, 1962.
477 „Wir leben eben in einer Welt, in der 99% von allem Schönen schon im Entstehen (oder noch vorher) zerstört wird" (FC 88, 14. Januar 1953). „Es müssen also irgendwelche Kräfte sein, die das Gute direkt unterdrücken. Man kann sich auch leicht ausmalen, woher die stammen" (FC 89, 20. Februar 1953).
478 „Gerade hier (im Gegensatz zu Europa) hat man das Gefühl, von lauter guten u. hilfsbereiten Menschen umgeben zu sein. Insbesondere gilt das auch von allem, was mit Staat u. Ämtern zu tun hat. Während man in Europa den Eindruck hat, daß Ämter überhaupt nur dazu da sind, um Menschen das Leben sauer zu machen, ist es hier umgekehrt" (FC 89, 20. Februar 1953).

479 „Unter den 14 [waren] auch der gegenwärtige Verteidigungsminister u. der Urheber des Friedensvertrags mit Japan. Ich bin also da ganz unverschuldet in eine höchst kriegerische Gesellschaft geraten" (FC 83, 22. Juli 1952).
480 Woolf 1980, S. 485
481 FC 100, 6. Januar 1954
482 „Daß er die Rosenbergs nicht begnadigte, hat mich zwar etwas enttäuscht. ... Andrerseits aber muß man sagen, daß in erster Linie die Verteidigung ihre Hinrichtung verschuldet hat, indem sie ganz unglaubliche Fehler machte, offenbar absichtlich, denn die Kommunisten brauchten doch einen neuen Beweis für die amerikanische ‚Barbarei'" (FC 94, 26. Juli 1953).
483 FC 105, 27. Juni 1954, FC 128, 12. Dezember 1956. Neun Jahre danach bemerkte er, daß es nun zwanzig Jahre seit dem letzten Weltkrieg seien, „also wird es langsam Zeit" für einen neuen (FC 236, 7. Dezember 1965).
484 FC 223, 173, 186 (21. April 1965, 25. Juni 1961, 4. Juli 1962)
485 FC 61 und 62, 11. Mai und 25. Juni 1950
486 FC 177, 6. Oktober 1961
487 FC 174, 23. Juli 1961
488 FC 176, 12. September 1961
489 FC 175, 14. August 1961
490 FC 90–92, 25. März, 14. April und 10. Mai 1953

**Kapitel XI**

491 Die Rezension, von Stefan Bauer-Mengelberg, erschien in Bd. 30 (1965), S. 359–362.
492 Gödels Korrespondenz mit Oliver und Boyd und Basic Books füllt die GN folders 02/26–02/28. Zusätzlich kritisierte Gödel die Übersetzung in einem Brief an Church vom 2. März 1965 (GN 010332, folder 01/26); er war besonders verärgert, daß die Einführung „nachfolgende Entwicklungen" betreffend „das Konzept der berechenbaren Funktion ... völlig außer acht läßt" und „damit den philosophisch Interessierten" das Wesentlichste vorenthält, nämlich daß die Unvollständigkeitssätze „nun rigoros für *alle* formalen Systeme" bewiesen werden können. Er war besorgt, daß „der falsche Eindruck" entstehen könnte, „daß meine Theoreme nur auf ‚arithmetische Systeme' anwendbar sind ... und daß ... [das System] P nur der ‚arithmetische Teil' von PM ist", während es „in Wirklichkeit alle heutige Mathematik enthält, außer einige Arbeiten zu großen Kardinalzahlen".
493 KG an Davis, 15. Februar 1965 (GN 010479, folder 01/38).
494 Die außerordentliche Geschichte des Lebens van Heijenoorts wird in Anita Burdman Fefermans Biographie lebhaft nachgezeichnet (*Politics, Logic, and Love*, Wellesley, Mass.: A. K. Peters, 1993).
495 Ebd., S. 261 f, 274
496 George W. Corner an KG, 13. Dezember 1961 (GN folder 02/37). Gödel war im vorangegangenen April zum Mitglied gewählt worden und hatte im November an der Sitzung teilgenommen, in der er formal eingeführt wurde. Danach nahm er sich ungewöhnlicherweise die Zeit, einen Dankbrief zu schreiben, in dem er Corner mitteilte, daß er „das Treffen ... sehr genossen ... und einige der Vorträge ... sehr interessant" gefunden habe.

497  FC 165, 6. Juli 1960
498  FC 181, 14. Februar 1962
499  Borel 1989, S. 137
500  Atle Selberg, Interview mit JD in Stanford, 25. August 1986. Selberg erzählt, Gödel habe sich zwar der allgemeinen Meinung am Mathematikinstitut angeschlossen, jedoch gemeint, daß Autoritäten zu respektieren seien.
501  Borel 1989, S. 138
502  Ebd., S. 138f, ergänzt durch Informationen Selbergs.
503  Sheperdson 1953
504  In einem Brief vom 29. Juli 1963 an David Gilbarg, den Vorsitzenden des Mathematikinstitutes in Stanford, schrieb Gödel, daß er Cohen erst im Mai getroffen habe. Die früheste Korrespondenz zwischen den beiden ist ein Brief von Cohen vom 24. April.
505  Die Details über Cohens Weg zu seiner Entdeckung stammen von Moore (1988b).
506  Cohen 1966, S. 108f
507  Cohen an KG, 6. Mai 1963 (GN folder 01/27)
508  Die Zitate stammen aus Gödels Briefen an Cohen vom 5. und 20. Juni 1963 (GN folder 01/27)
509  Alle zitierten oder paraphrasierten Schriften finden sich im GN. Der Brief an Church (010334.36) und sein Entwurf (010334.34) sind in folder 01/26, der an Rautenberg teilweise in *Mathematik in der Schule*, Bd. 6, S. 20, wiedergegeben, in folder 01/141. Siehe auch Kapitel VIII, Anmerkung 391.
510  Siehe „Hilbert's first problem: the Continuum Hypothesis" von Donald A. Martin in Browder (1976, Bd. I, S. 81–92).
511  Gödel (1964, S. 271). Gödel kam auf diesen Punkt auch in einem Brief an Professor George A. Brutian vom 10. Dezember 1969 zurück (GN 010280.5, folder 01/19).
512  KG an Cohen, 22. Januar 1964 (GN 010390.5, folder 01/30).
513  Die Übersetzung erschien nie in *Dialectica*, sondern nur posthum im zweiten Band der *Collected Works*.
514  Im Brief an seine Mutter vom 13. Mai 1966 (FC 242) erzählte Gödel, daß er beim österreichischen Botschafter in Zusammenhang mit der Verleihung des Ehrenzeichens Einwände erhoben habe. Er erwähnte sie auch implizit in einem Brief vom 6. Juni 1966 (wiedergegeben in Christian 1980, S. 266), in dem er eine Akademiemitgliedschaft ablehnt. Das posthume Ehrendoktorat wird sowohl von Christian (1980, S. 266) als auch von Kreisel (1980, S. 155) erwähnt.
515  R. Gödel 1967, S. 14
516  KG an RG, 18. August 1966 (GN 010711.2, folder 01/54.6).

**Kapitel XII**

517  Kreisel 1980, S. 160
518  FC 231, 232 und 235 (19. August, 12. September und 6. Oktober 1965), OMD 28. April 1966.
519  GN folder 01/54.6.
520  OMD, 18. Mai 1968
521  KG an Bernays, 17. Dezember 1968 (Bernays Papers, ETH, Hs. 975:1742).
522  OMD, 11. Januar 1969

523  In seinem durchdringenden, tiefblickenden Artikel argumentierte Wilfried Sieg (1994), daß das Hauptresultat, das Turing in seinem Artikel von 1936 geliefert hat, ganz im Gegenteil „die axiomatische Formulierung der Beschränkungen" des Verhaltens eines *menschlichen* Rechners darstellt. Er merkte auch an, daß Post, der im selben Jahr ein ähnliches Modell vorschlug (Post 1936), Gödels Unvollständigkeitssätze als eine „grundlegende Entdeckung der Begrenzungen der mathematischen Fähigkeiten des homo sapiens" darstellte.
524  OMD, 9. Dezember 1969
525  Gödels Kritik an Turing wird nach Wang (1974, S. 325) zitiert, wo sie zum ersten Mal gedruckt wurde. Eine andere Version dieser Bemerkungen, die man an Gödels englischer Übersetzung des *Dialectica*-Artikels angefügt fand, wurde posthum in Gödel (1986–, Bd. I, S. 306) veröffentlicht.
526  OMD, 9. und 25. Dezember 1969
527  OMD, 26. Januar 1970
528  „Gödel ist ein großes Problem (ich glaube auch Theater) ... Dagegen ist nicht aufzukommen. Aber ... er wird schon wieder herauskommen" (OMD, 6. Februar 1970).
529  Vielleicht sind die ersten beiden der in Gödel (1986–, Bd. I, S. 305 f) veröffentlichten Bemerkungen gemeint.
530  Die letzten vier Einträge der Liste sind alle im Band III seiner *Collected Works* enthalten.
531  OMD, 10. Februar 1970
532  OMD, 8., 11. und 12. März 1970
533  OMD, 13. März 1970
534  OMD, 4. und 29. August 1970. Im Entwurf eines Briefes an seinen Bruder, datiert mit 17. September, schreibt Gödel, daß er 48 kg wiege, verglichen mit 36 im vorigen Mai (GN 010711.43, folder 01/54.5).
535  GN 012783, folder 04/151. Das besagte Dokument ist ein undatierter Entwurf und trägt die Kurzschriftbemerkung „nicht abgeschickt". Gödel schreibt darin, er habe sehr tief geschlafen und Medikamente genommen, die die mentalen Funktionen einschränkten.
536  Ebd.
537  OMD, 17. September 1975
538  Für einen Überblick dieser jüngeren Entwicklungen siehe die Bemerkungen von Gregory H. Moore in Gödel (1986–, Bd. II, S. 173 ff). Weitere Kommentare findet man in Robert M. Solovays einführenden Bemerkungen zu den drei Manuskripten Gödels im Band III der *Collected Works*.
539  OMD, 29. August 1970: „... dann über seinen ontologischen Beweis – er hatte das Resultat vor einigen Jahren, ist jetzt zufrieden damit aber zögert mit der Publikation. Es würde ihm zugeschrieben werden, daß er wirkl. an Gott glaubt, wo er doch nur eine logische Untersuchung mache (d.h. zeigt, daß ein solcher Beweis mit klassischen Annahmen (Vollkommenheit usw.), entsprechend axiomatisiert, möglich sei)."
540  Diese Resultate sind als *193? in Gödel (1986–, Bd. III, S. 164–175) veröffentlicht.
541  Soweit ich feststellen konnte, wurde Matijasevichs Resultat erst 1973 Gödel zur Kenntnis gebracht, offenbar als Abraham Robinson in Beantwortung einer Anfrage Gödels es zu den drei herausragendsten Errungenschaften der Logik während des vorhergegangenen Jahrzehnts zählte (Robinson an KG, 6. April 1973, GN 011966, folder 01/136).

542 *Collected Works*, Bd. II, S. 271–280
543 Wang 1987, S. 131
544 Wang, „Conversations with Gödel" (unveröffentlichtes Schreibmaschinmanuskript)
545 OMD, 20. November 1971
546 Ralph Hwastecki an KG, 17. März 1971 (GN 010897, folder 01/69)
547 KG, unversendete Antwort an Hwastecki (GN 010898, folder 01/69)
548 GN 012867, folder 01/188
549 KG an Hans Thirring, 27. Juni 1972. Das Original dieses Briefes befindet sich unter Thirrings Papieren in der Zentralbibliothek für Physik, Wien. Ich bin Dr. Wolfgang Kerber, Direktor der Bibliothek, und Dr. Alexander Zartl dankbar, die mir freundlicherweise Kopien zukommen ließen, während die Thirring-Papiere noch katalogisiert wurden.
550 Wang, „Conversations", im Eintrag zum 14. Juni 1972
551 Kreisel 1980, S. 160
552 Ebd., S. 158
553 Eine besonders höhnische und antiintellektuelle Darstellung der Konfrontation erschien im *Atlantic Monthly* unter dem Titel „Bad Days on Mount Olympus". Sie enthielt ein Photo von Kaysen mit Gödel, aufgenommen bei der von-Neumann-Konferenz.
554 FC 239, 24. Februar 1966
555 OMD, 27. Dezember 1973
556 OMD, 9., 10. und 13. April 1974
557 OMD, 30. April 1974
558 OMD, 24. August 1974
559 OMD, 14. und 17. September 1974
560 OMD, 4. Juni 1975
561 OMD, 20. September 1975
562 Glinka, Interview mit JD in ihrem Haus, 16. Mai 1984
563 OMD, 23. und 28. Februar, 2. und 4. April 1976
564 OMD, 8. April, 9. Mai und 11. Juni 1976
565 Wang, „Conversations", Einträge zum 19. April und 1. Juni 1976
566 Wang, „Conversations", 1. Juni 1976
567 OMD, 19. Juni und 24. Juli 1976
568 OMD, 24. Juli, 6. September, 1. und 3. Oktober 1976
569 Glinka, Interview mit JD, 16. Mai 1984
570 Morgenstern Papers, Perkins Memorial Library, Duke University, folder „Godel, Kurt, 1974–1977"
571 Dorothy Morgenstern, Interview mit JD, 17. Oktober 1983
572 Deane Montgomery, Interview mit JD, 17. August 1981
573 Telephoninterview mit JD, 2. März 1988
574 Wang, „Conversations", 1977
575 Wang 1987, S. 133
576 Ebd.
577 Die Fachausdrücke stammen von Gödels Totenschein, unterzeichnet von Dr. Harvey Rothberg.

## Kapitel XIII

578 Die *New York Times* veröffentlichte einen Nachruf im Standardformat mit Photographie auf Seite 28 der Ausgabe vom 15. Januar. Es gab auch einen oberflächlichen Artikel über Gödels Werk auf Seite 18, Teil 4 der nächsten Sonntagsausgabe (22. Januar). Keiner der Artikel erwähnte einen anderen Beitrag Gödels als die Unvollständigkeitssätze, und die Datumsangaben zu manchen Ereignissen seines Lebens waren fehlerhaft. Das Schlimmste war, daß der Artikel die Idee perpetuierte, daß die Unvollständigkeitssätze ein Dilemma für die Mathematik darstellten: „Es stellt sich heraus, daß es keine Garantien gibt, daß unser Gebäude der Logik und Mathematik widerspruchsfrei ist, und unsere tägliche diesbezügliche Annahmen sind nur ein Akt des Glaubens". Das war gerade der Standpunkt, den Gödel lange und intensiv bekämpft hatte.

579 Die Darstellung dieses Kapitels basiert zu einem großen Teil auf einem Interview mit Elizabeth Glinka (16. Mai 1984), ergänzt durch Informationen aus offiziellen Dokumenten und durch Gespräche mit Louise Morse und Adeline Federici.

580 OMD, 14. April 1970. Morgenstern merkte an, daß der Betrag sein eigenes derzeitiges Gehalt als Professor in Princeton übertreffe.

581 OMD, 8. April 1976

## Kapitel XIV

582 Feferman 1986, S. 2
583 Hilbert 1900
584 Siehe Anm. 523
585 KG an David F. Plummer, 31. Juli 1967 (GN 011714, folder 01/126)
586 Gödel 1964, S. 271
587 Für eine detaillierte Analyse von Gödels Kritik an Turing siehe die Kommentare von Judson Webb in Gödel (1986–, Bd. I, S. 292–304).
588 Fried und Agassi 1976, S. 5 f
589 Lifton 1986, S. 440
590 Fried und Agassi 1976, S. 4 ff
591 Baur 1988, S. 74
592 Ebd., S. 183; zitiert aus Ralph Colp, Jr: *To Be an Invalid: The Illness of Charles Darwin* (Chicago: University of Chicago Press, 1977), S. 70.
593 Kochens Bemerkungen finden sich auf einer Audioaufnahme der Gedenkfeiern, die am IAS aufbewahrt wird.
594 In seiner Tagebucheintragung vom 17. Juli 1965 erinnert sich Morgenstern an ein zwanzig Jahre zurückliegendes Ereignis, „als ich ihn zu einem Vortrag von Johnny [John von Neumann] über Computers [mit]genommen hatte & er, Gödel, sagte daß man nun wirkl. Fortschritte in d. Logik sehen würde". Er fragte Gödel, ob er glaube, daß sich seine Vorhersage in der Zwischenzeit erfüllt habe. „Leider nicht, da die Logiker die Comp. nicht so benützen & letztere viell. noch nicht imstande seien die enorm langen Ketten von Schlüssen wirkl. durchzuführen. Auch hätten sie sich mehr mit der Logik des Design[s] von C. beschäftigen sollen." Morgenstern schreibt weiter, Gödel habe eine „durchaus positive Haltung zu diesen neuen Möglichkeiten, ganz anders als die hochnäsigen ‚reinen' Math." in Princeton gehabt.

595 Paris und Harrington 1977
596 Kitcher (1983) und Maddy (1977) haben besondere Beachtung gefunden.
597 Alan Turing: The Enigma (New York: Simon and Schuster, 1983). Dieses Buch wird leider nicht mehr nachgedruckt. Eine deutsche Übersetzung ist in zweiter Auflage (1994) in der Reihe „Computerkultur" des Springer-Verlages erschienen.

# Anhang A
# Biographische Daten

1906   am 28. April in Brünn (Mähren, heute Brno) geboren.
1912   Eintritt in die Evangelische Volksschule in Brünn.
1916   Eintritt in das deutschsprachige Realgymnasium in Brünn.
1924   Immatrikuliert an der Universität Wien mit der Absicht, Physik zu studieren.
1926   Wechselt zur Mathematik, beginnt Sitzungen des Wiener Kreises zu besuchen.
1929   Vater stirbt unerwartet am 23. Februar im Alter von vierundfünfzig Jahren.
      Wird am 6. Juni österreichischer Staatsbürger.
      Dissertation über die Vollständigkeit der First-order-Logik wird am 6. Juli angenommen und am 22. Oktober zur Veröffentlichung eingereicht.
      Beginnt mit der Teilnahme an Karl Mengers mathematischem Kolloquium, Gödel trägt dreizehn kurze Artikel zu dem Journal des Kolloquiums bei, das er auch redaktionell betreut.
1930   Promoviert am 6. Februar zum Dr. phil.
1931   Veröffentlicht Unvollständigkeitssätze in den *Monatsheften für Mathematik und Physik*.
1932   Reicht Unvollständigkeitsarbeit an der Universität Wien als Habilitationsschrift ein.
1933   Wird Privatdozent an der Universität Wien und hält im Sommersemester eine Vorlesung über die Grundlagen der Arithmetik.
      Reist im Herbst nach Princeton, wo er das akademische Jahr 1933/34 am neugegründeten Institute for Advanced Study verbringt.
1934   Hält am IAS Vorlesung über die Unvollständigkeitsresultate.
      Nach der Rückkehr nach Österreich Besuch eines Sanatoriums zur Behandlung seiner Depression.
1935   Hält im Sommersemester eine Vorlesung über ausgewählte Kapitel der mathematischen Logik an der Universität Wien.
      Beweist die relative Konsistenz des Auswahlaxioms.
      Im Herbst kurze Rückkehr ans IAS, er bricht aber den Aufenthalt nach einem Rückfall in die Depression ab und unterbricht bis ins Frühjahr 1937 seine Arbeit.
1937   Hält die letzte Vorlesung an der Universität Wien (über axiomatische Mengenlehre).
      Beweist die relative Konsistenz der Kontinuumshypothese.
1938   Heiratet am 20. September Adele Nimbursky (Mädchenname Porkert).
      Kehrt für das Herbstsemester ans IAS zurück, wo er seine Ergebnisse zur Mengentheorie vorträgt. Diese Vorträge wurden zwei Jahre später als Monographie veröffentlicht.
1939   Verbringt das Frühlingssemester auf Mengers Einladung in Notre Dame.
      Wird nach der Rückkehr nach Österreich für diensttauglich befunden, Beantragung eines US-amerikanischen Visums.
1940   Emigriert über die Transsibirienroute und per Schiff von Yokohama nach San Francisco (Januar bis März).
1941   Trägt in Yale und am IAS eine neue Art eines Konsistenzbeweises der Arithmetik vor.

1942 Versucht, die Unabhängigkeit des Auswahlaxioms und der Kontinuumshypothese zu beweisen, erhält gewisse Teilresultate, wendet sich aber bald von der Mengentheorie ab und der Philosophie zu.
1944 Publiziert Essay „Russell's Mathematical Logic".
1946 Wird ständiges Mitglied des IAS.
1948 Wird US-amerikanischer Staatsbürger.
1949 Veröffentlicht Resultate zur allgemeinen Relativitätstheorie, die die Existenz eines Universums demonstrieren, in dem „Zeitreisen" in die Vergangenheit möglich sind.
1950 Hält Vortrag zu den kosmologischen Resultaten vor dem internationalen Mathematikerkongreß (31. August).
1951 Stirbt beinahe an einem Zwölffingerdarmgeschwür.
Teilt ersten Einstein Award mit Julius Schwinger und erhält Ehrendoktorat von Yale.
Hält Gibbs-Vortrag vor der American Mathematical Society (26. Dezember).
1952 Ehrendoktorat von Harvard.
1953 Wird in die National Academy of Science aufgenommen.
Wird zum Professor am IAS ernannt.
1958 Veröffentlicht Konsistenzbeweis für Arithmetik in der Zeitschrift *Dialectica* (letztes zu Lebzeiten veröffentlichtes Werk).
1961 Wird in die American Philosophical Society aufgenommen.
1966 Die Mutter stirbt am 23. Juli im Alter von sechsundachtzig Jahren.
1967 Wird Ehrenmitglied der London Mathematical Society, bekommt Ehrendoktorat des Amherst College.
1972 Bekommt Ehrendoktorat der Rockefeller University.
1975 National Medal of Science.
1976 Tritt am 1. Juli in den Ruhestand.
1978 Stirbt am 14. Januar an Unterernährung.

# Anhang B
# Biographische Miniaturen

**Paul Bernays (1888–1977)** schrieb seine Dissertation in analytischer Zahlentheorie in Göttingen unter Edmund Landau. Später reichte er zwei verschiedene Habilitationsschriften ein, die erste, wieder in Zahlentheorie, in Zürich unter Ernst Zermelo, die zweite in Logik in Göttingen, wohin ihn Hilbert eingeladen hatte, um an dessen Grundlagenforschungen mitzuarbeiten. Er wurde 1922 außerordentlicher Professor in Göttingen, wurde elf Jahre später als Nichtarier entlassen und war danach nie mehr regulär als Professor angestellt, obwohl er 1939–59 an der ETH Zürich unterrichtete. Er war Mitbegründer der Zeitschrift *Dialectica* und der hauptsächliche Mitverfasser der *Grundlagen der Mathematik*, deren zweiter Band den ersten vollständigen Beweis von Gödels zweitem Unvollständigkeitssatz beinhaltet. Bernays Axiomensystem der Mengentheorie, basierend auf einem System v. Neumanns, wurde von Gödel mit wenigen Modifikationen für seine Arbeit an AC und CH verwendet.

**Luitzen Egbertus Jan Brouwer (1881–1966)** dissertierte 1907 mit einer Kritik der Grundlagenpositionen Russells, Hilberts und Poincarés. Zwischen 1907 und 1912 erzielte er eine Reihe bedeutender topologischer Resultate, darunter seinen berühmten Fixpunktsatz und einen Beweis der Invarianz von Dimensionen unter topologischen Abbildungen. Bereits 1908 trat er gegen die Verwendung des Satzes vom ausgeschlossenen Dritten in Beweisen auf und nach 1912, dem Jahr, in dem er zum Professor an der Universität Amsterdam ernannt wurde, verließ er die klassische Mathematik und konstruierte eine Philosophie konstruktiver Mathematik, die er Intuitionismus nannte. Für viele Jahre fanden seine radikalen Ideen wenig Unterstützung außerhalb Hollands, und der polemische Ton seiner Schriften und seine streitsüchtige Art brachten ihn mit vielen Ebenbürtigen in Konflikt, darunter Hilbert und Karl Menger.

Der Erfinder der transfiniten Mengentheorie, **Georg Cantor (1845–1918)**, studierte in Berlin unter Weierstraß, Kronecker und Kummer. Wie in Kap. III dargestellt, entstanden seine mengentheoretischen Konzepte aus seinen Arbeiten auf dem Gebiet der harmonischen Analyse, zu dem er einige wichtige Beiträge lieferte. Wegen des Widerstands Kroneckers gelang es Cantor nie, eine Anstellung an der Universität Berlin zu bekommen. Er ging stattdessen an die Universität Halle, wo er 1879 ordentlicher Professor wurde. Cantor war auch Präsident der deutschen Mathematiker-Vereinigung, die er mitbegründete, und ein Organisator des ersten internationalen Mathematikerkongresses in Zürich 1897. In späteren Jahren litt er an Depressionen, gegen die er sich zur Zeit seines Todes klinisch behandeln ließ.

**Rudolf Carnap (1891–1970)** ist einer der bekanntesten logischen Positivisten. Er studierte unter Frege an der Universität Jena und dissertierte 1921. 1926 wurde er Privatdozent an der Universität Wien, 1931 übernahm er den Lehrstuhl für Naturphilosophie an der Deutschen Universität in Prag. Er emigrierte 1935 nach Amerika, wo er an der University of Chicago (1936–52) und an der University of California in Los Angeles (1954–61) lehrte. Mit Hans

Reichenbach gründete Carnap die Zeitschrift *Erkenntnis*. Seine Hauptwerke sind *Der logische Aufbau der Welt*, 1928, *Logische Syntax der Sprache*, 1934 und *Logical Foundations of Probability*, 1950.

**Alonzo Church (1903–1995)** ist am bekanntesten für seinen λ-Kalkül, für die Definition der heute rekursiv genannten Funktionen und für sein Theorem (1934), daß alle effektiv berechenbaren Funktionen λ-definierbar sind. 1936 zeigte Church, auf Gödels Werk aufbauend, daß die gültigen Sätze der Peano-Arithmetik keine rekursive Menge bilden. Er war einer der Gründer der Association for Symbolic Logic und 1936 bis 1979 Mitherausgeber des Journals dieser Vereinigung und erstellte eine umfassende Bibliographie der symbolischen Logik (1936), die einen guten Teil der ersten Ausgabe des Journals in Anspruch nahm. Church war Professor an der Princeton University von 1929 bis 1967 und danach an der University of California in Los Angeles bis zu seiner Pensionierung 1991.

Obwohl sein Werk anfänglich wenig Einfluß hatte, gilt der deutsche Mathematiker und Philosoph **Gottlob Frege (1848–1925)** als der wichtigste Begründer der modernen Logik. In seiner *Begriffsschrift* (1879) formulierte Frege das moderne Konzept des Universalquantors und führte die fundamentalen syntaktischen Begriffe Funktion und Argument ein. Er gab auch eine Formalisierung einer Second-order-Logik an. In *Die Grundlagen der Arithmetik* (1884) proklamierte er die logizistische These, daß sich die Arithmetik auf Logik reduzieren lasse. In seinen zweibändigen *Grundgesetzen der Arithmetik* (1893 und 1903) unterschied er zwischen Sinn und Bedeutung eines sprachlichen Ausdrucks und stellte ein formales System vor, das auf naiver Mengentheorie basierte und das Programm der Grundlagen durchführen sollte. Der Versuch scheiterte wegen des von Russell entdeckten Paradoxons.

**Philipp Furtwängler (1869–1940)** studierte Mathematik, Physik und Chemie in Göttingen, um Lehrer zu werden. Durch die Vorlesungen Felix Kleins angeregt dissertierte er in Zahlentheorie. Er reichte jedoch keine Habilitationsschrift ein, wie es normalerweise für eine Universitätskarriere erforderlich ist. Nachdem er sechs Jahre für das Preußische Erdvermessungsinstitut gearbeitet hatte, wurde er eingeladen, Landvermessung zu lehren, zuerst an einer Akademie in Bonn, dann an der Technischen Hochschule Aachen. Währenddessen führte er seine Forschungen auf dem Gebiet der Zahlentheorie fort, und 1907 gewann er einen Preis der Göttinger Akademie der Wissenschaften für den Beweis des Reziprozitätsgesetzes für algebraische Zahlenkörper. 1910 kehrte er nach Bonn zurück, um an der dortigen Universität angewandte Mathematik zu lehren, zwei Jahre später nahm er eine Professur für Zahlentheorie an der Universität Wien an. Kurz darauf wurde er vom Hals abwärts gelähmt, erlangte aber dennoch Berühmtheit als Vortragender wie auch als Forscher. Sein berühmtestes Resultat ist der Beweis einer Behauptung Hilberts, des Hauptidealsatzes für Klassenkörper.

**Hans Hahn (1879–1934)**, Gödels Dissertationsbetreuer, dissertierte 1905 an der Universität Wien, wo er 1906–09 als Privatdozent wirkte. Nachdem er im ersten Weltkrieg schwer verletzt worden war, ging er nach der Entlassung aus der Armee nach Bonn und wurde dort in zwei Jahren ordentlicher Professor. 1921 kehrte er nach Wien zurück, wo er bis zu seinem plötzlichen Tod nach einer Krebsoperation lebte. Er leistete wichtige Beiträge auf den Gebieten der Mengentheorie, Variationsrechnung und Funktionalanalysis und war viele Jahre lang ein Herausgeber der *Monatshefte für Mathematik und Physik*.

*Biographische Miniaturen*

In seinem kurzen Leben veröffentlichte **Jacques Herbrand (1908–1931)** wichtige Beiträge zur Logik und Zahlentheorie. Seine Dissertation (1929 an der Sorbonne) enthielt sein Fundamentaltheorem (wenn auch mit fehlerhaftem Beweis), daß sich die Gültigkeit einer Pränexformel finitär reduzieren läßt auf die *aussagenlogische* Gültigkeit einer Disjunktion von Instanzen der quantorenfreien Matrix der Formel. Herbrand war der erste, der die Klasse der allgemein rekursiven Funktionen untersuchte, in einer Arbeit, die kurz nach seinem Tod veröffentlicht wurde. In dieser Arbeit zeigt er mit finitären Mitteln, daß ein bestimmtes Fragment der Peano-Arithmetik formal konsistent ist.

**Arend Heyting (1898–1980)** dissertierte 1925 bei L. E. J. Brouwer und verbrachte den Großteil seiner Karriere an der Universität Amsterdam. Obwohl er auch Lehrbücher zur projektiven Geometrie und Logik veröffentlichte, widmete er sich hauptsächlich der Entwicklung, Formalisierung und Verbreitung des Intuitionismus. Seine explizite Beschreibung der intuitionistischen Interpretation der logischen Operatoren und seine Axiomatisierung verschiedener Teile der intuitionistischen Mathematik machten Brouwers Ideen einem „klassischen" Publikum verständlich und sicherten das Überleben des Intuitionismus als aktives Forschungsgebiet.

**David Hilbert (1862–1943)** war neben Poincaré der bedeutendste Mathematiker seiner Zeit. Seine Forschungsgebiete umfaßten Invariantentheorie, algebraische Zahlentheorie, Integralgleichungen, axiomatische Geometrie und Logik, mathematische Physik. Viele seiner Bücher wurden Klassiker, darunter *Theorie der algebraischen Zahlkörper* (1896), *Grundlagen der Geometrie* (1899), *Grundzüge der theoretischen Logik* (1928, gemeinsam mit Wilhelm Ackermann) und *Grundlagen der Mathematik* (1934, gemeinsam mit Paul Bernays). Hilbert wurde in Königsberg geboren. Dort dissertierte er auch und begann seine akademische Karriere. 1895 ging Hilbert nach Göttingen und führte die mathematische Tradition fort, die dort ein Jahrhundert zuvor von Carl Friedrich Gauß begründet worden war. 1900 stellte er in seiner Rede vor dem internationalen Mathematikerkongreß seine berühmte Liste mathematischer Probleme vor, und 1917 stellte er sein Beweistheorie-Programm vor, von dem er hoffte, daß es das Fundament der Mathematik sichern werde.

**Stephen C. Kleene (1909–1994)**, ein Student Alonzo Churchs in Princeton, war einer der Hauptbeteiligten an der Entwicklung der Rekursionstheorie. Zu seinen vielen grundlegenden Beiträgen zu diesem Gebiet zählt der Begriff der partiell rekursiven Funktion, die Definition der arithmetischen und analytischen Hierarchien und der Beweis der Rekursions-, Normalform- und Hierarchiesätze. Er trug auch zu Interpretationen des Intuitionismus bei und schrieb das Lehrbuch *Introduction to Metamathematics* (1952), ein Standardwerk zur modernen Logik.

**Karl Menger (1902–1985)**, Sohn des berühmten österreichischen Ökonomen Carl, ist am bekanntesten für seine Dimensionstheorie (die unabhängig und beinahe gleichzeitig vom Russen Pavel Urysohn entdeckt wurde). Nachdem er 1924 an der Universität Wien dissertierte, arbeitete er zwei Jahre als Dozent in Amsterdam. 1927 wurde er Professor für Geometrie an der Universität Wien, zehn Jahre später emigrierte er nach Amerika, wo er eine Stelle an der Notre-Dame-Universität annahm. Menger war ein Hauptmentor Gödels, Gründer des Mathematischen Kolloquiums an der Universität Wien und Mitglied des Schlick-Kreises. Sein Werk beschäftigt sich mit Kurventheorie, Funktionenalgebren und mathematischer Pädagogik, besonders der Notationsreform. Von 1948 bis zu seiner Pensionierung war er Mitglied des Illinois Institute of Technology.

Ein Universalmathematiker von Hilberts Bedeutung war **(Jules) Henri Poincaré (1854–1912)**. Er leistete grundlegende Beiträge zu analytischer Funktionentheorie, algebraischer Geometrie, Zahlentheorie, Differentialgleichungen und Himmelsmechanik. Außerdem definierte er die Begriffe simplizialer Komplex, baryzentrische Unterteilung, Homologie- und Fundamentalgruppe und begründete damit beinahe im Alleingang das Gebiet der algebraischen Topologie. Sein indirekter Einfluß auf die Logik ist seine Unterstützung des Konstruktivismus und Kritik an den logizistischen und formalistischen Programmen.

Im Alter von sieben Jahren emigrierte **Emil L. Post (1897–1954)** mit seinen Eltern von Polen nach New York. 1917 wurde er am City College Bachelor of Science. 1920 dissertierte er an der Columbia Universität über Wahrheitstabellen als Entscheidungsverfahren in der Aussagenlogik. Obwohl seine Karriere und Forschungen durch seine manisch-depressive Erkrankung stark behindert wurden, leitete er die Untersuchung der Grade der Unberechenbarkeit ein, führte zentrale Begriffe der Automaten und formalen Sprachen ein, und unabhängig von Gödel erkannte er die Unvollständigkeit des Systems der *Principia Mathematica* und schlug den Begriff der Ordinalzahldefinierbarkeit vor. Er veröffentlichte auch Werke zu Analysis und Algebra, von ihm stammen die Definitionen der polyadischen Gruppe und der Strukturen, die wir heute Post-Algebren nennen.

Der Pazifist, Moral-Ikonoklast und profilierte Autor **Bertrand Russell (1872–1970)** wurde der populärste Philosoph des zwanzigsten Jahrhunderts. Seine Beiträge reichen von Epistemologie, Metaphysik, Ethik bis zu den Grundlagen der Mathematik, und seine Schriften für politische Freiheit brachten ihm 1950 den Literaturnobelpreis ein. In der Mathematik ist Russell für das Paradoxon bekannt, das seinen Namen trägt, für seine Typentheorie, die dieses Paradoxon vermeidet, und für sein gemeinsam mit Albert North Whitehead verfaßtes Buch *Principia Mathematica*, in dem die Typentheorie verwendet wurde, um Freges Programm der Grundlegung der Arithmetik wiederzubeleben.

Der Norweger **Thoralf Skolem (1887–1963)** lieferte Beiträge zu verschiedensten Gebieten der Mathematik, vor allem zur Zahlentheorie. Einen Großteil seiner Karriere verbrachte er an der Universität Oslo, wo er studierte und wohin er 1918 nach zwei Jahren in Göttingen als Dozent zurückkehrte. Er dissertierte 1926 und nach achtjähriger Tätigkeit an einer privaten Forschungseinrichtung in Bergen wurde er 1938 ordentlicher Professor. Skolems Name ist mit einer Reihe wichtiger Resultate und Konzepte der Logik verknüpft, darunter der Satz von Skolem und Löwenheim, das Skolem-Paradoxon (daß die Mengentheorie, die von überabzählbaren Mengen spricht, abzählbare Modelle hat), Skolemfunktionen (Funktionensymbole, die einer Sprache hinzugefügt werden, um Existenzquantoren zu eliminieren) und die Skolem-Normalform der Erfüllbarkeit (eine Pränexformel, deren Erfüllbarkeit zur Erfüllbarkeit der ursprünglichen Formel equivalent ist). Skolem zeigte auch als erster die Existenz von Nonstandard-Modellen der Arithmetik (Strukturen, die dieselben Firstorder-Sätze erfüllen wie die natürlichen Zahlen, aber zu diesen nicht isomorph sind).

Der einzige Logiker des zwanzigsten Jahrhunderts, dessen Bedeutung sich mit der Gödels messen kann, **Alfred Tarski (1901–1983)**, begann seine Karriere in Polen und kam 1939 in die USA. Dort bekam er eine Position an der University of California in Berkeley. Sein wegweisendes Werk *The Concept of Truth in Formal Languages* (1956), das ursprünglich 1933 auf polnisch veröffentlicht worden war, definierte die heute übliche Erfüllbarkeitsrelation für

*Biographische Miniaturen*

Sätze und Strukturen einer formalen Sprache und zeigte, daß diese Relation in der formalen Sprache selbst nicht definierbar ist. Im Gegensatz zu Gödel war Tarski ein profilierter Autor, war in verschiedenen Organisationen aktiv, hatte viele Studenten und großes Interesse am Zusammenspiel der mathematischen Logik mit anderen Gebieten der Mathematik, besonders Algebra. Zu seinen bekanntesten Werken gehören Studien zum Auswahlaxiom (besonders das Banach–Tarski-Paradoxon), der Beweis, daß first-order euklidische Geometrie entscheidbar ist, nicht jedoch verschiedene andere First-order-Theorien (zum Beispiel Gruppen, Gitter und so weiter), und zahlreiche Resultate der Kardinalarithmetik. Unter seinem direkten Einfluß wurde Berkeley ein Weltzentrum der Logik.

**Alan Turing (1912–1954)** war ein Pionier der Rekursionstheorie und Computerwissenschaften. Er war auch ein brillanter Kryptograph, der den erfolgreichen britischen Angriff auf den deutschen „Enigma"-Code im zweiten Weltkrieg leitete. Sein abstraktes Modell eines universellen Computers und sein Beweis der Unlösbarkeit des Halteproblems lieferten eine neue und bemerkenswert klare Interpretation der Unvollständigkeitsresultate von Gödel und Church und führten zur allgemeinen Akzeptanz der Churchschen These. Turing lieferte auch Beiträge zu Design und Konstruktion von zwei der ersten Universalcomputern.

**Oswald Veblen (1880–1960)** dissertierte 1903 an der University of Chicago mit einem Axiomensystem für die euklidische Geometrie, das sich von dem Hilberts unterschied. Seine Forschungen konzentrierten sich auf projektive Geometrie, Differentialgeometrie und Topologie. Zu jedem dieser Gebiete schrieb er bedeutende Lehrbücher. Zu seinem bekanntesten Resultat zählt der erste vollständige Beweis, daß ein doppelpunktfreier geschlossener Weg die Ebene in zwei disjunkte, wegzusammenhängende Gebiete teilt (der Jordansche Kurvensatz). Er lehrte 1905–32 an Princeton und 1932–50 am IAS, wo er die treibende Kraft war.

Das brillante ungarische Mathematik-Genie **Johann (John) von Neumann (1903–1957)** leistete grundlegende Beiträge zu vielen Gebieten der reinen und angewandten Mathematik, darunter Funktionalanalysis, Maßtheorie, Quantenmechanik, Numerische Analysis, und Spieltheorie. Am Beginn seiner Karriere beschäftigte er sich auch mit Mengentheorie, seine Definition der Ordinalzahlen und sein Klassenformalismus sind weithin bekannt. 1933 wurde er eines der ersten IAS-Mitglieder, und er arbeitete am IAS bis zu seinem Tod. Während des zweiten Weltkrieges war er in viele militärische Projekte involviert, darunter das Manhattan-Projekt und die Entwicklung der EDVAC- und IAS-Computer.

**Hermann Weyl (1885–1955)**, ein Student Hilberts, war 1913–30 Professor an der Universität Zürich. Nachdem Hilbert in Ruhestand gegangen war, kehrte Weyl nach Göttingen zurück und begann seine Karriere als Privatdozent. Aber als die Nazis wenige Jahre später an die Macht kamen, emigrierte er nach Amerika und wurde eines der ersten fünf Mitglieder des IAS. Seine Forschungen beschäftigten sich mit Harmonischer Analyse, Lie-Gruppen, analytischer Zahlentheorie, allgemeiner Relativitätstheorie, Geometrie und Topologie. Er schrieb eine Reihe einflußreicher Texte, darunter *Die Idee der Riemannschen Fläche* (1913); *Das Kontinuum* (1918), in dem er eine konstruktivistische Philosophie ähnlich dem Brouwerschen Intuitionismus vertrat; *Raum, Zeit, Materie* (1918) und *Gruppentheorie und Quantenmechanik* (1928).

Am bekanntesten ist **Ernst Zermelo (1871–1953)** dafür, daß er die Rolle erkannt hat, die das Auswahlaxiom in mathematischen Argumenten spielt, und daß er es benützt hat, um das

Wohlordnungsprinzip zu beweisen. 1894 dissertierte er an der Universität Berlin mit einer Arbeit zur Variationsrechnung. Gesundheitsprobleme zwangen ihn, seine Professur an der Universtät Zürich zurückzulegen, aber 1926 wurde ihm eine Ehrenprofessur der Universität Freiburg im Breisgau verliehen. 1935 legte er diese Professur aus Protest gegen Hitlers Politik zurück, 1946 nahm er sie wieder an. Zermelos größte Errungenschaft war seine Axiomatisierung der Mengentheorie, die, nach Modifikationen durch Abraham Fraenkel, als Standard-Formalisierung der Ideen Cantors akzeptiert wurde.

# Literatur

Ackermann, Wilhelm (1928) Zum Hilbertschen Aufbau der reellen Zahlen. Mathematische Annalen 99: 118–133.
Baur, Susan (1988) Hypochondira: Woeful Imaginings. Berkeley, University of California Press.
Benacerraf, Paul, und Putnam, Hilary (1964) Philosophy of Mathematics: Selected Readings. Englewood Cliffs, N.J., Prentice-Hall.
Bernays, Paul (1926) Axiomatische Untersuchung des Aussagen-Kalküls der *Principia Mathematica*. Mathematische Zeitschrift 25: 305–320.
– (1935) Hilberts Untersuchungen über die Grundlagen der Arithmetik. In: Hilbert, David, Gesammelte Abhandlungen, Bd. 3. Berlin, Springer, S. 196–216.
– (1967) Hilbert, David. In: Edwards, Paul (Hrsg.) The Encyclopedia of Philosophy, Bd. 3. New York, Macmillan und Free Press, S. 496–504.
Borel, Armand (1989) The School of Mathematics at the Institute for Advanced Study. In: Duren, Peter (Hrsg.) A Century of Mathematics in America, Part III. Providence, R.I., American Mathematical Society, S. 119–147.
Boolos, George (1979) The Unprovability of Consistency. Cambridge, Cambridge University Press.
Brouwer, Luitzen E.J. (1975) Collected Works. Hrsgg. von Arend Heyting. Amsterdam, North-Holland Publishing Co.
Browder, Felix (Hrsg.) (1976) Mathematical Developments Arising from the Hilbert Problems: Proceedings of Symposia in Pure Mathematics XXVIII, Teil 1 und 2. Providence, American Mathematical Society.
Calude, Cristian, Marcus, Solomon, und Tevy, Ionel (1979) The First Example of a Recursive Function Which Is not Primitive Recursive. Historia Mathematica 6: 380–384.
Cantor Georg (1870) Beweis, daß es eine für jeden reelen Wert von $x$ durch eine Reihe gegebene Funktion $f(x)$ sich nur auf eine einzige Weise in dieser Form darstellen läßt. Journal für die reine und angewandte Mathematik 72: 139–142.
– (1872) Über die Ausdehnung eines Satzes aus der Theorie der trigonometrischen Reihen. Mathematische Annalen 5: 123–132.
– (1874) Über eine Eigenschaft des Inbegriffs aller reellen algebraischen Zahlen. Journal für die reine und angewandte Mathematik 77: 258–262.
– (1878) Ein Beitrag zur Mannigfaltigkeitslehre. Journal für die reine und angewandte Mathematik 84: 242–258.
– (1891) Über eine elementare Frage der Mannigfaltigkeitslehre. Jahresbericht der Deutschen Mathematiker-Vereinigung I: 75–78.
Carnap, Rudolf (1963) Intellectual Autobiography. In: Schilpp, Paul A. (Hrsg.) The Philosophy of Rudolf Carnap. La Salle, Ill., Open Court Publishing Co., S. 3–84
Ceruzzi, Paul E. (1983) Reckoners: the Prehistory of the Digital Computer, from Relays to the Stored Program Concept, 1933–1945. Westport, Conn., Greenwood Press.
Chandrasekhar, Subrahmanyan, und Wright, James P. (1961) The Geodesics in Gödel's Universe. Proceedings of the National Academy of Science, U.S.A. 47: 341–347.
Chihara, Charles (1973) Ontology and the Vicious-circle Principle. Ithaca, N.Y., Cornell University Press.

Christian, Curt (1980) Leben und Wirken Kurt Gödels. Monatshefte für Mathematik 89: 261–273.

Church, Alonzo (1932) A Set of Postulates for the Foundations of Logic. Annals of Mathematics, 2. Serie, 33: 346–366.

- (1933) A Set of Postulates for the Foundations of Logic (Second Paper). Annals of Mathematics, 2. Serie, 34: 839–864.

- (1936) A Bibliography of Symbolic Logic. The Journal of Symbolic Logic 1: 121–128.

Clare, George (1980) Last Waltz in Vienna: The Rise and Destruction of a Family, 1842–1942. New York, Avon Books.

Cohen, Paul J. (1966) Set Theory and the Continuum Hypothesis. New York, W. A. Benjamin Inc.

Crossley, John N. (1975) Reminiscences of Logicians. In: Crossley, J. N. (Hrsg.) Algebra and Logic Papers from the 1974 Summer Research Institute of the American Mathematical Society, Monash University, Australia. Berlin, Springer, S. 1–62. (Lecture Notes in Mathematics, Bd. 450)

Dauben, Joseph Warren (1979) Georg Cantor: His Mathematics and Philosophy of the Infinite. Cambridge, Mass., Harvard University Press.

Davis, Martin (1965) The Undecidable. Hewlett, N.Y., Raven Press.

- (1982) Why Gödel Didn't Have Church's Thesis. Information and Control 54: 3–24.

- (1987) Mathematical Logic and the Origin of Modern Computers. In: Phillips, Esther R. (Hrsg.) Studies in the History of Mathematics. Washington, D.C., Mathematical Association of America, S. 137–165. (MAA Studies in Mathematics, Bd. 26)

Dawson, John W., Jr. (1984a) Discussion of the Foundation of Mathematics. History of Philosophy of Logic 5: 111–129.

- (1984b) Kurt Gödel in Sharper Focus. The Mathematical Intelligencer 6(4): 9–17.

- (1985a) The Reception of Gödel's Incompleteness Theorems. In: PSA 1984, Proceedings of the 1984 Biennial Meeting of the Philosophy of Science Association, Bd. 2. East Lansing, Mich., Philosophy of Science Association, S. 253–271. Nachgedruckt in: Drucker, Thomas (Hrsg.) Perspectives on the History of Mathematical Logic. Basel, Birkhäuser, S. 84–100.

- (1985b) Completing the Gödel–Zermelo Correspondence. Historia Mathematica 12: 66–70.

- (1993) The Compactness of First-order Logic: From Gödel to Lindström. History and Philosophy of Logic 14: 15–37.

Dowling, William F. (1989) There Are no Safe Virus Tests. American Mathematical Monthly 96: 835–836.

Einhorn, Rudolf (1985) Vertreter der Mathematik und Geometrie an den Wiener Hochschulen 1900–1940. Wien, Verband der wissenschaftlichen Gesellschaften Österreichs.

Ferferman, Solomon (1960) Arithmetization of Metamathematics in a General Setting. Fundamenta Mathematicae 49: 35–92.

- (1984) Kurt Gödel: Conviction and Caution. Philosophia Naturalis 21: 546–562.

- (1986) Gödel's Life and Work. In: Gödel, Kurt, Collected Works, Bd. I. Hrsgg. von Solomon Feferman u. a. Oxford, Oxford University Press, S. 1–36.

Feigl, Herbert (1969) The Wiener Kreis in America. In: Fleming, Donald, und Bailyn, Bernard (Hrsg.) The Intellectual Migration: Europe and America, 1930–1960. Cambridge, Mass., Harvard University Press, S. 630–673.

Fermi, Laura (1971) Illustrious Immigrants, 2. Aufl. Chicago, University of Chicago Press.

Ferreirós, José (1933) On the Relation between Georg Cantor and Richard Dedekind. Historia Mathematica 20: 343–363.

Finsler, Paul (1926) Formale Beweise und die Entscheidbarkeit. Mathematische Zeitschrift 25: 676–682.

– (1944) Gibt es unentscheidbare Sätze? Commentarii Mathematici Helvetici 16: 310–320.

Floyd, Juliet (1995) On Saying What You Really Want to Say: Wittgenstein, Gödel, and the Trisection of the Angle. In: Hintikka, Jaako (Hrsg.) From Dedekind to Gödel: Essays on the Development of the Foundations of Mathematics. Dordrecht, Kluwer, S. 373–425.

Fraenkel, Abraham (1921) Über die Zermelosche Begründung der Mengenlehre. Jahresbericht der Deutschen Mathematiker-Vereinigung 30: 97–98.

– (1922a) Zu den Grundlagen der Cantor-Zermeloschen Mengenlehre. Mathematische Annalen 86: 230–237.

– (1922b) Der Begriff „definit" und die Unabhängigkeit des Auswahlaxioms. Sitzungsberichte der Preußischen Akademie der Wissenschaften, Physikalisch-mathematische Klasse: 253–257.

Frege, Gottlob (1879) Begriffsschrift, eine der arithmetischen nachgebildeten Formelsprache des reinen Denkens. Halle, Nebert.

Fried, Yehuda, und Agassi, Joseph (1976) Paranoia: A Study in Diagnosis. Dordrecht, Reidel. (Boston Studies in the Philosophy of Science, Bd. 50)

Gandy, Robin (1980) Church's Thesis and Principles for Mechanisms. In: Barwise, John, Keisler, H. J., und Kunen, K. (Hrsg.) The Kleene Symposium: Proceedings of the Symposium Held June 18–24, 1978 at Madison, Wisconsin, U.S.A. Amsterdam, North-Holland Publishing Co., S. 123–148.

– (1988) The Confluence of Ideas in 1936. In: Herken, R. (Hrsg.) The Universal Turing Machine: A Half-Century Survey. Oxford, Oxford University Press, S. 55–111. Neuerlich aufgelegt wurde diese Sammlung in der Reihe „Computerkultur" des Springer-Verlages (1995), Gandys Artikel findet sich dort auf den Seiten 51–102.

Givant, Steven R. (1991) A Portrait of Alfred Tarski. The Mathematical Intelligencer 13(3): 16–32.

Gödel, Kurt (1929) Über die Vollständigkeit des Logikkalküls. Dissertation an der Universität Wien. Nachgedruckt in: Collected Works, Bd. I. Hrsg. von Solomon Feferman u. a. Oxford, Oxford University Press, S. 60–101.

– (1930a) Die Vollständigkeit der Axiome des logischen Funktionenkalküls. Monatshefte für Mathematik und Physik 37: 349–360. Nachgedruckt in: Collected Works, Bd. I. Hrsgg. von Solomon Feferman u. a. Oxford, Oxford University Press, S. 102–123.

– (1930b) Einige metamathematische Resultate über Entscheidungsdefinitheit und Widerspruchsfreiheit. Anzeiger der Akademie der Wissenschaften in Wien 67: 214–215. Nachgedruckt in: Collected Works, Bd. I. Hrsgg. von Solomon Feferman u. a. Oxford, Oxford University Press, S. 140–143.

– (1931a) Über formal unentscheidbare Sätze der Principia Mathematica und verwandter Systeme I. Monatshefte für Mathematik und Physik 38: 173–198. Nachgedruckt in: Collected Works, Bd. I. Hrsgg. von Solomon Feferman u. a. Oxford, Oxford University Press, S. 144–195.

– (1931b) Rezension von Hilbert, Die Grundlegung der elementaren Zahlenlehre. Zentralblatt für Mathematik und ihre Grenzgebiete 1: 260. Nachgedruckt in: Collected Works, Bd. I. Hrsgg. von Solomon Feferman u. a. Oxford, Oxford University Press, S. 212–214.

Gödel, Kurt (1932a) Zum intuitionistischen Aussagenkalkül. Anzeiger der Akademie der Wissenschaften in Wien 69: 65–66. Nachgedruckt in: Collected Works, Bd. I. Hrsgg. von Solomon Feferman u. a. Oxford, Oxford University Press, S. 222–225.

– (1932b) Ein Spezialfall des Entscheidungsproblems der theoretischen Logik. Ergebnisse eines mathematischen Kolloquiums 2: 27–28. Nachgedruckt in: Collected Works, Bd. I. Hrsgg. von Solomon Feferman u. a. Oxford, Oxford University Press, S. 230–234.

– (1932c) Über Vollständigkeit und Widerspruchsfreiheit. Ergebnisse eines mathematischen Kolloquiums 3: 12–13. Nachgedruckt in: Collected Works, Bd. I. Hrsgg. von Solomon Feferman u. a. Oxford, Oxford University Press, S. 234–236.

– (1932d) Eine Eigenschaft der Realisierung des Aussagenkalküls. Ergebnisse eines mathematischen Kolloquiums 3: 20–21. Nachgedruckt in: Collected Works, Bd. I. Hrsgg. von Solomon Feferman u. a. Oxford, Oxford University Press, S. 238–241.

– (1933a) Zur intuitionistischen Arithmetik und Zahlentheorie. Ergebnisse eines mathematischen Kolloquiums 4: 34–38. Nachgedruckt in: Collected Works, Bd. I. Hrsgg. von Solomon Feferman u. a. Oxford, Oxford University Press, S. 286–295.

– (1933b) Eine Interpretation des intuitionistischen Aussagekalküls. Ergebnisse eines mathematischen Kolloquiums 4: 39–40. Nachgedruckt in: Collected Works, Bd. I. Hrsgg. von Solomon Feferman u. a. Oxford, Oxford University Press, S. 300–303.

– (1933c) Zum Entscheidungsproblem des logischen Funktionenkalküls. Monatshefte für Mathematik und Physik 40: 433–443. Nachgedruckt in: Collected Works, Bd. I. Hrsgg. von Solomon Feferman u. a. Oxford, Oxford University Press, S. 306–327.

– (1934a) On Undecidable Propositions of Formal Mathematical Systems. In: Collected Works, Bd. I. Hrsgg. von Solomon Feferman u. a. Oxford, Oxford University Press, S. 346–371.

– (1934b) Rezension von Skolem, Über die Unmöglichkeit einer vollständigen Charakterisierung der Zahlenreihe mittels eines endlichen Axiomensystems. Zentralblatt für Mathematik und ihre Grenzgebiete 7: 193–194. Nachgedruckt in: Collected Works, Bd. I. Hrsgg. von Solomon Feferman u. a. Oxford, Oxford University Press, S. 378–381.

– (1936a) [Unbetitelter Diskussionsbeitrag zu mathematischer Ökonomie]. Ergebnisse eines mathematischen Kolloquiums 7: 6. Nachgedruckt in: Collected Works, Bd. I. Hrsgg. von Solomon Feferman u. a. Oxford, Oxford University Press, S. 392–393.

– (1936b) Über die Länge von Beweisen. Ergebnisse eines mathematischen Kolloquiums 7: 23–24. Nachgedruckt in: Collected Works, Bd. I. Hrsgg. von Solomon Feferman u. a. Oxford, Oxford University Press, S. 396–399.

– (1938) The Consistency of the Axiom of Choice and of the Generalized Continuum Hypothesis. Proceedings of the National Academy of Science, U.S.A. 24: 556–557. Nachgedruckt in: Collected Works, Bd. II. Hrsgg. von Solomon Feferman u. a. Oxford, Oxford University Press, S. 26–27.

– (1939a) The Consistency of the Generalized Continuum Hypothesis. Bulletin of the American Mathematical Society 45: 93. Nachgedruckt in: Collected Works, Bd. II. Hrsgg. von Solomon Feferman u. a. Oxford, Oxford University Press, S. 27.

– (1939b) Consistency Proof for the Generalized Continuum Hypothesis. Proceedings of the National Academy of Science, U.S.A. 25: 220–224. Korrekturen in Gödel (1947, Fußnote 23). Nachgedruckt in: Collected Works, Bd. II. Hrsgg. von Solomon Feferman u. a. Oxford, Oxford University Press, S. 28–32.

– (1940) The Consistency of the Axiom of Choice and of the Generalized Continuum Hypothesis with the Axioms of Set Theory. Princeton, Princeton University Press. Nach-

gedruckt in: Collected Works, Bd. II. Hrsgg. von Solomon Feferman u. a. Oxford, Oxford University Press, S. 33–101.
- (1944) Russell's Mathematical Logic. In: Schlipp, Paul A. (Hrsg.) The Philosophy of Bertrand Russell. Evanston, Ill., Northwestern University Press, S. 123–153. Nachgedruckt in: Collected Works, Bd. II. Hrsgg. von Solomon Feferman u. a. Oxford, Oxford University Press, S. 119–141.
- (1946) Remarks before the Bicentennial Conference on Problems of Mathematics. In: Davis, Martin (Hrsg.) The Undecidable. Hewlett, N.Y., Raven Press, S. 84–88. Nachgedruckt in: Collected Works, Bd. II. Hrsgg. von Solomon Feferman u. a. Oxford, Oxford University Press, S. 150–153.
- (1946/9) Some Observations about the Relationship between Theory of Relativity and Kantian Philosophy. In: Collected Works, Bd. II. Hrsgg. von Solomon Feferman u. a. Oxford, Oxford University Press, S. 230–259.
- (1947) What Is Cantor's Continuum Problem? American Mathematical Monthly 54: 515–525; Errata 55: 151. Nachgedruckt in: Collected Works, Bd. II. Hrsgg. von Solomon Feferman u. a. Oxford, Oxford University Press, S. 176–187.
- (1949a) An Example of a New Type of Cosmological Solutions of Einstein's Field Equations of Gravitation. Reviews of Modern Physics 21: 447–450. Nachgedruckt in: Collected Works, Bd. II. Hrsgg. von Solomon Feferman u. a. Oxford, Oxford University Press, S. 190–198.
- (1949b) A Remark about the Relationship between Relativity Theory and Idealistic Philosophy. In: Schilpp, Paul A. (Hrsg.) Albert Einstein: Philosopher-Scientist. New York, Tudor Publishing Company, S. 555–561. Nachgedruckt in: Collected Works, Bd. II. Hrsgg. von Solomon Feferman u. a. Oxford, Oxford University Press, S. 202–207.
- (1952) Rotating Universes in General Relativity Theory. Proceedings of the International Congress of Mathematicians, Cambridge, Massachusetts, U.S.A., August 30–September 6, 1950, I: 175–181. Nachgedruckt in: Collected Works, Bd. II. Hrsgg. von Solomon Feferman u. a. Oxford, Oxford University Press, S. 208–216.
- (1958) Über eine bisher noch nicht benützte Erweiterung des finiten Standpunktes. Dialectica 12: 280–287. Nachgedruckt in: Collected Works, Bd. II. Hrsgg. von Solomon Feferman u. a. Oxford, Oxford University Press, S. 240–251.
- (1964) Überarbeitete und erweiterte Version von „What Is Cantor's Continuum Problem?". In: Benacerraf, Paul, und Putnam, Hilary (Hrsg.) Philosophy of Mathematics. Englewood Cliffs, N.J., Prentice-Hall, S. 258–273. Nachgedruckt in: Collected Works, Bd. II. Hrsgg. von Solomon Feferman u. a. Oxford, Oxford University Press, S. 254–270.
- (1972) Some Remarks on the Undecidability Results. In: Collected Works, Bd. II. Hrsgg. von Solomon Feferman u. a. Oxford, Oxford University Press, S. 305–306.
- (1986–) Collected Works. Hrsgg. von Solomon Feferman u. a. Oxford, Oxford University Press. Bisher sind drei Bände erschienen.

Gödel, Rudolf (1967) Biographie meiner Mutter Marianne Gödel 31. VIII. 1879–23. VII. 1966. Unveröffentlichtes Schreibmaschinmanuskript. Eine englische Übersetzung ist unter dem Titel „History of the Gödel Family" in: Weingartner, Paul, und Schmetterer, Leopold (Hrsg.) Gödel Remembered, Neapel, Bibliopolis, 1987, S. 13–27, erschienen.

Goldfarb, Warren (1979) Logic in the Twenties: The Nature of the Quantifier. The Journal of Symbolic Logic 44: 351–368.
- (1984) The Unsolvability of the Gödel Class with Identity. The Journal of Symbolic Logic 49: 1237–1252.

Goldstine, Herman H. (1972) The Computer from Pascal to von Neumann. Princeton, Princeton University Press.
Grattan-Guinness, Ivor (1979) In Memoriam Kurt Gödel: His 1931 Correspondence with Zermelo on His Incompletability Theorem. Historia Mathematica 6: 294–304.
Gulick, Charles A. (1948) Austria from Habsburg to Hitler. 2 Bände. Berkeley, University of California Press.
Hahn, Hans (1988) Empirismus, Logik, Mathematik. Hrsgg. von Brian McGuinness. Frankfurt am Main, Suhrkamp.
Hartmanis, Juris (1989) Gödel, von Neumann, and the P=NP Problem. Bulletin of the European Association for Theoretical Computer Science 38: 101–107.
Heck, Richard G., Jr. (1993) The Development of Arithmetic in Frege's Grundgesetze der Arithmetik. The Journal of Symbolic Logic 58: 579–601.
Hempel, Carl G. (1979 Der Wiener Kreis: eine persönliche Perspektive. In: Berghel, H., Hubner, A., und Köhler, E. (Hrsg.) Wittgenstein, the Vienna Circle, and Critical Rationalism. Wien, Hölder–Pichler–Tempsky, S. 21–26
– (1981) Der Wiener Kreis und die Metamorphosen seines Empirismus. In: Leser, Norbert (Hrsg.) Das geistige Leben Wiens in der Zwischenkriegszeit. Wien, Österreichischer Bundesverlag, S. 205–215.
Herbrand, Jacques (1930) Recherches sur la théorie de la dèmonstration. Dissertation an der Universität von Paris.
– (1931) Sur le problème fondamental de la logique mathématique. Sprawozdania z Posiedzen Towarzystwa Naukowego Warszawskiego Wydzial III, 24: 12–56.
Hilbert, David (1900) Mathematische Probleme. Vortrag, gehalten auf dem Internationalen Mathematiker-Kongreß zu Paris 1900. Nachrichten von der Königlichen Gesellschaft der Wissenschaften zu Göttingen: 253–297. Hier zitiert aus: Alexandrov, P. S. (Hrsg.) (1979) Die Hilbertschen Probleme. Leipzig, Akademische Verlagsgesellschaft (Oswalds Klassiker der exaktenWissenschaften, Bd. 252).
– (1923) Die logischen Grundlagen der Mathematik. Mathematische Annalen 88: 151–165. Nachgedruckt in: Gesammelte Abhandlungen, Bd. 3, S. 178–191.
– (1926) Über das Unendliche. Mathematische Annalen 95: 161–190.
– (1929a) Probleme der Grundlegung der Mathematik. In: Atti del Congresso Internazionale dei Matematici, Bologna 3–10 Settembre 1928, S. 135–141.
– (1929b) Verbesserter Nachdruck von „Probleme der Grundlagen der Mathematik". Mathematische Annalen 102: 1–9.
– (1931a) Die Grundlegung der elementaren Zahlenlehre. Mathematische Annalen 104: 485–495.
– (1931b) Beweis des tertium non datur. Nachrichten von der Gesellschaft der Wissenschaften zu Göttingen, mathematisch-physikalisch Klasse: 120–125.
– (1935) Gesammelte Abhandlungen, Bd. 3. Berlin, Springer.
– und Ackermann, Wilhelm (1928) Grundzüge der theoretischen Logik. Berlin, Springer.
– und Bernays, Paul (1939) Grundlagen der Mathematik. 2 Bände. Berlin, Springer.
Hoffmann, Joseph (o. J.) Sanatorium Purkersdorf. New York, Galerie Metropol.
Holton, Gerald, und Elkana, Yehuda (Hrsg.) (1982) Albert Einstein, Historical and Cultural Perspectives: The Centennial Symposium in Jerusalem. Princeton, Princeton University Press.
Jackman, Jarrell C., und Borden, Carla M. (Hrsg.) (1983) The Muses Flee Hitler. Washington, D.C., Smithsonian Institution Press.

Janik, Allan, und Toulmin, Stephen (1973) Wittgenstein's Vienna. New York, Touchstone/ Simon and Schuster.

Johnston, William M. (1972) The Austrian Mind: An Intellectual and Social History, 1848–1938. Berkeley, University of California Press.

– (1981) Vienna, Vienna: The Golden Age, 1815–1914. New York, Clarkson N. Potter Inc.

Kennedy, Hubert C. (1980) Peano: Life and Works of Guiseppe Peano. Dordrecht, D. Reidel.

Kitcher, Philip (1983) The Nature of Mathematical Knowledge. Oxford, Oxford University Press.

Kleene, Stephen C. (1981) Origins of Recursive Function Theory. Annals of the History of Computing 3: 52–67. Korrekturen in: Davis, Martin, Why Gödel Didn't Have Church's Thesis; Information and Control 54 (1982), Fußnoten 10 und 12.

– (1987a) Gödel's Impression on Students of Logic in the 1930s. In: Weingartner, Paul, und Schmetterer, Leopold (Hrsg) Gödel Remembered. Neapel, Bibliopolis, S. 49–64.

– (1987b) Kurt Gödel, 1906–1978. Biographical Memoirs of the National Academy of Sciences 56: 135–178.

Kneale, William, und Kneale, Martha (1962) The Development of Logic. Oxford, Oxford University Press.

Kolmogorov, Andrei N. (1925) Über das Prinzip des ausgeschlossenen Dritten (auf Russisch). Matematicheskii Sbornik 32: 646–667.

Komjathy, Anthony, und Stockwell, Rebecca (1980) German Minorities and the Third Reich. New York, Holmes & Meier.

Kreisel, Georg (1980) Kurt Gödel: 1906–1978. Biographical Memoirs of Fellows of the Royal Society 26: 149–224; Errata: 27: 697.

Lifton, Robert J. (1986) The Nazi Doctors: Medical Killing and the Psychology of Genocide. New York, Basic Books.

Lindenbaum, Adolf, und Tarski, Alfred (1926) Communication sur les recherches de la théorie des ensembles. Comptes Rendus des Séances de la Société des Sciences et des Lettres de Varsovie, Classe III, 19: 299–330.

Löwenheim, Leopold (1915) Über Möglichkeiten im Relativkalkül. Mathematische Annalen 76: 447–470.

Maddy, Penelope (1990) Realism in Mathematics. Oxford, Oxford University Press.

Mayrhofer, Karl (1930) Hans Hahn. Monatshefte für Mathematik und Physik 42: 221–238.

McAloon, Kenneth (1971) Consistency Results about Ordinal Definability. Annals of Mathematical Logic 2: 449–467.

Menger, Karl (1934) Hans Hahn. Ergebnisse eines mathematischen Kolloquiums 6: 40–44.

– (1981) Erinnerungen an Kurt Gödel. Unveröffentlichtes Schreibmaschinmanuskript. Eine Übersetzung von Eckehart Köhler, „Recollections of Kurt Gödel", wurde in revidierter Form unter dem Titel „Memories of Kurt Gödel" in Karl Menger, Reminiscences of the Vienna Circle and the Mathematical Colloquium, hrsgg. von Louise Golland u. a., Dortrecht, Kluwer, S. 200–236, abgedruckt.

– (1994) Reminiscences of the Vienna Circle and the Mathematical Colloquium. Hrsgg. von Louise Golland, Brian McGuinness und Abe Sklar. Dordrecht, Kluwer.

Mirimanoff, Dmitry (1917) Les antinomies de Russell et de Burali-Forti et le problème fondamental de la théorie des ensembles. Enseignement Mathematique 19: 37–52.

Mitchell, Janet A. (Hrsg.) (1980) A Community of Scholars: The Institute for Advanced Study, Faculty and Members 1930–1980. Princeton, The Institute for Advanced Study.

Moore, Gregory H. (1982) Zermelo's Axiom of Choice, Its Origins, Development, and Influence. New York, Springer. (Studies in the History of Mathematics and Physical Sciences, Bd. 8)
- (1988a) The Emergence of First-order Logic. In: Aspray, William, und Kitcher, Philip, (Hrsg.) History and Philosophy of Modern Mathematics. Minneapolis, University of Minnesota Press, S. 95–135. (Minnesota Studies in the Philosophy of Science, Bd. XI)
- (1988b) The Origin of Forcing. In: Drake, Frank R., und Truss, John K. (Hrsg.) Logic Colloquium '86. Amsterdam, Elsevier, S. 143–173.
- (1989) Towards a History of Cantor's Continuum Problem. In: Rowe, David E., und McCleary, John (Hrsg.) The History of Modern Mathematics, I: Ideas and Their Reception. Boston, Academic Press, S. 79–121.
- (1990) Kurt Friedrich Gödel. In: Holmes, Frederic L. (Hrsg.) The Dictionary of Scientific Biography, Bd. 17. New York, Charles Scribner's Sons, S. 348–357.
Moschovakis, Yiannis (1989) Commentary on Mathematical Logic. In: Duren, Peter (Hrsg.) A Century of Mathematics in America. Providence, R.I., American Mathematical Society, S. 343–346.
Myhill, John, und Scott, Dana (1971) Ordinal Definability. In: Scott, Dana (Hrsg.) Axiomatic Set Theory. Proceedings of Symposia in Pure Mathematics 13, pt. 1. Providence, R.I., American Mathematical Society, S. 271–278.
Pais, Abraham (1982) Subtle Is the Lord: The Science and the Life of Albert Einstein. New York, Oxford University Press.
Paris, Jeff, und Harrington, Leo (1977) A Mathematical Incompleteness in Peano Arithmetic. In: Barwise, John (Hrsg.) Handbook of Mathematical Logic. Amsterdam, North-Holland Publishing Co., S. 1133–1142.
Parson, Charles (1990) Einführende Bemerkung zu „Russell's Mathematical Logic". In: Gödel, Kurt, Collected Works, Bd. II. Hrsgg. von Solomon Feferman u. a. Oxford, Oxford University Press, S. 102–118.
- (1995) Platonism and Mathematical Intuition in Kurt Gödel's Thought. The Bulletin of Symbolic Logic 1: 44–74.
Pauley, Bruce F. (1981) Hitler and the Forgotten Nazis: A History of Austrian National Socialism. Chapel Hill, University of North Carolina Press.
Peano, Guiseppe (1888) Calcolo geometrico secondo l'Ausdehnungslehre di H. Grassmann, preceduto dalle Operazione della logica deduttiva. Turin.
- (1889) Arithmetices principia, nova methodo exposita. Turin.
Peirce, Charles S. (1885) On the Algebra of Logic: A Contribution to the Philosophy of Notation. American Journal of Mathematics 7: 180–202. Nachgedruckt in: Hartshorne, Charles, und Weiss, Paul (Hrsg.) The Collected Papers of Charles Sanders Pierce, Bd. 3. Cambridge, Mass., Harvard University Press, 1933, S. 104–157.
Post, Emil L. (1921) Introduction to a General Theory of Elementary Propositions. American Journal of Mathematics 43: 163–185. Nachgedruckt in: van Heijenoort, Jean (Hrsg.) From Frege to Gödel. Cambridge, Mass., Harvard University Press, 1967, S. 265–283.
- (1936) Finite Combinatory Processes. Formulation I. The Journal of Symbolic Logic 1: 103–105. Nachgedruckt in: Davis, Martin (Hrsg.) The Undecidable. Hewlett, N.Y., Raven Press, 1965, S. 289–291.
Princeton University (Hrsg.) (1947) Problems of Mathematics. Princeton, Princeton University. (Princeton University bicentennial conferences, Ser. 2, Conf. 2)
Putnam, Hilary (1982) Peirce the Logician. Historia Mathematica 9: 290–301.

Quine, Willard Van Orman (1987) Peano as Logician. History and Philosophy of Logic 8: 15–24.
Russell, Bertrand (1906) On Some Difficulties in the Theory of Transfinite Numbers and Order Types. Proceedings of the London Mathematical Society, 2. Serie, 4: 29–53.
Sachs, Judith (Hrsg.) (1955) The Institute for Advanced Study: Publications of Members, 1930–1954. Princeton, The Institute for Advanced Study.
Schilpp, Paul A. (Hrsg.) (1944) The Philosophy of Bertrand Russell. Evanston, Ill., Northwestern University Press.
– (1949) Albert Einstein, Philosopher-Scientist. New York, Tudor Publishing Company.
Schimanovich, Werner, und Weibel, Peter (1986) Kurt Gödel: Ein mathematischer Mythos. Wien. (Video)
– (1997) Kurt Gödel: Ein mathematischer Mythos. Wien, hpt.
Stepherdson, John C. (1953) Inner Models of Set Theory, Part III. The Journal of Symbolic Logic 18: 145–167.
Sieg, Wilfried (1994) Mechanical Procedure and Mathematical Experience. In: George, Alexander (Hrsg.) Mathematics and Mind. Oxford, Oxford University Press, S. 71–117.
Siegert, Michael (1981) Mit dem Browning philosophiert. Forum Juli/August: 18–26.
Simpson, Stephen G. (1988) Partial Realizations of Hilbert's Program. The Journal of Symbolic Logic 53: 349–363.
Skolem, Thoralf (1923a) Begründung der elementaren Arithmetik durch die rekurrierende Denkweise ohne Anwendung scheinbarer Veränderlichen mit unendlichem Ausdehnungsbereich. Skrifter utgit av Videnskapsselskapet i Kristiana, I. Matematisk-naturvidenskabelig klasse 6: 1–38.
– (1923b) Einige Bemerkungen zur axiomatischen Begründung der Mengenlehre. In: Matematiker kongressen i Helsingfors 4–7 Juli 1922, Den femte skandinaviska matematikerkongressen, Redogörelse. Helsinki, Akademiska Bokhandlen, S. 217–232.
– (1933) Über die Unmöglichkeit einer vollständigen Charakterisierung der Zahlenreihe mittels eines endlichen Axiomensystems. Norsk matematiskforenings skrifter, Serie 2, 10: 73–82.
Stein, Howard (1970) On the Paradoxical Time-structures of Gödel. Philosophy of Science 37: 589–601.
Stern, Beatrice (1964) A History of the Institute for Advanced Study, 1930–1950. J. Robert Oppenheimer Papers, Library of Congress. Mikrofilm eines unveröffentlichten Manuskriptes.
Stritch, Thomas (1981) The Foreign Legion of Father O'Hara. Notre Dame Magazine 10: 23–27.
Sudan, Gabriel (1927) Sur le nombre $\omega^\omega$. Bulletin Mathématique de la Société Roumaine des Sciences 30: 11–30.
Tarski, Alfred (1932) Der Wahrheitsbegriff in den Sprachen der deduktiven Disziplinen. Anzeiger der Akademie der Wissenschaften in Wien 69: 23–25.
– (1933) Pojecie prawdy w jezykach nauk dedukcyjnych. Prace Towarzystwa Naukowego Warszawskiego, Wydzial III, Nr. 34.
– (1935) Der Wahrheitsbegriff in den formalisierten Sprachen. Studia Philosophica (Lemberg) 1: 261–405.
– (1956) The Concept of Truth in Formalized Languages. In: Woodger, J. H. (Hrsg.) Logic, Semantics, Metamathematics: Papers from 1923 to 1928. Oxford, Clarendon Press, S. 152–278. (Überarbeitete englische Übersetzung von „Der Wahrheitsbegriff in den formalisierten Sprachen", 1935)

Taussky-Todd, Olga (1987) Rememberances of Kurt Gödel. In: Weingartner, Paul, und Schmetterer, Leopold (Hrsg.) Gödel Remembered. Neapel, Bibliopolis, S. 31–41.
Torretti, Roberto (1978) Philosophy of Geometry from Riemann to Poincaré. Dordrecht, D. Reidel.
Turing, Alan M. (1937) On Computable Numbers, with an Application to the Entscheidungsproblem. Proceedings of the London Mathematical Society, 2. Serie, 42: 230–265. Errata 43: 544–546. Nachgedruckt in: Davis, Martin (Hrsg.) The Undecidable. Hewlett, N.Y., Raven Press, 1965, S. 116–154.
Ulam, Stanislaw M. (1976) Adventures of a Mathematician. New York, Charles Scribner's Sons.
van Heijenoort, Jean (Hrsg.) (1967) From Frege to Gödel: A Source Book in Mathematical Logic, 1879–1931. Cambridge, Mass., Harvard University Press.
– (1985) Selected Essays. Neapel, Bibliopolis.
von Neumann, John (1925) Eine Axiomatisierung der Mengenlehre. Journal für die reine und angewandte Mathematik 154: 219–240.
– (1928a) Über die Definition durch transfinite Induktion und verwandte Fragen der allgemeinen Mengenlehre. Mathematische Annalen 99: 373–391.
– (1929b) Die Axiomatisierung der Mengenlehre. Mathematische Zeitschrift 27: 669–752.
Wang, Ho (1974) From Mathematics to Philosophy. London, Routledge and Kegan Paul.
– (1981) Some Facts about Kurt Gödel. The Journal of Symbolic Logic 46: 653–659.
– (1987) Reflections on Kurt Gödel. Cambridge, Mass., MIT Press.
– (1996) A Logical Journey: From Gödel to Philosophy. Cambridge, Mass., MIT Press.
Weingartner, Paul, und Schmetterer, Leopold (Hrsg.) (1987) Gödel Remembered. Neapel, Bibliopolis.
Weyl, Hermann (1946) Rezension von Schilpp (Hrsg.) The Philosophy of Bertrand Russell. American Mathematical Monthly 53: 599–605.
– (1953) Universities and Science in Germany. In: Chandrasekharan, K. (Hrsg.) Hermann Weyl: Gesammelte Abhandlungen, Bd. IV. Berlin, Springer, 1968, S. 537–562.
Whitehead, Albert North, und Russell, Bertrand (1910) Principia Mathematica. Cambridge, Cambridge University Press.
Wiedemann, Hans-Rudolf (1989) Briefe großer Naturforscher und Ärzte in Handschriften. Lübeck, Verlag Graphische Werkstätten.
Woolf, Harry (Hrsg.) (1980) Some Strangeness in the Proportion: A Centennial Symposium to Celebrate the Achievements of Albert Einstein. Reading, Mass., Addison-Wesley.
Yourgrau, Palle (1991) The Disappeareance of Time: Kurt Gödel and the Idealistic Tradition in Philosophy. Cambridge, Cambridge University Press.
Zermelo, Ernst (1908a) Neuer Beweis für die Möglichkeit einer Wohlordnung. Mathematisch Annalen 65: 107–128.
– (1908b) Untersuchungen über die Grundlagen der Mengenlehre I. Mathematisch Annalen 65: 261–281.
– (1930) Über Grenzzahlen und Mengenbereiche: Neue Untersuchungen über die Grundlagen der Mengenlehre. Fundamenta Mathematicae 16: 29–47.
– (1932) Über Stufen der Quantifikation und die Logik des Unendlichen. Jahresbericht der Deutschen Mathematiker-Vereinigung 41, Teil 2: 85–88.
Zweig, Stefan (1982) Die Welt von Gestern: Erinnerungen eines Europäers, 2. Aufl. Frankfurt am Main, S. Fischer. (Stefan Zweig, Gesammelte Werke in Einzelbänden)

# Namen- und Sachverzeichnis

Kursive Zahl = Nummer einer Anmerkung am Textende

Aberglaube und Zauberei  27
Absolutheit  115
AC (Axiom of Choice)  s. Auswahlaxiom
Achensee (Österreich)  6
Ackermann, Wilhelm  43
    logische Resultate  63, 81, 88
Adenauer, Konrad  180
Aflenz (Österreich)  6, 97
Aiken, Howard  *470*
Albert, A. Adrian  *226*
Alephnotation  39
Alexander, James  83f
Alien Registration Act  133
Alt, Franz  105, *84*
*American Mathematical Monthly*  148, 150
„American Refugee Policy in Historical Perspective" (Daniels)  124
*Analytica protera* (Aristoteles)  32
Analytische Menge  109
*Annals of Mathematics*  106
Anselm von Canterbury  33
    ontologischer Gottesbeweis  171, 199
Antinomie  s. Paradoxon
Aristoteles  203
Aristotelische Logik  32–34
*Arithmetices Principia, Nova Methodo Exposita* (Peano)  39f
Arithmetik, Konsistenz der  43
Arithmetisierung der Syntax  54
Artin, Emil  106, *332*
Association for Symbolic Logic  174, 264
Atiyah, Michael  192
*Attentate, die Österreich erschütterten* (Siegert)  97
Auernheimer, Raoul  181
Aussagenlogik  35f, 45f, 117
Aussonderungsaxiom  100–102, 104
Austerlitz, Schlacht von  6
Auswahlaxiom (AC)  95, 99f, 263, 266f
    Folgerung aus Axiom der Konstruierbarkeit  115
    Formulierung des  100
    Kontroverse über  65
    relative Konsistenz des  94, 102, 105, 146f
    Unabhängigkeit des  102, 136, 193
*Autobiography of Bertrand Russell, The*  127, 140
Axiom der Aussonderung  100–102, 104
Axiom der Auswahl  s. Auswahlaxiom
Axiom der Beschränktheit  102
Axiom der Bestimmtheit (Extensionalitätsaxiom)  100, 102
Axiom der Elementarmengen  100, 102
Axiom der Ersetzung  101–103
Axiom der Fundierung  102
Axiom der Konstruierbarkeit
    Formulierung des  105
    Klassenformulierung (V = L)  114
    relative Konsistenz des  115
    Unabhängigkeit des  136, 192
    Wahrheit des  150
Axiom der Potenzmenge  100, 102
Axiom der Vereinigung  100, 102
Axiom des Unendlichen  85, 100, 102
Aydelotte, Frank  125, 128, 132, 135f

Bach, Johann Sebastian  176
Bacon, Francis und Roger  22
Bad Elster (Deutschland)  65f, 68, 103
Bamberger, Eduard  84
Bamberger, Louis  82f
*Bambi* (Disney)  155
Banach–Tarski-Paradoxon  267
Bar Habor, Maine (USA)  135
Bargmann, Valentin  132
Barnes, Marbel Schmeiser  *226*
Baumbach, Rudolf  181
*Begriffsschrift* (Frege)  36, 188, 264
Behmann, Heinrich  46, 64
Bellah, Robert  213
Beltrami, Eugenio  40

*Bemerkungen über die Grundlagen der Mathematik* (Wittgenstein) 67
Benacerraf, Paul 215f
Bergmann, Gustav 79
Berlin (Deutschland) 104, 127
Bernays, Paul 68, 73, 190
   Artikel über Hilbert 71
   akademische Laufbahn 178, 263
   Beiträge zur Aussagenlogik 45f
   Einfluß auf Werk KGs 178
   Klassenformulierung der Mengentheorie 114, 120
   Korrespondenz mit KG 63f, 178f, 196, 200f, 207, 215
   Mitpassagier KGs 95
   Tod 220
   Verbindung zu Hilbert 62
Beurling, Arne 212
Beweistheorie s. Hilbert, David
Bieberbach, Ludwig 53
Birkhoff, George David 83
Blackwell, Kenneth 140
Blaschke, Ernst 21
Blaschke, Wilhelm 46
Bled (Slowenien) 81
Bleick, Willard E. 226
Blue Hill, Maine (USA) 137
Blumenthal, Leonard M. 226
Bombieri, Enrico 225
Bonaparte, Napoleon 6
Boole, George 34, 76
   Beiträge zur Logik 34f
Boolesche Algebren als Wahrheitswerte für Modelle der Mengentheorie 194
Boone, William 178, 186, 207
Borel, Armand 174f, 191, 225
Born, Max 93
Borowicka, Sylvia 97
Braithwaite, R. B. 187
Brauer, Alfred 132
*Breaking the Code* (Whitemore) 234
Breitenstein am Semmering (Österreich) 95
Brno s. Brünn
Brooklin, Maine (USA) 135
Brouwer, Luitzen Egbertus Jan 65, 267
   Einfluß auf KG 48
   Konflikt mit Menger 24

   Kurzbiographie 263
   Opposition zur Formalisierung 43, 48, 63, 149
   Wiener Vorlesungen 34, 48
Brown, Dorothy s. Paris, Dorothy (Brown)
Brown, George W. 114, 133, 136, 138
Brünn (Tschechien) 19–21, 29, 138
   KGs Vorfahren in 3
   Schulen 8f, 11, 16f, 46
   Villa der Familie Gödel 7, 30, 108, 126, 143, 179, 222
*Bulletin of the American Mathematical Society* 199
Burali-Forte, Cesare 36, 99
Burggraf, Georg 16
Bush, Vannevar 169

Calculus ratiocinator (Leibniz) 166
Cameron, Robert H. 244
Cantor, Georg 193, 268
   Diagonalisierung 38f, 56, 64
   Konzept der Mengen 100
   Korrespondenz mit Dedekind 99, 102
   Kurzbiographie 263
   Resultate zu Fourierreihen 37
   Theorem zur Kardinalität von Potenzmengen 39, 115
   Theorie der transfiniten Zahlen 37–39
   Vermutungen 41
   Versuche des Beweises der Kontinuumshypothese 41
Carnap, Rudolf 46, 48, 52, 63f, 67f, 74, 202
   Emigration 107
   Interesse an Parapsychologie 26
   Konventionalismus 172
   Konversationen mit KG 48, 52
   Kurzbiographie 263
   Mitglied des Wiener Kreises 23–26
   Persönlichkeit 25
   Vorlesung in Königsberg 52
Čech, Eduard 138
CH (Continuum Hypothesis) s. Kontinuumshypothese
Chamberlain, Houston Stewart 16
Chandrasekhar, Subramanyan 158f
Characteristica universalis (Leibniz) 142

Chern, S. S. 158
Chihara, Charles 141f
Church, Alonzo 86–88, 114, 116, 265, 267
  Begriff der λ-Definierbarkeit 86, 88
  erster Kontakt mit KG 79
  Inkonsistenz seines Systems 86
  Korrespondenz mit E. L. Post *321*
  Korrespondenz mit KG 85
  Kurzbiographie 264
  Laudatio für P. J. Cohens 195
  Princeton Bicentennial Conference 145
  Reaktion auf die Unvollständigkeitssätze 87, *157*
  Unentscheidbarkeits- und Unlösbarkeitsresultate 98
Churchsche These 98, 267
  Formulierung 86, 264
  KGs Skepsis 86, 88
Clebsch, Rudolf 46
Cohen, Paul J. *504, 505*
  Korrespondenz mit KG 194, 196
  mengentheoretische Unabhängigkeitsresultate 147, 149, 192–195
  Träger der Fields-Medaille 194
Cohens Methode s. Forcing
„Concept of Truth in Formal Languages, The" (Tarski) 266
Courant, Richard 62
Curry, Haskell 116

Daniels, Roger 124
Darwin, Charles 230f
Davis, Martin 88, 147, 187, 196
Dedekind, Richard
  Korrespondenz mit Cantor 100, 102
  Satz über rekursive Definitionen 39
  Theorie der Irrationalzahlen 37
Dehn, Max 129
DePauli-Schimanovic, Werner 76, 97, 222
Descartes, Rene 22
Deutsche Mathematiker-Vereinigung 263
Diagonalisierung 38f, 64
*Dialectica* 175, 178, 263
*Die Elemente* (Euklid) 22
*Differentialdiagnostik in der Psychiatrie* 98
Dirac, Paul 93
Dirichlet, G. P. L. 46

Dollfuß, Engelbert 78, 90
Dreben, Burton 50
Dukas, Helen *373*
Dulles, John Foster 180
Dyson, Freeman 151, 156

Echols, Robert L. *226*
Eddington, Sir Arthur 93
Edlach (Österreich) 68
*Effi Briest* (Fontane) 181
„Ein Beitrag zur Mannigfaltigkeitslehre" (Cantor) 38
*Einleitung in die Mengenlehre* (Fraenkel) 103
Einstein, Albert 153, 158
  Briefe an Roosevelt 211
  Determinismus 227
  Freundschaft mit KG 24, 151
  Geburtstagsfeier 157
  Gibbs Lecture 169
  Kommentar zu KGs Wahlverhalten 180
  Pazifismus 164
  Professor am IAS 83
  Tod 175f
  Zeuge für KG 154
Einstein Award 166–168
Eisenhower, Dwight D. 180, 227
Elementarmengenaxiom 100, 102
Ellentuck, Erik 205f
Emergency Committee in Aid of Displaced Foreign Scholars 132, 136
*Emperor's New Mind, The* (Penrose) 234
*Encyclopedia of Philosophy* 71
Engeres Funktionenkalkül 44
Entscheidungsproblem 45
Epimenides 33
Erdös, Paul 132, 138
*Ergebnisse eines mathematischen Kolloquiums* 24f
*Erkenntnis* 264
Ersetzungsaxiom 101–103
Eubulides 57
Euklid 196, 214
Euler, Leonhard *98*
Evangelische Privat-Volks- und Bürgerschule (Brünn) 8f
Extensionalitätsaxiom 100, 102

Federal Bureau of Investigation (FBI)  164
Federici, Adeline  220
Feferman, Anita Burdman  *494*
Feferman, Solomon  48, 192, 226, 228
Feigl, Herbert  23, 25, 28, 59
Fermi, Laura  123
Finsler, Paul  77f
First-order-Logik  44f
Flexner, Abraham  94, 106, 122, 191
   Bemühungen für KG  118f, 125
   erster IAS-Direktor  79, 82, 125
   Korrespondenz mit KG  85, 89, 94f, 110, 118
   Rolle bei der Gründung des IAS  82
Flexner, Simon  82
Fontane, Theodor  181
Forcing  193f
Ford, Lester R.  148, 150
*Forever Undecided: A Puzzle Guide to Goedel* (Smullyan)  234
Formalismus  42
Forman, Philip  154f
*Four Quartets* (Eliot)  148
Fourier, Joseph  36
Fourierreihen  37
Fraenkel, Abraham  101f, 268
Frank, Philipp  23, 106
Frankl, Paul  132
Frederick, Louise  137, 139
Frege, Gottlob  266
   Beiträge zur Logik  35f
   Kurzbiographie  264
   Lehrer Carnaps  24
   Logizismus  42
Frenkel, Else  107
Friedberg, Richard  186
*From Mathematics to Philosophy* (Wang)  208
Fuld, Mrs. Felix (Barnberger)  82f
Fuller, Loïe  31
Fundierungsaxiom  102
Furtwängler, Philipp  75f
   Kurzbiographie  264
   Lähmung  *47*
   Lehrer KGs  20f, 48

Gauß, Carl Friedrich  231, 265
GCH (Generalized Continuum Hypothesis) s. Verallgemeinerte Kontinuumshypothese

Geibel, Emanuel  15
Gentzen, Gerhard  39, 71, 98, 107f, 118
*Geschichte der Geisteskrankheiten*  98
Gesellschaft Deutscher Naturforscher und Ärzte  60, 62
Gesellschaft für empirische Philosophie  59
Gibbs, Josiah Willard  169
Gilbert, Felix  132
Givant, Steve  13
Glinka, Elizabeth
   Erbin nach Adele G.  224
   Freundin und Pflegerin von Adele G.  129, 162, 216f, 220, 222
Gödel (Familie)
   Auswirkungen des Ersten Weltkriegs auf  11
   deutschnationale Gesinnung  10, *38*
   Haustiere  8, 138
   Interesse am Theater  28
   Lebensstandard  5, 11, 52
   Reisen  28f
   Vorfahren  3
   Wohnsitze in Brünn  3f, 6f, 143, 222
Gödel, Adele (geborene Porkert)
   Aussehen  30, 130
   Auswirkungen von KGs Tod auf  222
   Bestimmungen von KGs Testament  222
   Emigration nach Amerika  129f
   Gesundheitliche Probleme  139f, 173, 200, 215–218
   Heirat mit KG  111
   Herkunft  30
   karitative Tätigkeiten  139
   Kinderwunsch  138f
   Pflege KGs  97, 155, 166f, 203, 217, 221
   Reisen  152, 183f, 190f, 197, 200
   Retterin KGs  68, 127
   Sorge um Eltern und Verwandte  143f, 152, 183f
   Testament  222
   Tod und Grabstätte  224
   Unzufriedenheit in Princeton  138f, 144
   Verbesserungen am Haus in Princeton  162
   Verhalten  131f, 161, 184
   Verkauf des Hauses  224
   Verleihung der U.S.-amerik. Staatsbürgerschaft  153–155

Gödel, Anna Josefa (Großtante von KG) 3, 6f, 30, 108
Gödel, Carl (Ur-Urgroßvater von KG) 3
*Gödel, Escher, Bach: An Eternal Golden Braid* (Hofstadter) 233
Gödel, Josef (Großvater von KG) 3
Gödel, Josef (Urgroßvater von KG) 3
Gödel, Karl (Cousin von KGs Vater) 111
Gödel, Kurt
   Ausbildung und akademische Laufbahn
      Bemühungen um Titel Dozent neuer Ordnung 123, 133
      Volksschule 8
      Gymnasium 11–17
      Dissertation 30, 46–52
      Entzug der Lehrbefugnis 110, 122, 124
      Ernennung zum Professor am IAS 174
      Habilitation und Dozentur 52, 70, 75f
      Pensionierung 199, 218
      Studium an Universität Wien 19–22
      unbefristete Anstellung am IAS 136
      Unterstützung durch das Emergency Committee in Aid of Displaced Foreign Scholars 132
      visiting scholar am IAS 71, 79, 84f, 87, 95, 109, 111, 117, 132f
      visiting scholar an Notre Dame 116f
   Aussehen 130
   Ehrungen
      Ablehnung von österreichischen Ehrungen 196f
      Aufnahme in die American Philosophical Society 189
      Aufnahme in die National Academy of Sciences 158
      Aufnahme in die Royal Society, British Academy und das Institut de France 197
      D.Litt. (Yale) 168
      Einstein Award 166–168
      National Medal of Science 216
      Sc.D. (Amherst) 196
      Sc.D. (Harvard) 168, 180
      Sc.D. (Princeton) 215f
      Sc.D. (Rockefeller) 211
   finanzielle Angelegenheiten 110, 126, 132, 159f, 222f
   Gesundheitsprobleme (s. auch psychische Probleme) 84, 116
      Blinddarmoperation 13
      Kältegefühl 215
      Kurzsichtigkeit 18
      Magen- und Verdauungsprobleme 144, 166, 168
      Medikamente 97, 214f, *535*
      Prostataprobleme 214
      rheumatisches Fieber 9
      Unterernährung 144f, 155, 190, 202f, 217, 220
   Korrespondenz
      mit Paul Bernays 63f, 178, 196, 201, 207, 215
      mit William Boone 207
      mit Alonzo Church 85f
      mit Paul J. Cohen 194, 196
      mit Paul Finsler 77f
      mit Abraham Flexner 89, 94f, 110f, 118
      mit Jacques Herbrand 64f
      mit Arend Heyting 72f
      mit Georg Kreisel 177f, 200
      mit Karl Menger 79, 105, 107, 109f, 120–121
      mit Mutter und Bruder 144, 180, 183, 200, 222
      mit Emil Post 113f
      mit Oswald Veblen 79, 90–92, 95f, 107, 109, 123, 133
      mit John von Neumann 60f, 80, 95, 105f, 118f, 120, 176
      mit Ernst Zermelo 66f
   kulturelle Interessen
      Literatur 181
      Musik 176
      Theater, Oper, Film 28, 155, 180f
      moderne Kunst 180f
   persönliche und juristische Angelegenheiten
      Geburt 4
      Heirat 111
      Nachlaß 222, 224f
      österreichische Staatsbürgerschaft 30, 133
      Probleme der Emigration 119, 121–126, 128, 132

Gödel, Kurt
    persönliche und juristische Angelegenheiten
        Status als enemy alien   133
        Stellung   122
        Testament   222
        Tod   220
        tschechoslowakische Staatsbürgerschaft   19, 30
        U.S.-amerik. Staatsbürgerschaft   130, 132f, 153–155
    philosophische Ansichten
        Determinismus   1f, 151, 157, 210, 226f
        Divergenzen zum Wiener Kreis   23f, 172
        Interesse an Kant   152
        Interesse an Leibniz   34, 94, 118, 136, 142f, 162f
        Interesse an paranormalen Phänomenen   26f, 132, 141f
        Optimismus   228
        Platonismus   87, 141f, 149f, 171, 229, *404*
        Rationalismus   1f, 226
        Religion   4, 81, 181–183
        Überlegungen zu Husserl   190, 209
    politische Ansichten
        Kritik der U.S.-amerik. Politik   145, 164, 179f
        politische Unbekümmertheit und Weltfremdheit   51, 78f, 116, 120, 126, 211
    psychische Probleme   4, 91, 203
        Depression   96f, 166, 173, 200, 202
        Hypochondrie   9f, 145, 200, 214, 229
        Paranoia   97f, 135f, 200, 202, 209, 212, 217, 219, 230, *382*
    Reisen
        Erste Reise ans IAS und Rückkehr (1933/34)   84f, 89f
        Zweite Reise ans IAS und Rückkehr (1935)   95f
        Dritte Reise ans IAS und Rückkehr (1938)   110f, 120
        Emigration nach Amerika (1940)   129f
        Ferienreisen nach Maine und New Jersey (1941–45, 1951)   135, 137, 139, 169
    Vorträge
        vor Akademie der Wissenschaften von Washington, D.C. (1934)   89
        vor American Mathematical Society (Gibbs Lecture, 1951)   169, 172, 229f, 232
        Ausgewählte Kapitel in mathematischer Logik (Universität Wien, Vorlesung 1935)   94
        Axiomatik der Mengenlehre (Universität Wien, Vorlesung 1937)   98, 105
        in Bad Elster (1931)   65
        in Göttingen (1939)   127f
        Grundlagen der Arithmetik (Universität Wien, Vorlesung 1933)   80
        Habilitationsvortrag   76f
        bei Hahns Seminar (1932)   70
        am IAS (1934)   86
        am IAS (1938)   109, 114f
        am IAS (1949)   158
        am IAS und an Brown University (1940)   133
        am IAS und an Yale University (1941)   134
        vor International Congress of Mathematicians (1950)   165
        in Königsberg (1930)   59f
        Logik und Mengentheorie (University of Notre Dame, Vorlesung 1939)   109f, 117f
        vor Mathematical Association of America (1933)   86f
        vor Mengers Kolloquium (1931/32)   64, 70f
        vor Philosophical Society der New York University (1934)   89
        bei Princeton Bicentennial Conference   89, 145–148
        vor Schlick-Kreis   63f
        in Williamsburg (1938)   114
        vor Zilsel-Kreis (1938)   107f
    Werke (erst posthum in den *Collected Works* veröffentlichte Arbeiten sind mit einem Stern gekennzeichnet)
        Arbeiten zur Kosmologie (1949a, 1949b, 1952 und posthum veröffentlichte Entwürfe)   151–153, 155–159, 173 (deutsche Übersetzung)
        Beiträge zu Mengers Kolloquium   70f

*Collected Works* 50, 87, 108, 134, 153, 172f, 189, 205f, 208, 233
„Die Vollständigkeit der Axiome des logischen Aussagekalküls" (1930a) 49, 52f
Diskussionsbeitrag zu mathematischer Ökonomie (1936a) 91
Dissertation (1929)* 30, 46–51
„Eine Eigenschaft der Realisierung des Aussagenkalküls" (1932d) 64
„Eine Interpretation des intuitionistischen Aussagenkalküls" (1933b) 70f
„Einige metamathematische Resultate über Entscheidungsdefinitheit und Widerspruchsfreiheit" (1930b) 61
„Ein Spezialfall des Entscheidungsproblems der theoretischen Logik" (1932b) 81
englische Revision des *Dialectica*-Artikels* 196, 201, 206f
Gemeinschaftsarbeit mit Menger und Wald 74
Gibbs Lecture (1951)* 65, 190
Is mathematics syntax of language? (Einige Beobachtungen zur nominalistischen Betrachtungsweise der Natur der Mathematik)* 173, *459*
Kleinere Arbeiten zur Geometrie 70
Nachwort zur Arbeit Spectors 179
Notiz zur Kritik an Turings Ansicht zum Geist des Menschen (1972)* 65, 201f
Ontologischer Gottesbeweis* 141, 206, 231
„On Undecidable Propositions of Formal Mathematical Systems" (1934a) 87
Remarks before the Princeton Bicentennial Conference on Problems of Mathematics (1946) 89, 145–148, 190
Rezensionen 72
„Russell's Mathematical Logic" (1944) 139f, 195
Scales of functions* 206
*The Consistency of the Axiom of Choice and of the Generalized Continuum Hypothesis with the Axioms of Set Theory* (1940) 104, 118, 133

The modern development of the foundations of mathematics in the light of philosophy* 189
„Über die Länge von Beweisen" (1936b) 94
„Über eine bisher noch nicht benützte Erweiterung des finiten Standpunktes" (1958) 108, 175, 178
„Über formal unentscheidbare Sätze der Principia Mathematica und verwandter Systeme I" (1931a) 56, 61, 63–65, 104, 186f
„Über Vollständigkeit und Widerspruchsfreiheit" (1932c) 81, 167
Vortrag vor dem Zilsel-Kreis (1939)* 107f
„What Is Cantor's Continuum Problem? (1947 und 1964) 141, 149, 195
„Zum intuitionistischen Aussagenkalkül" (1932a) 75
„Zur intuitionistischen Arithmetik und Zahlentheorie" (1933a) 70f
Zusammenfassungen der mengentheoretischen Konsistenzbeweise (1938, 1939a und 1939b) 112, 114, 118
Wohnsitze
  Geburtsort 3f
  Haus in Princeton 159–162
  Morningside Hotel, Notre Dame 116
  Peacock Inn, Princeton 112
  Villa in Brünn 7
  Wohnungen in Princeton 85, 95, 131, 135, 138, 140, 144
  Wohnungen in Wien 19, 29f, 97, 108, 126
Gödel, Luise (= Aloisia, Großmutter von KG) 3
Gödel, Marianne (Mutter von KG)
  Besuche in Princeton 184f, 190
  Haushalt in Brünn 5
  Heirat 4
  Korrespondenz mit KG 144, 179–183, 222
  Kriegszeit in Brünn 108, 143
  Tod 185, 197
  Umzug nach Wien 30
  Verhältnis zu Adele 30, 183f
  Vorurteile gegen Slawen 15

Gödel, Rudolf August (Vater von KG)  19, 28, 30
  Bau der Villa in Brünn  7
  Beziehung zu den Söhnen  5
  Einstellung zu Adele  30
  Finanzielles  11
  Heirat  4
  Jugend  3
  Tod  30
Gödel, Rudolf (Bruder von KG)  11, 16, 29, 97, 108, 197, 200
  Benachrichtigung über KGs Zusammenbruch  96
  Besuche in Princeton  184, 190, 204
  Erinnerungen an KG  9, 13, 22, 29, 67–69, 85, 97, 139
  Gast bei KGs Hochzeit  112
  Geburt  4
  Kindheit  6–8
  Leben während Zweiten Weltkriegs  143
  Medizinstudium an Universität Wien  19f
  Pflege der Mutter  198
  Reisen nach Promotion  52
Gödelnumerierung  s. Arithmetisierung der Syntax
„Gödel's Proof" (Nagel und Newman)  186
*Göttinger Nachrichten*  103
Goethe, Johann Wolfgang von  16, 181
Gogol, Nikolai  181
Goheen, Robert F.  192
Goldbachsche Vermutung  64
Goldfarb, Warren  82
Goldstine, Herman  61, 62
Golling bei Salzburg (Österreich)  97
Gomperz, Heinrich  22, 90, 107
Gonseth, Ferdinand  178
*Grammar of Late Modern English, A* (Poutsma)  188
Grandjean, Burke D.  4, 24
Grelling, Kurt  59
Grinzing (Wien)  108, 162
Große Kardinalzahlen  s. large-cardinal axioms
Gruenthal, Max  135f
*Grundgesetze der Arithmetik* (Frege)  36, 40, 264
*Grundlagen der Arithmetik* (Frege)  46, 264

*Grundlagen der Geometrie* (Hilbert)  40, 239
*Grundlagen der Mathematik* (Hilbert und Bernays)  95, 263, 265
*Grundlagen einer allgemeinen Mannigfaltigkeitslehre* (Cantor)  37
*Grundzüge der theoretischen Logik* (Hilbert und Ackermann)  32, 46f, 49, 265
*Gruppentheorie und Quantenmechanik* (Weyl)  267

Hahn, Hans  21, 51, 75, 123
  Interesse an Parapsychologie  26
  Kurzbiographie  264
  mathematische und philosophische Beiträge  23
  Mentor von KG  22, 47f, 75
  Opposition zu Wittgensteins Position bzgl. Sprache  25
  Rolle im Wiener Kreis  23
  Schwierigkeiten, KGs Unvollständigkeitsbeweis zu verstehen  64
  Seminar an Universität Wien  22, 68, 70, 72
  Tod  90, 107
  Vortragender in Königsberg  60
Halmos, Paul  132
Halteproblem  88
*Handbuch der Österreichischen Sanitätsgesetze und Verordnungen*  98
Handschuh, Marianne  s. Gödel, Marianne
Handschuh, Pauline (Tante KGs)  7, 108
Hardy, G. H.  169
Hartmann, Hans  173
Hasse, Helmut  127
Hausdorff, Felix  39, 103
Hausner, Henry  211
Haydn, Franz Josef  176
Hedlunf, Gustav A.  226
Heegard, Paul  96
Hegel, Georg Wilhelm Friedrich  22
Heidegger, Martin  81
Heijenoort, Jean van.  s. van Heijenoort, Jean
Helly, Eduard  21
Helmholtz, Hermann  143
Hempel, Carl  21, 25f, 61, 150
Henkin, Leon  186

Henriques, Anna Stafford  226
Herbrand, Jacques  68, 73, 87
    Definition der rekursiven Funktionen  65, 88
    Dissertation  50, 70
    Korrespondenz mit KG  64f, 87
    Kurzbiographie  265
    Tod  65
Hereditär ordinalzahldefinierbare Mengen (HOD) (siehe auch Ordinalzahldefinierbare Mengen, OD)  147
Heyting, Arend
    Formalisierung der intuitionistischen Mathematik  43, 70, 77
    Korrespondenz mit O. Neugebauer  68
    Kurzbiographie  265
    Vortrag in Königsberg  60
    Zusammenarbeit mit KG  72f, 139
Hilbert, David  65, 71, 189, 263, 277
    Axiomatisierung der Geometrie  40
    Beweistheorie (Hilberts Programm)  43, 134, 189, 234
    Beweisversuch der Kontinuumshypothese  103, 128
    Glaube an Konsistenz der Arithmetik  55, 61
    KGs Kritik an  227
    Kurzbiographie  265
    Opposition zu Brouwer  47
    Optimismus bzgl. mathematischen Fortschritts  41, 48, 227
    Reaktion auf Unvollständigkeitssätze  62f
    Rede in Bologna (1928)  32, 45
    Rede in Königsberg (1930)  62
    Rede vor Philosophischer Gesellschaft Hamburg (1930)  63
    Rede vor zweitem Internationalen Mathematikerkongreß (Paris, 1900)  41, 103
    Verbindung mit Bernays  45
Hilbertprogramm s. Hilbert, David, Beweistheorie
Hilbertsche Probleme
    Aufstellung  41, 103
    das erste  103f
    das zehnte  207
    das zweite  53, 103f

Himmelbauer (Professor der Universität Wien)  75
Hitler, Adolf  78, 123, 268, *361*
    Anschluß Österreichs  109
    Bemühungen zur Entwicklung der Atombombe  211
    Gödels Vergleich von dessen Politik mit U.S.-amerikanischer  164f
Hitler–Stalin-Pakt  121, 129
Hlawka, Edmund  *94*
Hobbes, Thomas  22
Hochwald, Adolf  13
Hodges, Andrew  234
Hoffmann, Josef  91
Hollitscher, Walter  107
Hope, Maine (USA)  135
Hornof, M. H. D.  *226*
Hull, Ralph  *226*
Hume, David  25
Humes Prinzip  40
Huntington, E. V.  114
Hurewicz, Witold  23
Husserl, Edmund  94, 190, 209

*Idee der Riemannschen Fläche, Die* (Weyl)  267
Induktionsaxiome (Peano)  40
Innere Modelle der Mengentheorie  102
Institute for Advanced Study (IAS), Gründung  82f
„Intellectual Autobiography" (Carnap)  26, 54
*Introductio in Analysis Infinitorum* (Euler)  22
*Introduction to Mathematical Philosophy* (Russell)  22, 140
*Introduction to Metamathematics* (Kleene)  186
Intuitionismus  42f
*Irrengesetzgebung in Deutschland, Die*  98

Jacobson, Nathan  *226*
Jensen, Ronald B.  231
Jessen, Börge C.  *226*
Johnston, William  31
Jourdain, Philip  101
*Journal of Symbolic Logic*  98, 120, 264

Kafka, Franz 181
Kampen, Egbertos R. van s. van Kampen, Egbertos R.
Kant, Immanuel 22, 25, 34, *42*, *55*
 Konzept der Zeit 151
 Vergleich mit Husserl 209
Kaufmann, Felix 64
Kaysen, Carl 213f, 218
Kennan, George 173
K.-K. Staatsrealgymnasium mit deutscher Unterrichtssprache (Brünn) 11f
Kleene, Stephen C. 116, 147, 231
 Beiträge zu Undefinierbarkeit und Rekursionstheorie 86, 89, 98
 Besuch KGs in Maine 135
 Ersteller des Skriptums für KGs Vorlesung
 Kurzbiographie 265
 Student in Princeton 61, 85
Klein, Felix 264
*Kleinere philosophische Schriften* (Leibniz) 94
Klepetař, Harry 13, 16
Koanalytische Mengen 109
Kochen, Simone 221, 231
*Kohlenoxydgasvergiftung, Die* 98
Kolmogorov, A. N. 71
Kompaktheitssatz 50, 52, *287*
Komplexitätstheorie 94
König, Julius 103
Königsberg (Ostpreußen) 68
 zweiten Tagung für exakte Erkenntnislehre 52, 59–62
Königslemma 50
Konstruktibilitätsaxiom s. Axiom der Konstruierbarkeit
Konstruktible Hierarchie 104f
Konstruktible Ordnung 115
Konstruktivismus 43
*Kontinuum, Das* (Weyl) 267
Kontinuumshypothese (s. auch Verallgemeinerte Kontinuumshypothese) 95, 228, 262
 Hilbertsches Problem 41
 relative Konsistenz der 105, 108
 Unabhängigkeit der 133, 136, 148, 165
 Überlegungen zur Wahrheit der 150, 195, 204f, 229, 233
 Varianten der 38f, 150
 Versuche ihrer Entscheidung 41, 103
Kottler, F. 22
Koyré, Alexander 173
Kraepelin, Emil 74, 227
Kraft, Victor 107
Kreisel, Georg 95, 208
 Diskussionen mit P. J. Cohen 192
 Erweiterung von KGs Funktionalinterpretation 178
 Kontakte mit KG 177f
 Nachruf auf KG 29, 111, 212
 Redigierung von Spectors Artikel 178
Kripke, Saul 72
*Kritik der reinen Vernunft* (Kant) 34
Kröner, Franz 107
Kronecker, Leopold 38, 263
Kummer, Ernst 263
Kurzschriftsysteme 17
Kármán, Theodore von 169

*Lady or the Tiger?, The* (Smullyan) 234
λ-Kalkül 86
Landau, Edmund 263
Large-cardinal axioms 146, 150, 233
Lefschetz, Solomon H. 83, 106
Lehmer, Derrik H. *226*
Lehrmann, Alfred 27
Leibniz, Gottfried Wilhelm 4, 22, 25, 36
 KGs Studien von 94, 118, 136, 227
 Manuskripte in Hannover 162f
 visionäre logische Konzepte 34, 142f
Lense, Josef 21
Leśniewski, Stanislaw 73
Lewis, C. I. 72
*Library of Living Philosophers* (Schilpp) 139f
Lifton, Robert J. 230
Lindenbaum, Adolf 103
 Satz von 64
Lindströms Charakterisierung *287*
Löb, Martin 72
Löwenheim, Leopold 45, 52
Löwenheim-Skolem-Theorem s. Satz von Skolem–Löwenheim
Locke, John 22

*Logical Foundations of Probability* (Carnap) 172
*Logical Journey: From Gödel to Philosophy, A* (Wang) 208-210
*logische Aufbau der Welt, Der* (Carnap) 264
*Logische Syntax der Sprache* (Carnap) 74, 264
Logizismus 42
Lorentz, Hendrik 93
Lortzing, Hermann 111
Lovett, Robert A. 180
Lowan, Arnold N. *226*
Lügnerparadoxon s. Paradoxon
Ludwig II., Bayernkönig 181
Łukasiewicz, Jan 73

*M* (Lang) 155
Mac Lane, Saunders 216
Mach, Ernst 23, 93
Makart, Hans 31
Maltsev, Anatolii I. 186
*Mann ohne Eigenschaften, Der* (Musil) 11
Marchet, A. 123
Marienbad (Marianske Lazne, Tschechien) 6, 16, 135,42
Maritains, Jacques 116
*Mathematical Analysis of Logic* (Boole) 34
*Mathematik und Logik* (Behmann) 46
*Mathematische Analyse des Raumproblems* (Weyl) 93
*Mathematische Annalen* 103
*Mathematische Grundlagenforschung. Intuitionismus. Beweistheorie* (Heyting) 74
*Mathematische Zeitschrift* 103
Matijasevich, Yuri 206f
Mayer, Walther 83
Mayerling 181
Mayrhofen (Österreich) 6
Mazurkiewicz, Stefan 109
McAloon, Kenneth 147
McCarthy, Joseph · 164, 180
McKinsey, J. C. C. 145f
*Mécanique Analytique* (Lagrange) 22
Meltzer, Bernard 186f
Mendelson, Elliott 187
Mengenhierarchie 104f
Mengentheoretische Paradoxa 36, 40, 66

Menger, Carl 265
Menger, Karl 68, 71, 75, 263
  akademische Karriere 23f
  Diskussionen mit Morgenstern 143
  Emigration nach Amerika 96, 105
  Erinnerungen an KG 27f, 78f, 93, 116, 118
  Gemeinschaftsarbeit mit Wald und KG 74
  Konflikt mit Brouwer 24
  Korrespondenz mit KG 79, 105f, 109f, 120f
  Korrespondenz mit Veblen 79, 96, 111
  Kurzbiographie 265
  Mathematisches Kolloquium 24, 70f, 82
  Notre Dame 105, 117f
  Opposition zu Wittgesteins Position bzgl. Sprache 25
  Reaktion auf Unvollständigkeitssätze 64
  Treffen mit KG in New York 112
  Vermittler zwischen Veblen und KG 79
*Metalogik* (Carnap) 74
*Metaphysische Anfangsgründe der Naturwissenschaft* (Kant) 22
Meyer, Stefan 26
Milnor, John 191f, 225, *225*
Mirimanoff, Dimitry 101f, 104
Mises, Richard von 23
Mitrany, David 83
Mittag-Leffler, Göste 38
Mörike, Eduard 181
*Monatshefte für Mathematik and Physik* 48, 61, 72, 82, 264
Montgomery, Deane 2, 174, 212, 218f
Moore, Gregory H. 99f
Morgenstern, Carl 201
Morgenstern, Dorothy 161
Morgenstern, Oskar 140, 151, 172, 190, 210, 212
  Bemühungen um Anerkennung für KG 166, 168, 203
  Berichte über KGs Arbeiten 136, 153, 155f, 158, 165, 204f, 207
  Besuche bei KG während dessen Krankheit 166, 203, 214, 218
  Eindruck von KG und Adele 131, 135, 160f, 168, 212f
  Interesse an Leibniz 143, 163

Morgenstern, Oskar
　Prostataoperation　201
　Tod　219
　Wiener Kreis　24
　Zeuge für KG und Adele bei Staatsbürgerschaftsanhörung　154
　Zeuge von KGs Verfall　199–203, 214–216
Morse, Louise　221
Morse, Marston　84, 221
Moser, Koloman　30f, 91
Mostowski, Andrzej　105
Musil, Robert　11
Mussolini, Benito　78
Myhill, John　147

Nagel, Ernest　186
Natkin, Marcel　25, 90
*Naturphilosophie* (Schlick)　46
*Naturwissenschaften, Die*　211
Neider, Heinrich　107
Nelböck, Hans　97
Nernst, Walther　93
*Neue Behandlungsmethode der Schizophrenie*　98
Neugebauer, Otto　2, 68, 72, 74, 139
Neumann, John von　s. von Neumann, John
Neurath, Olga　23
Neurath, Otto　23, 25f
Newman, James　186
*Nibelungenlied*　15
Nöbeling, Georg　64, 68, 91
No-counterexample-Interpretation　178
Notre Dame, University of　105–107, 116f

O'Hara, Kardinal John　106f
ω-Regel　63
Ontologischer Gottesbeweis
　Anselm　33
　Gödel　141, 206, 231
Oppenheim, Paul　150, 203, *419*
Oppenheimer, J. Robert　158, 160, 164, 166–168, 191f
Ordinalzahldefinierbare Mengen (OD)　147
*Organon* (Aristoteles)　32
Österreich, politischer und gesellschaftlicher Zerfall　78, 90, 96

$P = NP$ Problem　177
Paarmengenaxiom　102
Paradoxa der Mengentheorie　s. Mengentheoretische Paradoxa
Paradoxie der Paranoia　230
Paradoxon
　Banach–Tarski　267
　Burali-Forti　36
　des Lügner　33, 56
　Richards　36, 87
　Russels　36, 66
*Paranoia: A Study in Diagnosis* (Fried und Agassi)　199
Paris, Dorothy (Brown)　138
Paris–Harrington-Theorem　232
Pasch, Moritz　40
Pauli, Wolfgang　95, 140
Pauling, Linus　216
Peano, Guiseppe　39f, 142
Peano-Axiome　35, 40, 77
Peirce, Charles Sanders　35
Pellico, Silvio　7
Penrose, Roger　234
Peterson, Thurman S.　226
*Philosophie des Als Ob, Die* (Vaihinger)　141
*Philosophische Schriften* (Leibniz)　46
*Philosophy of Bertrand Russell, The* (Schilpp)　139
*Philosophy of Rudolf Carnap, The* (Schilpp)　172
Planck, Max　93
Platonismus (siehe auch Gödel, Kurt, philosophische Ansichten)　233
Poincaré, Henri　72f, 263, 265
　Konstruktivismus　42
　Kritik an der Mengentheorie　101, 149
　Kurzbiographie　266
Popper, Karl　178
Porkert, Adele Thusnelda　s. Gödel, Adele
Porkert, Hildegarde (Schwiegermutter von KG)　30, 184
Porkert, Josef (Schwiegervater von KG)　30, 143
Porkert, Liesl (Schwägerin von KG)　183
Post, Emil L.　73, 228, 231, *523*
　Beiträge zur Rekursionstheorie　89
　Dissertation　45f

Entdeckung der ordinalzahldefinierbaren Mengen 147
Korrespondenz mit Church *321*
Kurzbiographie 266
manisch-depressive Erkrankung 113
Treffen und Korrespondenz mit KG 113f
Vorwegnahme des Unvollständigkeitsresultates 113
Potenzmengenaxiom 100, 102
Prey, A. 75
Primitiv rekursive Funktionen 88
informelle Definition 56
Princeton Bicentennial Conference 145–148
KGs Rede 146
Princeton University 215–216
*Principia Mathematica* (Whitehead und Russell) 22, 35, 45–47, 65, 70, 113, 141, 187, 266
KGs Lektüre der 57
Konsistenz 85
Typentheorie 43
Unvollständigkeit 49, 59
*principii di geometria logicamente esposti, I* (Peano) 40
*Proceedings of the National Academy of Sciences* 112, 158, 194, 204f
Przibram, Karl 26, 211
Purkersdorf bei Wien (Österreich) 68f, 91–93

Quine, Willard V. O. 64, 114, 188

Rabin, Michael 211
Ramsey, Frank 72
Ramsey-Theorem 232
Rand, Rose 63, 107
Rang einer Menge s. Mengenhierarchie
Raubitschek, Anton 132
*Raum, Zeit, Materie* (Weyl) 267
Rautenberg, Wolfgang 195
Redlich, Friedrich 3f, 12, 143
*Reflections on Kurt Gödel* (Wang) 208
Reichenbach, Hans 60, 150, 264
Reid, Constance 62
Rekawinkel (Österreich) 69, 97
Relativierung einer Formel 115

Richard, Jules 36
Richards Paradoxon 36, 87
Riemann, Bernhard 22
Robinson, Abraham 186, 199, 212, *541*
Rockefeller Institute for Medical Research 82
Rockefeller University 211
Roosevelt, Franklin D. 145, 211
Rosenberg, Julius und Ethel 180
Rosinski, Herbert 132
Rosser, J. Barkley 86f, 89, 116
Rothberg, Harvey *577*
Rousseau, Jean-Jacques 22
Rudolf, Kronprinz 181
Ruse, Harold S. 244
Russell, Bertrand 41, 140, 150, 188, 227, 263, 264
Antipathie religiöser Kreise gegen 116
Axiomatisierung der Aussagenlogik 118
Besuch in Princeton 140
Entdeckung der Antinomie in Freges Arbeit 36
Fehleinschätzung von Gödel als Juden 127, 140
Kritik an Zermelos Mengentheorie 101
Kurzbiographie 266
Logizismus 42
Reaktion auf Unvollständigkeitsresultate 67
Typentheorie 43, 118
Verfechter von Freges Werk 36
Russelparadoxon 36, 66

Salkover, Meyer *226*
Sanatorium Westend (Purkersdorf bei Wien) 68f, 91–93
Satz vom ausgeschlossenen Dritten 263
Satz von Skolem–Löwenheim 103, 266, *287*
Formulierung 45
Zermelos Opposition 67
Schilpp, Paul Arthur 156, 189
KGs Essay über Carnap 172f
KGs Essay über Relativitätstheorie 150–153, 157, 226, 229
KGs Essay über Russell 139
Schimanovich, Werner s. DePauli-Schimanovich, Werner

Schlick, Moritz  26, 63, 75
  Beschreibung  25
  Ermordung  97, 107
  Gründung des Schlick-Kreises  23
  Schriften  107
  Seminar über Russell  22
Schlick-Kreis  s. Wiener Kreis
Schoenberg, Isaac J.  226
Schopenhauer, Arthur  22
Schrecker, Paul  163
Schröder, Ernst  35, 76
Schrödinger, Erwin  93
Schrutka, Lothar  21
Schur (Professor)  62
Schuschnigg, Kurt  90
Schwarzschild, Martin  158
Schwinger, Julian  167f
Scott, Dana  147, 186, 194f, 203, 207, 211
Seelig, Carl  151
Selberg, Atle  137, 174, 191, 212
*Shadows of the Mind* (Penrose)  234
Shakespeare, William  181
Shepherdson, John  193
Sieg, Wilfried  88
Siegel, Carl Ludwig  140, 158
  Einwände gegen KGs Professur  166, 174
  Unterstützung durch Emergency Committee in Aid of Displaced Foreign Scholars  132
Simon, Yves  117
Skolem, Thoralf  46, 52, 73, 102
  Beiträge zur Mengentheorie  101f
  Erfüllbarkeitstheorem  103, 266, 287
  Kurzbiographie  266
Skolemfunktionen  44, 266
Skolem-Normalform  266
Skolem-Paradoxon  44, 103, 193, 266
Slezak, Leo  7
Smullyan, Raymond  234
*Snow White* (Disney)  155
Solovay, Robert M.  72, 194f, 205f
„Some Facts about Kurt Gödel" (Wang)  218
Sommerfeld, Arnold  93
Speed-up-Theoreme  94
Spector, Clifford  179, 213
Spinoza, Baruch  4, 22

Srbik, Heinrich  75
Stalin, Joseph  227
Stein, Howard  159
*Stetigkeit und irrationale Zahlen* (Dedekind)  37
Stevenson, Adlai  180
Straus, Ernst  150f, 180
Strauss, Lewis L.  167
Sudan, Gabriel  88
Sudetendeutsche  6, 143
Syllogismen  32-34
Szilard, Leo  211
Špilberk (Festung)  6

Taft, Robert  227
Takeuti, Gaisi  178, 205f
Tarski, Alfred  13, 73, 186, 231
  Einfluß auf Carnap und KG  54
  Korrespondenz mit KG über fehlerhaftes Manuskript  204f
  Kurzbiographie  266f
  Resultate zur Kardinalzahlarithmetik  103
  Vorträge bei Mengers Kolloquium  54
  Vortrag bei Princeton Bicentennial Conference  145
  Wahrheitsbegriff in formalen Sprachen  51
Tauber, Alfred  21, 75
Taussky(-Todd), Olga  22, 53
  Erinnerungen an KG  28, 79, 84
  Erinnerungen an W. Wirtinger  76
  Erinnerungen an Zermelo  65f
Teufelskreisprinzip  141
*Théorie Analytique de la Chaleur* (Fourier)  36
*Theorie der algebraischen Zahlkörper* (Hilbert)  265
*Theory of Games and Economic Behavior* (von Neumann und Morgenstern)  138
Thirring, Hans  26, 75, 210f, 54
Thomas, Tracy Y.  226
Todd, John Arthur  226
Torrance, Charles C.  226
*Tractatus Logico-Philosophicus* (Wittgenstein)  23
Truman, Harry S.  164, 180, 227
Tucker, Albert  133

Turing, Alan M.   65, 98, 113, 169, 231, *460*, *523*, *525*, *587*
  Definition der Berechenbarkeit   88
  Hodges' Biographie von   234
  KGs Meinungsverschiedenheiten mit   201f, 228f
  Kurzbiographie   267
Typentheorie   43, 118

„Über das Unendliche" (Hilbert)   43, 103, 128
*Über die Beeinflussung einfacher psychischer Vorgänge durch einige Arzneimittel* (Kraepelin)   74
*Undecidable, The* (Davis)   87, 147, 187
Unendlichkeitsaxiom (s. auch large-cardinal axioms)   85, 100, 102
Universität Wien
  Mitglieder des Instituts für Mathematik   21
  Struktur und Organisation   20f
  politische Unruhen   51, 81
*Universities: American, English, German* (A. Flexner)   82
Unvollständigkeitssätze   56–59
Urysohn, Pavel   265
U.S.-amerik. Einwanderungspolitik   123f

Vaihinger, Hans   141
van Heijenoort, Jean   187f, 196
van Kampen, Egbertos R.   *226*
Vaterländische Front   81
Veblen, Oswald   87, 106, 118, 122, 126f, 151, 158
  Gast in Mengers Kolloquium   71
  Korrespondenz mit KG   71, 79f, 90–92, 95, 97, 107, 109f, 123, 132f, 135
  Korrespondenz mit Menger   79, 96, 111
  Korrespondenz mit von Neumann   136
  Kurzbiographie   267
  Professur am IAS   83
  Tod   175
  Verbindung mit Emergency Committee in Aid of Displaced Foreign Scholars   132
Velden am Wörthersee (Österreich)   168

Verallgemeinerte Kontinuumshypothese
  Formulierung durch Hausdorff   39
  relative Konsistenz der   103, 105, 108
  Unabhängigkeit der   133, 136, 165
Vereinigungsaxiom   100, 102
Vetsera, Mary   181
Vietoris, Leopold   21
Vollständigkeitssatz   46–50
von Kármán, Theodore   s. Kármán, Theodore von
von Mises, Richard   s. Mises, Richard von
von Neumann, John   62, 64, 68, 77, 106, 140, 151, 158, 203, 263, *594*
  Beiträge zur Mengentheorie   102f, 114, 118
  Bemühungen für KG   123–125, 136, 173
  Berater der U.S.-amerik. Regierung   176
  Diskussionen mit KG in Wien   94, 109
  Entwicklung des Computers   175f, 211, *470*
  Gibbs Lecture   169
  Interesse an Unvollständigkeitsresultaten   61
  Konsistenzbeweis   63
  Korrespondenz mit KG   61, 80, 95, 106, 118, 120, 177
  Kurzbiographie   267
  Professur am IAS   83
  Rolle bei Verleihung des Einstein Awards an KG   168
  Seminar am IAS über Quantentheorie   79, 93
  Tod   175f
  Vortrag in Königsberg   60
von Neumannsches Universum   s. Mengenhierarchie
Vopěnka, Petr   147
*Vorlesung über die Algebra der Logik* (Schröder)   35, 46
*Vorlesungen über Zahlentheorie* (Dirichlet)   22
*Vorlesungen zur Phänomenologie des Bewußtseins* (Husserl)   94

Wagner, Richard   176
Wagner-Jauregg, Julius   26, 91
Wahrheitsbegriff in formalen Sprachen   51, 61, 63, 66

Waismann, Friedrich   23, 25, 59
Wald, Abraham   74, 92, 105, 165
Walther von der Vogelweide   15
Wang, Hao   4, 47, 50, 65, 178, 189, 199
   Bemühungen um Ehrendoktorat für KG   211
   Kontakt zu KG in dessen letzten Jahren   218, 220
   philosophische Diskussionen mit KG   208–210, 218
   Redner bei der Gedenkfeier für KG   221
Wang, Shiann-Jiun   *291*
Warren, Avra M.   124f
*Was sind und was sollen die Zahlen?* (Dedekind)   39
Weibel, Peter   97
Weierstraß, Karl   37, 263
Weil, André   221
Weisskopf, Edith   107
Weisskopf, Victor   107
Weizmann, Kurt   132
*Welt von Gestern, Die* (Zweig)   16, 30
Weyl, Hermann   158
   Gibbs Lecture   169
   Konstruktivismus   43
   Kritik an der Mengentheorie   101, 149
   Kurzbiographie   267
   Mitglied des Einstein Award Komittees   169
   Opposition gegen KGs Beförderung   174
   Professur am IAS   83
   über Struktur deutscher Universitäten   20f, 75
Whitehead, Albert North   43, 266
Whitemore, Hugh   234

Whitney, Hassler   221
Wien
   Kaffeehäuser   23, 25, 28
   Situation nach Erstem Weltkrieg   19f
Wiener Kreis   19, 23–26, 28f
Wiener Werkstätte   7, 91
Wilder, Raymond L.   *226*
Wilks, Samuel S.   114
Wirtinger, Wilhelm   21, 75f
*Wissenschaftliche Weltauffassung: Der Wiener Kreis*   26
Wittgenstein, Ludwig   25, 54, 67, 72, *124*
Wohlordnungsprinzip s. Auswahlaxiom
Woolf, Harry   221
*World of Mathematics, The* (Newman)   186
Wright, J. P.   158f
*Wunsch und Pflicht im Aufbau des menschlichen Lebens* (Frenkel und Weisskopf)   107

*Zentralblatt für Mathematik und ihre Grenzgebiete*   72
Zermelo, Ernst   77f, 263
   Axiomatisierung der Mengentheorie   43, 100, 103
   Kritik am Unvollständigkeitssatz   66
   Kurzbiographie   267f
   Treffen mit KG in Bad Elster   65f, 103
   Wohlordnungssatz   42
*Zermelo's Axiom of Choice, Its Origins, Development, and Influence* (Moore)   99f
Zilsel, Edgar   107f, 178
Zippin, Leo   *226*
Zuckerkandl, Bertha   91
Zuckerkandl, Viktor   91
Zweig, Stefan   16, 28, 30, 181

# SpringerComputerkultur

**Michael L. Dertouzos**

## What will be
Die Zukunft des Informationszeitalters

Mit einem Geleitwort von Bill Gates
Aus dem Amerikanischen übersetzt von Michael Zillgitt
1999. Etwa 460 Seiten.
Gebunden DM 68,–, öS 476,–
ISBN 3-211-83210-6
Computerkultur, Band XII

Michael Dertouzos, der langjährige Leiter des Informatikinstituts des MIT, prognostizierte bereits vor 20 Jahren die Etablierung des Internet. Sein Buch „What Will Be" zählt in Amerika zu den meistverkauften populärwissenschaftlichen Titeln. Unterhaltsam und anschaulich beschreibt er, wie die rasante Entwicklung der Informationstechnologie unser Leben verändern wird.
Dertouzos führt zunächst in die technologischen Grundlagen ein, die bereits heute bei fast allen unseren Aktivitäten angewandt werden und entwirft darauf aufbauend ein realistisches Bild der Zukunft von Technologie und Humanität im 21. Jahrhundert.

„ ... ein ansprechender und klarsichtiger Wegweiser in die Zukunft, voller Einsichten, wie die Informationstechnologie unser Leben und unsere Welt im nächsten Jahrhundert umgestalten wird. [...] Wer an der heraufziehenden informationellen Revolution teilnimmt – und das sind wir eigentlich alle – muß erkennen, was auf uns zukommt."

Aus dem Geleitwort von Bill Gates

## SpringerWienNewYork

Sachsenplatz 4–6, P.O.Box 89, A-1201 Wien, Fax +43-1-330 24 26
e-mail: books@springer.at, **Internet: http://www.springer.at**
New York, NY 10010, 175 Fifth Avenue • D-14197 Berlin, Heidelberger Platz 3
Tokyo 113, 3–13, Hongo 3-chome, Bunkyo-ku

# SpringerComputerkultur

## Warren S. McCulloch

## Verkörperungen des Geistes

Mit einem Geleitwort von Jerome Y. Lettvin
und einer Einleitung von Seymour Papert
Aus dem Englischen übersetzt von Anita Ehlers
1999. Etwa 320 Seiten. Etwa 30 Abbildungen.
Broschiert DM 89,–, öS 625,–
ISBN 3-211-82857-5
Computerkultur, Band VII

McCulloch war ein außergewöhnlicher Denker und in vieler Hinsicht seiner Zeit weit voraus. Die unter dem Titel "Embodiments of Mind" 1965 veröffentlichte Sammlung seiner wichtigsten Arbeiten enthält faszinierende Ideen zum Thema Geist und Gehirn, die sich inzwischen wieder als hochaktuell für die Entwicklungen in der Neurologie und der Kognitionswissenschaft bzw. der Künstlichen Intelligenz herausgestellt haben, die unter der Bezeichnung Konnektionismus bekannt sind.

In seinem Geleitwort zur Neuausgabe von 1988 weist Lettvin insbesondere auf die berühmten, gemeinsam mit Pitts verfaßten Arbeiten hin, deren Bedeutung erst heute richtig gewürdigt werden kann: „Ein Logikkalkül für die der Nerventätigkeit immanenten Gedanken" und „Wie wir Universalien kennen. Die Wahrnehmung der Form durch Hören und Sehen". Während in der ersten Arbeit der Begriff des „Neuronalen Netzes" entwickelt worden ist, sind in der zweiten bereits die heute von den Vertretern des Konnektionismus erhobenen Ansprüche abgesteckt worden, die Natur des menschlichen Erkennens auf dieser Grundlage zu untersuchen.

## SpringerWienNewYork

Sachsenplatz 4–6, P.O.Box 89, A-1201 Wien, Fax +43-1-330 24 26
e-mail: books@springer.at, **Internet: http://www.springer.at**
New York, NY 10010, 175 Fifth Avenue • D-14197 Berlin, Heidelberger Platz 3
Tokyo 113, 3-13, Hongo 3-chome, Bunkyo-ku

# SpringerComputerkultur

### Oswald Wiener
### Schriften zur Erkenntnistheorie

1996. XXV, 340 Seiten. 12 Abbildungen.
Broschiert DM 69,–, öS 485,–
ISBN 3-211-82694-7
Computerkultur, Band X

„... Wieners strenge Weiterführung von Turings Vorschlägen zeigt aufs eindrücklichste ... daß auch für ihn die Maschinen-Metapher sich am besten eignet, das Konzept „Geist" resp. „spezifisch eingeschränktes System" ohne metaphysische Flunkereien zu behandeln."

Basler Zeitung

### Stephen Graubard (Hrsg.)
### Probleme der Künstlichen Intelligenz
Eine Grundlagendiskussion
Aus dem Englischen übersetzt von Rike Felka

1996. X, 296 Seiten. 23 Abbildungen.
Broschiert DM 69,–, öS 485,–
ISBN 3-211-82641-6
Computerkultur, Band IX

### Bernhard Dotzler (Hrsg.)
### Babbages Rechen-Automate
Ausgewählte Schriften

1996. VIII, 502 Seiten. 22 Abbildungen, 1 Frontispiz.
Broschiert DM 89,–, öS 625,–
ISBN 3-211-82640-8
Computerkultur, Band VI

# SpringerWienNewYork

Sachsenplatz 4–6, P.O. Box 89, A-1201 Wien, Fax +43-1-330 24 26
e-mail: books@springer.at, **Internet: http://www.springer.at**
New York, NY 10010, 175 Fifth Avenue • D-14197 Berlin, Heidelberger Platz 3
Tokyo 113, 3–13, Hongo 3-chome, Bunkyo-ku

## *Springer-Verlag und Umwelt*

ALS INTERNATIONALER WISSENSCHAFTLICHER VERLAG sind wir uns unserer besonderen Verpflichtung der Umwelt gegenüber bewußt und beziehen umweltorientierte Grundsätze in Unternehmensentscheidungen mit ein.

VON UNSEREN GESCHÄFTSPARTNERN (DRUCKEREIEN, Papierfabriken, Verpackungsherstellern usw.) verlangen wir, daß sie sowohl beim Herstellungsprozeß selbst als auch beim Einsatz der zur Verwendung kommenden Materialien ökologische Gesichtspunkte berücksichtigen.

DAS FÜR DIESES BUCH VERWENDETE PAPIER IST AUS chlorfrei hergestelltem Zellstoff gefertigt und im pH-Wert neutral.